U1021394

电磁场与电磁波

（第2版）

主编　姚　毅
参编　程雪梅　刘密歌

重庆大学出版社

内容提要

本书系统地描述了电磁场和电磁波的基本规律。全书内容包括：静电场与恒定电场、静电场的解法、恒定磁场、时变电磁场、正弦平面电磁波在无界空间中的传播规律、电磁波的反射和透射、导行电磁波、电磁波辐射等9章，其特点是：详细地阐述了电磁理论中的物理概念，尽可能多地运用插图和简单例题来说明一些较难理解的物理概念，对基本电磁规律进行了较严密的论证。

本书主要适合作为电子与信息工程、通信工程、电子科学与技术专业大学本科生的教材，也可作为其他电子工程类专业的大学本科生和电信、电子工程技术人员的参考书。

图书在版编目(CIP)数据

电磁场与电磁波/姚毅主编．—重庆：重庆大学出版社，2003.3(2021.8重印)
电子信息工程专业本科系列教材
ISBN 978-7-5624-2840-4

Ⅰ．电…　Ⅱ．姚…　Ⅲ．①电磁场—高等学校—教材②电磁波—高等学校—教材　Ⅳ．O441.4

中国版本图书馆CIP数据核字(2003)第007727号

电磁场与电磁波
(第2版)
主编　姚　毅
参编　程雪梅　刘密歌
责任编辑：彭　宁　　版式设计：彭　宁
责任校对：蓝安梅　　责任印制：张　策
*
重庆大学出版社出版发行
出版人：饶帮华
社址：重庆市沙坪坝区大学城西路21号
邮编：401331
电话：(023) 88617190　88617185(中小学)
传真：(023) 88617186　88617166
网址：http://www.cqup.com.cn
邮箱：fxk@cqup.com.cn(营销中心)
全国新华书店经销
POD：重庆圣立印刷有限公司
*
开本：787mm×1092mm　1/16　印张：16.75　字数：418千
2019年1月第2版　2021年8月第8次印刷
ISBN 978-7-5624-2840-4　定价：45.00元

前言

自从克拉克·麦克斯韦的经典著作《电学与磁学论》问世以来，经过了一个多世纪的时间，虽然电磁理论在许多方面取得了新的进展，并在工程中得到了广泛应用，也有许多关于电磁理论的著作和教材相继出版，但随着读者的日趋普遍，迫切需要一本既可作为电子类本科生教材，又可作为有关人员自学的教科书。

本书系统地描述了电磁场和电磁波的基本规律，主要适合作为电子与信息工程、通信工程、电子科学与技术专业大学本科生的教材，也可作为其他电子工程类专业的大学本科生和电信、电子工程技术人员的参考书。

由于电磁现象比较复杂和抽象，它的宏观规律隐含在用符号和公式表示的麦克斯韦方程组中，因此读者学习时一般都会感到困难。本书比较详细地阐述了电磁理论中的物理概念，尽可能多地运用插图和简单例题来说明一些较难理解的物理概念，而且对基本电磁规律进行了较严密的论证。

全书共分 9 章。第 1 章系统地介绍了矢量分析知识，它是学习电磁场和电磁波理论的数学工具。第 2 章到第 4 章系统地介绍了静电场、恒定电流的电场和恒定磁场的基本理论及其计算方法。第 5 章讨论时变电磁理论，这是本书的核心部分。此章中给出了宏观经典电磁理论的基本方程——麦克斯韦方程组，并在此基础上导出了一切形式电磁波的传播方程——波动方程，推导了电磁辐射方程——达朗伯方程。第 6 章讨论电磁波在无界的理想介质和导电媒质中的传播规律。第 7 章讨论电磁波在介质分界面上发生的物理过程，即电磁波在介质分界面上的反射和透射。第 8 章讨论电磁波在规则波导中的传播规律。第 9 章讨论电磁辐射的基本原理。

四川轻化工学院姚毅同志编写了第 1、2、6、7、8、9 章，重庆工商大学程雪梅同志编写了第 4、5 章，陕西工学院刘密歌同志编写了第 3 章。全书由姚毅同志修改和统稿。在编写过程中，四川轻化工学院给予了大力支持，四川大学王保义教授，四川轻化工学院曾黄麟教授和许多兄弟院校的老师提出了宝贵意见，四川轻化工学院文宇桥同志阅读了部分书稿，在此一并表示感谢。

由于编者水平有限，教材中一定有不少错误和不妥之处，敬请读者赐教。

编　者

2018 年 11 月

目录

第 1 章 矢量分析

本章主要介绍场的概念和表示方法，三种常用的正交坐标系，标量场的梯度，矢量场的通量、散度，矢量场的环流、旋度，最后介绍所有矢量场满足的共同性质——亥姆霍兹定理。

矢量分析是分析电磁场问题的基本数学工具，是学好电磁场与电磁波必须掌握的内容。如果在此之前，读者已学习过矢量分析或场论的有关课程，并已熟练掌握，则可跳过此章，直接开始学习静电场的内容。

1.1 场的概念和表示法

一个确定区域中的场被定义为：**物理系统中某物理量在该区域的一种分布**。如果被描述的物理量是标量，则定义的场被称为**标量场**；如果被描述的物理量是矢量，则定义的场被称为**矢量场**。某一区域中各点的温度分布是一个标量场，密度分布是一个标量场；而某一区域中各点流体的流速构成一个矢量场，各点流体的压力分布也构成一个矢量场。

物理系统的状态可用某个或某些物理量在确定区域中的分布来描述，因此，物理系统的状态可用某个或某些场来描述。场的一个重要属性是它占有一个空间。研究一个场，首先要明确此场的分布空间，再看场代表一个什么样的物理量，在此空间中怎样分布。对于给定的场，任何时刻在所研究空间中的每一点它有一个定值，这个值叫该点的场量。因此，一个场可用一个定义在相同区域中的一个函数来描述。一个标量场可用一个标量函数 $\mu(x,y,z)$ 来描述；一个矢量场可用一个矢量函数 $\vec{A}(x,y,z)$ 来描述。描述场的函数被称为**场函数**。

场不仅具有空间属性，还具有时间属性。描述物理系统状态的物理量不仅按空间分布，一般还随时间变化。因此，场可能是随时间变化的。如果一个物理系统的状态只按空间分布，不随时间变化，也就是说，物理系统的状态是静态的，由此定义的场也是静态的，这样的场称为**静态场**；其场函数与时间无关，记为 $\mu(x,y,z)$（标量场）和 $\vec{A}(x,y,z)$（矢量场）；如果一个场的场量不仅按空间分布，还随时间变化，这样的场分布是动态的，这样的场称为**动态场或时变场**。其场函数写成 $\mu(x,y,z,t)$（标量场）和 $\vec{A}(x,y,z,t)$（矢量场）。

对于一个实际的物理系统，其物理状态的变化是连续的。因此，对于大多数的场，在一个区域中，除开有限个点和某些面以外，场是连续变化的，即场函数$\mu(x,y,z,t)$和$\vec{A}(x,y,z,t)$是连续函数。矢量场的连续是指各点场量的大小和方向逐点发生微小变化。矢量可由带箭头的线段表示，通常用一些曲线来形象地表示矢量在空间中的分布，这些曲线被称为流线或力线。矢量场的连续又可表述为：构成连续矢量场的流线或力线是一些光滑曲线。

一个矢量在具体坐标系中可以写成分量形式，一个矢量场在具体坐标系中可以分解为三个分量场。例如：在直角坐标系中，静态场可表示为

$$\vec{A}(x,y,z)=\vec{a}_xA_x(x,y,z)+\vec{a}_yA_y(x,y,z)+\vec{a}_zA_z(x,y,z) \tag{1.1.1}$$

其中，$A_x(x,y,z)$、$A_y(x,y,z)$、$A_z(x,y,z)$都是标量场，所以，一个矢量场对应三个标量场。

1.2 三种常用的坐标系

为了分析场在空间中的分布和变化规律，必须引入坐标系。而且，常根据被研究对象的几何形状不同采用不同的坐标系，使问题得到简化。在电磁场问题中，常用的坐标系是直角坐标系、柱坐标系和球坐标系。

1.2.1 直角坐标系

如图 1.2.1 所示，直角坐标系中的三个坐标变量是 x,y,z。它们的变化范围是

$$-\infty<x<\infty$$
$$-\infty<y<\infty$$
$$-\infty<z<\infty$$

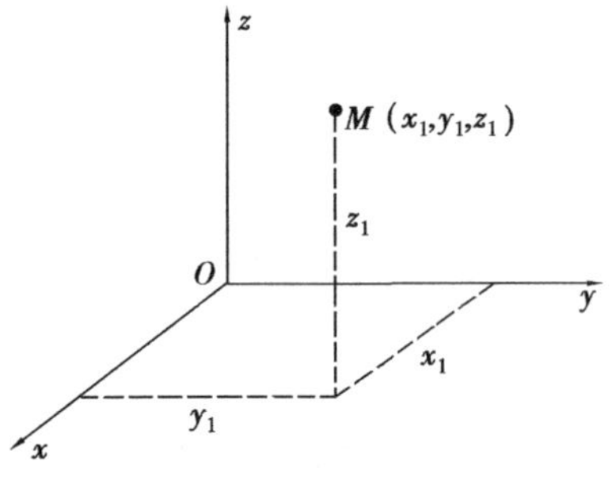

图 1.2.1 直角坐标系

直角坐标系中任一点表示为$M(x,y,z)$。点$M_1(x_1,y_1,z_1)$是$x=x_1,y=y_1,z=z_1$三个坐标曲面的交点。

过空间任意点$M(x,y,z)$的坐标单位矢量记为$\vec{a}_x$，$\vec{a}_y$，$\vec{a}_z$。它们相互正交，而且遵循$\vec{a}_x\times\vec{a}_y=\vec{a}_z$的右手螺旋法则。$\vec{a}_x$，$\vec{a}_y$，$\vec{a}_z$的方向不随$M$点位置的变化而变化，这是直角坐标系的一个重要特征。

直角坐标系中的任一矢量可表示为

$$\vec{A}=\vec{a}_xA_x+\vec{a}_yA_y+\vec{a}_zA_z \tag{1.2.1}$$

其中，A_x，A_y，A_z分别是矢量$\vec{A}$在$\vec{a}_x$，$\vec{a}_y$，$\vec{a}_z$方向上的投影。

位置矢量

$$\vec{R}=\vec{a}_xx+\vec{a}_yy+\vec{a}_zz \tag{1.2.2}$$

它的微分元是

$$\mathrm{d}\vec{R}=\vec{a}_x\mathrm{d}x+\vec{a}_y\mathrm{d}y+\vec{a}_z\mathrm{d}z \tag{1.2.3}$$

度量系数：在直角坐标系中各个坐标方向上的度量系数定义为该方向上的长度元与坐标元之比。由点$M(x,y,z)$沿$\vec{a}_x$，$\vec{a}_y$，$\vec{a}_z$方向的长度元分别是$\mathrm{d}x$、$\mathrm{d}y$、$\mathrm{d}z$。因此，直角坐标系中三

个方向上的度量系数为

$$h_x=\frac{\mathrm{d}x}{\mathrm{d}x}=1\qquad h_y=\frac{\mathrm{d}y}{\mathrm{d}y}=1\qquad h_z=\frac{\mathrm{d}z}{\mathrm{d}z}=1\tag{1.2.4}$$

由 $x, x+\mathrm{d}x; y, y+\mathrm{d}y; z, z+\mathrm{d}z$ 这 6 个面决定一个直角六面体，它的各个面的面积元是

$$\begin{aligned}\mathrm{d}S_x&=\mathrm{d}y\mathrm{d}z\\ \mathrm{d}S_y&=\mathrm{d}x\mathrm{d}z\\ \mathrm{d}S_z&=\mathrm{d}x\mathrm{d}y\end{aligned}\tag{1.2.5}$$

体积元：

$$\mathrm{d}\tau=\mathrm{d}x\mathrm{d}y\mathrm{d}z\tag{1.2.6}$$

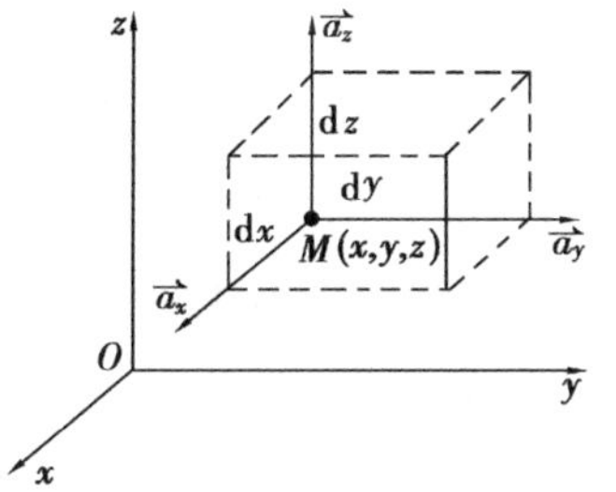

图 1.2.2　直角坐标系中的体积元

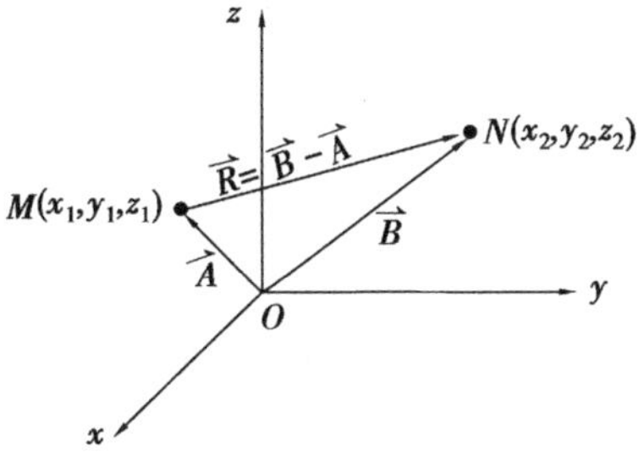

图 1.2.3　点 A 和点 B 的位置矢量

例 1.2.1　试说明从点 $M(x_1,y_1,z_1)$ 到点 $N(x_2,y_2,z_2)$ 所引矢量可表示为

$$\vec{R}=\vec{a}_x(x_2-x_1)+\vec{a}_y(y_2-y_1)+\vec{a}_z(z_2-z_1)$$

解　在直角坐标系中，由点 M 和点 N 的坐标 (x_1,y_1,z_1) 和 (x_2,y_2,z_2) 可写出点 M 和点 N 的位置矢量

$$\vec{A}=\vec{a}_x x_1+\vec{a}_y y_1+\vec{a}_z z_1$$

$$\vec{B}=\vec{a}_x x_2+\vec{a}_y y_2+\vec{a}_z z_2$$

因此，从点 $M(x_1,y_1,z_1)$ 向点 $N(x_2,y_2,z_2)$ 所引矢量 $\vec{R}$ 可以表为点 A 和点 B 的位置矢量之差，即

$$\vec{R}=\vec{B}-\vec{A}=\vec{a}_x(x_2-x_1)+\vec{a}_y(y_2-y_1)+\vec{a}_z(z_2-z_1)$$

1.2.2　柱坐标系

如图 1.2.4 所示，柱坐标系中的三个坐标变量是 r、φ、z。与直角坐标系相同，柱坐标系中也有一个 z 变量。各变量的变化范围是：

$$\begin{aligned}0\leqslant r\leqslant\infty\\ 0\leqslant\varphi\leqslant 2\pi\\ -\infty<z<\infty\end{aligned}\tag{1.2.7}$$

柱坐标系中任一点表示为 $M(r,\varphi,z)$，点 $M_1(r_1,\varphi_1,z_1)$ 是三个坐标曲面 $r=r_1,\varphi=\varphi_1,z=z_1$ 的交点。

过空间任意点 $M(r,\varphi,z)$ 的坐标单位矢量为 $\vec{a}_r,\vec{a}_\varphi,\vec{a}_z$。它们相互正交，而且遵循 $\vec{a}_r\times\vec{a}_\varphi=\vec{a}_z$ 的右手螺旋法则。值得注意的是，除 $\vec{a}_z$ 外，$\vec{a}_r,\vec{a}_\varphi$ 的方向都随 M 点的变化而变化，且满足

$$\frac{\mathrm{d}\vec{a}_r}{\mathrm{d}\varphi}=\vec{a}_\varphi \qquad \frac{\mathrm{d}\vec{a}_\varphi}{\mathrm{d}\varphi}=-\vec{a}_r \tag{1.2.8}$$

柱坐标系中任意矢量 $\vec{A}$ 可表示为

$$\vec{A}=\vec{a}_rA_r+\vec{a}_\varphi A_\varphi+\vec{a}_zA_z \tag{1.2.9}$$

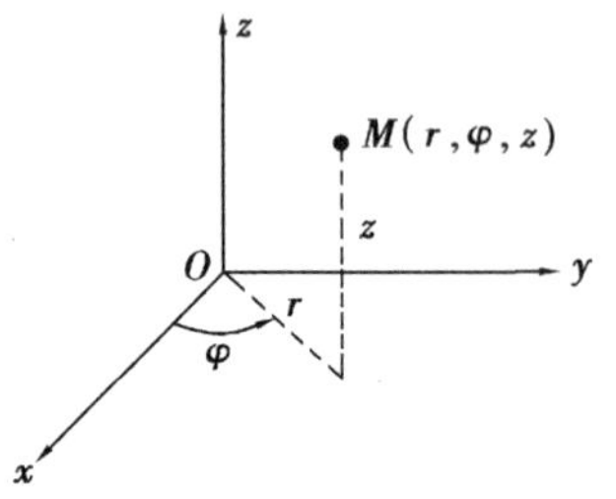

图 1.2.4　柱坐标系

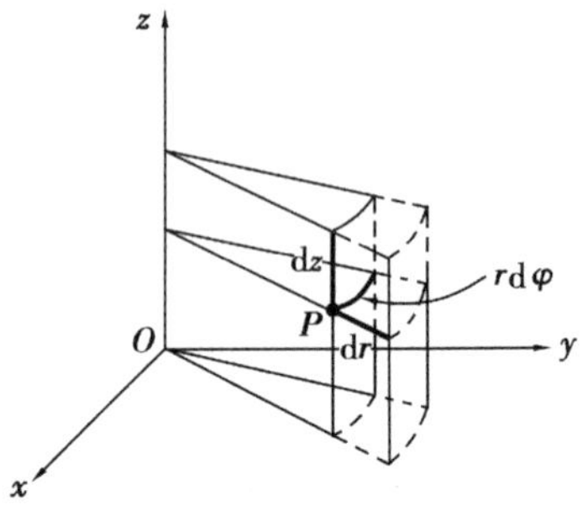

图 1.2.5　柱坐标系的体积元

其中，A_r,A_φ,A_z 分别是矢量 $\vec{A}$ 在 $\vec{a}_r,\vec{a}_\varphi,\vec{a}_z$ 方向上的投影。

位置矢量

$$\vec{R}=\vec{a}_rr+\vec{a}_zz \tag{1.2.10}$$

它的微分是

$$\mathrm{d}\vec{R}=\vec{a}_r\mathrm{d}r+\vec{a}_\varphi r\mathrm{d}\varphi+\vec{a}_z\mathrm{d}z \tag{1.2.11}$$

点 $M(r,\varphi,z)$ 沿 $\vec{a}_r,\vec{a}_\varphi,\vec{a}_z$ 方向的长度元分别是：

$$\begin{aligned}\mathrm{d}l_r&=\mathrm{d}r\\ \mathrm{d}l_\varphi&=r\mathrm{d}\varphi\\ \mathrm{d}l_z&=\mathrm{d}z\end{aligned} \tag{1.2.12}$$

度量系数分别是

$$h_r=1 \qquad h_\varphi=r \qquad h_z=1 \tag{1.2.13}$$

由 $r,r+\mathrm{d}r;\varphi,\varphi+\mathrm{d}\varphi;z,z+\mathrm{d}z$ 6 个坐标面构成的六面体的面积元是

$$\begin{aligned}\mathrm{d}S_r&=\mathrm{d}l_\varphi\mathrm{d}l_z=r\mathrm{d}\varphi\mathrm{d}z\\ \mathrm{d}S_\varphi&=\mathrm{d}l_r\mathrm{d}l_z=\mathrm{d}r\mathrm{d}z\\ \mathrm{d}S_z&=\mathrm{d}l_r\mathrm{d}l_\varphi=r\mathrm{d}r\mathrm{d}\varphi\end{aligned} \tag{1.2.14}$$

这个六面体的体积元是

$$\mathrm{d}\tau=r\mathrm{d}r\mathrm{d}\varphi\mathrm{d}z \tag{1.2.15}$$

例 1.2.2　求圆柱坐标系中从 Z 轴上一点 $z=h$ 指向点$(r,\varphi,0)$的单位矢量。

解　Z 轴上的点 $z=h$ 的位置矢量为

$$\vec{R}_1=\vec{a}_zh$$

点$(r,\varphi,0)$的位置矢量为

$$\vec{R}_2=\vec{a}_rr$$

因此，点 $z=h$ 指向点$(r,\varphi,0)$的矢量为

$$\vec{R}=\vec{a}_rr-\vec{a}_zh$$

则 $\vec{R}$ 的单位矢量为

$$\vec{a}_R = \frac{\vec{R}}{|\vec{R}|} = \frac{\vec{a}_r r - \vec{a}_z h}{\sqrt{r^2 + h^2}}$$

需要注意的是:位置矢量 $\vec{R}_2 = \vec{a}_r r$ 随坐标 φ 变化,因此,$\vec{R}$ 矢量也随坐标 φ 变化。

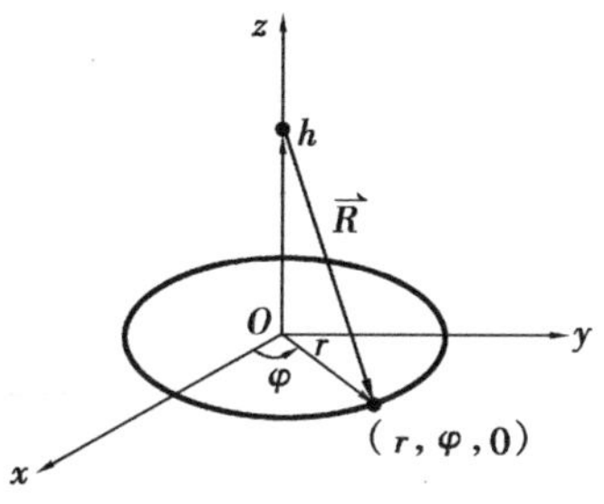

图 1.2.6　柱坐标系中的矢量表示

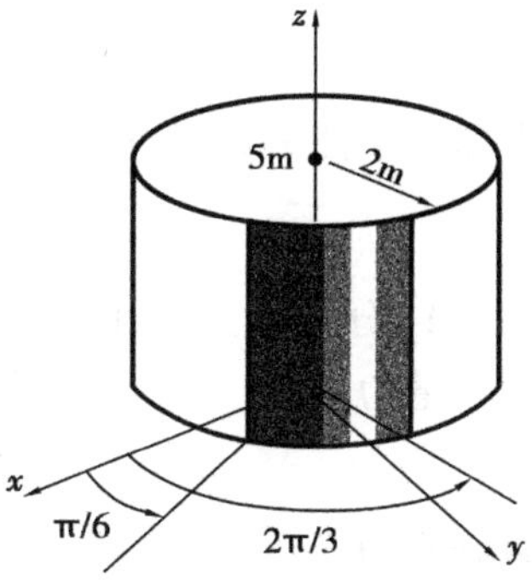

图 1.2.7　柱坐标系中的面积计算

例 1.2.3　在圆柱坐标系中,求圆柱面的部分侧面面积。其中,$r=2$ m,$h=5$ m,$\frac{\pi}{6} \leqslant \varphi \leqslant \frac{2\pi}{3}$,如图 1.2.7 所示。

解　在圆柱面侧面上的面积元为

$$\mathrm{d}S_r = r\mathrm{d}\varphi\mathrm{d}z$$

因此,部分侧面面积为

$$S = \int_0^5 \int_{\pi/6}^{2\pi/3} 2\mathrm{d}\varphi\mathrm{d}z = 5\pi \ \mathrm{m}^2$$

1.2.3　球坐标系

如图 1.2.8 所示,球坐标系中的三个坐标变量是 r,θ,φ。它们的变化范围是

$$\begin{aligned} &0 \leqslant r < \infty \\ &0 \leqslant \theta \leqslant \pi \\ &0 \leqslant \varphi \leqslant 2\pi \end{aligned} \qquad (1.2.16)$$

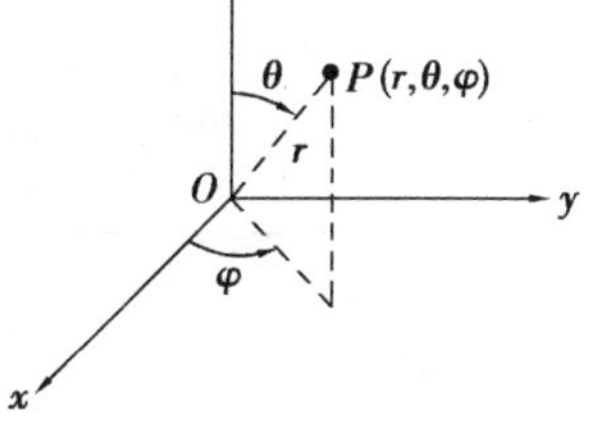

图 1.2.8　球坐标系

球坐标系中任意点可用 $M(r,\theta,\varphi)$ 来表示,点 $M_1(r_1,\theta_1,\varphi_1)$ 是 $r=r_1,\theta=\theta_1,\varphi=\varphi_1$ 三个坐标曲面的交点。过空间任意点 $M(r,\theta,\varphi)$ 的坐标单位矢量为 $\vec{a}_r,\vec{a}_\theta,\vec{a}_\varphi$。它们相互正交,遵循

$$\vec{a}_r \times \vec{a}_\theta = \vec{a}_\varphi, \vec{a}_\theta \times \vec{a}_\varphi = \vec{a}_r, \vec{a}_\varphi \times \vec{a}_r = \vec{a}_\theta \qquad (1.2.17)$$

的右手螺旋法则。必须注意,$\vec{a}_r,\vec{a}_\theta,\vec{a}_\varphi$ 的方向都随 M 点的位置变化而变化,且满足

$$\begin{cases} \dfrac{\partial \vec{a}_r}{\partial \theta} = \vec{a}_\theta & \dfrac{\partial \vec{a}_r}{\partial \varphi} = \vec{\alpha}_\varphi \sin\theta \\ \dfrac{\partial \vec{a}_\theta}{\partial \theta} = -\vec{a}_r & \dfrac{\partial \vec{a}_\theta}{\partial \varphi} = \vec{a}_\varphi \cos\theta \\ \dfrac{\partial \vec{a}_\varphi}{\partial \theta} = 0 & \dfrac{\partial \vec{a}_\varphi}{\partial \varphi} = -\vec{a}_r \sin\theta - \vec{a}_\theta \cos\theta \end{cases} \tag{1.2.18}$$

球坐标系中任一矢量 $\vec{A}$ 可表示为

$$\vec{A} = \vec{a}_r A_r + \vec{a}_\theta A_\theta + \vec{a}_\varphi A_\varphi \tag{1.2.19}$$

其中 A_r, A_θ, A_φ 分别是矢量 $\vec{A}$ 在 $\vec{a}_r, \vec{a}_\theta, \vec{a}_\varphi$ 方向上的投影。

位置矢量为

$$\vec{R} = \vec{a}_r r \tag{1.2.20}$$

其微分元为

$$\mathrm{d}\vec{R} = \vec{a}_r \mathrm{d}r + \vec{a}_\theta r\mathrm{d}\theta + \vec{a}_\varphi r\sin\theta \mathrm{d}\varphi \tag{1.2.21}$$

沿 $\vec{a}_r, \vec{a}_\theta, \vec{a}_\varphi$ 方向上的长度元分别是

$$\mathrm{d}l_r = \mathrm{d}r \qquad \mathrm{d}l_\theta = r\mathrm{d}\theta \qquad \mathrm{d}l_\varphi = r\sin\theta \mathrm{d}\varphi \tag{1.2.22}$$

度量系数分别为

$$h_r = 1 \qquad h_\theta = r \qquad h_\varphi = r\sin\theta \tag{1.2.23}$$

由 $r, r+\mathrm{d}r; \theta, \theta+\mathrm{d}\theta; \varphi, \varphi+\mathrm{d}\varphi$ 6 个坐标曲面围成的六面体的面积元是

$$\begin{aligned} \mathrm{d}S_r &= \mathrm{d}l_\theta \mathrm{d}l\varphi = r^2 \sin\theta \mathrm{d}\theta \mathrm{d}\varphi \\ \mathrm{d}S_\theta &= \mathrm{d}l_r \mathrm{d}l_\varphi = r\sin\theta \mathrm{d}r\mathrm{d}\varphi \\ \mathrm{d}S_\varphi &= \mathrm{d}l_r \mathrm{d}l_\theta = r\mathrm{d}r\mathrm{d}\theta \end{aligned} \tag{1.2.24}$$

这个六面体的体积元为

$$\mathrm{d}\tau = \mathrm{d}l_r \mathrm{d}l_\theta \mathrm{d}l_\varphi = r^2 \sin\theta \mathrm{d}r\mathrm{d}\theta\mathrm{d}\varphi \tag{1.2.25}$$

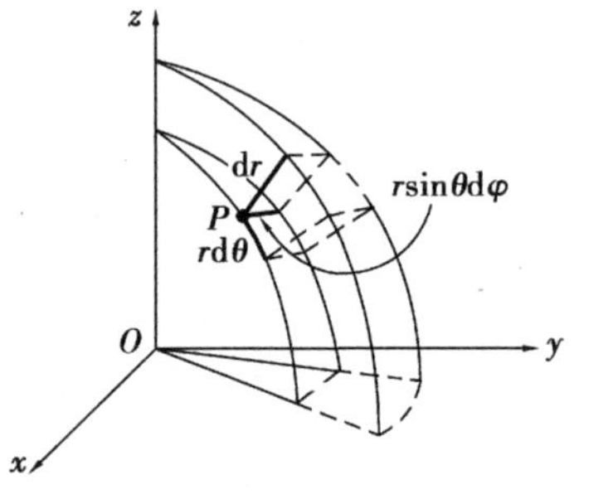

图 1.2.9　球坐标系体积元

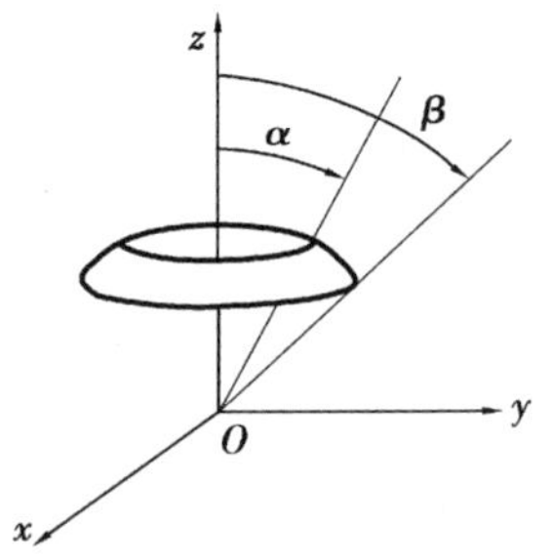

图 1.2.10　球坐标系中面积的计算

例 1.2.4　在球坐标系中,写出半径为 a 的球面上环带 $\alpha \leqslant \theta \leqslant \beta$ 的表面积表达式,如图 1.2.10所示。再进一步求出 $\alpha = 0, \beta = \pi$ 时的表面积。

解　球面上的微分面元为

$$\mathrm{d}S_r = r^2 \sin\theta \mathrm{d}\theta \mathrm{d}\varphi$$

于是

$$S=\int_0^{2\pi}\int_\alpha^\beta a^2\sin\theta\mathrm{d}\theta\mathrm{d}\varphi=2\pi a^2(\cos\alpha-\cos\beta)$$

再将 $\alpha=0,\beta=\pi$ 代入上式可得整个球面的面积 $S=4\pi a^2$。

1.2.4　三种坐标系的坐标变量之间的关系

(1)直角坐标系与柱坐标系的关系

根据图1.2.4所示的几何关系可得

$$\begin{aligned} &x=r\cos\varphi && r=\sqrt{x^2+y^2}\\ &y=r\sin\varphi && \varphi=\arctan\frac{y}{x}\\ &z=z && z=z \end{aligned}\tag{1.2.26}$$

(2)直角坐标系与球坐标系的关系

由图1.2.11所示的关系可得

$$\begin{aligned} x&=r\sin\theta\cos\varphi\\ y&=r\sin\theta\sin\varphi\\ z&=r\cos\theta \end{aligned}\tag{1.2.27}$$

$$\begin{aligned} r&=\sqrt{x^2+y^2+z^2}\\ \theta&=\arccos\frac{z}{\sqrt{x^2+y^2+z^2}}\\ \varphi&=\arctan\frac{y}{x} \end{aligned}\tag{1.2.28}$$

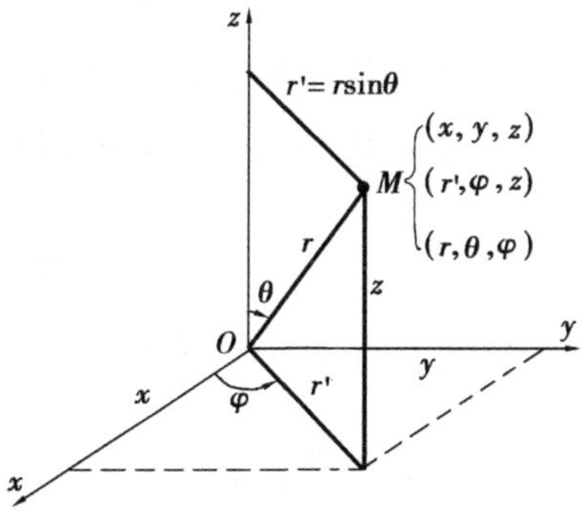

图1.2.11　直角坐标系与球坐标系的关系

(3)柱坐标系与球坐标系的关系

由图1.2.11所示的关系可得(柱坐标系中的坐标为 r',φ,z)

$$\begin{aligned} &r'=r\sin\theta && r=\sqrt{r'^2+z^2}\\ &\varphi=\varphi && \theta=\arccos\frac{z}{\sqrt{r'^2+z^2}}\\ &z=r\cos\theta && \varphi=\varphi \end{aligned}\tag{1.2.29}$$

1.3　标量场的梯度

对标量场的研究,主要讨论场的分布和在空间中的变化规律。标量场的一个重要特点就是场函数值相等的点构成一个曲面——等位面。标量场在空间中的分布用等位面来表示,空间中某点场沿各方向的变化和等值面的变化用方向导数和梯度来描述。

1.3.1　标量场的等值面

设有一个标量场 $\mu(x,y,z)$,这里假设 $\mu(x,y,z)$ 是连续函数。若令

$$\mu(x,y,z)=C\tag{1.3.1}$$

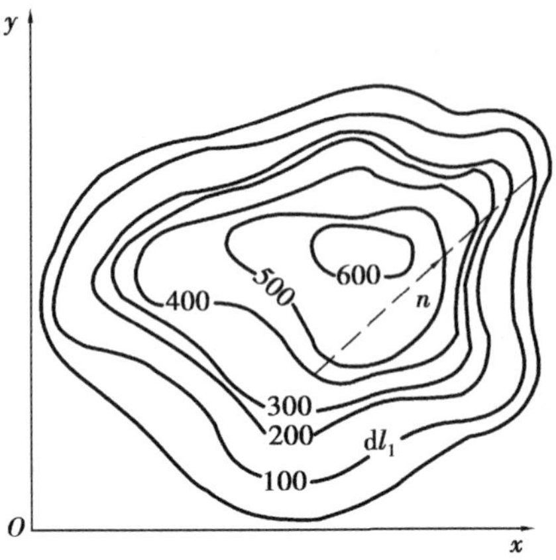

图 1.3.1　标量场的等值面

C 为任意常数，随着 C 的取值不同，方程(1.3.1)给出一组曲面，如图 1.3.1 所示。在曲面上的各点，虽然坐标 x，y，z 不同，但函数值相等，这样的曲面称为 $\mu(x,y,z)$ 的**等值面**。例如，温度场中的等温面，密度场中的等密度面，电场中的等电位面等。方程(1.3.1)称为等值面方程。

由于实际的标量场是连续分布的，并且可用一个连续分布的函数来表示，因此，充满整个标量场所在空间的等值面互不相交；或者反过来说，整个标量场所在空间由一系列互不相交的等值面完全填充。当然，场中的一个点只能在一个等值面上。标量场的分布又可用空间中一系列几何曲面（等值面）的分布来描述。

1.3.2　标量场的方向导数　梯度

设两相邻等值面分别为 μ_1 和 μ_2，且 $\mu_2-\mu_1=\mathrm{d}\mu$，如图 1.3.2 所示。$M_0(x_0,y_0,z_0)$ 为等值面 μ_1 上的一定点，根据偏导数的定义可以写出

$$\left.\frac{\partial\mu}{\partial l}\right|_{M_0}=\lim_{l\to 0}\frac{\mu(M)-\mu(M_0)}{l} \tag{1.3.2}$$

M 为 M_0 邻域内的任一点，$\left.\frac{\partial\mu}{\partial l}\right|_{M_0}$ 就称函数 $\mu(x,y,z)$ 在点 M_0 沿 l 方向的**方向导数**。

方向导数是函数 $\mu(x,y,z)$ 在给定点沿某一方向对距离的变化率。$\frac{\partial\mu}{\partial l}>0$，函数 $\mu(x,y,z)$ 沿 l 方向增大；$\frac{\partial\mu}{\partial l}<0$，函数 $\mu(x,y,z)$ 沿 l 方向减小；$\frac{\partial\mu}{\partial l}=0$，函数 $\mu(x,y,z)$ 沿 l 方向不变化。

若点 M 在等值面 μ_2 上移动，根据微分定义：

$$\mathrm{d}\mu=\frac{\partial\mu}{\partial x}\mathrm{d}x+\frac{\partial\mu}{\partial y}\mathrm{d}y+\frac{\partial\mu}{\partial z}\mathrm{d}z \tag{1.3.3}$$

因为

$$\mathrm{d}\vec{l}=\vec{a}_x\mathrm{d}x+\vec{a}_y\mathrm{d}y+\vec{a}_z\mathrm{d}z \tag{1.3.4}$$

显然，$\mathrm{d}\mu$ 可以表示成 $\mathrm{d}\vec{l}$ 与矢量

$$\nabla\mu=\vec{a}_x\frac{\partial\mu}{\partial x}+\vec{a}_y\frac{\partial\mu}{\partial y}+\vec{a}_z\frac{\partial\mu}{\partial z} \tag{1.3.5}$$

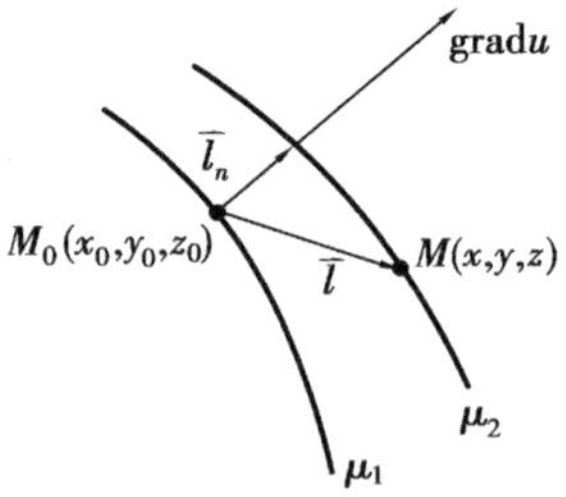

图 1.3.2　方向导数、梯度

的标量积，即

$$\mathrm{d}\mu=\nabla\mu\cdot\mathrm{d}\vec{l} \tag{1.3.6}$$

矢量 $\nabla\mu$ 称为函数 $\mu(x,y,z)$ 在 M_0 点的梯度，用 $\mathrm{grad}\mu$ 表示。下面就来讨论 $\nabla\mu$ 的几何意义。

由式(1.3.6)，上述两相邻等值面 μ 的增量可以写成

$$\mathrm{d}\mu=\nabla\mu\cdot\mathrm{d}\vec{l}=\frac{\partial\mu}{\partial l}\mathrm{d}l \tag{1.3.7}$$

显然，$\vec{l}$ 方向上的方向导数 $\frac{\partial\mu}{\partial l}$ 为梯度 $\nabla\mu$ 在 $\vec{l}$ 方向上的投影。如果 $\nabla\mu$ 与 $\vec{l}$ 方向相同，则

$\frac{\partial\mu}{\partial l}=|\nabla\mu|$，取最大值；如果$\nabla\mu$与$\vec{l}$方向夹角为$\theta$，则$\frac{\partial\mu}{\partial l}=|\nabla\mu|\cos\theta$；当$\nabla\mu$与$\vec{l}$互相垂直时，$\frac{\partial\mu}{\partial l}=0$。

因为M_0点落在μ_1的等值面上，M点落在μ_2的等值面上，不管M点怎样变动，两等值面上函数的差值为一常数$\mathrm{d}\mu$。从M_0点取不同的方向位移到μ_2上，它引起的$\mathrm{d}\mu$是相同的，但路径的长度不同，表示沿不同的方向μ的方向导数不同，$\mathrm{d}l$越大，$\frac{\partial\mu}{\partial l}$就越小；反过来，$\mathrm{d}l$越小，$\frac{\partial\mu}{\partial l}$就越大。显然，$\mathrm{d}l$沿等值面法向$\vec{n}$的路径最短，$\mu$的方向导数为最大值，此时

$$\mathrm{d}\mu=\frac{\partial\mu}{\partial l_n}\mathrm{d}l_n \tag{1.3.8}$$

因此

$$|\nabla\mu|=\frac{\partial\mu}{\partial l_n} \tag{1.3.9}$$

即梯度的模是μ的最大增加率。梯度的方向在等值面的法线方向上，它就是μ增加率最大的方向。

直角坐标系中哈密顿(Hamilton)算符表示为

$$\nabla=\vec{a}_x\frac{\partial}{\partial x}+\vec{a}_y\frac{\partial}{\partial y}+\vec{a}_z\frac{\partial}{\partial z} \tag{1.3.10}$$

因此，直角坐标系中梯度计算公式为

$$\mathrm{grad}\mu=\nabla\mu=\frac{\partial\mu}{\partial x}+\frac{\partial\mu}{\partial y}+\frac{\partial\mu}{\partial z} \tag{1.3.11}$$

柱坐标系中的哈密顿算符和梯度计算公式为

$$\nabla=\vec{a}_r\frac{\partial}{\partial r}+\vec{a}_\varphi\frac{1}{r}\frac{\partial}{\partial\varphi}+\vec{a}_z\frac{\partial}{\partial z} \tag{1.3.12}$$

$$\mathrm{grad}\mu=\nabla\mu=\vec{a}_r\frac{\partial\mu}{\partial r}+\vec{a}_\varphi\frac{1}{r}\frac{\partial\mu}{\partial\varphi}+\vec{a}_z\frac{\partial\mu}{\partial z} \tag{1.3.13}$$

球坐标系中的哈密顿算符和梯度计算公式为

$$\nabla=\vec{a}_r\frac{\partial}{\partial r}+\vec{a}_\theta\frac{1}{r}\frac{\partial}{\partial\theta}+\vec{a}_\varphi\frac{1}{r\sin\theta}\frac{\partial}{\partial\varphi} \tag{1.3.14}$$

$$\mathrm{grad}\mu=\nabla\mu=\vec{a}_r\frac{\partial\mu}{\partial r}+\vec{a}_\theta\frac{1}{r}\frac{\partial\mu}{\partial\theta}+\vec{a}_\varphi\frac{1}{r\sin\theta}\frac{\partial\mu}{\partial\varphi} \tag{1.3.15}$$

例1.3.1　设点电荷q位于球坐标原点，在它周围空间任一点$M(r,\theta,\varphi)$的电位为

$$\mu(r,\theta,\varphi)=\frac{q}{4\pi\varepsilon_0 r}$$

式中q和ε_0为常数。试求空间各点($r\neq0$)电位的梯度。

解　由于电位函数$\mu(r,\theta,\varphi)=\frac{q}{4\pi\varepsilon_0 r}$只是$r$的函数，$\mu$具有球对称性，将$\mu(r,\theta,\varphi)=\frac{q}{4\pi\varepsilon_0 r}$代入式(1.3.15)得

$$\nabla\mu=\vec{a}_r\frac{\partial\mu}{\partial r}=-\frac{q}{4\pi\varepsilon_0 r^2}\vec{a}_r$$

在后续章节中将看到，$-\nabla\mu=\frac{q}{4\pi\varepsilon_0 r^2}\vec{a}_r$ 正是位于球坐标原点的点电荷 q 在空间各点的电场强度。

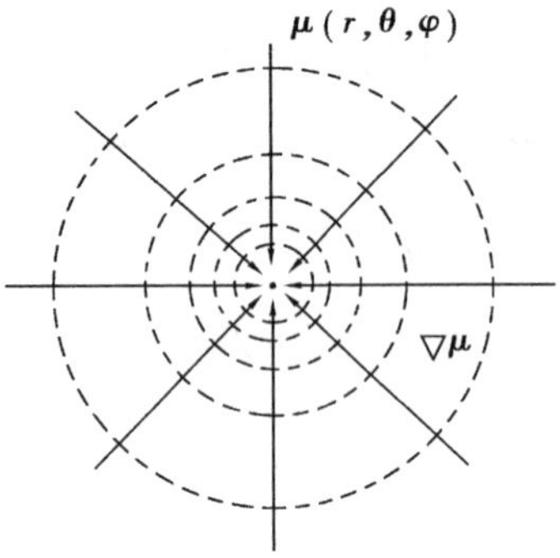

图 1.3.3　点电荷的电位与梯度关系

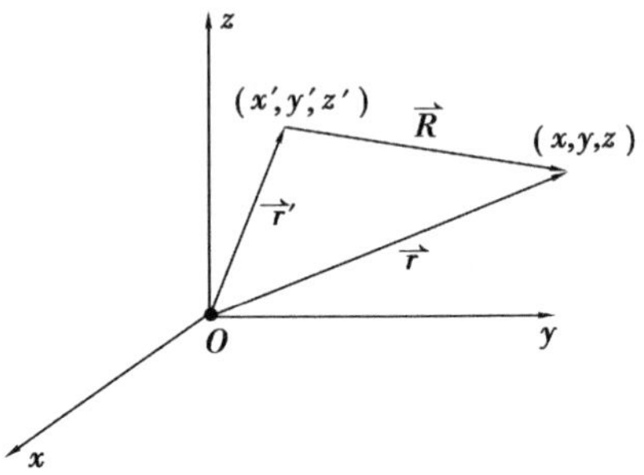

图 1.3.4　距离矢量 $\vec{R}$

例 1.3.2　空间两点的距离矢量可表示为 $\vec{R}=\vec{r}-\vec{r}'$，如图 1.3.4 所示，其中 $\vec{r}$ 和 $\vec{r}'$ 分布是 $P(x,y,z)$ 和 $Q(x',y',z')$ 两点的位置矢量。试证明以 x,y,z 为变量（即 P 为动点）时的 $\frac{1}{R}$ 的梯度 $\nabla(\frac{1}{R})$ 和以 x',y',z' 为变量（即 Q 为动点）时的 $\frac{1}{R}$ 的梯度 $\nabla'(\frac{1}{R})$ 之间有

$$\nabla\left(\frac{1}{R}\right)=-\nabla'\left(\frac{1}{R}\right)$$

解　在直角坐标系中，

$$R=\sqrt{(x-x')^2+(y-y')^2+(z-z')^2}$$

这里

$$\nabla=\vec{a}_x\frac{\partial}{\partial x}+\vec{a}_y\frac{\partial}{\partial y}+\vec{a}_z\frac{\partial}{\partial z},\ \nabla'=\vec{a}_x\frac{\partial}{\partial x'}+\vec{a}_y\frac{\partial}{\partial y'}+\vec{a}_z\frac{\partial}{\partial z'}$$

因为

$$\frac{\partial}{\partial x}\left(\frac{1}{R}\right)=\left(-\frac{1}{R^2}\right)\frac{\partial R}{\partial x}=-\frac{x-x'}{R^3}$$

$$\frac{\partial}{\partial y}\left(\frac{1}{R}\right)=\left(-\frac{1}{R^2}\right)\frac{\partial R}{\partial y}=-\frac{y-y'}{R^3}$$

$$\frac{\partial}{\partial z}\left(\frac{1}{R}\right)=\left(-\frac{1}{R^2}\right)\frac{\partial R}{\partial z}=-\frac{z-z'}{R^3}$$

即

$$\nabla\left(\frac{1}{R}\right)=\vec{a}_x\frac{\partial}{\partial x}\left(\frac{1}{R}\right)+\vec{a}_y\frac{\partial}{\partial y}\left(\frac{1}{R}\right)+\vec{a}_z\frac{\partial}{\partial z}\left(\frac{1}{R}\right)=-\frac{\vec{R}}{R^3}$$

同样可得

$$\nabla'\left(\frac{1}{R}\right)=\vec{a}_x\frac{\partial}{\partial x'}\left(\frac{1}{R}\right)+\vec{a}_y\frac{\partial}{\partial y'}\left(\frac{1}{R}\right)+\vec{a}_z\frac{\partial}{\partial z'}\left(\frac{1}{R}\right)=\frac{\vec{R}}{R^3}$$

于是得证

$$\nabla\left(\frac{1}{R}\right)=-\nabla'\left(\frac{1}{R}\right)$$

1.4　矢量场的通量　散度

矢量场在空间中的分布形态各异,有的矢量场呈发散状,有的矢量场呈旋涡状。对矢量场的研究,主要讨论场在空间中的分布形态和场对源的依赖关系。为了分析矢量场在空间中的分布规律和场源关系,这里先引入矢量场的通量和散度的概念。

1.4.1　矢量场的通量

为了定义矢量场的通量,先介绍空间面元矢量的概念。空间中的面元,不仅有大小,还有一定的取向。设空间中有一面元大小为 $\mathrm{d}S$,与面元垂直的单位矢量为 $\vec{n}$,则此空间面元可用一个矢量表示为

$$\mathrm{d}\vec{S}=\vec{n}\mathrm{d}S \tag{1.4.1}$$

$\mathrm{d}\vec{S}$ 就称为空间面元矢量。

空间曲面上矢量面元的 $\vec{n}$ 的取法有两种:一是 $\mathrm{d}\vec{S}$ 为开表面上的一个面元,$\vec{n}$ 的取法要求围成开表面的边界走向与 $\vec{n}$ 满足右手螺旋法则($\vec{n}$ 为螺旋进动方向);二是 $\mathrm{d}\vec{S}$ 为闭合面上的一个面元,对于闭合面上的面元,$\vec{n}$ 一般取外法线方向。如图 1.4.1 所示。

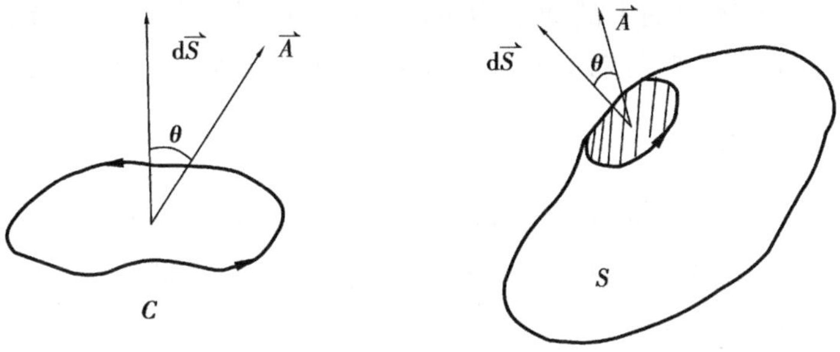

(a)空间面元　　(b)闭合面上的面元

图 1.4.1　空间中的面元

在直角坐标系中,空间面元矢量表示为

$$\mathrm{d}\vec{S}=\vec{a}_x\mathrm{d}S_x+\vec{a}_y\mathrm{d}S_y+\vec{a}_z\mathrm{d}S_z \tag{1.4.2}$$

在矢量场 $\vec{A}$ 中,任取一个面元矢量 $\mathrm{d}\vec{S}$,矢量 $\vec{A}$ 穿过 $\mathrm{d}\vec{S}$ 的通量定义为

$$\vec{A}\cdot\mathrm{d}\vec{S}=A\mathrm{d}S\cos\theta \tag{1.4.3}$$

对于空间开曲面 S,矢量 $\vec{A}$ 穿过 S 的通量定义为

$$\int_S\vec{A}\cdot\mathrm{d}\vec{S}=\int_S\vec{A}\cdot\vec{n}\mathrm{d}S=\int_S A\cos\theta\mathrm{d}S \tag{1.4.4}$$

如果曲面 S 是一个闭合面,矢量 $\vec{A}$ 穿过闭合面 S 的通量定义为

$$\oint_S\vec{A}\cdot\mathrm{d}\vec{S}=\oint_S A\cos\theta\mathrm{d}S \tag{1.4.5}$$

下面以流体为例来讨论矢量场通量的物理意义。在流体中,设流体的流速 $\vec{v}$ 构成一个矢

量场，则 $\vec{v} \cdot d\vec{S}$ 是流体每秒穿过面元 $d\vec{S}$ 的流量，$\oint_S \vec{v} \cdot d\vec{S}$ 是流体每秒从闭合面 S 流出的净流量。如果穿过闭合面的通量不等于零，则表示闭合面包围的体积内有净的流量流出或流入。$\oint_S \vec{v} \cdot d\vec{S} > 0$ 表示每秒有净流量流出，这说明体积内必定存在着流体的源；$\oint_S \vec{v} \cdot d\vec{S} < 0$ 表示每秒有净流量流入，这说明体积内必定存在着流体的负源。显然，前一种情况下体积内也可能存在负源，但体积内正源肯定大于负源，所以流体有净流量从闭合面内流出；而后一种情况则反过来，体积内总是负源大于正源，故流体有净流量从闭合面流入。如果 $\oint_S \vec{v} \cdot d\vec{S} = 0$，则没有流体穿过闭合面，或流入和流出体积的流量相等，此时也说明体积内无流体的源，或流体的正源和负源相等。

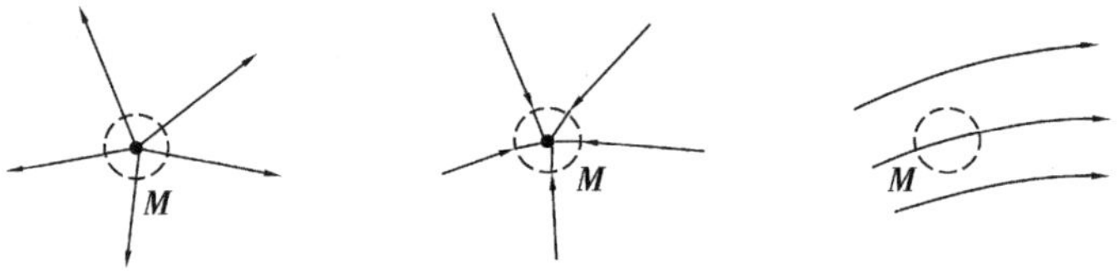

$\oint_S \vec{v} \cdot d\vec{S} > 0$　　$\oint_S \vec{v} \cdot d\vec{S} < 0$　　$\oint_S \vec{v} \cdot d\vec{S} = 0$

图 1.4.2　矢量场的通量与源的关系

矢量场 $\vec{A}$ 的通量说明了在一个区域中场与源的一种关系。例如，静电场中的正电荷发出电力线，在包围它的任意闭合面上的通量为正值。负电荷吸收电力线，在包围它的任意闭合面上的通量为负值。闭合面内电荷电量的代数和为零，或无电荷时，闭合面上的通量为零。

1.4.2　矢量场的散度

闭合面的通量是一个积分量，它只能说明场在一个区域中总的情况，不能说明区域内每点场的性质。为了研究场中任一点附近 $\vec{A}$ 与源的关系，把闭合面收小，使包含这个点在内的体积 $\Delta\tau \to 0$，并定义极限

$$\lim_{\Delta\tau \to 0} \frac{\oint_S \vec{A} \cdot d\vec{S}}{\Delta\tau}$$

为 $\vec{A}$ 在该点的**散度**(divergence)，记为

$$\text{div}\vec{A} = \lim_{\Delta\tau \to 0} \frac{\oint_S \vec{A} \cdot d\vec{S}}{\Delta\tau} \tag{1.4.6}$$

$\vec{A}$ 在空间中某点的散度，它表示从该点单位体积内流出的通量。从流体流速场的通量、散度的物理意义得到启示，$\text{div}\vec{A}$ **也代表着矢量场** $\vec{A}$ **在该点单位体积内的一种源。如果** $\text{div}\vec{A} > 0$，**表示该点存在** $\vec{A}$ **的正源；如果** $\text{div}\vec{A} < 0$，**表示该点存在** $\vec{A}$ **的负源；**$\text{div}\vec{A} = 0$ **则表示该点** $\vec{A}$ **无源。**

下面推导 $\text{div}\vec{A}$ 的计算公式。在直角坐标系中，将 $\vec{A}$、$d\vec{S}$ 分别写成分量形式，则 $\vec{A}$ 在曲面上的通量可表示为

$$\int_S \vec{A} \cdot d\vec{S} = \int_S A_x dS_x + A_y dS_y + A_z dS_z \tag{1.4.7}$$

在闭合面上 $\vec{A}$ 的通量为

$$\oint_S \vec{A} \cdot d\vec{S} = \oint_S A_x dS_x + A_y dS_y + A_z dS_z \tag{1.4.8}$$

从散度的定义知道，$\mathrm{div}\vec{A}$ 为当 $\Delta\tau \to 0$ 时式(1.4.6)的极限，它应该与 $\Delta\tau$ 的形状无关。在直角坐标系中，以研究的点(x,y,z)为顶点作一个平行六面体，其三个边分别为 $\Delta x,\Delta y,\Delta z$，矢量 $\vec{A}$ 穿出此六面体表面的通量为 $\vec{A}$ 穿出三对表面的通量之和。在图 1.4.3 中，从左、右一对表面穿出的净通量为

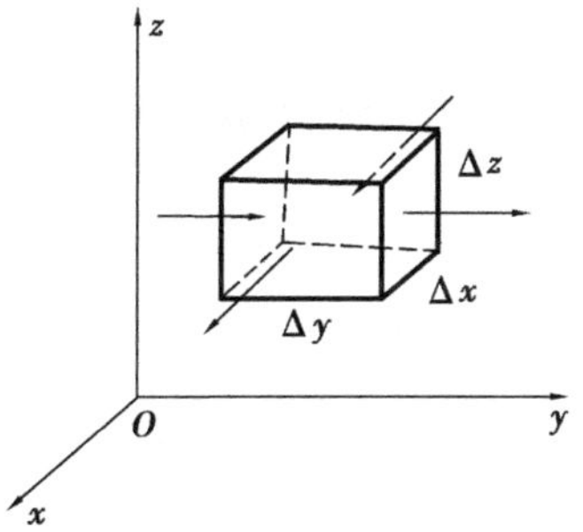

图 1.4.3　直角坐标系中计算 $\mathrm{div}\vec{A}$

$$-A_y\Delta x\Delta z + \left(A_y + \frac{\partial A_y}{\partial y}\Delta y\right)\Delta x\Delta z = \frac{\partial A_y}{\partial y}\Delta x\Delta y\Delta z$$

从上、下一对表面穿出的净通量为

$$-A_z\Delta x\Delta y + \left(A_z + \frac{\partial A_z}{\partial z}\Delta z\right)\Delta x\Delta y = \frac{\partial A_z}{\partial z}\Delta x\Delta y\Delta z$$

从前、后一对表面穿出的净通量为

$$-A_x\Delta y\Delta z + \left(A_x + \frac{\partial A_x}{\partial x}\Delta x\right)\Delta x\Delta y = \frac{\partial A_x}{\partial x}\Delta x\Delta y\Delta z$$

故从平行六面体穿出的净通量为

$$\oint_S \vec{A} \cdot d\vec{S} = \left(\frac{\partial A_x}{\partial x} + \frac{\partial A_y}{\partial y} + \frac{\partial A_z}{\partial z}\right)\Delta x\Delta y\Delta z = \left(\frac{\partial A_x}{\partial x} + \frac{\partial A_y}{\partial y} + \frac{\partial A_z}{\partial z}\right)\Delta\tau$$

代入式(1.4.6)得

$$\lim_{\Delta\tau\to 0}\frac{\oint_S \vec{A} \cdot d\vec{S}}{\Delta\tau} = \frac{\partial A_x}{\partial x} + \frac{\partial A_y}{\partial y} + \frac{\partial A_z}{\partial z} \tag{1.4.9}$$

于是，直角坐标系中的散度计算公式为

$$\mathrm{div}\vec{A} = \frac{\partial A_x}{\partial x} + \frac{\partial A_y}{\partial y} + \frac{\partial A_z}{\partial z} \tag{1.4.10}$$

按同样的方法可导出柱坐标系中的散度计算公式为

$$\mathrm{div}\vec{A} = \frac{1}{r}\frac{\partial}{\partial r}(rA_r) + \frac{1}{r}\frac{\partial A_\varphi}{\partial \varphi} + \frac{\partial A_z}{\partial z} \tag{1.4.11}$$

球坐标系中的散度计算公式为

$$\mathrm{div}\vec{A} = \frac{1}{r^2}\frac{\partial}{\partial r}(r^2A_r) + \frac{1}{r\sin\theta}\frac{\partial}{\partial\theta}(\sin\theta A_\theta) + \frac{1}{r\sin\theta}\frac{\partial A_\varphi}{\partial\varphi} \tag{1.4.12}$$

在各种正交坐标系下,如果哈密顿算符 ∇ 取在各自坐标系下的具体表示关系,则 $\vec{A}$ 的散度计算公式可以统一写成

$$\mathrm{div}\vec{A} = \nabla \cdot \vec{A} \tag{1.4.13}$$

1.4.3 高斯散度定理

设一闭合面 S 包围体积 τ,按散度的定义,$\nabla \cdot \vec{A}$ 等于空间某一点从包围该点的单位体积内 $\vec{A}$ 穿出的通量。因此,闭合面 S 包围的体积 τ 内,对所有点取 $\vec{A}$ 的散度的代数和必定等于 S 面上 $\vec{A}$ 穿出的净通量。即

$$\oint_S \vec{A} \cdot \mathrm{d}\vec{S} = \int_\tau \nabla \cdot \vec{A} \mathrm{d}\tau \tag{1.4.14}$$

此关系称为**高斯散度定理**。它的意义是:**任意矢量场 $\vec{A}$ 的散度在场中任意体积内的体积分等于矢量场 $\vec{A}$ 在限定该体积的闭合面上的通量**。高斯散度定理是电磁场理论中常用的关系。下面我们来证明高斯散度定理。

将闭合面 S 包围的体积 τ 分成无穷多个体积元 $\mathrm{d}\tau_1,\mathrm{d}\tau_2,\mathrm{d}\tau_3,\cdots$,并使其中最大的体积元 $\mathrm{d}\tau_{\max}\to 0$,计算从每个体积元的小闭合面穿出的 $\vec{A}$ 的通量。按散度的定义,空间一点从包围该点的体积内 $\vec{A}$ 穿出的通量与该点的散度之间有关系

$$\begin{aligned} \oint_{S_1} \vec{A} \cdot \mathrm{d}\vec{S} &= \nabla \cdot \vec{A}\mathrm{d}\tau_1 \\ \oint_{S_2} \vec{A} \cdot \mathrm{d}\vec{S} &= \nabla \cdot \vec{A}\mathrm{d}\tau_2 \\ &\cdots \end{aligned} \tag{1.4.15}$$

因为任意相邻两体积元有一个公共表面,这个公共表面上 $\vec{A}$ 的通量对这两个体积元来说恰好是等值异号的,求和时互相抵消。在整个体积 τ 中,除开邻近 S 面的那些体积元外,所有的体积元都是由 6 个与相邻体积元的公共表面围成,所有这些体积元 $\vec{A}$ 的通量的总和为零。而邻近 S 面的那些体积元,它们有部分表面是 S 面上的面元,这部分表面的通量没有被抵消,其总和恰好是 $\vec{A}$ 从闭合面 S 穿出的通量。因此有

$$\oint_S \vec{A} \cdot \mathrm{d}\vec{S} = \oint_{S_1} \vec{A} \cdot \mathrm{d}\vec{S} + \oint_{S_2} \vec{A} \cdot \mathrm{d}\vec{S} + \cdots \tag{1.4.16}$$

将式(1.4.15)的各式代入式(1.4.16)得

$$\oint_S \vec{A} \cdot \mathrm{d}\vec{S} = \nabla \cdot \vec{A}\mathrm{d}\tau_1 + \nabla \cdot \vec{A}\mathrm{d}\tau_2 + \cdots$$

因为最大的体积元满足 $\mathrm{d}\tau_{\max}\to 0$,故有

$$\nabla \cdot \vec{A}\mathrm{d}\tau_1 + \nabla \cdot \vec{A}\mathrm{d}\tau_2 + \cdots = \int_\tau \nabla \cdot \vec{A}\mathrm{d}\tau$$

因此

$$\oint_S \vec{A} \cdot \mathrm{d}\vec{S} = \int_\tau \nabla \cdot \vec{A}\mathrm{d}\tau$$

例 1.4.1 点电荷 q 位于球坐标原点,此电荷的电场强度在空间中分布如下

$$\vec{E}=\vec{a}_r\frac{1}{4\pi\varepsilon_0}\frac{q}{r^2}$$

(1)计算在 $r=r_0$ 的球面上,电场强度 $\vec{E}$ 穿出的通量。

(2)计算空间各点($r\neq0$)电场强度 $\vec{E}$ 的散度。

解　由题意所知,位于坐标原点的电荷的电场,电场强度的方向总在 $\vec{a}_r$ 方向上,呈发散状分布。电场强度只是 r 的函数,其分布具有球对称性,且与 $\frac{1}{r^2}$ 成正比。

在 $r=r_0$ 的球面上任取一面元 $d\vec{S}=\vec{a}_r dS_r=\vec{a}_r r^2\sin\theta d\theta d\varphi$,则

$$\vec{E}\cdot d\vec{S}=E_r dS_r=\frac{1}{4\pi\varepsilon_0}\frac{q}{r^2}r^2\sin\theta d\theta d\varphi$$

$\vec{E}$ 在 $r=r_0$ 球面上的通量为

$$\oint_S\vec{E}\cdot d\vec{S}=\int_0^{\pi}\int_0^{2\pi}\frac{1}{4\pi\varepsilon_0}\frac{q}{r^2}r^2\sin\theta d\theta d\varphi=\frac{q}{\varepsilon_0}$$

对于 $r\neq0$ 的空间各点,电场强度 $\vec{E}$ 的散度为

$$\nabla\cdot\vec{E}=\frac{1}{r^2}\frac{\partial}{\partial r}(r^2A_r)=\frac{1}{r^2}\frac{\partial}{\partial r}\left(\frac{q}{4\pi\varepsilon_0}\right)=0$$

由矢量场通量的物理意义可知,$\vec{E}$ 在 $r=r_0$ 球面上的通量就是 $\vec{E}$ 在 $r=r_0$ 球中的源,这里 $\vec{E}$ 的通量正好等于 q/ε_0。而矢量场在空间一点的散度为矢量场在该点的源,由求解结果知道,除 $r=0$ 点外,矢量场的散度处处为零,这正说明了此题的情况。

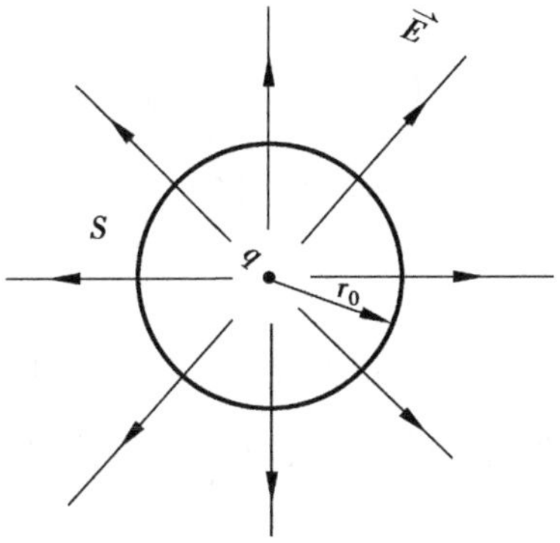

图 1.4.4　点电荷的电场与 $\mathrm{div}\vec{A}$

例 1.4.2　位置矢量 $\vec{r}$ 构成一个矢量场。在球坐标系中,$\vec{r}=\vec{a}_r r$;在直角坐标系中,$\vec{r}=\vec{a}_x x+\vec{a}_y y+\vec{a}_z z$。试计算在球坐标系下,矢量 $\vec{r}$ 穿过一个球心在原点,半径为 a 的球面的通量,并在两种坐标系下计算 $\nabla\cdot\vec{r}$。

解　此场是一个在空间各点指向 $\vec{r}$ 方向,场的值随 $\vec{r}$ 的增加而增大,且具有球对称性的发散场。在球坐标系中,因为在 $r=a$ 的球面上,$\vec{r}$ 的大小处处相等,且处处与球面元垂直,所以

$$\oint_S\vec{r}\cdot dS=a4\pi a^2=4\pi a^3$$

在球坐标系下

$$\nabla\cdot\vec{r}=\frac{1}{r^2}\frac{\partial}{\partial r}(r^2\cdot r)=3$$

在直角坐标系下

$$\nabla\cdot\vec{r}=\left(\vec{a}_x\frac{\partial}{\partial x}+\vec{a}_y\frac{\partial}{\partial y}+\vec{a}_z\frac{\partial}{\partial z}\right)\cdot(\vec{a}_x x+\vec{a}_y y+\vec{a}_z z)$$

$$\frac{\partial x}{\partial x}+\frac{\partial y}{\partial y}+\frac{\partial z}{\partial z}=3$$

位置矢量场在空间中的发散源是均匀的，而且，在 $r=a$ 的球上，容易证明

$$\int_{\tau} \nabla \cdot \vec{r}\mathrm{d}\tau = \int_0^{\theta}\int_0^{\pi}\int_0^{2\pi} 3r^2 \sin\theta \mathrm{d}r\mathrm{d}\theta\mathrm{d}\varphi = 4\pi a^3 = \oint_S \vec{r} \cdot \mathrm{d}\vec{S}$$

满足高斯定理。

例 1. 4. 3　球坐标系中，已知 $\vec{D}=\vec{a}_r \dfrac{5r^2}{4}$，试求该矢量穿过如图 1. 4. 5 所示闭合面的通量，并对该区域验证散度定理。

解　由于 $\vec{D}$ 矢量只在 $\vec{a}_r$ 方向有分量，在 $\vec{a}_\theta$ 和 $\vec{a}_\varphi$ 方向无分量，即 $D_\theta=0$，$D_\theta \mathrm{d}S_\theta=0$，因此，$\vec{D}$ 矢量在锥面上的通量为零，$\vec{D}$ 矢量的通量只在球冠面上才有通量

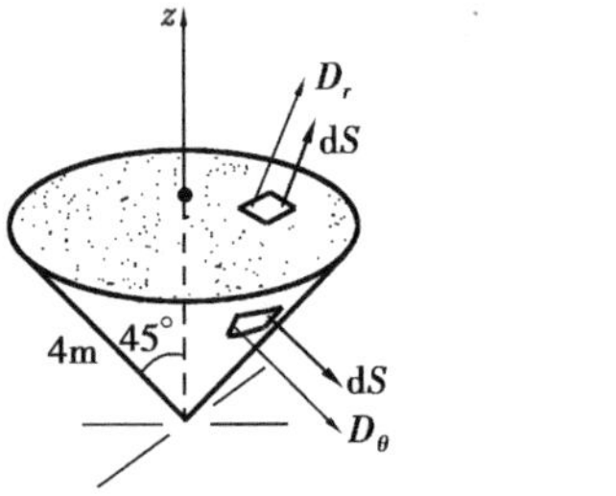

图 1. 4. 5　球坐标系中矢量通量的计算

$$\int_0^{2\pi}\int_0^{\pi/4} \vec{D} \cdot \mathrm{d}\vec{S} = \int_0^{2\pi}\int_0^{\pi/4} D_r \mathrm{d}S_r =$$

$$\int_0^{2\pi}\int_0^{\pi/4} \frac{5\times 4^2}{4} \times 4^2 \sin\theta\mathrm{d}\theta\mathrm{d}\varphi = 588.6$$

再求 $\vec{D}$ 矢量在空间各点的散度：

在球坐标系中，$\nabla \cdot \vec{D} = \dfrac{1}{r^2}\dfrac{\partial}{\partial r}\left(\dfrac{5r^4}{4}\right) = 5r$，于是

$$\int_v (\nabla \cdot \vec{D})\mathrm{d}\tau = \int_0^{2\pi}\int_0^{\pi/4}\int_0^4 (5r)r^2 \sin\theta \mathrm{d}r\mathrm{d}\theta\mathrm{d}\varphi = 588.6$$

即在给定的区域中满足散度定理。

1.5　矢量场的环流　旋度

一个发散状的矢量场，用通量和散度来描述场与源之间的关系。而对于线电流产生的磁场和呈旋涡状流动的流体的流速场，场的力线或流线都是一些闭合曲线，如图 1. 5. 1 所示。如果在这种场中任选一闭合曲面，场在闭合面上的通量恒为零，而且场的散度处处为零。因此，不能用通量和散度来描述这种旋涡场与源的关系。为了描述旋涡场在空间中的分布规律和场源关系，下面引入矢量场的环流和旋度的概念。

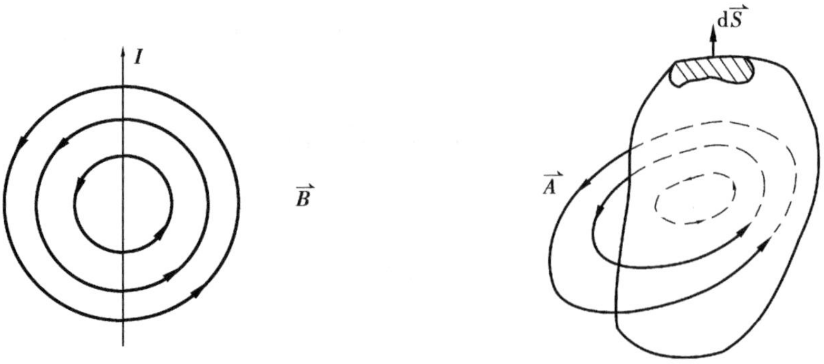

(a) 线电流产生的磁场　　　　(b) 旋涡场的通量

图 1. 5. 1　旋涡场及通量特征

1.5.1　矢量场的环流

在矢量场$\vec{A}$中，任选一闭合曲线C，**将$\vec{A}$在闭合曲线C上的线积分定义为$\vec{A}$在C的环流**，记为

$$\oint_C \vec{A}\cdot \mathrm{d}\vec{l} = \oint_C A\cos\theta \mathrm{d}l \qquad (1.5.1)$$

在直角坐标系中，$\vec{A}$的环流写成

$$\oint_C \vec{A}\cdot \mathrm{d}\vec{l} = \oint_C A_x\mathrm{d}x + A_y\mathrm{d}y + A_z\mathrm{d}z \qquad (1.5.2)$$

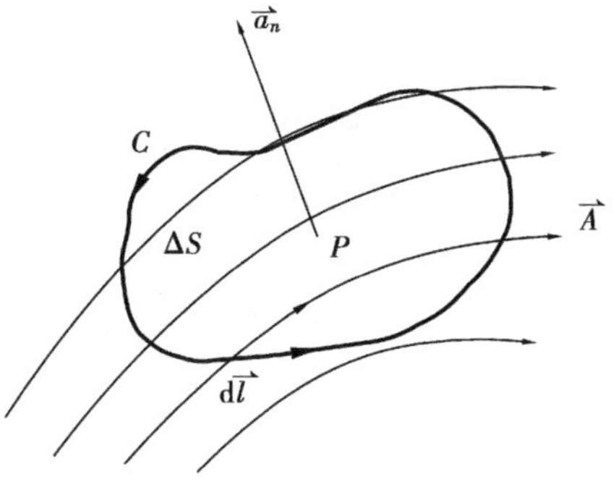

图1.5.2　$\vec{A}$在C上的环流

旋涡场在空间中的分布形态可从两个方面来描述，一是旋涡场在空间中旋转的快慢程度；二是旋涡场的旋转面在空间中怎样取向。在旋涡场中，C上的环流反映了C围成的面上场的旋转情况，环流越大，场在C围成的面上旋转越快。环流的取值有两种情况，视C的选取方式而定。如果取C落在旋涡场的旋涡面上，或使C围成的面与场的旋涡面的夹角$\theta\neq 90°$，则$\vec{A}$在C上的环流$\oint_C \vec{A}\cdot \mathrm{d}\vec{l}\neq 0$。当$C$围成的面与场的旋涡面垂直时($\theta=90°$)，$\vec{A}$在$C$上的环流$\oint_C \vec{A}\cdot \mathrm{d}\vec{l}=0$。在一个矢量场中，如果任取的闭合曲线$C$上的环流为零，则此矢量场一定不是旋涡场。

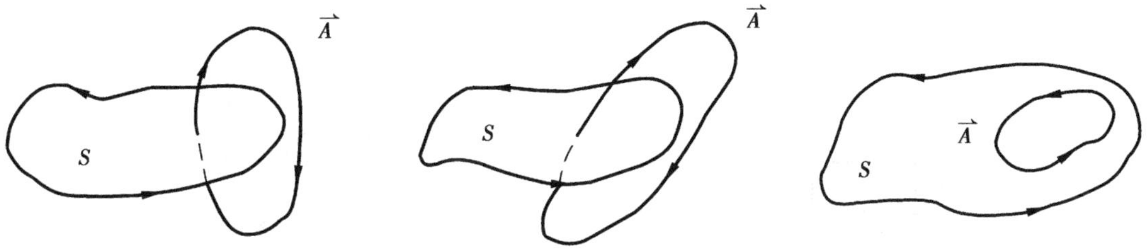

(a)S与旋涡面垂直　(b)S与旋涡面相交　(c)S与旋涡面平行

图1.5.3　C上环流的三种情况

可以证明，在发散场中，对于任选的空间闭合曲线C上的环流恒为零。

环流是一个代数量，它的大小和正负不仅与矢量场$\vec{A}$的分布有关，而且与所取的积分环绕方向有关。

如果某一矢量场的环流不为零，就认为场中必定有产生这种场的旋涡源。例如在磁场中，沿围绕电流的闭合路径的环流不等于零，电流就是产生磁场的旋涡源。如果在一个矢量场中沿任何闭合路径的环流恒等于零，则在这个场中一定不存在旋涡源。发散场中的旋涡源恒等于零。

1.5.2　矢量场的旋度

场的旋度只能说明空间中C围成的面上场的旋转情况和场源关系，如果要知道旋涡场中一点m场的旋转情况和场源关系，可以仿照定义散度的办法来定义一个包含该点的$C\to 0$(也

就是 C 围成的面积 $\Delta S \to 0$）时的极限值，即

$$\lim_{\Delta S \to 0} \frac{\oint_C \vec{A} \cdot \mathrm{d}\vec{l}}{\Delta S}$$

此极限值说明了在 m 点附近，场在 C 围成的面上单位面积的平均环流，或场在 C 围成的面上穿过单位面积的源。显然，此极限值与 C 在空间中的取法有关。如果 C 在空间中围成的矢量面元 $\Delta\vec{S}$ 落在旋涡场的旋涡面上，此极限值取最大值；如果 C 在空间中围成的矢量面元 $\Delta\vec{S}$ 正好垂直于旋涡场的旋涡面，则此极限值为零；如果 C 在空间中围成的矢量面元 $\Delta\vec{S}$ 与旋涡场的旋涡面有一夹角，则此极限值大于零，小于最大值。这正好反映了旋涡场的旋涡面在空间中有一定取向的特征。因此，旋涡场在空间一点旋转的快慢程度和旋涡面的取向必须用矢量来描述。

矢量场 $\vec{A}$ 中，在过 m 点 $\vec{A}$ 的旋涡面上做闭合曲线 C 围成矢量面元 $\Delta\vec{S} = \vec{n}\Delta S$，定义

$$\mathrm{curl}\vec{A} = \vec{n}\lim_{\Delta S \to 0} \frac{\oint_C \vec{A} \cdot \mathrm{d}\vec{l}}{\Delta S} \tag{1.5.3}$$

为**矢量场 $\vec{A}$ 在 m 点的旋度**（curl），记为 $\mathrm{curl}\vec{A}$ 或 $\mathrm{rot}\vec{A}$。

$\mathrm{curl}\vec{A}$ 是一个矢量，它的大小为 $\vec{A}$ 在旋涡面上的环流密度，它的方向垂直于旋涡面，并与 $\vec{A}$ 的旋转方向满足右手螺旋法则。在直角坐标系下，矢量 $\mathrm{curl}\vec{A}$ 可以表为

$$\mathrm{curl}\vec{A} = \vec{a}_x \mathrm{curl}_x\vec{A} + \vec{a}_y \mathrm{curl}_y\vec{A} + \vec{a}_z \mathrm{curl}_z\vec{A} \tag{1.5.4}$$

$\mathrm{curl}\vec{A}$ 的各分量为

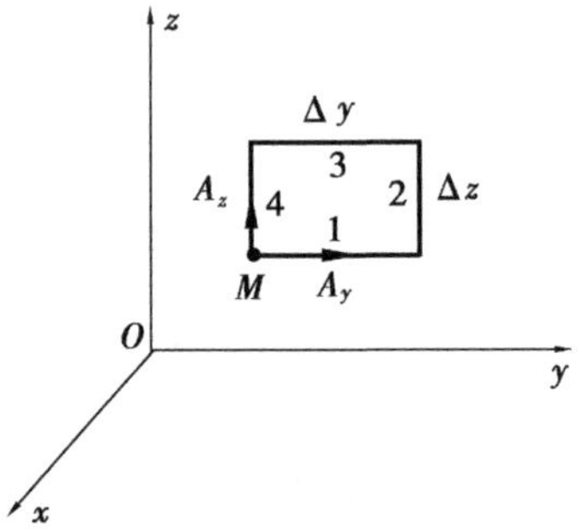

图 1.5.4　直角坐标系中的 $\mathrm{curl}\vec{A}$

$$\begin{aligned}
\mathrm{curl}_x\vec{A} &= \lim_{\Delta S_x \to 0} \frac{\oint_{C_x} \vec{A} \cdot \mathrm{d}\vec{l}}{\Delta S_x} \\
\mathrm{curl}_y\vec{A} &= \lim_{\Delta S_y \to 0} \frac{\oint_{C_y} \vec{A} \cdot \mathrm{d}\vec{l}}{\Delta S_y} \\
\mathrm{curl}_z\vec{A} &= \lim_{\Delta S_z \to 0} \frac{\oint_{C_z} \vec{A} \cdot \mathrm{d}\vec{l}}{\Delta S_z}
\end{aligned} \tag{1.5.5}$$

其中，C_x 和 ΔS_x 分别为 C 和 ΔS 在 yoz 面上的投影，C_y 和 ΔS_y 分别为 C 和 ΔS 在 xoz 面上的投影，C_z 和 ΔS_z 分别为 C 和 ΔS 在 xoy 面上的投影。由旋度的定义可知，式（1.5.4）和式（1.5.5）中的极限值与所取的面元的形状无关。下面以点 m 为顶点，取一个平行于 yoz 面的矩形面元如图1.5.4，则面元矢量与 x 轴平行，模为 ΔS_x，因此

$$\oint_{C_x} \vec{A} \cdot \mathrm{d}\vec{l} = A_y\Delta y + \left(A_z + \frac{\partial A_z}{\partial y}\Delta y\right)\Delta z - \left(A_y + \frac{\partial A_y}{\partial z}\Delta z\right)\Delta y - A_z\Delta z =$$

$$\frac{\partial A_z}{\partial y}\Delta y\Delta z - \frac{\partial A_y}{\partial z}\Delta y\Delta z$$

于是

$$\mathrm{curl}_x\vec{A}=\lim_{\Delta S_x\to 0}\frac{\oint_{C_x}\vec{A}\cdot \mathrm{d}\vec{l}}{\Delta S_x}=\frac{\partial A_z}{\partial y}-\frac{\partial A_y}{\partial z} \tag{1.5.6a}$$

按同样的方法,在以 m 为顶点的面元 ΔS_y 和 ΔS_z 上分别可得

$$\mathrm{curl}_y\vec{A}=\lim_{\Delta S_y\to 0}\frac{\oint_{C_y}\vec{A}\cdot \mathrm{d}\vec{l}}{\Delta S_y}=\frac{\partial A_x}{\partial z}-\frac{\partial A_z}{\partial x} \tag{1.5.6b}$$

$$\mathrm{curl}_z\vec{A}=\lim_{\Delta S_z\to 0}\frac{\oint_{C_z}\vec{A}\cdot \mathrm{d}\vec{l}}{\Delta S_z}=\frac{\partial A_y}{\partial x}-\frac{\partial A_x}{\partial y} \tag{1.5.6c}$$

将式(1.5.6)的各式代入式(1.5.4)可得

$$\mathrm{curl}\vec{A}=\vec{a}_x\left(\frac{\partial A_z}{\partial y}-\frac{\partial A_y}{\partial z}\right)+\vec{a}_y\left(\frac{\partial A_x}{\partial z}-\frac{\partial A_z}{\partial x}\right)+\vec{a}_z\left(\frac{\partial A_y}{\partial x}-\frac{\partial A_x}{\partial y}\right)=$$

$$\left(\vec{a}_x\frac{\partial}{\partial x}+\vec{a}_y\frac{\partial}{\partial y}+\vec{a}_z\frac{\partial}{\partial z}\right)\times\left(\vec{a}_xA_x+\vec{a}_yA_y+\vec{a}_zA_z\right)=\nabla\times\vec{A} \tag{1.5.7}$$

写成矩阵形式

$$\nabla\times\vec{A}=\begin{vmatrix}\vec{a}_x & \vec{a}_y & \vec{a}_z\\ \dfrac{\partial}{\partial x} & \dfrac{\partial}{\partial y} & \dfrac{\partial}{\partial z}\\ A_x & A_y & A_z\end{vmatrix} \tag{1.5.8}$$

柱坐标系中,矢量场 $\vec{A}$ 的旋度为

$$\nabla\times\vec{A}=\vec{a}_r\left(\frac{1}{r}\frac{\partial A_z}{\partial\varphi}-\frac{\partial A_\varphi}{\partial z}\right)+\vec{a}_\varphi\left(\frac{\partial A_r}{\partial z}-\frac{\partial A_z}{\partial r}\right)+\frac{\vec{a}_z}{r}\left[\frac{\partial}{\partial r}(rA_\varphi)-\frac{\partial A_r}{\partial\varphi}\right] \tag{1.5.9}$$

矩阵形式为

$$\nabla\times\vec{A}=\frac{1}{r}\begin{vmatrix}\vec{a}_r & r\vec{a}_\varphi & \vec{a}_z\\ \dfrac{\partial}{\partial r} & \dfrac{\partial}{\partial\varphi} & \dfrac{\partial}{\partial z}\\ A_r & rA_\varphi & A_z\end{vmatrix} \tag{1.5.10}$$

球坐标系中,矢量场 $\vec{A}$ 的旋度为

$$\begin{aligned}\nabla\times\vec{A}&=\frac{\vec{a}_r}{r\sin\theta}\left[\frac{\partial}{\partial\theta}(\sin\theta A_\varphi)-\frac{\partial A_\theta}{\partial\varphi}\right]+\\&\frac{\vec{a}_\theta}{r}\left[\frac{1}{\sin\theta}\frac{\partial A_r}{\partial\varphi}-\frac{\partial}{\partial r}(rA_\varphi)\right]+\frac{\vec{a}_\varphi}{r}\left[\frac{\partial}{\partial r}(rA_\theta)-\frac{\partial A_r}{\partial\theta}\right]\end{aligned} \tag{1.5.11}$$

矩阵形式为

$$\nabla\times\vec{A}=\frac{1}{r^2\sin\theta}\begin{vmatrix}\vec{a}_r & r\vec{a}_\theta & r\sin\theta\vec{a}_\varphi\\ \dfrac{\partial}{\partial r} & \dfrac{\partial}{\partial\theta} & \dfrac{\partial}{\partial\varphi}\\ A_r & rA_\theta & r\sin\theta A_\varphi\end{vmatrix} \tag{1.5.12}$$

旋度有两个重要的性质(读者自己证明):

(1)矢量场的旋度的散度恒为零, $\nabla \cdot \nabla \times \vec{A}=0$。

(2)标量场的梯度的旋度恒为零,即 $\nabla \times \nabla \mu=0$。

从旋度的两个重要的性质可以得到下面两个重要结论:

①对于一个散度恒为零的矢量场 $\vec{B}$,可以把它表示为矢量场 $\vec{A}$ 的旋度。即,如果 $\mathrm{div}\vec{B}=0$,则可令 $\vec{B}=\nabla \times \vec{A}$。

②对于一个矢量场 $\vec{A}$,如果已知它的旋度处处满足 $\nabla \times \vec{A}=0$,则可以把它表为一个标量场的梯度。即,$\vec{A}=\nabla \mu$。

1.5.3 斯托克斯定理

在矢量场中,有一个将矢量场在闭合曲线 C 上与 C 围成的曲面 S 上相联系的关系

$$\oint_C \vec{A} \cdot \mathrm{d}\vec{l}=\int_S \nabla \times \vec{A} \cdot \mathrm{d}\vec{S} \tag{1.5.13}$$

这就是斯托克斯定理。

斯托克斯定理的证明如下:如图 1.5.5 所示,将 S 分成许多小面元,并令最大的面元 $\Delta S_m \to 0$。对每一个面元,沿包围它的闭合回路计算 $\vec{A}$ 的环流,取积分的方向与大回路 C 的方向一致,并将所有这些积分相加,可以看出,各个小回路在公共边上的那部分互相抵消,因为相邻小回路在公共边界上积分的方向是相反的;只有在没有公共边界的那部分积分没有被抵消,结果所有沿小回路积分的总和等于沿大回路 C 的积分,即

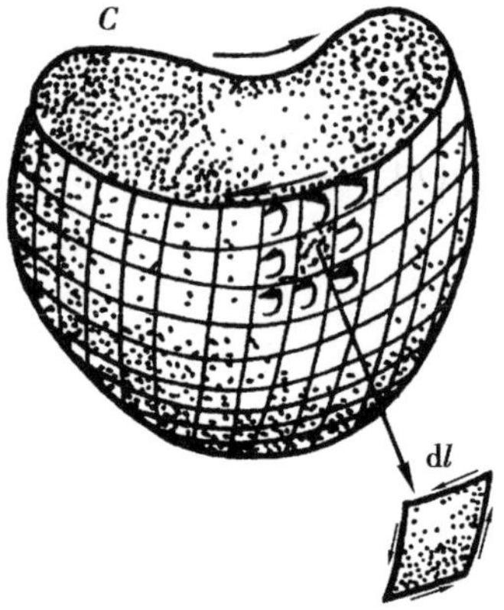

图 1.5.5 $\oint_C \vec{A} \cdot \mathrm{d}\vec{l}$ 的计算

$$\oint_C \vec{A} \cdot \mathrm{d}\vec{l}=\oint_{C_1} \vec{A} \cdot \mathrm{d}\vec{l}+\oint_{C_2} \vec{A} \cdot \mathrm{d}\vec{l}+\cdots$$

对于沿每一小回路的积分,按环流的定义有

$$\oint_{C_1} \vec{A} \cdot \mathrm{d}\vec{l}=\nabla \times \vec{A} \cdot \mathrm{d}\vec{S}_1$$

$$\oint_{C_2} \vec{A} \cdot \mathrm{d}\vec{l}=\nabla \times \vec{A} \cdot \mathrm{d}\vec{S}_2$$

$$\cdots$$

于是

$$\oint_C \vec{A} \cdot \mathrm{d}\vec{l}=\nabla \times \vec{A} \cdot \mathrm{d}\vec{S}_1+\nabla \times \vec{A} \cdot \mathrm{d}\vec{S}_2+\cdots$$

当 $\Delta S_m \to 0$ 时,按定积分的定义有

$$\nabla \times \vec{A} \cdot \mathrm{d}\vec{S}_1+\nabla \times \vec{A} \cdot \mathrm{d}\vec{S}_2+\cdots=\int_S \vec{A} \cdot \mathrm{d}\vec{S}$$

故

$$\oint_C \vec{A} \cdot \mathrm{d}\vec{l}=\int_S \nabla \times \vec{A} \cdot \mathrm{d}\vec{S}$$

例 1.5.1 无限长的线电流 I 在自由空间中激励的磁场为 $\vec{H}=\frac{1}{2\pi r}\vec{a}_\varphi$,试计算磁场在 $r=r_0$ $(r_0 \neq 0)$的闭合回路上的环流,并计算空间各点$(r \neq 0)$磁场的旋度。

解　无限长的线电流 I 的磁场在柱坐标系中只有 $\vec{a}_\varphi$ 方向上的分量，只是 r 的函数，且是柱坐标系中柱对称的。在 $r=r_0$ 闭合回路上，$\vec{H}$ 的方向为 $\vec{a}_\varphi$ 方向，大小不变。因此，磁场在此闭合回路上的环流为

$$\oint_C \vec{H}\cdot \mathrm{d}\vec{l} = \int_0^{2\pi} \frac{1}{2\pi r}\vec{a}_\varphi \cdot \vec{a}_\varphi r\mathrm{d}\varphi = \int_0^{2\pi} \frac{I\mathrm{d}\varphi}{2\pi} = I$$

由环流的物理意义知道，矢量场在 C 上的环流就是场在 C 围成的面上穿过的源。这里，磁场穿过 $r=r_0$ 的圆面上的源正好是电流 I。

在 $r\neq 0$ 的空间各点，由于磁场是柱对称函数，故旋度为

$$\nabla\times\vec{H}=\vec{a}_z\frac{1}{r}\frac{\partial}{\partial r}(rH_\varphi)=\vec{a}_\varphi\frac{1}{r}\frac{\partial}{\partial r}\left(\frac{I}{2\pi}\right)=0$$

在磁场空间中，除电流所在的各点，磁场的源处处为零。

例 1.5.2　试求矢量场 $\vec{A}=\vec{a}_r r^2\cos\varphi+\vec{a}_\varphi r^2\sin^2\varphi$ 在闭合回路 $C: x^2+y^2=a^2$ 的环流，计算向量场在空间各点的旋度，并验证斯托克斯定理。

解　在柱坐标系下，C 的方程为：$r=a$。在 C 上，由于 $\mathrm{d}\vec{l}$ 处处与 $\vec{a}_r$ 正交，故 $\vec{A}$ 在 C 上的环流为

$$\oint_C \vec{A}\cdot \mathrm{d}\vec{l} = \int_0^{2\pi} a^2\sin^2\varphi\vec{a}_\varphi\cdot\vec{a}_\varphi a\mathrm{d}\varphi = \int_0^{2\pi} a^3\sin^2\varphi\mathrm{d}\varphi = \pi a^3$$

应用式(1.5.9)或式(1.5.10)，$\vec{A}$ 在空间各点的散度为

$$\nabla\times\vec{A}=\vec{a}_z\left[\frac{1}{r}\frac{\partial}{\partial r}(rA_\varphi)-\frac{1}{r}\frac{\partial A_r}{\partial\varphi}\right]=\vec{a}_z\frac{1}{r}\left[\frac{\partial}{\partial r}(r^3\sin^2\varphi)-\frac{\partial}{\partial\varphi}(r^2\cos\varphi)\right]=$$
$$\vec{a}_z r\sin\varphi(3\sin\varphi+1)$$

再将 $\vec{A}$ 的旋度在 C 围成的圆面上积分

$$\int_S \nabla\times\vec{A}\cdot\mathrm{d}\vec{S} = \int_0^a\int_0^{2\pi} r\sin\varphi(3\sin\varphi+1)\vec{a}_z\cdot\vec{a}_z r\mathrm{d}r\mathrm{d}\varphi = \pi a^3 = \oint_C \vec{A}\cdot\mathrm{d}\vec{l}$$

满足斯托克斯定理。

1.6　亥姆霍兹定理

任何一个物理场都必须有源，场和源一起出现，把源看成是产生场的起因，由上述对矢量场的散度和旋度的讨论，可以得出结论：**一个矢量场 $\vec{A}$ 的散度 $\nabla\cdot\vec{A}$ 惟一的确定场中任一点的通量源密度 ρ，矢量场的旋度 $\nabla\times\vec{A}$ 惟一的确定场中任一点的旋涡源密度 $\vec{J}$。**

空间中，一个发散场的旋度处处为零，但它的散度不处处为零：

$$\nabla\times\vec{A}_l=0\qquad\qquad \nabla\cdot\vec{A}_l=\rho \tag{1.6.1}$$

一个旋涡场的散度处处为零，但它的旋度不处处为零：

$$\nabla\cdot\vec{A}_S=0\qquad\qquad \nabla\times\vec{A}_S=\vec{J} \tag{1.6.2}$$

如果知道了矢量场的散度，或知道了矢量场的旋度，或矢量场的散度和旋度都知道，我们

能否惟一的确定这个矢量场呢？亥姆霍兹定理回答了这个问题。

在有限区域 τ 内的任一个矢量场 $\vec{A}$，由它的散度、旋度和边界条件（即限定体积 τ 的闭合面 S 上矢量场分布）惟一确定，这就是亥姆霍兹定理。亥姆霍兹定理的另一种说法是，在空间有限区域 τ 内的任一个矢量场 $\vec{A}$，若已知它的散度、旋度和边界条件，则该矢量场就被惟一确定，并可表示成一个无旋场（$\vec{A}_1 = -\nabla\phi$）和一个无散场（$\vec{A}_2 = \nabla\times\vec{B}$）的叠加。即

$$\vec{A} = \vec{A}_1 + \vec{A}_2 = -\nabla\phi + \nabla\times\vec{B} \tag{1.6.3}$$

必须指出，只有在矢量场 $\vec{A}(x,y,z)$ 是连续的区域内，$\nabla\cdot\vec{A}$ 和 $\nabla\times\vec{A}$ 才有意义，因为它们都包含着 $\vec{A}$ 对空间坐标的导数。在区域 τ 内如果存在 $\vec{A}$ 不连续的表面，则在这些表面上就不存在 $\vec{A}$ 的导数，因而也就不能使用散度和旋度来分析表面附近的场的行为。

亥姆霍兹定理告诉我们，研究一个矢量场的性质时，需要从矢量的散度和矢量的旋度两方面去研究，一个矢量场 $\vec{A}$ 可能既有发散源、又有旋涡源，根据亥姆霍兹定理一定有

$$\nabla\cdot\vec{A} = \nabla\cdot\vec{A}_1 + \nabla\cdot\vec{A}_2 = \nabla\cdot\vec{A}_1 = \rho \tag{1.6.4}$$

$$\nabla\times\vec{A} = \nabla\times\vec{A}_1 + \nabla\times\vec{A}_2 = \nabla\times\vec{A}_2 = \vec{J} \tag{1.6.5}$$

小　　结

1. 场分为标量场和矢量场，它描述了给定物理系统在研究区域中的物理量分布。如果此物理量是矢量，则场为矢量场；如果此物理量是标量，则此场为标量场。如果场分布不随时间变化，我们说场是稳态的，这样的场称为稳态场；如果场分布随时间变化，这样的场称为时变场。对于实际的物理系统，描述其特性的场除有限个点和面外，它们是空间坐标的连续函数。

2. 通常在直角坐标系、圆柱坐标系和球坐标系中研究场的分布特性。

3. 在标量场 $u(x,y,z)$ 中，梯度定义为

$$\mathrm{grad}u(x,y,z) = \nabla u = \vec{a}_x\frac{\partial u}{\partial x} + \vec{a}_y\frac{\partial u}{\partial y} + \vec{a}_z\frac{\partial u}{\partial z}$$

它代表等位面上点 (x,y,z) 处 $u(x,y,z)$ 的最大变化率，它的方向总垂直等位面，指向 $u(x,y,z)$ 的最大增加方向。方向导数为 $\frac{\partial u}{\partial l}$，它代表 $u(x,y,z)$ 沿 l 方向的变化率。方向导数与梯度的关系为：$\frac{\partial u}{\partial l} = \nabla u\cdot\vec{a}_l$。

4. 矢量场 $\vec{A}$ 在闭合面 S 上的通量定义为 $\oint_S\vec{A}\cdot\mathrm{d}\vec{S}$，它是一个标量，它揭示了闭合面 S 上的场与 S 围成的区域中源的一种关系。矢量场 $\vec{A}$ 的散度定义为

$$\mathrm{div}\vec{A} = \lim_{\Delta\tau\to 0}\frac{\oint_S\vec{A}\cdot\mathrm{d}\vec{S}}{\Delta\tau} = \nabla\cdot\vec{A}$$

它揭示了空间中一点上场与源的一种关系。

5. 矢量场 $\vec{A}$ 在闭合路径 C 上的环流定义为 $\oint_C \vec{A}\cdot \mathrm{d}\vec{l}$，它是用来描述旋涡场特性的一个标量。矢量场的旋度定义为：

$$\mathrm{curl}\vec{A} = \vec{n}\lim_{\Delta S\to 0}\frac{\oint_S \vec{A}\cdot \mathrm{d}\vec{l}}{\Delta S} = \nabla\times\vec{A}$$

它是描述旋涡场在空间一点特性的矢量。

6. 亥姆霍兹定理总结了矢量场的基本特性：

(1)一个矢量场由源产生，即场同源一起出现；

(2)矢量场分为发散场和旋涡场两大类，任意矢量场都可表为一个发散场和一个旋涡场的叠加，即 $\vec{A}(\vec{r}) = \vec{A}_l(\vec{r}) + \vec{A}_S(\vec{r})$；

(3)在有限区域 τ 内的任一矢量场 $\vec{A}$，由它的散度、旋度和边界条件惟一确定。

7. 几个重要的定理和矢量恒等式：

(1) $\int_\tau \nabla\cdot\vec{A}\mathrm{d}\tau = \oint_S \vec{A}\cdot \mathrm{d}\vec{S}$　　(2) $\oint_C \vec{A}\cdot \mathrm{d}\vec{l} = \int \nabla\times\vec{A}\cdot \mathrm{d}\vec{S}$

(3) $\nabla\cdot(\nabla\times\vec{A}) = 0$　　(4) $\nabla\times(\nabla u) = 0$

习　　题

1.1　在直角坐标系中，试求点 $A(1,2,3)$ 指向点 $B(-3,6,4)$ 的位置矢量和两点间的距离。

1.2　在球坐标系中，试求点 $M(6,\frac{2\pi}{3},\frac{2\pi}{3})$ 与点 $N(4,\frac{\pi}{3},0)$ 之间的距离。（提示：将球坐标变换为直角坐标求解）

1.3　在圆柱坐标系中，一点的位置由 $(4,\frac{2\pi}{3},3)$ 定出，求该点在：

(1)直角坐标系中的坐标；(2)球坐标系中的坐标。

1.4　在球坐标系中的矢量场为 $\vec{E} = \vec{a}_r\frac{25}{r^2}$，试求：

(1)该矢量场在直角坐标系中点 $(-3,4,-5)$ 处的 $|\vec{E}|$ 和 E_x；

(2) $\vec{E}$ 与矢量 $\vec{B} = \vec{a}_x 2 - \vec{a}_y 2 + \vec{a}_z$ 的夹角。

1.5　如果给定一未知矢量与已知矢量的标量积和矢量积，那么便可以确定该未知矢量。设 $\vec{A}$ 为一已知矢量，$p = \vec{A}\cdot\vec{X}$ 而 $\vec{P} = \vec{A}\times\vec{X}$，$p$ 和 $\vec{P}$ 已知，试求 $\vec{X}$。

1.6　试证明矢量 $\vec{A} = \vec{a}_x 9 + \vec{a}_y 1 - \vec{a}_z 6$ 与矢量 $\vec{B} = \vec{a}_x 4 - \vec{a}_y 6 + \vec{a}_z 5$ 是相互垂直的；矢量 $\vec{C} = \vec{a}_x 2 + \vec{a}_y 5 + \vec{a}_z 3$ 与 $\vec{B} = \vec{a}_x 4 + \vec{a}_y 10 + \vec{a}_z 6$ 是相互平行的。

1.7　给定三个矢量 $\vec{A} = \vec{a}_x + \vec{a}_y 2 - \vec{a}_z 3$，$\vec{B} = -\vec{a}_y 4 + \vec{a}_z$ 和 $\vec{C} = \vec{a}_x 5 - \vec{a}_z 2$。试求：

(1) $|\vec{A}-\vec{B}|$；(2) $\vec{A}\cdot\vec{B}$；(3) $\vec{A}\times\vec{B}$；(4) $\vec{A}\cdot(\vec{B}\times\vec{C})$；(5) $\vec{A}\times(\vec{B}\times\vec{C})$。

1.8　给定两矢量 $\vec{A} = \vec{a}_x 2 + \vec{a}_y 3 - \alpha_z 4$ 和 $\vec{B} = \vec{a}4 - \vec{a}_y 5 + \vec{a}_z 6$，求它们之间的夹角和 $\vec{A}$ 在 $\vec{B}$ 上

的分量。

1.9　已知$\vec{A}=\vec{a}_x5$，$\vec{B}=\vec{a}_x4+\vec{a}_yB_y$，求$\vec{A}$与$\vec{B}$之间的夹角为45°时的$B_y$。如果$\vec{B}$中还有分量$\vec{a}_zB_z$，此时$B_y$和$B_z$应满足什么关系？

1.10　已知$\vec{A}=\vec{a}_x2-\vec{a}_z$，$\vec{B}=\vec{a}_x3+\vec{a}_y$，$\vec{C}=-\vec{a}_x2+\vec{a}_y6-\vec{a}_z4$，试说明$\vec{C}$同时垂直于$\vec{A}$和$\vec{B}$。

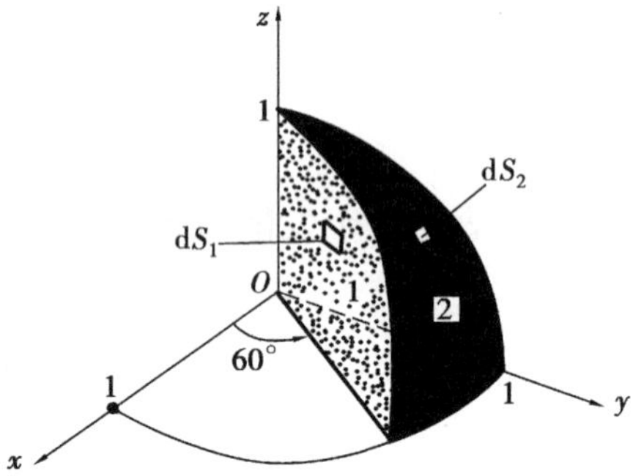

题1.12图　球坐标系中的面积计算

1.11　在半径为a的球面上，利用球坐标并积分，求区域$0\leqslant\varphi\leqslant\alpha$的面积。当$\alpha=2\pi$时此面积为多少？

1.12　在题1.12图中，利用球坐标，分别写出记号为1和2的表面的微分面积元dS_1和dS_2，并进一步求出这两个表面的面积。

1.13　证明：如果$\vec{A}\cdot\vec{B}=\vec{A}\cdot\vec{C}$和$\vec{A}\times\vec{B}=\vec{A}\times\vec{C}$，则$\vec{B}=\vec{C}$。

1.14　一闭合球面S的半径为5，球心在原点上，试计算矢量场$\vec{E}=\vec{a}_r\frac{25}{r^2}$和矢量场$\vec{F}=\vec{a}_\varphi3r$在球面$S$上的通量。

1.15　给出下列标量场的等值面方程：

(1)$u=\frac{1}{Ax+By+Cz+D}$；　　(2)$u=\arcsin\frac{z}{\sqrt{x^2+y^2}}$

1.16　求函数$f(x,y,z)=x^2yz$的梯度及函数在点$M(2,3,1)$沿一个指定方向的方向导数，此方向上的单位矢量$\vec{l}^0=\vec{a}_x\frac{3}{\sqrt{50}}+\vec{a}_y\frac{4}{\sqrt{50}}+\vec{a}_z\frac{5}{\sqrt{50}}$。

1.17　在球坐标系中，已知$\phi=\frac{p_e\cos\theta}{4\pi\varepsilon_0r^2}$，其中$p_e$、$\varepsilon_0$为常数，试求此标量场的负梯度构成的矢量场，即$\vec{E}=-\nabla\phi$。

1.18　设平面方程$5x+2y+4z=20$，试求该平面的单位法线矢量$\vec{n}$。

1.19　求下列矢量场在给定的点上的散度：

(1)$\vec{A}=\vec{a}_xx^3+\vec{a}_yy^3+\vec{a}_zz^3$在点$M(1,0,-1)$；

(2)$\vec{A}=\vec{a}_x4x-\vec{a}_y2xy+\vec{a}_zz^2$在点$N(1,1,3)$。

1.20　在球坐标系中，设矢量场$\vec{F}=f(r)\vec{r}$，试证明当$\nabla\cdot\vec{F}=0$时，$f(r)=\frac{C}{r^3}$，其中C为常数。

1.21　在由$r=5$，$z=0$和$z=4$围成的圆柱形区域上，对矢量$\vec{A}=\vec{a}_rr^2+\vec{a}_z2z$验证高斯散度定理。

1.22　在圆柱坐标系中，已知$\vec{A}=\vec{a}_r30e^{-r}-\vec{a}_z2z$，对于由$r=2$，$z=0$和$z=5$所包围的体积，如题1.22图所示。试对该区域验证散度定理。

1.23　在圆柱坐标系中，已知$\vec{A}=\vec{a}_r\frac{10r^3}{4}$，对于由$r=1$，$r=2$和$z=0$，$z=10$所包围的体积，

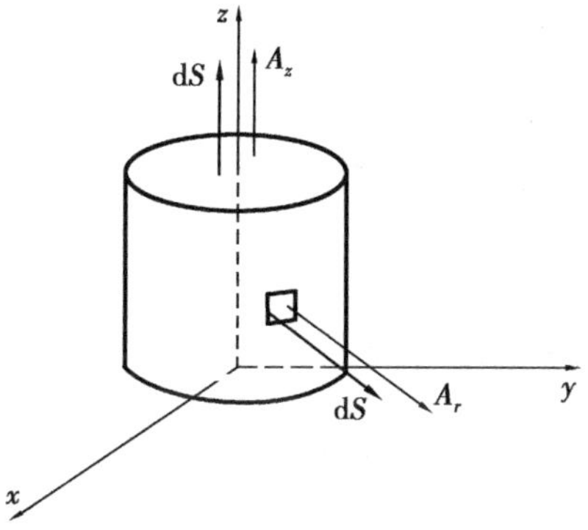

题 1.22 图　柱坐标系中体积

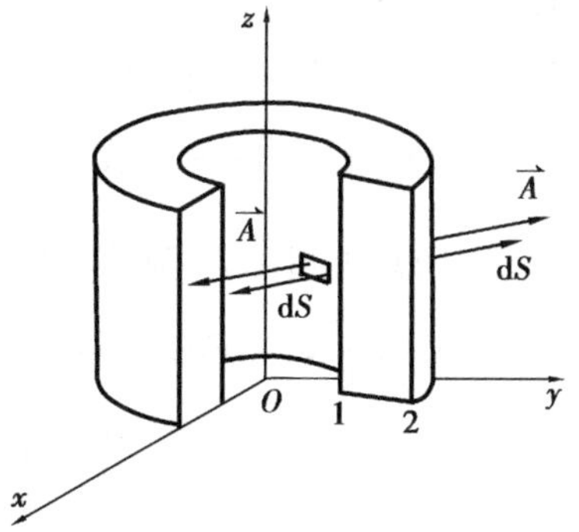

题 1.23 图　柱坐标系中验证散度定理

如题 1.23 图所示。试对该区域验证散度定理。

1.24　试证明等式：$\nabla\cdot(u\vec{F})=u\nabla\cdot\vec{F}+\vec{F}\cdot\nabla u$，式中 u 为标量函数，$\vec{F}$ 为矢量函数。

1.25　求下列矢量场的旋度：

(1) $\vec{A}=\vec{a}_x x^2+\vec{a}_y y^2+\vec{a}_z z^2$；(2) $\vec{A}=\vec{a}_x yz+\vec{a}_y xz+\vec{a}_z xy$；

(3) $\vec{A}=\vec{a}_x P(x)+\vec{a}_y Q(y)+\vec{a}_z R(z)$。

1.26　已知矢量 $\vec{A}=\vec{a}_x\cos x\sin y+\vec{a}_y\sin x\cos y$，求 $\vec{A}$ 的旋度。

1.27　在圆柱坐标系中，已知矢量 $\vec{A}=\mathrm{e}^{-2z}\left(\sin\dfrac{\varphi}{2}\right)\vec{a}_z$，求点 $\left(2,\dfrac{\pi}{4},5\right)$ 处 $\vec{A}$ 的旋度。

1.28　在球坐标系中，已知矢量 $\vec{A}=\vec{a}_r\sin\varphi+\vec{a}_\varphi\sin\theta$，求点 $\left(2,\dfrac{\pi}{2},0\right)$ 处 $\vec{A}$ 的旋度。

1.29　求矢量 $\vec{A}=\vec{a}_x x+\vec{a}_y x^2+\vec{a}_z y^2 z$ 沿 xy 平面上的一个边长为 2 的正方形回路的线积分，此正方形回路的两边分别与 x 轴和 y 轴相重合。再求 $\nabla\times\vec{A}$ 对此回路所包围的表面积分，验证斯托克斯定理。

1.30　证明：(1) $\nabla\times\vec{R}=0$；(2) $\nabla\cdot\vec{R}=3$；(3) $\nabla(\vec{A}\cdot\vec{R})=\vec{A}$，其中 $\vec{A}$ 为一已知常矢量，$\vec{R}=\vec{a}_x x+\vec{a}_y y+\vec{a}_z z$。

1.31　证明恒等式：$\nabla\cdot(\vec{E}\times\vec{H})=\vec{H}\cdot\nabla\times\vec{E}-\vec{E}\cdot\nabla\times\vec{H}$。

1.32　试证明：如果仅仅知道一个矢量场 $\vec{F}$ 的旋度，不可能惟一地确定这个矢量场。

1.33　试证明：如果仅仅知道一个矢量场 $\vec{F}$ 的散度，不可能惟一地确定这个矢量场。

1.34　设 $\vec{r}=\vec{a}_x x+\vec{a}_y y+\vec{a}_z z$，$r=|\vec{r}|$，$\vec{C}$ 为一常矢量，求：

(1) $\nabla\times\vec{r}$；(2) $\nabla\cdot[f(r)\vec{r}]$；(3) $\nabla\times[f(r)\vec{C}]$；(4) $\nabla\cdot[\vec{r}\times f(r)\vec{C}]$。

1.35　一径向矢量用 $\vec{F}=\vec{a}_r f(r)$ 表示，如果 $\nabla\cdot\vec{F}=0$，那么函数 $f(r)$ 会有什么特点呢？

1.36　现有三个矢量场 $\vec{A}$，$\vec{B}$，$\vec{C}$ 分别为：

$$\vec{A}=\vec{a}_r\sin\theta\cos\varphi+\vec{a}_\theta\cos\theta\cos\varphi-\vec{a}_\varphi\sin\varphi,$$

$$\vec{B}=\vec{a}_r z^2\sin\varphi+\vec{a}_\varphi z^2\cos\varphi+\vec{a}_z 2rz\sin\varphi,$$

$$\vec{C}=\vec{a}_x(3y^2-2x)+\vec{a}_y x^2+\vec{a}_z 2z$$

问:(1)哪些矢量可以由一个标量函数的梯度表示?哪些矢量可以由一个矢量的旋度表示?(2)分别求出这些矢量的源。

1.37 证明 $\int_\tau \nabla f \mathrm{d}\tau = \oint_S f \mathrm{d}\vec{S}$,其中 f 是坐标的函数,S 是限定体积 τ 的闭合面。

(提示:用常矢量 $\vec{C}$ 与函数 f 相乘再取散度,然后再用高斯散度定理)

1.38 证明 $\int_\tau \nabla \times \vec{F} \mathrm{d}\tau = -\oint_S \vec{F} \times \mathrm{d}\vec{S}$,$S$ 是限定体积 τ 的闭合面。

(提示:用常矢量 $\vec{C}$ 与 $\vec{F}$ 的矢量积再取散度,然后再用高斯散度定理)

第 2 章 静电场与恒定电场

静止的电荷在周围激励的电场,其分布不随时间变化,称为静电场。与恒定电流对应的电场称为恒定电场。本章前部分讨论静电场的分布特性和基本场量 $\vec{E}$、Φ 的计算方法,后部分讨论恒定电场的分布特征和求解方法。主要内容有:真空和电介质中静电场的基本方程,电位的泊松方程和拉普拉斯方程,电场的边界条件,静电场的能量;恒定电场的基本方程和边界条件。

本章还讨论了一个工程应用问题:导体系统电容的计算方法。

2.1 电荷与电流的分布及表示法

2.1.1 电荷与电荷分布

客观世界中存在正、负两种电荷。负电荷的基本带电单元是电子,它的电荷量 $e = -1.602 \times 10^{-19}$ C(库仑);正电荷的基本带电单元是质子,它的电荷量 $e = 1.602 \times 10^{-19}$ C。按物理学的观点,任何带电体的电荷量都是以电子电荷量 e 的正整数倍或负整数倍的数值出现。

经典宏观电磁理论讨论的是在非相对论效应和非量子效应下的电磁运动规律。基本电粒子作为严格宏观理论中的一个单独实体来看,其尺寸实在太小,一个宏观体积元内应包括大量的原子。因此,完全有理由认为:电荷可以连续地分布在一个宏观的体积中,可以连续地分布在一个宏观的面上,或连续地分布在一条宏观的线上。当然,电荷也可以集中在空间某点上,如图 2.1.1 所示。

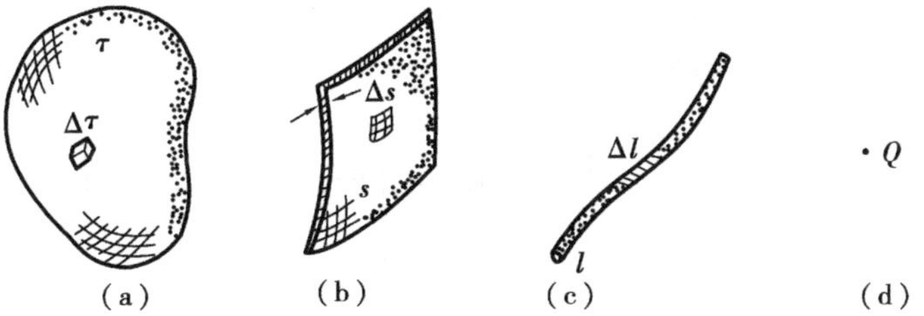

图 2.1.1 电荷的体分布、面分布和线分布

电荷的分布用**电荷密度**来描述。当电荷在某空间体积内连续分布时，用电荷体密度来描述电荷在空间的分布特性，**电荷体密度定义为空间某点单位体积的电荷量**，即

$$\rho(\vec{r}) = \lim_{\Delta\tau\to 0}\frac{\Delta q}{\Delta\tau} \tag{2.1.1}$$

$\rho(\vec{r})$的单位为 C/m^3。一般说来，$\rho(\vec{r})$是一个空间位置的连续函数。

若在电荷分布的空间内任取一个微小体积 $\Delta\tau$，并称 $\Delta\tau$ 为体积元，则该体积元的电荷量为 $\Delta q = \rho(\vec{r})\Delta\tau$。要计算某一体积内的电荷总量，可应用体积分的方法求得

$$q = \int_\tau \rho(\vec{r})\,d\tau \tag{2.1.2}$$

在处理某些电磁场工程问题时，可以将电荷在一个厚度极薄的薄层空间中的分布视为面电荷分布，而将电荷在半径极小的管形空间中的分布视为线电荷分布。面电荷和线电荷的分布特性分别用**面电荷密度**和**线电荷密度**来描述。相应地，**定义面电荷密度 $\rho_s(\vec{r})$ 为空间某点单位面积上的电荷量**，即

$$\rho_s(\vec{r}) = \lim_{\Delta s\to 0}\frac{\Delta q}{\Delta s} \tag{2.1.3}$$

$\rho_s(\vec{r})$的单位为 C/m^2。

定义线电荷密度 $\rho_l(\vec{r})$ 为线上某点单位长度上的电荷量，即

$$\rho_l(\vec{r}) = \lim_{\Delta l\to 0}\frac{\Delta q}{\Delta l} \tag{2.1.4}$$

$\rho_l(\vec{r})$的单位为 C/m。

若已知某一曲面 S 上的面电荷密度为 $\rho_s(\vec{r})$，则在该曲面上任取的面元 dS 上的电荷量为 $\rho_s(\vec{r})dS$，曲面 S 上的总电荷量为 $\int_S \rho_s(\vec{r})\,dS$。若已知某一曲线 l 上的线电荷密度为 $\rho_l(\vec{r})$，则在该曲线上任取的线元 dl 上的电荷量为 $\rho_l(\vec{r})dl$，线段 l 上的总电荷量为 $\int_l \rho_l(\vec{r})\,dl$。

理论上，电荷 q 可以被想象地集中在一个几何点上，这样的电荷称为**点电荷**，如图 2.1.2 所示。点电荷的电荷密度用 δ 函数来描述。一个带电荷量为 q 的点电荷位于$\vec{r}'$，其电荷密度为

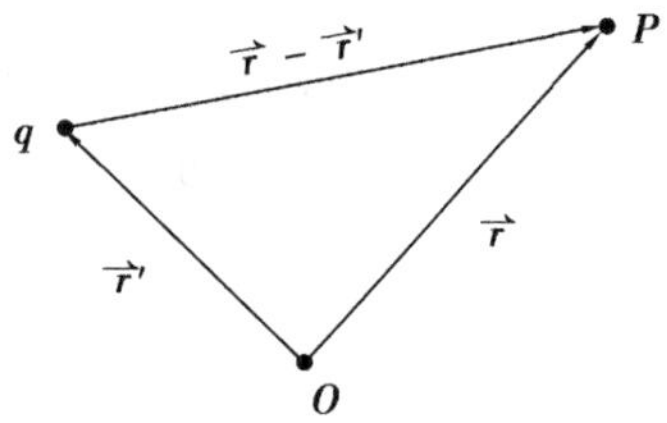

图 2.1.2　点电荷分布

$$\rho(\vec{r}) = q\delta(\vec{r}-\vec{r}') \tag{2.1.5}$$

由 δ 函数的性质可知，

当 $\vec{r} = \vec{r}'$时，$\delta(\vec{r}-\vec{r}')\to\infty$，则 $\rho(\vec{r})\to\infty$；

当 $\vec{r} \neq \vec{r}'$时，$\delta(\vec{r}-\vec{r}') = 0$，则 $\rho(\vec{r}) = 0$。

而且

$$\int_\tau \rho(\vec{r})\,d\tau' = \int_\tau q\delta(\vec{r}-\vec{r}')\,d\tau' = \begin{cases} q & \tau \text{ 包含 } \vec{r}' \text{ 点} \\ 0 & \tau \text{ 不包含 } \vec{r}' \text{ 点} \end{cases} \tag{2.1.6}$$

上述说明：在点电荷所在的点上，电荷密度为无限大，而在其他的点上，点电荷的电荷密度恒为零。对于空间中任选的体积 τ，如果 q 在 τ 中，则在 τ 上对电荷密度的体积分一定等于 q；

如果 q 不在 τ 中，则在 τ 上对电荷密度的体积分一定为零。这与点电荷分布的物理事实是相符合的。

例 2.1.1　卢瑟福在 1911 年采用的原子模型是半径为 r_a 的球体中均匀分布总电量为 $-Ze$ 的电子云，而原子核位于球心占很小的体积。原子的正电荷 Ze 由 Z 个质子携带，其中 Z 是原子序数，e 是质子电量。试给出原子在空间中的电荷密度。

解　按卢瑟福的原子理论，质子和中子集中在原子核占很小体积，原子的正电荷 Ze 可以视为位于坐标原点的点电荷。而原子的负电荷，是在半径为 r_a 的球体积中，均匀分布总电荷为 $-Ze$ 的电子云，因此，可将负电荷视为在半径为 r_a 的球体积中均匀分布。由于电荷分布的区域为球形区域，故在球坐标系中给出电荷密度。

原子的正电荷密度为

$$\rho_1(\vec{r}) = Ze\delta(\vec{r})$$

原子的负电荷密度为：当 $r > r_a$ 时，$\rho_2(\vec{r}) = 0$；当 $r < r_a$ 时，$\rho_2(\vec{r}) = -\dfrac{3Ze}{4\pi r_a^3}$。

利用叠加原理，原子的电荷密度为

$$\rho(\vec{r}) = \rho_1(\vec{r}) + \rho_2(\vec{r}) = Ze\delta(\vec{r}) - \frac{3Ze}{4\pi r_a^3}$$

2.1.2　电流与电流密度

电荷的定向运动形成电流，电流的特征用电流强度和电流密度来描述。在电荷流动的区域中，任取一个面积 S，如果 Δt 时间内穿过 S 的电荷量为 Δq，则定义电荷穿过 S 的电流强度为

$$i(t) = \lim_{\Delta t \to 0} \frac{\Delta q}{\Delta t} = \frac{dq}{dt} \tag{2.1.7}$$

电流强度的单位为 A = C/s（安 = 库/秒）。电流强度一般简称为电流，是一个代数量，当流过 S 面的电荷量为正时，电流为正；当流过 S 面的电荷量为负时，电流为负。面积 S 上的电流描述了单位时间内穿过 S 的电荷量。一般说来，导电媒质中的电流分布是随时间变化的，这样的电流称为**时变电流**；若导电媒质中电荷流动的速度不随时间改变，则有

$$\lim_{\Delta t \to 0} \frac{\Delta q}{\Delta t} = \frac{dq}{dt} = I \quad (\text{定值}) \tag{2.1.8}$$

这样的电流称为**恒定电流**。恒定电流在空间中的分布不随时间变化。

为了描述电流在空间各点的分布，定义电流密度矢量 $\vec{J}$：**导电媒质中某点的电流密度的方向为该点正电荷运动的方向，它的数值等于在该点通过垂直于电荷运动方向的单位面积上的电流强度**，如图 2.1.3 所示。

设在导电媒质中某点取一个与电荷流动方向 $\vec{J}^{\circ}$ 垂直的面积元 ΔS，通过该面积元的电流是 ΔI，则该点电流密度矢量为

$$\vec{J} = \vec{J}^{\circ} \lim_{\Delta S \to 0} \frac{\Delta I}{\Delta S} = \vec{J}^{\circ} \frac{dI}{dS} \tag{2.1.9}$$

电流密度矢量的单位为 A/m^2（安/米^2）。这里的电荷是在一个体积中流动，所以 $\vec{J}$ 也称为**体电流密度**，或简称为**电流密度**。

在电流密度为 $\vec{J}(\vec{r})$ 的电流场中任取一个矢量面元 $d\vec{S}$，穿过矢量面元 $d\vec{S}$ 的电流为

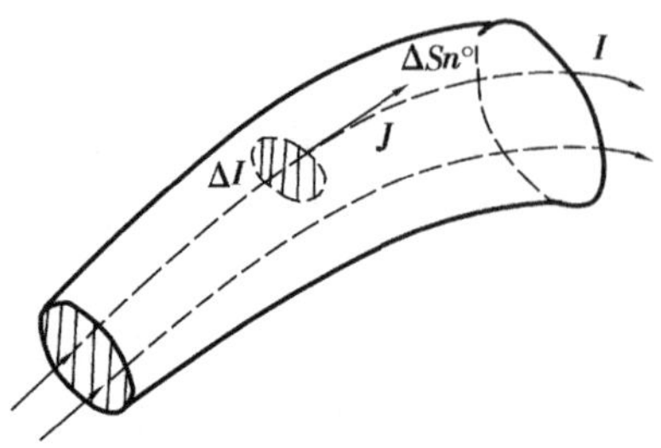

图 2.1.3　体电流示意图

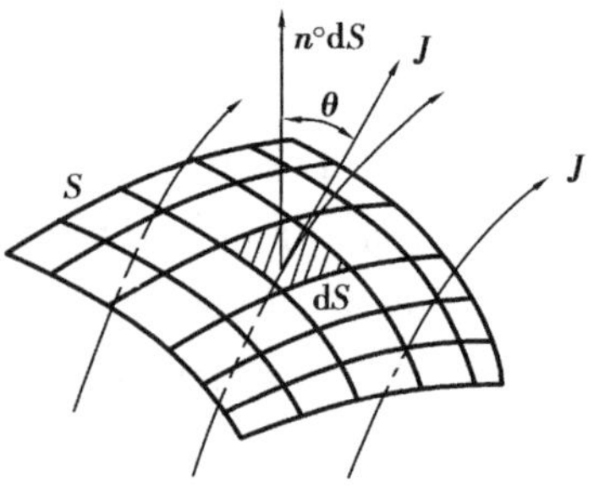

图 2.1.4　体电流密度

$\vec{J}(\vec{r})\cdot d\vec{S}$，如图 2.1.4 所示。若在电流场中任取一个曲面 S，则穿过曲面的电流为

$$I=\int_S \vec{J}(\vec{r})\cdot d\vec{S} \tag{2.1.10}$$

即电流是电流密度的通量。

当电荷在很薄的导体片上流动时，可以将其抽象地视为在一数学面上流动，并称为**面电流**。如图 2.1.5 所示。这时，与电流方向垂直的横截面积 S 为零，面积元 ΔS 变为线元 Δl。为了描述面电流在导体片上的分布，**过表面电流场中一点，取一线元 $\Delta l_{\perp}$ 垂直于电荷运动的方向，如果穿过此线元 $\Delta l_{\perp}$ 的电流为 ΔI，则可定义该点表面电流密度的值为**

$$J_S=\lim_{\Delta l\to 0}\frac{\Delta I}{\Delta l_{\perp}}=\frac{dI}{dl_{\perp}} \tag{2.1.11}$$

表面电流密度的方向为该点正电荷流动的方向，其单位为 A/m。

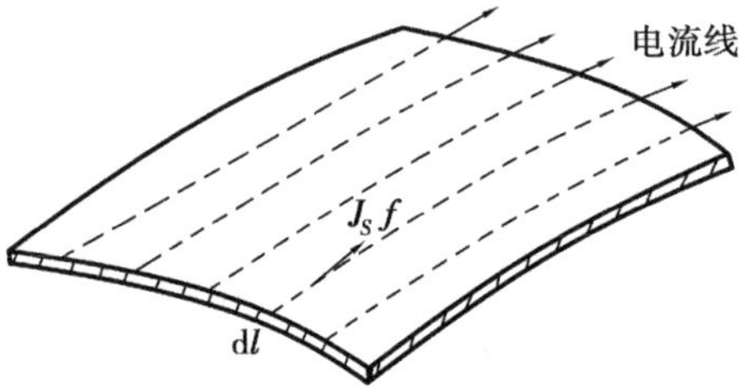

图 2.1.5　面电流密度与面电流

在表面电流密度为 $\vec{J}_S(\vec{r})$ 的电流场中，对在表面 S 上任取的一个有向线元 $d\vec{l}$，穿过线元 $d\vec{l}$ 的电流为 $J_S(\vec{r})dl_{\perp}$，穿过线段 $\Delta\vec{l}$ 的电流为

$$I=\int_{\Delta l} J_S(\vec{r})dl_{\perp} \tag{2.1.12}$$

这里特别要强调的是：$dl_{\perp}$ **为 $d\vec{l}$ 在垂直于电荷运动方向的投影。**

必须注意的是：**面电流是一个理想化的数学模型，它是指电荷在一个理想的数学面上的流动**。这与体电流是有根本区别的。空间体积中有电荷流动时，此空间表面上不一定有面电流，也就是说 $\vec{J}\neq 0$ 时，$\vec{J}_S$ 完全可能为零。$\vec{J}_S$ 与 $\vec{J}$ 没有必然联系。

电荷在一根很细的导线中流过，或电荷通过的横截面积很小时，可将电荷视为在一根无限细的线上流动，这样的电流称为**线电流**。线电流用电流强度来描述。线电流 I 与线电荷密度 ρ_l、电荷流动速度 v 的关系为

$$I=\rho_l v \tag{2.1.13}$$

例 2.1.2　导电媒质中定向流动电荷的体密度为 $\rho(\vec{r})$，其流速为 $\vec{v}(\vec{r})$。可以证明，定向流动的电荷在空间中任一点的体电流密度与电荷体密度 $\rho(\vec{r})$、流速 $\vec{v}(\vec{r})$ 之间的关系为

$$\vec{J}(r)=\rho(r)\vec{v}(r)$$

如果空间中存在几种不同的电荷体密度和电荷流动速度，则空间中一点的电流密度为各种流动速度的电荷的电流密度在该点的矢量和，即

$$\vec{J} = \sum_i \rho_i \vec{v}_i$$

证明 在导电媒质中，垂直于 $\vec{v}$ 取面元 ΔS，设 Δt 时间内电荷位移为 Δl，则图 2.1.6 中的柱形体积中的运动电荷在 Δt 时间内都将穿过面元，因此，穿过面元 ΔS 的电流为

$$\Delta I = \frac{\rho \Delta l \Delta S}{\Delta t} = \rho v \Delta S$$

将上式代入式(2.1.9)可得 $\vec{J} = \rho\vec{v}$。当存在几种不同体密度和速度时，利用叠加原理，用同样的方法可证 $\vec{J} = \sum_i \rho_i \vec{v}_i$。

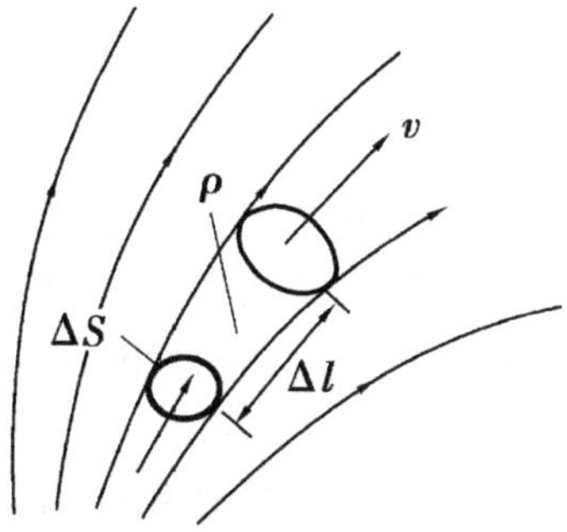

图 2.1.6 运动电荷的电流密度计算

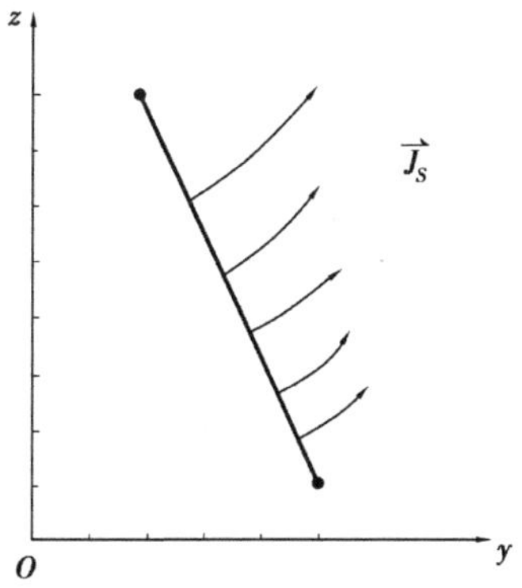

图 2.1.7 面电流的电流强度计算

例 2.1.3 在 YOZ 面上有一表面电流流动，其面电流密度为 $\vec{J}_S = \vec{a}_y z^2 + \vec{a}_z y$ (A/m)，试计算穿过表面上两点(0,5,1)和(0,2,8)间的线段上的电流。

解 如图 2.1.7 所示，此面电流可以分解为 $\vec{a}_z$ 和 $\vec{a}_y$ 方向上的两个电流分量，流过两点(0,5,1)和(0,2,8)间的线段上的 $\vec{a}_z$ 方向上的电流，一定等于流过(0,5,1)和(0,2,1)两点连线的电流；流过两点(0,5,1)和(0,2,8)间的线段上的 $\vec{a}_y$ 方向上的电流，一定等于流过(0,2,1)和(0,2,8)两点连线的电流。因此

$$I = \int_1^8 y\mathrm{d}y + \int_2^5 z^2 \mathrm{d}z = \left.\frac{y^2}{2}\right|_1^8 + \left.\frac{z^3}{3}\right|_2^5 = 70.5 \text{ A/m}$$

2.2 静电场的基本方程

2.2.1 电场强度 库仑定律

电荷与电荷间存在相互作用，电荷间的相互作用规律由库仑定律描述。真空中静止的电荷 q_1 对 q_2 的相互作用力 $\vec{F}_{12}$ 为

$$\vec{F}_{12}=\frac{1}{4\pi\varepsilon_0}\frac{q_1q_2}{R^2}\vec{R}^{\circ}=\frac{1}{4\pi\varepsilon_0}\frac{q_1q_2}{R^3}\vec{R} \qquad (2.2.1)$$

其中，$\vec{F}_{12}$的单位为N(牛顿)，q 的单位为C(库仑)，$\vec{R}=\vec{r}_2-\vec{r}_1$，$\vec{r}_2$、$\vec{r}_1$ 分别为点电荷 q_1 和 q_2 的位置矢量，$\vec{R}^{\circ}$为矢量 $\vec{R}$ 的单位矢量，如图 2.2.1 所示。$\varepsilon_0=\frac{1}{4\pi\times9\times10^9}\approx8.854\times10^{-12}$ F/m，称为真空中的介电常数。

按场的观点，静电荷在空间中激励静电场，电荷间的相互作用是通过电场来进行的。电场是一种物质，它的力的性质和空间分布用电场强度来描述。设有一点电荷 Q 在其周围激励起静电场，在空间某点静电场的电场强度定义为

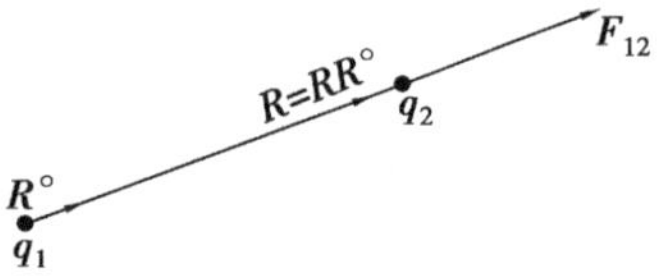

图 2.2.1 电荷与电荷的相互作用

$$\vec{E}=\lim_{q\to0}\frac{\vec{F}}{q} \qquad (2.2.2)$$

其中，电场强度的单位为V/m(伏/米)。q 为测试静电场力的性质引入的试验电荷，取 $q\to0$ 是为了使引入试验电荷时不影响原电场的分布。

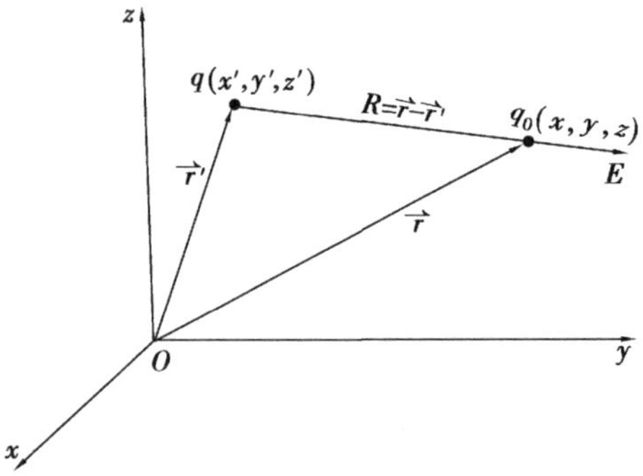

图 2.2.2 场源坐标的表示

静电场的电场强度构成一个矢量场。**空间某点静电场的电场强度在数值上等于静电场对放置在该点的单位电荷的作用力的大小，它的方向与正电荷在该点所受电场力的方向一致，它表征了静电场对放置在该点的电荷的作用能力。**若在电场强度为 $\vec{E}$ 的空间某点放置点电荷 q，则 q 受到的静电力为 $q\vec{E}$。

由库仑定律可以导出空间点电荷 Q 的电场强度的表达式为

$$\vec{E}=\frac{1}{4\pi\varepsilon_0}\frac{Q}{R^2}\vec{R}^{\circ}=\frac{1}{4\pi\varepsilon_0}\frac{Q}{R^3}\vec{R} \qquad (2.2.3)$$

由例 1.3.2 可知

$$\nabla\left(\frac{1}{R}\right)=\frac{\partial}{\partial R}\left(\frac{1}{R}\right)\vec{R}^{\circ}=-\frac{1}{R^3}\vec{R}$$

故电场强度的表达式又可以写成

$$\vec{E}(\vec{r},\vec{r}')=-\frac{Q}{4\pi\varepsilon_0}\nabla\left(\frac{1}{R}\right)=-\frac{1}{4\pi\varepsilon_0}\nabla\left(\frac{1}{|\vec{r}-\vec{r}'|}\right) \qquad (2.2.4)$$

在静电场分析中，常把被研究的点，即观察点称为“场点”，而把源电荷所在的点称为“源点”。场点的位置用矢量 $\vec{r}$ 表示，源点的位置用矢量 $\vec{r}'$表示。如图 2.2.2 所示。

静电场的一个重要性质是电场强度与点电荷的电荷量成正比，因此，各种电荷分布的电场强度可以利用叠加原理得到。

当空间有 n 个点电荷时，场点 $\vec{r}$ 的电场强度可由各点电荷独立在该点激励的电场强度的矢量和来计算，即

$$\vec{E}(\vec{r}) = -\frac{1}{4\pi\varepsilon_0}\sum_{i=1}^{n} Q_i \nabla\left(\frac{1}{R_i}\right) = -\frac{1}{4\pi\varepsilon_0}\sum_{i=1}^{n} Q_i \nabla\left(\frac{1}{|\vec{r}-\vec{r}_i'|}\right) \tag{2.2.5a}$$

或

$$\vec{E}(\vec{r}) = \frac{1}{4\pi\varepsilon_0}\sum_{i=1}^{n}\frac{Q_i}{R_i^2}\vec{R}_i^{\circ} = \frac{1}{4\pi\varepsilon_0}\sum_{i=1}^{n} Q_i \frac{\vec{r}-\vec{r}_i'}{|\vec{r}-\vec{r}_i'|^3} \tag{2.2.5b}$$

其中，$R_i = \vec{r} - \vec{r}_i'$为 Q_i 到场点的距离。

当空间某区域 V 内分布体电荷密度 $\rho(\vec{r})$ 时，在电荷分布的区域中任选一小体积元 $d\tau \to 0$，$d\tau$ 的电荷 $\rho(\vec{r})d\tau$ 可视为一点电荷，如图 2.2.3 所示。

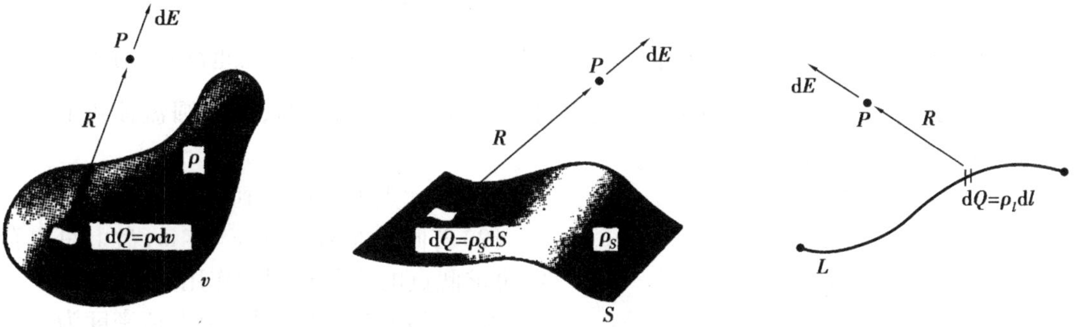

图 2.2.3　三种电荷分布的电场强度计算

$d\tau$ 的电荷 $\rho(\vec{r})d\tau$ 在场点 $\vec{r}$ 的电场强度为

$$d\vec{E} = \frac{1}{4\pi\varepsilon_0}\frac{\vec{r}-\vec{r}'}{|\vec{r}-\vec{r}'|^3}\rho(\vec{r}')d\tau'$$

而电荷在区域 V 内连续分布，因此，V 内分布的体电荷在场点的电场强度为

$$\vec{E}(\vec{r}) = \frac{1}{4\pi\varepsilon_0}\int_V \frac{\vec{r}-\vec{r}'}{|\vec{r}-\vec{r}'|^3}\rho(\vec{r}')d\tau' \tag{2.2.6}$$

此积分在电荷分布的区域内对带撇号的坐标进行。

用同样的分析方法，可以得到面电荷和线电荷的电场强度计算公式为

$$\vec{E}(\vec{r}) = \frac{1}{4\pi\varepsilon_0}\int_S \frac{\vec{r}-\vec{r}'}{|\vec{r}-\vec{r}'|^3}\rho_S(\vec{r}')dS' \tag{2.2.7}$$

$$\vec{E}(\vec{r}) = \frac{1}{4\pi\varepsilon_0}\int_l \frac{\vec{r}-\vec{r}'}{|\vec{r}-\vec{r}'|^3}\rho_l(\vec{r}')dl' \tag{2.2.8}$$

电场强度 $\vec{E}$ 是一个矢量，矢量场可以用矢量线形象地描绘。电场强度的矢量线称为电力线。电力线上每点的切向方向就是该点 $\vec{E}$ 的方向，其分布密度（垂直于 $\vec{E}$ 的单位面积上的电力线数目）正比于 $\vec{E}$ 的大小。

例 2.2.1　如图 2.2.4 所示，直角坐标系中，在坐标为(3,0,0)、(0,4,0)、(0,0,5)的三点上分别放置点电荷 $q_1 = 2C$、$q_2 = 3C$、$q_3 = 4C$。试求坐标原点的电场强度。

解　当 q_1 单独存在时，在原点激励的电场强度为

$$\vec{E}_1 = -\vec{a}_x \frac{1}{4\pi\varepsilon_0}\frac{q_1}{R_1^2} = -\vec{a}_x \frac{1}{4\pi\varepsilon_0}\frac{2}{9} \text{ V/m}$$

当 q_2、q_3 分别单独存在时，在原点激励的电场强度为

$$\vec{E}_2 = -\vec{a}_y \frac{1}{4\pi\varepsilon_0}\frac{q_2}{R_2^2} = -\vec{a}_y \frac{1}{4\pi\varepsilon_0}\frac{3}{16} \text{ V/m}$$

$$\vec{E}_3 = -\vec{a}_z \frac{1}{4\pi\varepsilon_0}\frac{q_3}{R_3^2} = -\vec{a}_z \frac{1}{4\pi\varepsilon_0}\frac{4}{25} \text{ V/m}$$

由电场强度的叠加原理可得，三个电荷同时存在时在原点激励的电场强度为

$$\vec{E} = \vec{E}_1 + \vec{E}_2 + \vec{E}_3 = -\frac{1}{4\pi\varepsilon_0}\left(\vec{a}_x \frac{2}{9} + \vec{a}_y \frac{3}{16} + \vec{a}_z \frac{4}{25}\right) \text{ V/m}$$

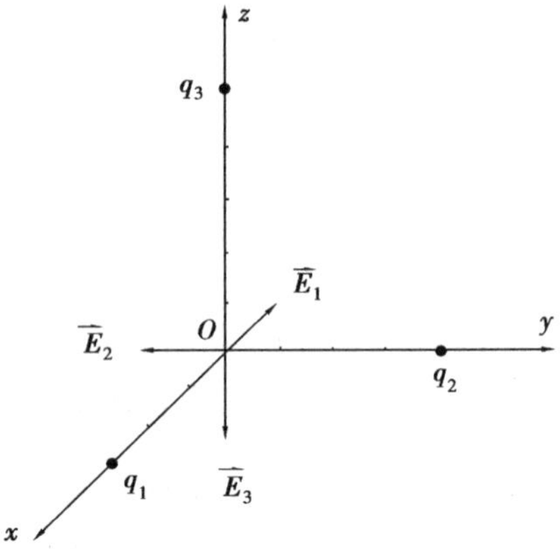

图 2.2.4 点电荷电场的叠加

例 2.2.2 有一半径 $r=5$m 的圆盘上均匀分布 $500\pi\mu$C 的电荷，今在圆盘轴线上距圆盘 5m 处放一点电荷 $q=50\mu$C。

(1) 求此点电荷所受到的作用力；

(2) 若圆盘半径变为 $r=2$ m，盘上总电荷不变，再求此点电荷所受到的作用力。

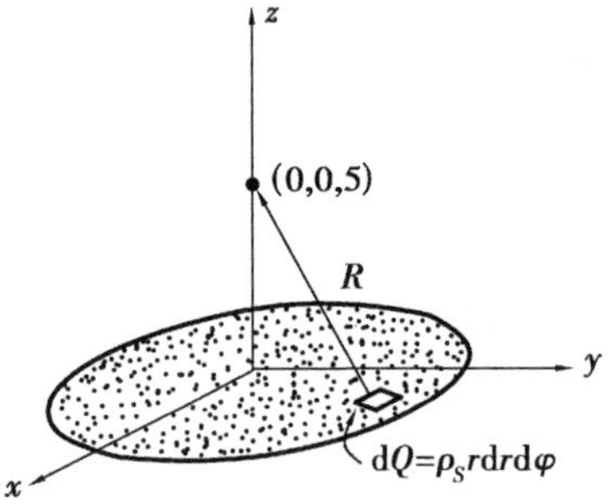

图 2.2.5 圆盘电荷对点电荷的作用力计算

解 当 $r=5$ m 时，圆盘上电荷密度为

$$\rho_S = \frac{Q}{S} = \frac{500\pi \times 10^{-6}}{\pi \times 5^2} = 0.2 \times 10^{-4} \text{ C/m}^2$$

圆盘上一小面元所带的电荷，在轴线上距圆盘 5 m 处的电场强度为

$$d\vec{E} = \frac{1}{4\pi\varepsilon_0}\frac{\rho_S r dr d\varphi}{(r^2+5^2)^{3/2}}(-\vec{a}_r r + \vec{a}_z 5)$$

由于盘上电荷分布具有轴对称性，故盘上电荷在轴线上的电场只具有 z 方向的分量，因此

$$\vec{E} = \int_0^{2\pi}\int_0^5 \vec{a}_z \frac{5}{4\pi\varepsilon_0}\frac{\rho_S r dr d\varphi}{(r^2+5^2)^{3/2}} = \vec{a}_z \frac{\rho_S}{2\varepsilon_0}\left(1-\frac{\sqrt{2}}{2}\right) \text{ V/m}$$

点电荷 q 所受到的作用力为

$$\vec{F} = q\vec{E} = \vec{a}_z 50 \times 10^{-6} \times \frac{0.2 \times 10^{-4}}{2(10^{-9}/36\pi)}\left(1-\frac{\sqrt{2}}{2}\right) = \vec{a}_z 16.56 \text{ N}$$

当圆盘半径变为 $r=2$ m 时，圆盘上电荷密度变为

$$\rho_S' = \frac{Q}{S} = \frac{500\pi \times 10^{-6}}{\pi \times 2^2} = 1.25 \times 10^{-4} \text{ C/m}^2$$

电场强度变为

$$\vec{E}' = \int_0^{2\pi}\int_0^2 \vec{a}_z \frac{5}{4\pi\varepsilon_0}\frac{\rho_S' r dr d\varphi}{(r^2+5^2)^{3/2}} = \vec{a}_z \frac{\rho_S'}{2\varepsilon_0}\left(1-\frac{5}{\sqrt{29}}\right) \text{ V/m}$$

$$\vec{F}' = q\vec{E}' = \vec{a}_z 50 \times 10^{-6} \times \frac{1.25 \times 10^{-4}}{2(10^{-9}/36\pi)}\left(1-\frac{5}{\sqrt{29}}\right) = \vec{a}_z 25.27 \text{ N}$$

例 2.2.3 有一个半径为 a 的导体球，球面上均匀分布面电荷密度为 ρ_S 的表面电荷，试求

球内外的电场强度。

解　若将导体球的球心置于球坐标系的原点，由于电荷在球面上均匀分布，故球面电荷分布具有球对称性，电场分布也具有球对称性，因此，可以将场点选在极轴上，如图 2.2.6 所示。若在球面上选一面元 dS，则 dS 上的电荷 ρ_SdS 可视为点电荷，在场点 P 的电场只有 $\vec{a}_r$ 方向的分量，即

$$\mathrm{d}E_r=\frac{1}{4\pi\varepsilon_0}\frac{\rho_S\mathrm{d}S_r}{R^2}\cos\alpha=\frac{1}{4\pi\varepsilon_0}\frac{\rho_S\cos\alpha}{R^2}r^2\sin\theta\mathrm{d}\theta\mathrm{d}\varphi$$

因此，P 的电场为

$$E_r=\oint_S\mathrm{d}E_r=\frac{1}{4\pi\varepsilon_0}\int_0^{2\pi}\int_0^{\pi}\frac{\rho_S a^2\sin\theta\cos\alpha}{R^2}\mathrm{d}\theta\mathrm{d}\varphi$$

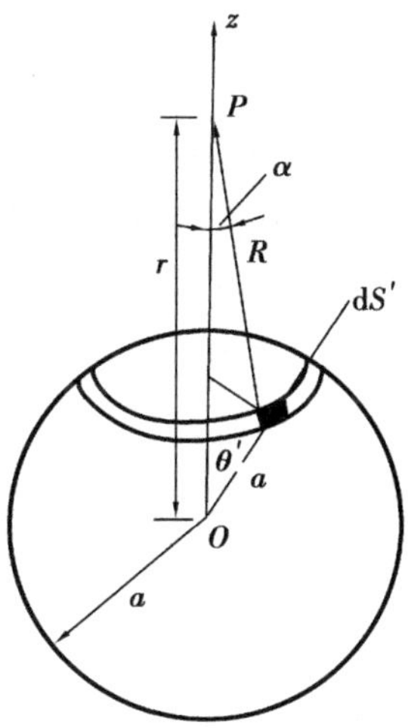

图 2.2.6　球面电荷的电场强度计算

在图 2.2.6 中

$$\cos\alpha=\frac{R^2+r^2-a^2}{2rR},\cos\theta=\frac{a^2+r^2-R^2}{2ar}$$

$$\sin\theta\mathrm{d}\theta=-\mathrm{d}(\cos\theta)=\frac{R}{ar}\mathrm{d}R$$

而当 $\theta=0$ 时，$R=r-a$；当 $\theta=\pi$ 时，$R=r+a$，故 P 的电场可改写为

$$E_r=\frac{1}{4\pi\varepsilon_0}\int_0^{2\pi}\int_{r-a}^{r+a}\frac{\rho_S a^2}{R^2}\frac{R^2+r^2-a^2}{2rR}\frac{R}{ar}\mathrm{d}R\mathrm{d}\varphi=$$

$$\frac{a\rho_S}{4\varepsilon_0 r^2}\int_{r-a}^{r+a}\frac{R^2+r^2-a^2}{R^2}\mathrm{d}R=\frac{a^2\rho_S}{\varepsilon_0 r^2}$$

球面上总的电荷为 $Q=\rho_S 4\pi a^2$，故上式又可写成

$$E_r=\frac{Q}{4\pi\varepsilon_0 r^2}$$

由此可见，球面上的电荷分布在球外的电场，与一个位于球心，电荷量为 Q 的点电荷在球外的电场是相同的。

对于球内的点，当 $\theta=0$ 时，$R=a-r$；当 $\theta=\pi$ 时，$R=r+a$，由此可得

$$E_r=0$$

这与导体中不存在静电场的物理事实是一致的。

2.2.2　真空中静电场的基本方程

由亥姆霍兹定理可知，一个矢量场的性质由其在空间中的通量和散度、环流和旋度来决定。静电场在空间中的分布特征和场源关系由静电场的环流和旋度、通量和散度来决定。电场强度在真空中任选的闭合面 S 上的通量和在任选的闭合曲线 C 上的环流分别可以写成

$$\oint_S\vec{E}\cdot\mathrm{d}\vec{S}=\frac{1}{\varepsilon_0}\sum_{i=1}^{n}q_i \tag{2.2.9}$$

$$\oint_C\vec{E}\cdot\mathrm{d}\vec{l}=0 \tag{2.2.10}$$

电场强度在空间中任一点的散度和旋度分别可以写成

$$\nabla \cdot \vec{E} = \frac{\rho}{\varepsilon_0} \tag{2.2.11}$$

$$\nabla \times \vec{E} = 0 \tag{2.2.12}$$

式(2.2.9)和式(2.2.10)称为**静电场基本方程的积分形式**,式(2.2.11)和式(2.2.12)称为**静电场基本方程的微分形式**。而式(2.2.9)通常又称为真空中的**高斯定律**。其中,$\sum q$ 为闭合面 S 内的总电荷量。下面来证明静电场的基本方程。

证明式(2.2.9)和式(2.2.11)之前,先介绍有关立体角的概念。

如图 2.2.7 所示,球面上某一面元 $d\vec{S}$ 对球心 O 所张的立体角 $d\Omega$ 定义为该面元面积 dS 与球面的半径 R 的平方比,即

$$d\Omega = \frac{dS}{R^2}$$

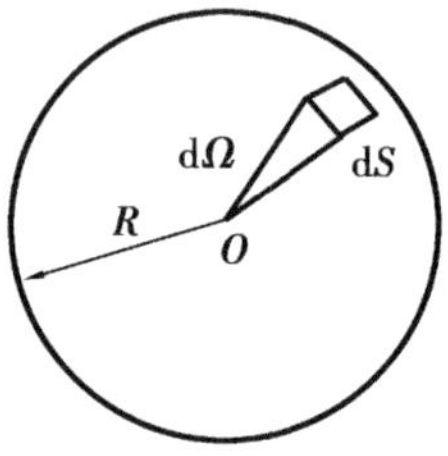

图 2.2.7　球面面元 $d\vec{S}$ 对球心 O 的立体角

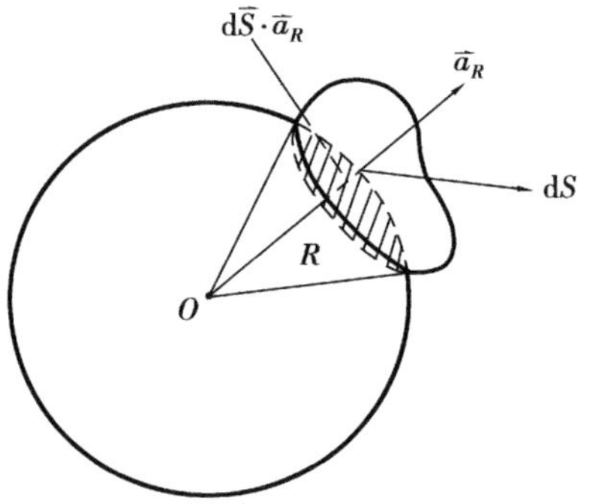

图 2.2.8　空间面元 $d\vec{S}$ 对一定点 O 的立体角

空间一面元 $d\vec{S}$ 对一定点 O 所张的立体角 $d\Omega$ 可以这样来定义:**以 O 为球心,以点 O 到面元 $d\vec{S}$ 的距离 R 为半径作一球面**,如图 2.2.8 所示,**$d\vec{S}$ 对定点 O 所张的立体角 $d\Omega$ 定义为 $d\vec{S}$ 在球面上的投影 $d\vec{S} \cdot \vec{a}_r$ 与 R^2 的比**,即

$$d\Omega = \frac{d\vec{S} \cdot \vec{a}_r}{R^2} = \frac{dS\cos\theta}{R^2} \tag{2.2.13}$$

一个任意形状的闭合面对一定点 O 所张的立体角,如果 O 点在闭合面内,此时可以 O 点为球心,任意半径作一球面,则一定有该闭合面在球面上的投影将球面完全覆盖,如图 2.2.9(a)所示,因此,该闭合面对定点 O 的立体角一定等于球面对 O 点的立体角,即 $\Omega = 4\pi$。如果 O 点在闭合面外,则该闭合面在球面上投影的代数和为零,如图 2.2.9(b)所示,因此,该闭合面对定点 O 的立体角一定等于零。

现在来证明高斯定律。先研究无界真空中一个点电荷的情况。在点电荷 q 的电场中任选一闭合面 S,电场强度在 S 面上的通量为

$$\oint_S \vec{E} \cdot d\vec{S} = \oint_S \frac{q}{4\pi\varepsilon_0} \frac{\vec{R}^\circ \cdot d\vec{S}}{R^2} = \frac{q}{4\pi\varepsilon_0} \oint_S d\Omega \tag{2.2.14}$$

上式中$\frac{\vec{R}^\circ \cdot d\vec{S}}{R^2}$是面元对点电荷 q 所张的立体角 $d\Omega$,整个积分是闭合面 S 对点 q 所张的立体

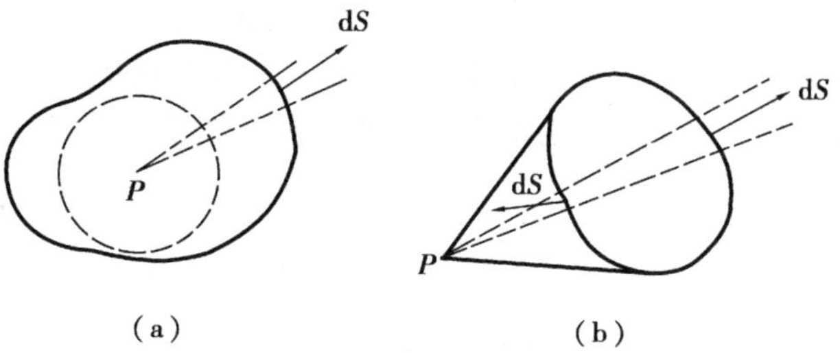

图 2.2.9　闭合面对定点的立体角

角。若 q 点在闭合面内，则该立体角为 4π。因此

$$\oint_S \vec{E} \cdot d\vec{S} = \frac{q}{4\pi\varepsilon_0} 4\pi = \frac{q}{\varepsilon_0} \tag{2.2.15}$$

若 q 点在闭合面 S 外，则该立体角为零。此时

$$\oint_S \vec{E} \cdot d\vec{S} = 0 \tag{2.2.16}$$

若闭合面 S 内有 N 个点电荷，根据叠加原理

$$\oint_S \vec{E} \cdot d\vec{S} = \frac{1}{\varepsilon_0} \sum_{i=1}^{n} q_i = \frac{Q}{\varepsilon_0} \tag{2.2.17}$$

式中 Q 为闭合面内的总电荷。

若闭合面 S 包围的体积 τ 内，电荷以体密度 $\rho(\vec{r})$ 分布，则 τ 内的总电荷量为 $Q = \int_\tau \rho(\vec{r}) d\tau$，上式变为

$$\oint_S \vec{E} \cdot d\vec{S} = \frac{1}{\varepsilon_0} \int_\tau \rho(\vec{r}) d\tau \tag{2.2.18}$$

根据高斯散度定理 $\int_\tau \nabla \cdot \vec{A} d\tau = \oint_S \vec{A} \cdot d\vec{S}$，式(2.2.18)可以写成

$$\int_\tau \nabla \cdot \vec{E} d\tau = \frac{1}{\varepsilon_0} \int_\tau \rho(\vec{r}) d\tau$$

因为闭合面是任取的，所包围的体积也是任意的，于是有

$$\nabla \cdot \vec{E} = \frac{\rho(\vec{r})}{\varepsilon_0}$$

上式也称为高斯定律的微分形式。

下面证明基本方程中的环流方程和旋度方程。在点电荷的场中取一条曲线连接 A、B 两点，如图 2.2.10 所示，$\vec{E}$ 沿此曲线的积分为

$$\int_A^B \vec{E} \cdot d\vec{l} = \frac{q}{4\pi\varepsilon_0} \int_{R_A}^{R_B} \frac{\vec{R}^\circ \cdot d\vec{l}}{R^2} = \frac{q}{4\pi\varepsilon_0} \int_{R_A}^{R_B} \frac{dR}{R^2} =$$

$$-\frac{q}{4\pi\varepsilon_0} \left[\frac{1}{R}\right]_{R_A}^{R_B} = \frac{q}{4\pi\varepsilon_0} \left(\frac{1}{R_A} - \frac{1}{R_B}\right)$$

当积分路径是闭合路径时，点 A 与点 B 重合，

因此

$$\oint_C \vec{E} \cdot d\vec{l} = 0$$

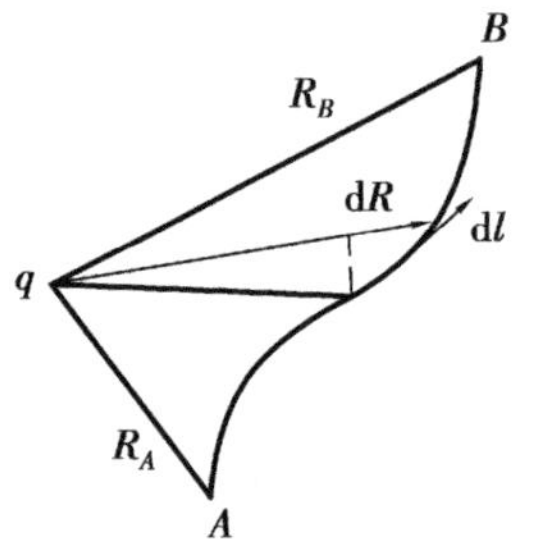

图 2.2.10　$\oint_C \vec{E} \cdot d\vec{l}$ 的计算

基本方程式(2.2.10)得证。

不难证明,对于多个点电荷的情况上述结论也成立,而且此结论也很容易推广到任意分布电荷情况。利用斯托克斯定理,上式又可以写成

$$\oint_C \vec{E} \cdot d\vec{l} = \int_S \nabla \times \vec{E} \cdot d\vec{S} = 0$$

因为回路 C 是任意的,则面 S 也是任意的,因此,$\nabla \times \vec{E} = 0$,式(2.2.12)得证。

从矢量场的角度来看,式(2.2.10)和式(2.2.12)说明了静电场中无旋涡源,而只有发散源。因此,**静电场是一种无旋场,或者说是一种发散场**。从力场的角度来看,又可以把**静电场说成是一种保守场**。因为当在场中沿任意闭合路径移动一个电荷 q 时,电场力做的功为 $\oint_C q\vec{E} \cdot d\vec{l} = q\oint_C \vec{E} \cdot d\vec{l} = 0$。即当电荷回到出发点时,电场能量回到原来的值,这意味着当空间电荷分布一定时,空间中电场的位能分布是一定的。这样一种性质称为静电场的守恒性质。而式(2.2.9)和式(2.2.17)说明了静电场在区域 τ 中的发散源为 $\frac{1}{\varepsilon_0}\sum q$ 或 $\frac{1}{\varepsilon_0}\int_\tau \rho(\vec{r})\,d\tau$,静电场在空间某点的源为 $\frac{1}{\varepsilon_0}\rho(\vec{r})$。

例 2.2.4　半径为 r_0 的无限长导体柱面,单位长度上均匀分布的电荷密度为 ρ_l。试计算空间各点的电场强度。

解　电荷在柱面上分布,且柱面将空间分成柱形区域,因此选用柱坐标系。在柱坐标系中,将 Z 轴置于导体柱面的轴线上,如图 2.2.11 所示。由于电荷在柱面上均匀分布,电荷和电场的分布具有轴对称性(关于 Z 对称)。因此,空间各点电场的方向一定在 r 方向上,且在任一 r 柱面上各点 E_r 值相等。

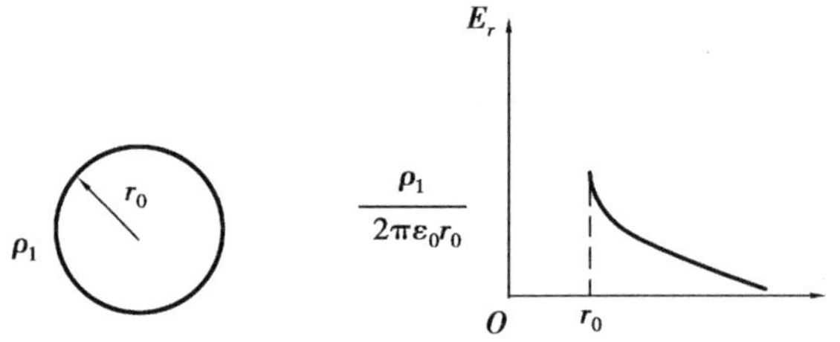

图 2.2.11　柱面电荷的电场强度计算

作一与导体柱面同轴、半径为 r、长为 l 的闭合面 S,应用高斯定律计算电场强度的通量。

当 $r < r_0$ 时,由于导体内无电荷,因此

$$\oint_S \vec{E} \cdot d\vec{S} = 0$$

故有 $\vec{E} = 0$,导体内无静电场,这与物理学的结论是一致的。

当 $r > r_0$ 时,由于电场只在 r 方向有分量,电场在两个底面上无通量,因此

$$\oint_S \vec{E} \cdot d\vec{S} = \oint_S E_r \vec{a}_r \cdot \vec{a}_r dS_r = \oint_S E_r \cdot dS_r = E_r \cdot 2\pi r l = \frac{\rho_l l}{\varepsilon_0}$$

则

$$E_r = \frac{\rho_l}{2\pi\varepsilon_0 r} \tag{2.2.19}$$

当 $r_0 \to 0$ 时，此导体柱面变为一无限长细导线，导线上单位长度分布的电荷仍为 ρ_l。按同样的方法可得，细导线的电场仍由式(2.2.18)给出。这说明均匀分布在无限长柱面上的电荷的电场与无限长线电荷的电场具有相同的空间分布。

例 2.2.5　在半径为 a 的球中分布密度为 $\rho(r)$ 的电荷，已知空间中电场强度分布为：当 $r \leqslant a$ 时，$E_r = r^3 + Ar^2$；当 $r \geqslant a$ 时，$E_r = \dfrac{a^5 + Aa^4}{r^2}$（其中 A 为已知常数）。试求空间各点的电荷分布。

解　已知空间中电场分布求电荷分布时，可用基本方程式(2.2.11)得 $\rho = \varepsilon_0 \nabla \cdot \vec{E}$，在球坐标系中，由于 E_r 只是 r 坐标的函数，电场分布具有球对称性，则电荷分布也应具有球对称性。因此

$$\rho = \varepsilon_0 \nabla \cdot E_r = \varepsilon_0 \frac{1}{r^2} \frac{\partial}{\partial r}(r^2 E_r)$$

当 $r \leqslant a$ 时

$$\rho(r) = \varepsilon_0 \nabla \cdot E_r = (5r^2 + 4r)\varepsilon_0$$

当 $r \geqslant a$ 时

$$\rho(r) = \varepsilon_0 \nabla \cdot E_r = \varepsilon_0 \frac{1}{r^2} \frac{\partial}{\partial r}(a^5 + Aa^4) = 0$$

本题中，电荷分布在 $r = a$ 处不连续。

例 2.2.6　圆柱坐标系中，在 $r = 2$ m 与 $r = 4$ m 之间的体积内均匀分布有电荷，其电荷密度为 ρ/C · m^{-3}。利用高斯定律求各区域中的电场强度。

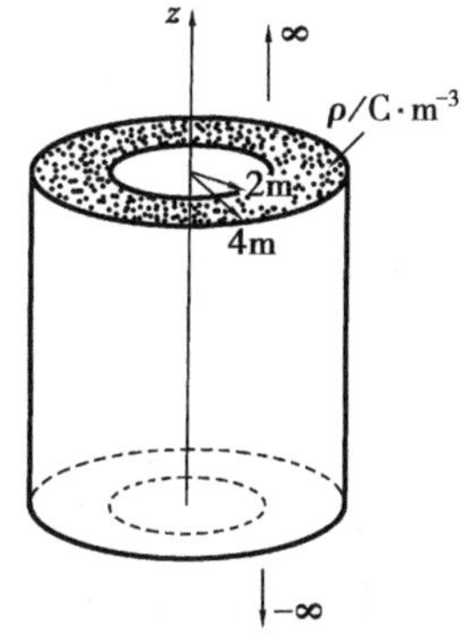

图 2.2.12　高斯定律在球坐标中的应用

解　由于电荷分布具有轴对称性，因此，电场分布也关于 z 轴对称，即电场强度在半径为 r 的同轴圆柱面上，其值相等，方向在 r 方向上。今作一半径为 r，长度为 L 的同轴圆柱面。

当 $0 \leqslant r \leqslant 2$m 时，有

$$\oint_S \vec{E} \cdot d\vec{S} = E_r \cdot 2\pi r L = 0$$

即

$$E_r = 0$$

当 2 m $\leqslant r \leqslant$ 4 m 时，有

$$\oint_S \vec{E} \cdot d\vec{S} = E_r \cdot 2\pi r L = \frac{1}{\varepsilon_0} \pi \rho L (r^2 - 4)$$

因此，

$$E_r = \frac{\rho}{2\varepsilon_0 r}(r^2 - 4)$$

当 $r \geqslant 4$ m 时，有

$$\oint_S \vec{E} \cdot d\vec{S} = E_r \cdot 2\pi rL = \frac{12}{\varepsilon_0}\pi\rho L \qquad 即 \qquad E_r = \frac{6\rho}{\varepsilon_0 r}$$

2.3 泊松方程 拉普拉斯方程

2.3.1 电位函数

在静电场问题中,我们遇到的一个普遍问题是已知电荷分布求解其电场分布,或反过来,已知电场分布求电荷分布。对于连续分布的电场,可以利用基本方程式(2.2.11),通过在各种坐标系中求静电场的散度来得到电荷分布。然而,对于已知电荷分布求其电场分布,不可避免地要在各种坐标系中进行矢量积分运算,如果电荷分布的区域极为简单,或电荷的分布具有很好的对称性,可以通过式(2.2.6)、式(2.2.7)、式(2.2.8)和基本方程式(2.2.17)来计算电场分布。如果电荷分布区域是一个复杂的区域,或电荷分布不具有任何对称性,则靠矢量积分的方法来计算电场分布,这在数学上将会遇到极大的困难。为此引入电位函数。

在第1章中已知道,无旋的矢量场可以用一个标量场的梯度来描述,即如果 $\nabla \times \vec{A} = 0$,因为 $\nabla \times \nabla \Phi = 0$,则 $\vec{A} = \nabla \Phi$。静电场是无旋的矢量场,它可以用一个标量函数的梯度表示,此标量函数称为静电场的**电位函数**或简称**电位**。静电场中,电位函数 φ 的定义为

$$\vec{E} = -\nabla\varphi \tag{2.3.1}$$

由梯度与方向导数的关系可知,电场沿任一方向 l 的投影为

$$E_l = -\frac{\partial\varphi}{\partial l} \tag{2.3.2}$$

在直角坐标系中

$$\vec{E} = -\vec{a}_x\frac{\partial\varphi}{\partial x} - \vec{a}_y\frac{\partial\varphi}{\partial y} - \vec{a}_z\frac{\partial\varphi}{\partial z} \tag{2.3.3}$$

显然,$E_x = -\frac{\partial\varphi}{\partial x}$、$E_y = -\frac{\partial\varphi}{\partial y}$、$E_z = -\frac{\partial\varphi}{\partial z}$。场中任一点的电场强度 $\vec{E}$ 的方向总是沿着电位减小最快的方向,即从高电位指向低电位;其数值等于电位随距离的最大变化率。电场在任一方向的分量等于电位沿该方向的方向导数的负值。

以 $d\vec{l} = \vec{a}_x dx + \vec{a}_y dy + \vec{a}_z dz$ 点乘式(2.3.3)得

$$\vec{E} \cdot d\vec{l} = -\left(\frac{\partial\varphi}{\partial x}dx + \frac{\partial\varphi}{\partial y}dy + \frac{\partial\varphi}{\partial z}dz\right) = -d\varphi \tag{2.3.4}$$

将式(2.3.4)在空间 A、B 两点间积分可得 A、B 两点的电位差为

$$-[\varphi(B) - \varphi(A)] = \varphi(A) - \varphi(B) = \int_A^B \vec{E} \cdot d\vec{l} \tag{2.3.5}$$

式(2.3.5)说明:**电场强度沿一路径从 A 点到 B 点的线积分等于电位从 A 点到 B 点的下降**。由此可见,电场强度的线积分反应了空间两电位的差。

若在空间中任选 P 点作为电位的参考点,即 $\varphi(P) = 0$,则 A 点的电位为

$$\varphi(A) = \int_A^P \vec{E} \cdot d\vec{l} \tag{2.3.6}$$

对于参考点的选择，原则上是任意的。参考点的选定最好使电位函数的表达式比较简单，通常电荷分布在有限区域时，最好选无穷远点为参考点；如果电荷分布到无穷远处，则不能选无穷远点为参考点，而必须将参考点选在有限远处，否则电位将会为无穷大。

对于点电荷的电位

$$\varphi(R)=\int_R^{R_P}\frac{q}{4\pi\varepsilon_0R^2}\vec{R}^0\cdot\mathrm{d}\vec{l}=\frac{q}{4\pi\varepsilon_0}\int_R^{R_P}\frac{\mathrm{d}R}{R^2}=\frac{q}{4\pi\varepsilon_0}\left(\frac{1}{R}-\frac{1}{R_P}\right)=\frac{q}{4\pi\varepsilon_0R}+C \tag{2.3.7}$$

若选无穷远点为参考点，则当 $R_P\to\infty$ 时，$\varphi(R_P)=0$，即 $C=0$。于是，点电荷的电位为

$$\varphi(R)=\frac{q}{4\pi\varepsilon_0R} \tag{2.3.8}$$

体电荷、面电荷和线电荷分布的电位函数表达式为

$$\varphi(\vec{r})=\frac{1}{4\pi\varepsilon_0}\int_\tau\frac{\rho(\vec{r}')}{|\vec{r}-\vec{r}'|}\mathrm{d}\tau'+C \tag{2.3.9}$$

$$\varphi(\vec{r})=\frac{1}{4\pi\varepsilon_0}\int_S\frac{\rho_S(\vec{r}')}{|\vec{r}-\vec{r}'|}\mathrm{d}S'+C \tag{2.3.10}$$

$$\varphi(\vec{r})=\frac{1}{4\pi\varepsilon_0}\int_l\frac{\rho_l(\vec{r}')}{|\vec{r}-\vec{r}'|}\mathrm{d}l'+C \tag{2.3.11}$$

静电场中引入电位函数后，对电场强度的求解可以变为对标量电位函数的求解，即先求电位函数，然后由 $\vec{E}=-\nabla\varphi$ 给出电场强度分布。

例 2.3.1　真空中，电荷按体密度 $\rho=\rho_0\left(1-\frac{r^2}{a^2}\right)$ 分布在半径为 a 的球形区域内，其中 ρ_0 为常数。试计算球内、外的电场强度和电位函数。

解　由于电荷分布具有球对称分布，电场也应具有球对称分布，因此，$\vec{E}$ 沿半径方向，且只是 r 的函数。作一半径为 r 的同心球面 S，应用高斯定律的积分形式可得。当 $r>a$ 时

$$\oint_S\vec{E}_2\cdot\mathrm{d}\vec{S}=4\pi r^2E_2=\frac{Q}{\varepsilon_0}$$

而 Q 为球面 S 包围的总电荷，即球形区域内的总电荷。

$$Q=\int_0^a\rho(r)4\pi r^2\mathrm{d}r=4\pi\rho_0\int_0^a\left(r^2-\frac{r^4}{a^2}\right)\mathrm{d}r=\frac{8}{15}\pi\rho_0a^3$$

因此

$$\vec{E}_2=\vec{a}_r\frac{2\rho_0a^3}{15\varepsilon_0r^2}$$

当 $r<a$ 时

$$\oint_S\vec{E}_1\cdot\mathrm{d}\vec{S}=4\pi r^2E_1=\frac{1}{\varepsilon_0}\int_0^r\rho(r)4\pi r^2\mathrm{d}r=\frac{4\pi\rho_0}{\varepsilon_0}\left(\frac{r^3}{3}-\frac{r^5}{5a^2}\right)$$

$$\vec{E}_1=\vec{a}_r\frac{\rho_0}{\varepsilon_0}\left(\frac{r}{3}-\frac{r^3}{3a^2}\right)$$

取无穷远的电位为零,得球外的电位分布为

$$\Phi_2(r) = \int_r^{\infty} \vec{E}_2 \cdot \mathrm{d}\vec{r} = \frac{2\rho_0 a^3}{15\varepsilon_0 r}$$

球面上($r=a$)的电位为

$$\Phi_S = \frac{2\rho_0 a^2}{15\varepsilon_0}$$

当 $r<a$ 时

$$\Phi_1(r) = \Phi_S + \int_r^{a} \vec{E}_1 \cdot \mathrm{d}\vec{r} = \frac{\rho_0}{2\varepsilon_0}\left(\frac{a^2}{2} - \frac{r^2}{3} + \frac{r^4}{10a^2}\right)$$

由于 $Q=(8/15)\pi\rho_0 a^3$,在球外,电场和电位还可以写成

$$\vec{E}_2 = \vec{a}_r \frac{1}{4\pi\varepsilon_0}\frac{Q}{r^2} \qquad \Phi_2 = \frac{1}{4\pi\varepsilon_0}\frac{Q}{r}$$

由此可见,具有球对称分布的电荷,在球外的电场和电位与点电荷的电场和电位具有相同的分布。

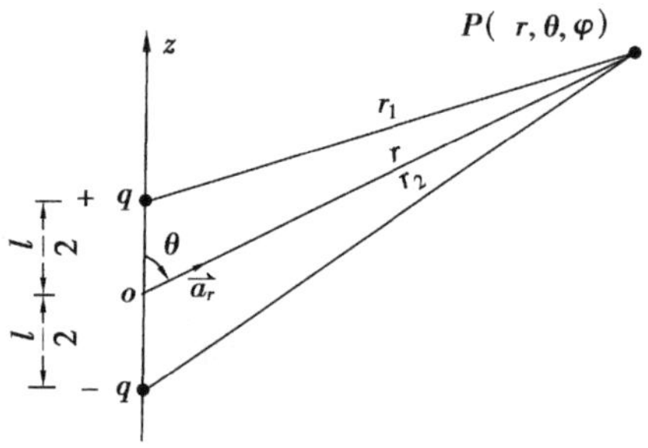

图 2.3.1 电偶极子

例 2.3.2 如图 2.3.1 所示,一对等值异号的电荷相距一个小的距离 l,称为**电偶极子**,用**电偶极矩矢量** $\vec{p}=q\vec{l}$ 来描述,其大小等于 ql,方向由 $-q$ 指向 $+q$,单位为 C·m。试求电偶极子的电场和电位。

解 在球坐标系中,将电偶极子置于原点,并使 $\vec{p}$ 指向极轴方向。显然,电偶极子的电场分布关于极轴对称。场点 $P(r,\theta,\varphi)$ 的电位等于两个点电荷电位的叠加

$$\varphi = \frac{q}{4\pi\varepsilon_0}\left(\frac{1}{r_+} - \frac{1}{r_-}\right)$$

而 $r_+^2 = r^2 + l^2 - 2rl\cos\theta$,故有

$$\frac{1}{r_+} = \frac{1}{\sqrt{r^2 + l^2 - 2rl\cos\theta}}$$

在 $r \gg l$ 的区域内,$1/r_+$ 可近似为

$$\frac{1}{r_+} = \frac{1}{r} + \frac{1}{r^2} l\cos\theta$$

因此

$$\varphi = \frac{q}{4\pi\varepsilon_0}\left(\frac{1}{r^2} l\cos\theta + \frac{1}{r} - \frac{1}{r}\right) = \frac{1}{4\pi\varepsilon_0}\left(\frac{ql\cos\theta}{r^2}\right) \tag{2.3.12}$$

由于 $ql\cos\theta = \vec{p}\cdot\vec{a}_r$,电偶极子的电位又可表为

$$\varphi = \frac{1}{4\pi\varepsilon_0}\left(\frac{\vec{p}\cdot\vec{a}_r}{r^2}\right) = \frac{1}{4\pi\varepsilon_0}\left(\frac{\vec{p}\cdot\vec{r}}{r^3}\right) \tag{2.3.13}$$

由 $\vec{E} = -\nabla\varphi$ 得电场强度为

$$\vec{E}(r) = \frac{1}{4\pi\varepsilon_0}\left[\frac{3(\vec{p}\cdot\vec{r})}{r^5}\vec{r} - \frac{\vec{p}}{r^3}\right] \tag{2.3.14}$$

对式(2.3.12)作负梯度运算，又可得电场强度为

$$\vec{E}=\vec{a}_r\frac{2ql\cos\theta}{4\pi\varepsilon_0 r^3}+\vec{a}_\theta\frac{ql\sin\theta}{4\pi\varepsilon_0 r^3} \tag{2.3.15}$$

在式(2.3.12)中取 Φ 为一常数，由于 p 也为常数，故等位面方程为

$$r=C\sqrt{\cos\theta} \tag{2.3.16}$$

令电场线上每点线元的方向与该点电场的方向相同，即 $\mathrm{d}\vec{l}=k\vec{E}$。在球坐标系中，由于电偶极子的电场没有 φ 分量，因此

$$\vec{a}_r\mathrm{d}r+\vec{a}_\theta r\mathrm{d}\theta=\vec{a}_r kE_r+\vec{a}_\theta kE_\theta$$

将电偶极子的电场分量代入上式可得

$$\frac{\mathrm{d}r}{r}=\frac{2\mathrm{d}(\sin\theta)}{\sin\theta}$$

积分得

$$r=C_1\sin^2\theta \tag{2.3.17}$$

其中 C_1 为一常量。电偶极子的电场线和等位面如图 2.3.2 所示。

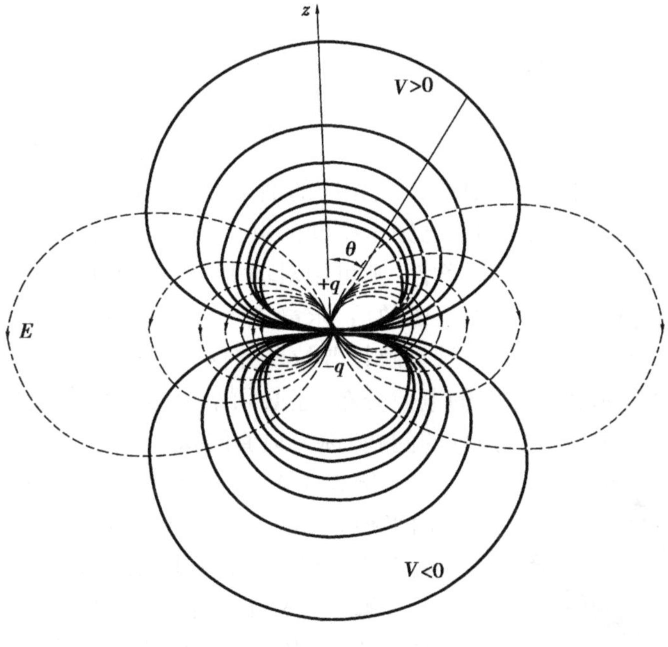

图 2.3.2　电偶极子的电场线和等位面

例 2.3.3　单位长度上均匀分布有电荷为 ρ_l 的无限长线电荷的电场强度已由例 2.2.3 给出，试求线外的电位分布。

解　线电荷密度为 ρ_l 的无限长线电荷的电场强度为

$$E_r=\frac{\rho_l}{2\pi\varepsilon_0 r}$$

由于电荷分布在无穷远处，则必须选有限远点 P 作为参考点。因此

$$\varphi=\frac{1}{2\pi\varepsilon_0}\int_r^{r_P}\frac{\rho_l}{r}\mathrm{d}r=\frac{\rho_l}{2\pi\varepsilon_0}\ln r\Big|_r^{r_p}=\frac{\rho_l}{2\pi\varepsilon_0}\ln\frac{r_p}{r}$$

如果参考点选在无穷远处，$r_p \to \infty$，则不管场点选在何处，都有 $\varphi \to \infty$。

2.3.2　泊松方程　拉普拉斯方程

静电场中，场与源的关系由静电场的基本方程给出。由于 $\vec{E} = -\nabla\varphi$，电位函数 φ 的微分方程可由静电场的基本方程导出。

将场位关系 $\vec{E} = -\nabla\varphi$ 代入基本方程 $\nabla\cdot\vec{E} = \frac{\rho}{\varepsilon_0}$ 可得

$$\nabla\cdot\nabla\varphi = -\frac{\rho}{\varepsilon_0}$$

而 $\nabla\cdot\nabla = \nabla^2$ 称为拉普拉斯算符，上式通常写成

$$\nabla^2\varphi = -\frac{\rho}{\varepsilon_0} \tag{2.3.18}$$

称为电位的**泊松方程**，它是一个非齐次二阶微分方程。

在无源区域中，由于 $\rho = 0$，此时电位的方程变为齐次二阶微分方程

$$\nabla^2\varphi = 0 \tag{2.3.19}$$

称为**拉普拉斯方程**。

在直角坐标系中，拉普拉斯算符可以写成：

$$\nabla^2 = \nabla\cdot\nabla = \frac{\partial^2}{\partial x^2} + \frac{\partial^2}{\partial y^2} + \frac{\partial^2}{\partial z^2}$$

在圆柱坐标系和球坐标系下 ∇^2 的算式以及相应的泊松方程和拉普拉斯方程由附录Ⅱ给出。

前已述及，对静电场的求解，如果已知全空间的电荷分布，或电荷分布在有限的区域，且区域形状简单、电荷分布具有较好的对称性，则可用对场源的矢量积分或基本方程直接求电场强度，但求解的范围极为有限。引入电位函数后，求静电场的问题变为求静电位的问题，也就是在有源区域求解泊松方程，在无源区域求解拉普拉斯方程。在很多情况下，遇到的是有限区域的问题，此时，不仅要知道该区域中的电荷分布，还必须给出静电场在边界上的边界条件。这种给定边界条件下求解有限区域内场的问题，称为**边值问题**。

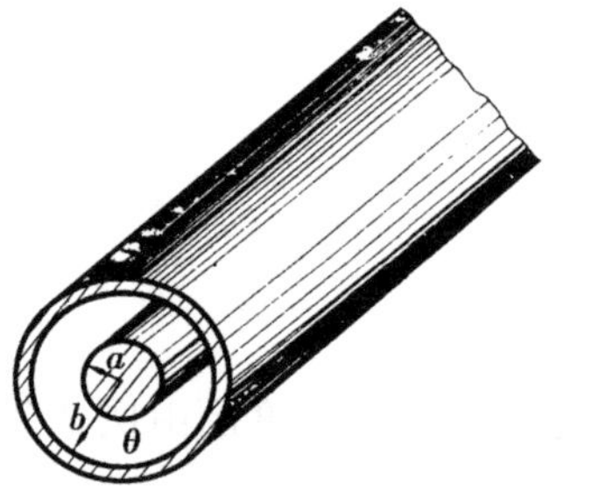

图 2.3.3　同轴传输线的电场分布

例 2.3.4　同轴传输线的内导体半径 $r = a$，外导体内半径 $r = b$。已知内导体的电位为 U_0，外导体接地，如图 2.3.3 所示。试求同轴传输线内的电位和电场分布。

解　在柱坐标系中，由于同轴传输线的结构具有轴对称性，而电位在内导体表面均匀分布，在外导体表面上为零，故线内电位和电场也具有轴对称性。线内电位满足拉普拉斯方程。

$$\nabla^2\varphi = \frac{1}{r}\frac{\partial}{\partial r}\left(r\frac{\partial\varphi}{\partial r}\right) = 0$$

边界条件为：当 $r = a$，$\varphi = U_0$；当 $r = b$，$\varphi = 0$。根据方程可得

$$\frac{\partial\varphi}{\partial r} = \frac{C_1}{r} \qquad 或 \qquad \mathrm{d}\varphi = \frac{C_1}{r}\mathrm{d}r$$

积分得

$$\varphi = C_1 \ln r + C_2$$

代入边界条件

当 $r = b$ 时，$C_1 \ln b + C_2 = 0$，得 $C_2 = -C_1 \ln b$

当 $r = a$ 时，$C_1 \ln a + C_2 = U_0$ 代入 C_2 与 C_1 的关系式得：$C_1 = U_0 / \ln \dfrac{a}{b}$

于是

$$\varphi = \frac{U_0}{\ln \dfrac{a}{b}} \ln \frac{r}{b} \qquad \vec{E} = -\nabla\varphi = \vec{a}_r \frac{U_0}{r \ln \dfrac{b}{a}}$$

2.4　介质中的高斯定律　电位移矢量

2.4.1　电介质的极化

电介质简称介质，是一种电阻率很高、导电性能很差的物质。当介质被放入电场中时，介质在电场作用下会使介质表面或介质中出现某种电荷分布，这种现象称为**介质的极化**，这种因极化而产生的电荷称为**极化电荷或束缚电荷**。

介质的极化机理与构成物质的原子及分子结构有关，主要有电子极化、离子极化、取向极化三种情况：电子极化是原子中的电子云，在电场作用下相对于原子核发生位移而出现电矩；离子极化是由正、负离子组成的分子，在电场作用下正、负离子发生位移而出现电矩；取向极化是分子具有的固有电矩，因热运动而无合成电矩。当这些分子放入电场中后，在电场的作用下分子电矩产生定向转动，出现合成电矩的极化现象。一般单原子的介质只有电子极化，所有化合物都存在电子极化和离子极化，某些化合物同时具有三种极化。

介质因极化出现极化体电荷密度或面电荷密度，极化电荷要激励电场，因此，介质的极化将改变空间和介质中的电场分布。

不管是电子极化、离子极化还是取向极化，介质极化的结果是介质中出现电矩的有序排列，也就是介质中出现了宏观的电矩分布。为了分析介质极化的宏观效应，下面引入一个极化强度矢量 $\vec{P}$，并将其定义为：**在电场作用下，介质中某点单位体积内电偶极子电矩的矢量和**，即

$$\vec{P} = \lim_{\Delta V \to 0} \frac{\sum \vec{p}}{\Delta V} \ \mathrm{C/m^2} \tag{2.4.1}$$

显然，极化强度矢量等于分子的平均电矩 $\vec{p}_p$ 与分子密度 N 的乘积 $N\vec{p}_p$。极化强度矢量 $\vec{P}$ 的取值主要取决于介质的材料特性和外加电场强度。工程上，极化强度矢量与电场强度的关系一般由实验测定。对于常用的各向同性的线性均匀介质

$$\vec{P} = \chi_e \varepsilon_0 \vec{E} \tag{2.4.2}$$

χ_e **称为介质的极化率**，是一个无量纲的常数。

下面讨论介质中极化电荷体密度和面密度与极化强度的关系。

在介质空间中，任选一个闭合面 S，如图2.4.1(a)所示，图2.4.1(b)是极化介质的物理模

型。每个分子用一个电偶极子来代表,它的电矩等于该点分子的平均电矩。设介质的分子密度为 N,分子的平均电矩为 $\vec{p}=q\vec{l}$,因此,$\vec{P}=N\vec{p}$。现在来计算闭合面 S 所包围的极化电荷总量。在 S 面上取一个面元 $d\vec{S}$,显然,在 dS 为底、斜高为 l 的一个小柱体积内的正电荷都将从 dS 穿过,其电荷量为

$$Nql\mathrm{d}S\cos\theta=\vec{P}\cdot\mathrm{d}\vec{S} \tag{2.4.3}$$

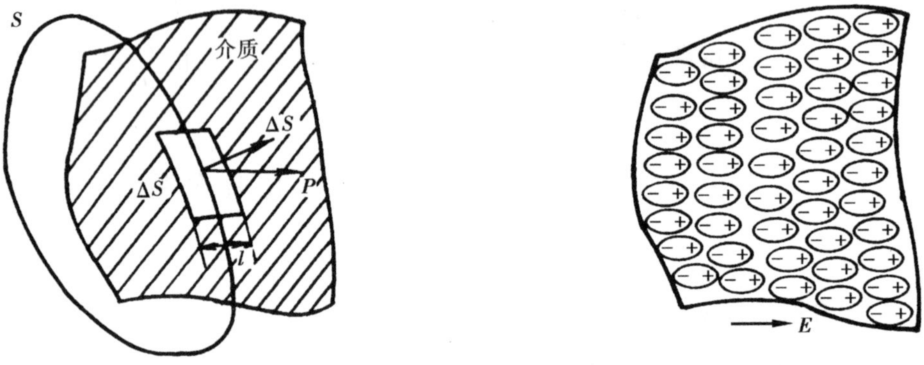

(a)　　　　　　(b)

图 2.4.1　极化介质的物理模型

所以,从闭合面 S 上穿出的电荷总量 Q_p' 为

$$Q_p'=\oint_S\vec{P}\cdot\mathrm{d}\vec{S} \tag{2.4.4}$$

而闭合面 S 内的极化电荷为

$$Q_p=-Q_p'=-\oint_S\vec{P}\cdot\mathrm{d}\vec{S} \tag{2.4.5}$$

可以认为,介质内分子密度是连续变化的,因此,极化强度矢量 $\vec{P}$ 也应是一个空间连续函数。应用高斯散度定理

$$\oint_S\vec{P}\cdot\mathrm{d}\vec{S}=\int_\tau\nabla\cdot\vec{P}\mathrm{d}\tau$$

式(2.4.5)又可以写成

$$Q_p=-\oint_S\vec{P}\cdot\mathrm{d}\vec{S}=-\int_\tau\nabla\cdot\vec{P}\mathrm{d}\tau$$

由于闭合面 S 的选择是任意的,故闭合面 S 围成的体积也是任意的,因此极化介质体积内的极化电荷密度为

$$\rho_p=-\nabla\cdot\vec{P} \tag{2.4.6}$$

由式(2.4.6)可知,如果介质是均匀的,则极化强度矢量 $\vec{P}$ 是一个常矢量,显然有 $\rho_p=-\nabla\cdot\vec{P}=0$,即均匀介质中无极化电荷分布。而非均匀介质中有极化电荷分布。

下面再来计算介质表面上极化电荷面密度 ρ_{ps} 与极化强度矢量 $\vec{P}$ 的关系。在介质内紧贴表面取一个闭合面 S,显然,从这个闭合面上穿出的电荷就是介质表面上的极化电荷。在 S 面上取一面元矢量 $d\vec{S}$,从面元矢量 $d\vec{S}$ 穿出的电荷量为 $\vec{P}\cdot\mathrm{d}\vec{S}=\vec{P}\cdot\vec{n}\mathrm{d}S$,其中 $\vec{n}$ 为表面的单位

法向矢量。因此，介质表面上的极化面电荷密度为

$$\rho_{pS} = \vec{P} \cdot \vec{n} \tag{2.4.7}$$

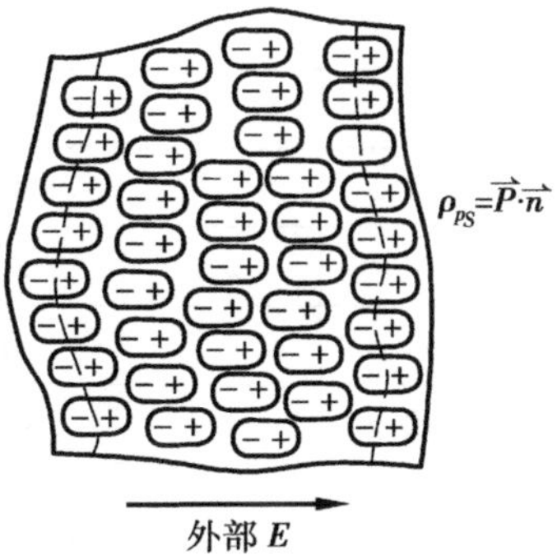

图 2.4.2　面极化电荷密度

2.4.2　介质中的高斯定律　电位移矢量

真空中的静电场由源电荷分布激励。在有介质的空间中，一方面源电荷分布要激励电场，另一方面，介质在电场中被极化要产生束缚电荷，束缚电荷也要激励电场。因此，介质空间中的电场为源电荷激励的电场与束缚电荷激励的电场的叠加。介质空间中的高斯定律应为

$$\oint_S \vec{E} \cdot d\vec{S} = \frac{1}{\varepsilon_0}(Q + Q_p) \tag{2.4.8}$$

式(2.4.8)中等号右端的 Q 为 S 面内的总源电荷，Q_p 为 S 面内的总极化电荷。将式(2.4.5)代入式(2.4.8)得

$$\oint_S \vec{E} \cdot d\vec{S} = \frac{1}{\varepsilon_0}\left(Q - \oint_S \vec{P} \cdot d\vec{S}\right) \quad 或 \quad \oint_S (\varepsilon_0 \vec{E} + \vec{P}) \cdot d\vec{S} = Q \tag{2.4.9}$$

令

$$\vec{D} = \varepsilon_0 \vec{E} + \vec{P} \tag{2.4.10}$$

称为**电位移矢量**或**电通密度矢量**，单位为 C/m^2，于是(2.4.9)式变为

$$\oint_S \vec{D} \cdot d\vec{S} = Q \tag{2.4.11}$$

对于连续分布的体电荷情况

$$\nabla \cdot \vec{D} = \rho \tag{2.4.12}$$

式(2.4.11)和式(2.4.12)分别称为**介质中高斯定律的积分形式和微分形式。**

需要说明的是，电位移矢量 $\vec{D}$ 是一个为分析介质空间的电场而引入的辅助矢量，它不具有实际的物理意义。由式(2.4.11)和式(2.4.12)可知，在介质空间中，电位移矢量 $\vec{D}$ 在任一闭合面上的通量仅与闭合面内的源电荷有关，介质空间中任一点电位移矢量的散度只与该点的源电荷密度有关，而不管介质特征。也就是说，不管是什么样的介质，在空间中怎样分布。只要已知源电荷在空间中的分布，就可以由介质中的高斯定律求出电位移矢量。

下面再求介质中电位移矢量与电场强度的关系。对于常用的各向同性的均匀介质，将式(2.4.2)代入式(2.4.10)可得

$$\vec{D} = \varepsilon_0 \vec{E} + \vec{P} = (1 + \chi_e)\varepsilon_0 \vec{E} = \varepsilon_r \varepsilon_0 \vec{E} = \varepsilon \vec{E} \tag{2.4.13}$$

$\vec{D}$ 与 $\vec{E}$ 的关系称为介质的**本构方程**或**组成关系**。ε 为介质的电容率（介电常数），单位为 F/m（法/米），而

$$\varepsilon_r = \frac{\varepsilon}{\varepsilon_0} = 1 + \chi_e \tag{2.4.14}$$

称为相对电容率。一些常见介质的相对电容率见表 2.4.1。

表 2.4.1　一些常见介质的相对电容率

材料	相对介电常数 ε_r	材料	相对介电常数 ε_r
蒸馏水	80.0	蜡	4.0
干　土	2.8	聚乙烯	2.2
清　水	80.0	石　英	5.0
海　水	81.0	橡　胶	3.0
陶　瓷	4.5 ~ 10.0	云　母	3.7 ~ 7.5

上面给出的 $\vec{D}$ 与 $\vec{E}$ 的正比关系是对常遇到的介质来说的。其特点是 $\vec{D}$ 与 $\vec{E}$ 同向、线性，且不随空间位置变化。这样的介质称为线性、各向同性的均匀介质。介质通常用式(2.4.13)来进行分类。如果介质 $\vec{D}$ 与 $\vec{E}$ 的关系为线性关系，这样的介质称为线性介质，否则为非线性介质；如果介质 $\vec{D}$ 与 $\vec{E}$ 同向，这样的介质称为各向同性介质，如果介质 $\vec{D}$ 与 $\vec{E}$ 不同向，即 ε 不是一个标量或标量函数，而是一个张量，这样的介质称为各向异性介质，如等离子体和铁氧体就是各向异性介质；如果介质的 ε 是空间坐标的函数，这样的介质称为非均匀介质；如果介质的 ε 是一个实数或实函数，这样的介质称为无损耗介质，否则称为有损耗介质。线性、各向同性、均匀、无损耗介质称为理想介质。

2.4.3　介质中静电场的基本方程

在介质空间中，电位移矢量 $\vec{D}$ 与源电荷分布的关系由介质中的高斯定律的微分方程式(2.4.12)和积分方程式(2.4.11)给出，电位移矢量 $\vec{D}$ 与电场强度 $\vec{E}$ 的关系由介质的本构方程式(2.4.13)给出。由于束缚电荷也是静电荷，其激励的电场 $\vec{E}'$ 也是静电场，一定满足：$\oint_C \vec{E}' \cdot d\vec{l} = 0$，故在介质空间中总的静电场 $\vec{E} = \vec{E}_0 + \vec{E}'$($\vec{E}_0$ 为真空中的静电场)也是一种保守场，且满足：$\oint_C \vec{E} \cdot d\vec{l} = 0$。则同样可以在介质空间中引入电位 Φ，($\vec{E} = -\nabla\Phi$)。因此，介质空间中静电场的基本方程可以总结为：

积分方程

$$\oint_S \vec{D} \cdot d\vec{S} = Q \qquad \oint_C \vec{E} \cdot d\vec{l} = 0$$

微分方程

$$\nabla \cdot \vec{D} = \rho \qquad \nabla \times \vec{E} = 0$$

本构方程

$$\vec{D} = \varepsilon_r \varepsilon_0 \vec{E} = \varepsilon \vec{E}$$

对于介质空间中电场的计算，可先根据源电荷分布求出电位移矢量，然后再根据介质的本构方程给出电场分布。

例 2.4.1　圆心在原点，半径为 R 的介质球，其极化强度 $\vec{P} = \vec{a}_r r^m$($m \geqslant 0$)。试求此介质球

内束缚体电荷密度和球表面束缚面电荷密度。

解　在球坐标系中，由于极化强度只与 r 有关，具有球对称性，故

当 $r<R$ 时

$$\rho_p = -\nabla\cdot\vec{P} = -\frac{1}{r^2}\frac{\partial}{\partial r}(r^2 ar^m) = -a(m+2)r^{m-1}$$

当 $r=R$ 时

$$\rho_{pS} = \vec{n}\cdot\vec{P} = \vec{a}_r\cdot\vec{a}_r R^m = R^m$$

例 2.4.2　有一介质同轴传输线，内导体半径 $r_1=1$ cm，外导体的内半径 $r_3=1.8$ cm。两导体间充满两层均匀介质，它们分界面的半径 $r_2=1.5$ cm，如图 2.4.3 所示。已知内、外两层介质的介电常数分别为 $\varepsilon_1=4\varepsilon_0$，$\varepsilon_2=7\varepsilon_0$；击穿电场强度分别是 $E_{1m}=120$ kV/cm，$E_{2m}=100$ kV/cm。问：

(1) 内、外导体间的电压 U 逐渐升高时，哪层介质被先击穿？

(2) 此传输线能耐的最高电压为多少伏？

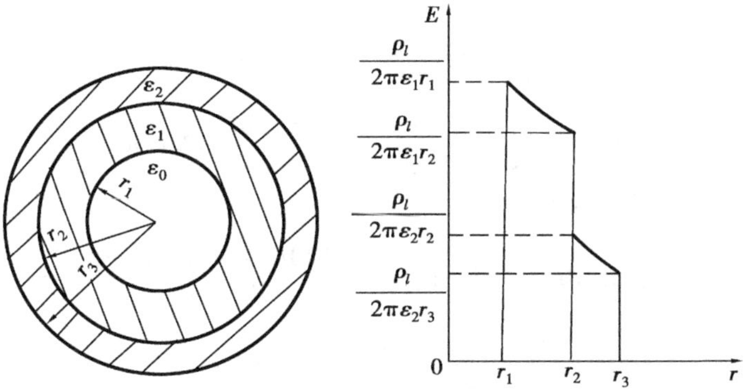

图 2.4.3　双层介质同轴传输线

解　当内外导体上加电压 U，则内外导体上将分布 $+\rho_l$ 和 $-\rho_l$ 的电荷密度。由于电场分布具有轴对称性，在与传输线同轴的半径为 r 的柱面上，场的大小相等，方向在 $\vec{a}_r$ 方向。选同轴的柱面作为高斯面，根据高斯定律可得

当 $r<r_1$ 时　　$D_{0r}=E_{0r}=0$

当 $r_1<r<r_2$ 时　　$D_{1r}=\dfrac{\rho_l}{2\pi r}$　或　$E_{1r}=\dfrac{\rho_l}{2\pi\varepsilon_1 r}=\dfrac{\rho_l}{8\pi\varepsilon_0 r}$

当 $r_2<r<r_3$ 时　　$D_{2r}=\dfrac{\rho_l}{2\pi r}$　或　$E_{2r}=\dfrac{\rho_l}{2\pi\varepsilon_2 r}=\dfrac{\rho_l}{14\pi\varepsilon_0 r}$

可以看出，两层介质中电场都在内表面上最强，且在分界面上不连续，这是在分界面上存在束缚电荷的缘故。在介质 1 中，$r=r_1$ 处场强最大为

$$E_{m1r}=\frac{\rho_l}{2\pi\varepsilon_1 r_1}=\frac{\rho_l}{8\pi\varepsilon_0 r_1}$$

在介质 2 中，$r=r_2$ 处场强最大为

$$E_{m2r}=\frac{\rho_l}{2\pi\varepsilon_2 r_2}=\frac{\rho_l}{14\pi\varepsilon_0 r_2}$$

由于 $r_2 > r_1$，显然 $E_{2r} > E_{1r}$，在两种介质中最大场强的差值为

$$E_{m1r} - E_{m2r} = \frac{\rho_l}{8\pi\varepsilon_0 r_1} - \frac{\rho_l}{14\pi\varepsilon_0 r_2} = \frac{\rho_l}{14\pi\varepsilon_0 r_2}\left(\frac{7r_2}{4r_1} - 1\right)$$

代入 r_1 和 r_2 的值得

$$E_{m1r} - E_{m2r} = E_{m2r}\left(\frac{7r_2}{4r_1} - 1\right) = 1.625E_{m2r}$$

当介质 2 的内表面上达到 100 kV/cm 的电场强度时，介质 1 内表面上已达到 162.5 kV/cm的电场强度，因此，介质 1 在介质 2 被击穿前早已被击穿。而当介质 1 内表面上达到击穿电场强度时

$$E_{m1r} = \frac{\rho_l}{2\pi\varepsilon_1 r_1} = \frac{\rho_l}{8\pi\varepsilon_0 r_1} = 120\ \text{kV/cm}$$

即

$$\frac{\rho_l}{2\pi\varepsilon_0} = 4 \times 120 r_1$$

因此，介质 1 和介质 2 内的电场分别为

$$E_{1r} = \frac{\rho_l}{2\pi\varepsilon_1 r} = \frac{\rho_l}{8\pi\varepsilon_0 r} = \frac{120r_1}{r}\ \text{kV/cm}$$

$$E_{2r} = \frac{\rho_l}{2\pi\varepsilon_2 r} = \frac{\rho_l}{14\pi\varepsilon_0 r} = \frac{4 \times 120r_1}{7r}\ \text{kV/cm}$$

因此，传输线上的最大电压不能超过

$$U_m = \int_{r_1}^{r_2} E_{1r}\mathrm{d}r + \int_{r_2}^{r_3} E_{2r}\mathrm{d}r = \int_{r_1}^{r_2} \frac{120r_1}{r}\mathrm{d}r + \int_{r_2}^{r_3} \frac{480r_1}{7r}\mathrm{d}r =$$

$$120r_1 \ln\frac{r_2}{r_1} + \frac{480}{4}r_1 \ln\frac{r_3}{r_2} = 61.16\ \text{kV}$$

2.5 介质分界面上的边界条件

介质分界面上的**边界条件**是指：**静电场中电场强度 $\vec{E}$ 和电位移矢量 $\vec{D}$ 在不同介质的分界面上遵循的变化规律。**

介质在电场中被极化，不同的介质在电场中的极化是不同的。虽然大多数情况下介质体积内不会出现束缚电荷，但一般说来，两种不同介质的分界面上总是要出现束缚电荷，这些电荷要影响电场的分布，其结果使电场在分界面上变得不连续，一般说来，在分界面两侧电场强度 $\vec{E}$ 和电位移矢量 $\vec{D}$ 的大小和方向都要改变。边界条件给出了电场强度 $\vec{E}$ 和电位移矢量 $\vec{D}$ 的大小和方向在分界面两侧的关系。边界条件在分析电磁场问题时起着重要的作用。

从静电场的基本方程入手，讨论静电场的边界条件。在基本方程中，两个微分方程适用于源电荷和介质都是连续分布的区域。由于在分界面两边的电场和电位移矢量会发生突变，因此边界条件由基本方程中两个积分方程导出。

为了便于讨论，下面把分界面上的场量分解为平行于分界面的分量（切向分量）和垂直分界面的分量（法向分量），分界面法向由介质 2 指向介质 1。

在分界面上取一个小的柱形闭合面，其上、下两底面与分界面平行，并分居于分界面两侧，高 h 为无限小量如图 2.5.1 所示。对于此闭合面，由于两底面积很小，面上的场量可以视为均匀分布，因此，高斯定律写成

$$\oint_S \vec{D}\cdot \mathrm{d}\vec{S} = D_{1n}\Delta S - D_{2n}\Delta S = \rho_S \Delta S$$

得

$$D_{1n} - D_{2n} = \rho_S \quad 或\ \vec{n}\cdot(\vec{D}_1 - \vec{D}_2) = \rho_S \tag{2.5.1}$$

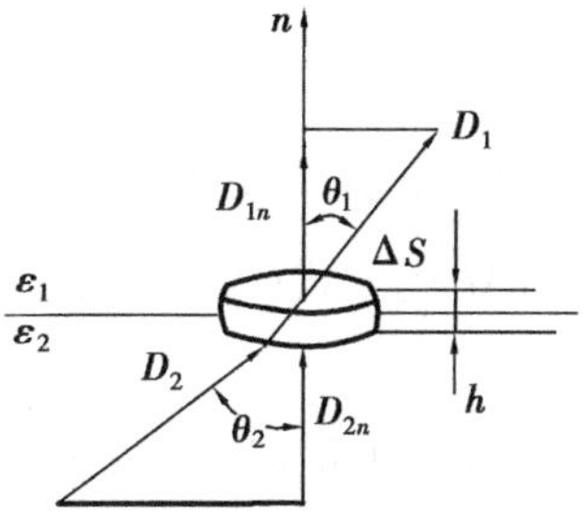

图 2.5.1 分界面上 D_n 的边界条件

ρ_S 为分界面上的自由电荷面密度，当分界面上没有自由电荷时，则有

$$D_{1n} = D_{2n} \qquad 即 \qquad \vec{n}\cdot\vec{D}_1 = \vec{n}\cdot\vec{D}_2 \tag{2.5.2}$$

式(2.5.1)和式(2.5.2)称为分界面上 $\vec{D}$ 的法向分量的边界条件，它给出了 $\vec{D}$ 的法向分量在介质分界面两侧的关系。

①如果介质分界面上无自由电荷，则分界面两侧 $\vec{D}$ 的法向分量连续。

②如果介质分界面上分布电荷密度 ρ_S，$\vec{D}$ 的法向分量从介质 1 跨过分界面进入介质 2 时将有一增量，这个增量等于分界面上的面电荷密度 ρ_S。

将 $D_{1n} = \varepsilon_1 E_{1n} = -\varepsilon_1 \partial\Phi_1/\partial n$ 和 $D_{2n} = \varepsilon_2 E_{2n} = -\varepsilon_2 \partial\Phi_2/\partial n$ 代入式(2.5.1)和式(2.5.2)，边界条件可用电位表示为

$$-\varepsilon_1 \frac{\partial\Phi_1}{\partial n} + \varepsilon_2 \frac{\partial\Phi_2}{\partial n} = \rho_S \tag{2.5.3}$$

和

$$\varepsilon_1 \frac{\partial\Phi_1}{\partial n} = \varepsilon_2 \frac{\partial\Phi_2}{\partial n} \tag{2.5.4}$$

下面推导电场强度切向分量在介质分界面两侧的关系。

在分界面上取一小的矩形闭合路径，使两个边 Δl 与分界面平行，并分居于分界面的两侧，高 $h\to 0$，如图 2.5.2 所示，对于此小矩形闭合回路，由于 Δl 很小，电场强度可以认为在 Δl 上均匀分布，而电场强度 $\vec{E}$ 在此回路上的环量为零，因此

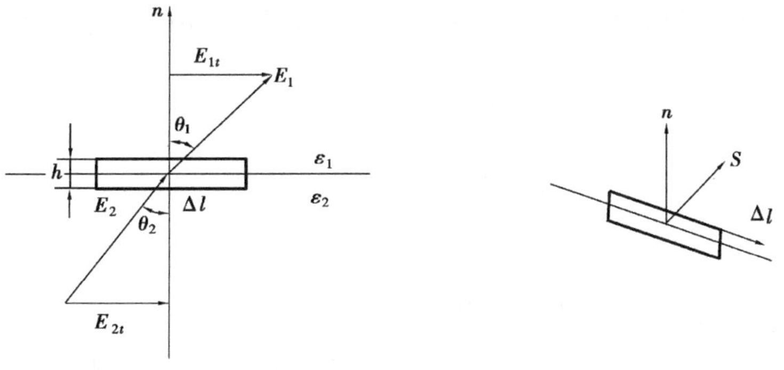

图 2.5.2 分界面上 E_t 的边界条件

$$\oint_C \vec{E} \cdot \mathrm{d}\vec{l} = \vec{E}_1 \cdot \Delta\vec{l} - \vec{E}_2 \cdot \Delta\vec{l} = 0 \tag{2.5.5}$$

其中 $\Delta\vec{l} = \vec{S} \times \vec{n}\Delta l$ 为小矩形闭合回路边构成的矢量，$\vec{S}$ 为小矩形闭合回路围成的面的方向，将 $\Delta\vec{l} = \vec{S} \times \vec{n}\Delta l$ 代入式(2.5.5)得

$$\vec{E}_1 \cdot (\vec{S} \times \vec{n})\Delta l - \vec{E}_2 \cdot (\vec{S} \times \vec{n})\Delta l = 0$$

在上式中，改变矢量混合积的运算顺序，可将上式改写成

$$\vec{S} \cdot (\vec{n} \times \vec{E}_1) - \vec{S} \cdot (n \times \vec{E}_2) = 0 \tag{2.5.6}$$

由于回路是任取的，故 $\vec{S}$ 是任意的，因此有

$$\vec{n} \times \vec{E}_1 = n \times \vec{E}_2 \tag{2.5.7a}$$

或

$$\vec{E}_{1t} = \vec{E}_{2t} \tag{2.5.7b}$$

电场强度的切向分量在不同介质的分界面上总是连续。

由于电场的切向分量在分界面上总连续，法向分量有限，故在分界面上电位函数连续，即

$$\varphi_1 = \varphi_2 \tag{2.5.8}$$

对于没有电荷分布的介质分界面，若分界面两侧电场强度 $\vec{E}_1$ 和 $\vec{E}_2$ 与法线的夹角分别为 θ_1 和 θ_2，由式(2.5.7a)和式(2.5.2)可得

$$\frac{\tan\theta_1}{\tan\theta_2} = \frac{\varepsilon_1}{\varepsilon_2} \tag{2.5.9}$$

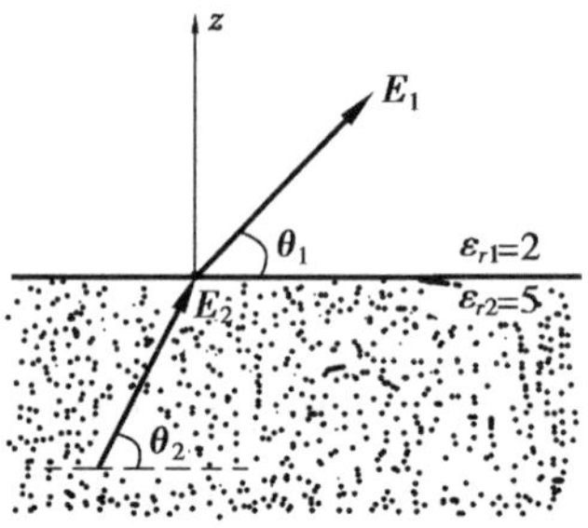

图 2.5.3　不同介质的分界面

对于导体与空气的分界面，由于导体内无电场，故在空气侧的导体表面上有

$$\vec{E}_t = 0 \qquad\qquad E_n = \frac{\rho_S}{\varepsilon_0}$$

例 2.5.1　在图 2.5.3 中的电介质分界面附近，$\vec{E}_1 = \vec{a}_x 2 - \vec{a}_y 3 + \vec{a}_z 5\,\mathrm{V/m}$，且分界面上没有自由电荷分布，求 $\vec{D}_2$、角 θ_1 和 θ_2。

解　在 $z=0$ 的介质分界面上，x 分量和 y 分量是切向分量，z 分量为法向分量。根据不同介质分界面上的边界条件：切向电场分量连续，法向电位移矢量连续。可得

$$\vec{E}_{2t} = \vec{E}_{1t} = \vec{a}_x 2 - \vec{a}_y 3$$

$$D_{1n} = D_{2n}，即\ \varepsilon_0 \varepsilon_{r1} E_{1n} = \varepsilon_0 \varepsilon_{r2} E_{2n}$$

故

$$E_{2n} = \frac{\varepsilon_{r1}}{\varepsilon_{r2}} E_{1n} = 2\ \mathrm{V/m}$$

$$\begin{aligned}\vec{D}_2 &= \vec{a}_x D_{2x} + \vec{a}_y D_{2y} + \vec{a}_z D_{2z} = \\ &\vec{a}_x \varepsilon_0 \varepsilon_{r2} E_{2x} + \vec{a}_y \varepsilon_0 \varepsilon_{r2} E_{2y} + \vec{a}_z \varepsilon_0 \varepsilon_{r2} E_{2z} = \\ &\vec{a}_x 10\varepsilon_0 - \vec{a}_y 15\varepsilon_0 + \vec{a}_z 10\varepsilon_0\end{aligned}$$

电场与分界面平面的夹角可用下面关系求得

$$\vec{E}_1 \cdot \vec{a}_z = |\vec{E}_1|\cos(90° - \theta_1) \quad , \quad \vec{E}_2 \cdot \vec{a}_z = |\vec{E}_2|\cos(90° - \theta_2)$$

$$5 = \sqrt{38}\sin\theta_1 \quad , \quad 2 = \sqrt{17}\sin\theta_2$$

$$\theta_1 = 54.2° \quad , \quad \theta_2 = 29.0°$$

例 2.5.2　实际同轴传输线的内外导体间的位置用介质支撑固定，如图 2.5.4 所示，(这里只给出一个介质支撑)。已知介质的介电常数为 ε，求介质与空气中的电场强度和单位长度上的电容量。

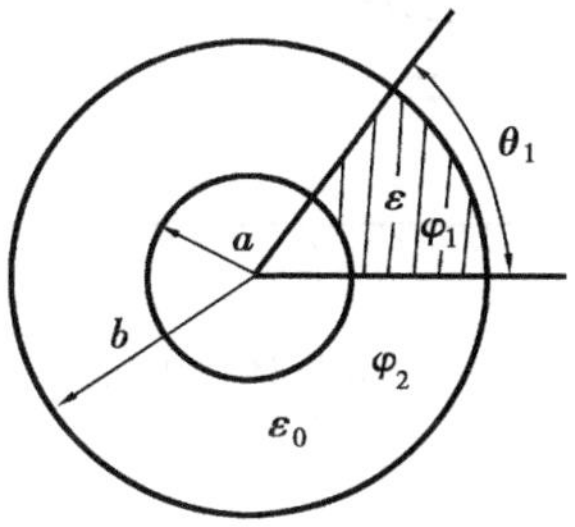

图 2.5.4　同轴线单位长度的电容计算

解　无介质支撑的理想传输线在例 2.3.4 中已进行了分析，其电场强度和电位为

$$\varphi = \frac{U_0}{\ln\frac{a}{b}}\ln\frac{r}{b} \qquad \vec{E} = -\nabla\varphi = \vec{a}_r\frac{U_0}{r\ln\frac{b}{a}}$$

在理想传输线中加上介质支撑后，在介质和空气的分界面上，空气边的 E_r 为分界面上的切向分量，由边界条件 $\vec{E}_{1t} = \vec{E}_{2t}$ 可知，介质边的电场强度为

$$\vec{E}_1 = \vec{a}_r E_r = \vec{a}_r\frac{U_0}{r\ln\frac{b}{a}}$$

在内导体表面上的电荷密度为：

与空气的分界面上

$$\rho_{S0} = \varepsilon_0 E_r = \frac{\varepsilon_0 U_0}{a\ln\frac{b}{a}}$$

与介质的分界面上

$$\rho_{S1} = \varepsilon E_r = \frac{\varepsilon U_0}{a\ln\frac{b}{a}}$$

内导体表面单位长度上的电荷量为

$$\rho_l = a(2\pi - \theta_1)\frac{\varepsilon_0 U_0}{a\ln\frac{b}{a}} + a\theta_1\frac{\varepsilon U_0}{a\ln\frac{b}{a}} = \frac{U_0}{\ln\frac{b}{a}}[2\pi\varepsilon_0 + \theta_1(\varepsilon - \varepsilon_0)]$$

同轴线单位长度的电容为

$$C_0 = \frac{\rho_l}{U} = \frac{2\pi\varepsilon_0 + \theta_1(\varepsilon - \varepsilon_0)}{\ln\frac{b}{a}}$$

2.6　导体系统的电容

当对一个导体系统施加一定电位分布时，此导体系统便对应着一种确定的电荷分布。因此，导体系统具有储存电荷的能力。

一个孤立导体储存的电荷量一方面取决于此导体形状、大小和周围介质的电容率，另一方面取决于导体上的电位。一般说来，导体表面上电位越高，导体上储存的电荷越多。孤立导体储存电荷的能力用导体上单位电位的电荷量来表示，即：

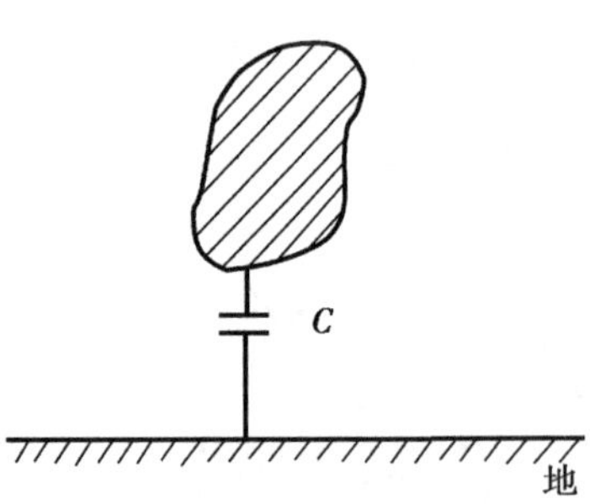

图 2.6.1　孤立导体的电容

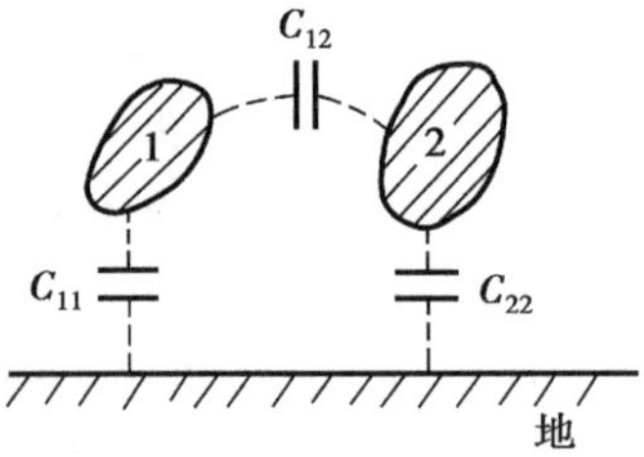

图 2.6.2　双导体系统的电容计算

$$C=\frac{q}{\Phi} \tag{2.6.1}$$

称为孤立导体的电容。这里选无穷远处为零电位点。

双导体系统中,若在两导体间加电压 $U=\Phi_1-\Phi_2$,两导体上将分别带电荷量 $q_1=q$ 和$q_2=-q$,两导体的电容定义为

$$C=\frac{q}{U}=\frac{q}{\Phi_1-\Phi_2} \tag{2.6.2}$$

同样,C 与两导体的形状、大小和周围介质的电容率有关。例如内导体半径为 a,外导体内半径为 b 的同轴线,内、外导体间充满介电常数为 ε 的均匀介质。设内、外导体单位长度带电荷分别为 ρ_l 和 $-\rho_l$,利用高斯定律可求得内、外导体间的电场强度为

$$\vec{E}=\frac{\rho_l}{2\pi\varepsilon r}\vec{a}_r$$

于是两导体间的电位差为

$$U_{ab}=\int_a^b\frac{\rho_l}{2\pi\varepsilon r}\mathrm{d}r=\frac{\rho_l}{2\pi\varepsilon}\ln\frac{b}{a}$$

单位长度的电容为

$$C_l=\frac{\rho_l}{U_{ab}}=\frac{2\pi\varepsilon}{\ln\dfrac{b}{a}}\ \mathrm{F/m}$$

两导体上的电荷分别为

$$\begin{aligned}q_1&=CU=C\Phi_1-C\Phi_2=C_{11}\Phi_1+C_{12}\Phi_2\\q_2&=-CU=-C\Phi_1+C\Phi_2=C_{21}\Phi_1+C_{22}\Phi_2\end{aligned} \tag{2.6.3}$$

其中,$C_{11}=C,C_{12}=-C,C_{21}=-C,C_{22}=C$。

多导体系统中,如果对各导体分布的电位分别为 Φ_1、Φ_2、$\cdots\Phi_n$(大地的电位取为零电位),则各导体表面上将分别分布 q_1、q_2、$\cdots q_n$ 的电荷。根据导体所带电荷量与导体的电位之间的线性关系,可以写出各导体上的电荷量为

$$\begin{aligned}q_1&=\beta_{11}\Phi_1+\beta_{12}\Phi_2+\cdots+\beta_{1n}\Phi_n\\q_2&=\beta_{21}\Phi_1+\beta_{22}\Phi_2+\cdots+\beta_{2n}\Phi_n\\&\cdots\cdots\\q_n&=\beta_{n1}\Phi_1+\beta_{n2}\Phi_2+\cdots+\beta_{nn}\Phi_n\end{aligned} \tag{2.6.4}$$

式中 β_{ij}是与各导体大小、形状和相对位置有关的常数。当 $i=j$ 时,即 β_{11}、β_{22}、$\cdots$、β_{nn}称为**电容**

系数；当 $i \neq j$ 时，称 β_{ij} 为导体 i 与导体 j 之间的**感应系数**。可以证明感应系数具有互易性，即 $\beta_{ij} = \beta_{ji}$。

令

$$
\begin{aligned}
C_{ii} &= \beta_{i1} + \beta_{i2} + \cdots + \beta_{in} \\
C_{ij} &= -\beta_{ij}
\end{aligned}
\tag{2.6.5}
$$

而式(2.6.4)可以改写成

$$
\begin{aligned}
q_1 &= (\beta_{11} + \beta_{12} + \cdots + \beta_{1n})\Phi_1 - \beta_{12}(\Phi_1 - \Phi_2) - \cdots - \beta_{1n}(\Phi_1 - \Phi_n) \\
q_2 &= -\beta_{21}(\Phi_2 - \Phi_1) + (\beta_{21} + \beta_{22} + \cdots + \beta_{2n})\Phi_2 - \cdots - \beta_{2n}(\Phi_2 - \Phi_n) \\
&\cdots\cdots \\
q_n &= -\beta_{n1}(\Phi_n - \Phi_1) - \beta_{n2}(\Phi_n - \Phi_2) - \cdots + (\beta_{n1} + \beta_{n2} + \cdots + \beta_{nn})\Phi_n
\end{aligned}
\tag{2.6.6}
$$

于是

$$
\begin{aligned}
q_1 &= C_{11}\Phi_1 + C_{12}(\Phi_1 - \Phi_2) + \cdots + C_{1n}(\Phi_1 - \Phi_n) \\
q_2 &= C_{21}(\Phi_2 - \Phi_1) + C_{22}\Phi_2 + \cdots + C_{2n}(\Phi_2 - \Phi_n) \\
&\cdots\cdots \\
q_n &= C_{n1}(\Phi_n - \Phi_1) + C_{n2}(\Phi_n - \Phi_2) + \cdots + C_{nn}\Phi_n
\end{aligned}
\tag{2.6.7}
$$

上式表明：在一个多导体系统中，任何一个导体 i 上储存的电荷由 N 部分电荷构成。例如导体 1 所带电荷，它的第一部分 $q_{11} = C_{11}\Phi_1$ 为当导体与大地存在电位差 Φ_1 时，由导体 1 与大地之间的电容效应所储存的电荷，称比值 $C_{11} = q_{11}/\Phi_1$ 为**导体与大地之间的部分电容**；第二部分电荷 $q_{12} = C_{12}(\Phi_1 - \Phi_2) = C_{12}U_{12}$ 与导体 1、2 间的电压成正比，它是由导体 1 与导体 2 之间的电容效应所储存的电荷，称比值 $C_{12} = q_{12}/U_{12}$ 为**导体 1 与导体 2 之间的部分电容**……。在多导体系统中，所有的导体与大地之间以及任意两个导体之间都存在部分电容。如图 2.6.3 所示。通常，导体与大地之间的部分电容 C_{ii} 称为自部分电容；导体之间的部分电容 C_{ij} 称为互部分电容。所有的部分电容由导体系统中各导体的大小、形状、相对位置和填充的介质决定。

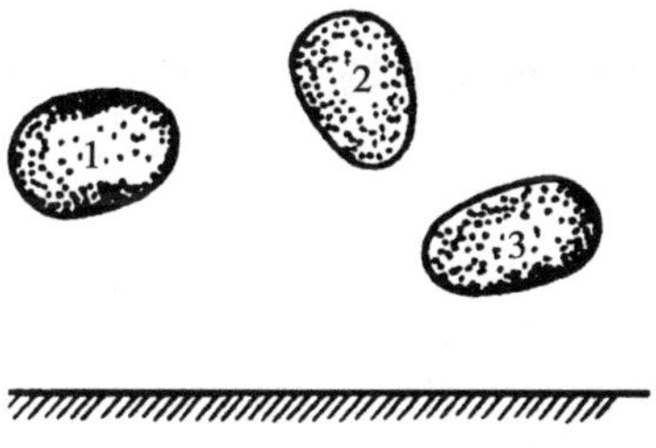

图 2.6.3　多导体系统的部分电容

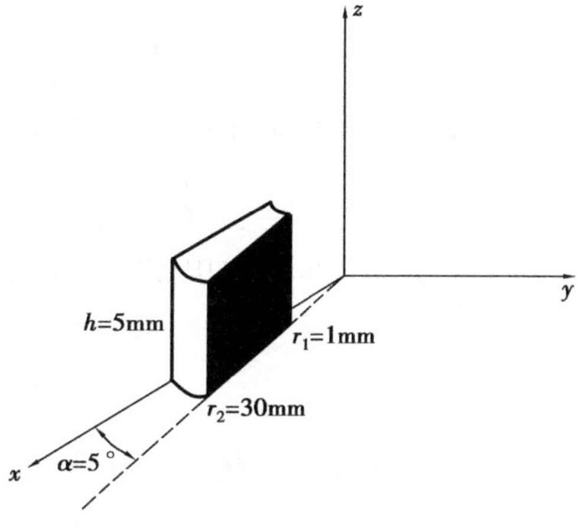

图 2.6.4　角形平板电容器

例 2.6.1　在如图 2.6.4 所示的电容器中，板间的区域用 $\varepsilon_r = 4.5$ 的介质填充，求电容。

解　忽略边缘效应，在圆柱坐标系中，板间的场只有 $\vec{a}_\varphi$ 方向的分量。因此，

$$\vec{D} = \vec{a}_\varphi D_\varphi$$

其中 D_φ 仅取决于 r。如果平板 $\varphi=\alpha$ 相对于平板 $\varphi=0$ 的电压为 V_0，则

$$V_0 = -\int_0^{\alpha}\vec{E}\cdot\mathrm{d}\vec{l} = -\int_0^{\alpha}\left(\vec{a}_\varphi\frac{D_\varphi}{\varepsilon_0\varepsilon_r}\right)\cdot(\vec{a}_\varphi r\mathrm{d}\varphi) = \frac{D_\varphi\alpha r}{\varepsilon_0\varepsilon_r}$$

这样，$D_\varphi = -\dfrac{\varepsilon_0\varepsilon_r V_0}{\alpha r}$。而且，平板 $\varphi=\alpha$ 上的电荷密度为

$$\rho_S = D_n = -D_\varphi = \frac{\varepsilon_0\varepsilon_r V_0}{\alpha r}$$

于是，平板上的总电量为

$$Q = \int_S\rho_S\mathrm{d}S = \int_0^h\int_{r_1}^{r_2}\frac{\varepsilon_0\varepsilon_r V_0}{\alpha r}\mathrm{d}r\mathrm{d}z = \frac{\varepsilon_0\varepsilon_r V_0 h}{\alpha}\ln\frac{r_2}{r_1}$$

因此，电容为

$$C = \frac{Q}{V_0} = \frac{\varepsilon_0\varepsilon_r h}{\alpha}\ln\frac{r_2}{r_1}$$

将数值代入，并将角度化为弧度得 $C = 7.76$ pF。

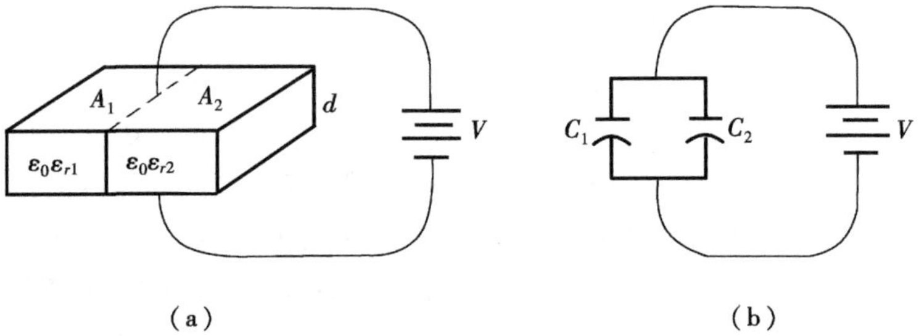

图 2.6.5　两电容的并联

例 2.6.2　(1)验证图 2.6.5(a)中的电容器的电容为两电容的并联，即

$$C = \frac{\varepsilon_0\varepsilon_{r1}A_1}{d} + \frac{\varepsilon_0\varepsilon_{r2}A_2}{d} = C_1 + C_2$$

(2)验证图 2.6.6(a)中的电容器的电容为两电容的串联，即

$$\frac{1}{C} = \frac{1}{\varepsilon_0\varepsilon_{r1}A/d_1} + \frac{1}{\varepsilon_0\varepsilon_{r2}A/d_2} = \frac{1}{C_1} + \frac{1}{C_2}$$

解　(1)在图 2.6.5(a)中，由于两种介质的电位差 V 相等，板间电场为均匀场，且方向垂直向下。因此，

$$E_{1n} = E_{2n} = \frac{V}{d}$$

而导体板的内表面上 $\rho_S = D_n$，所以上板两部分的电荷密度为

$$\rho_{S1} = \frac{\varepsilon_0\varepsilon_{r1}V}{d} \qquad \rho_{S2} = \frac{\varepsilon_0\varepsilon_{r2}V}{d}$$

于是总电量为

$$Q = \rho_{S1}A_1 + \rho_{S2}A_2 = V\left(\frac{\varepsilon_0\varepsilon_{r1}A_1}{d} + \frac{\varepsilon_0\varepsilon_{r2}A_2}{d}\right)$$

因此

$$C=\frac{Q}{V}=\frac{\varepsilon_0\varepsilon_{r1}A_1}{d}+\frac{\varepsilon_0\varepsilon_{r2}A_2}{d}=C_1+C_2$$

在图2.6.6(a)中，各介质中的电场为均匀场。而在两介质的分界面上，由边界条件可知：$D_{1n}=D_{2n}=\rho_S$。因此，$D_n=\frac{Q}{A}$，两介质中的电场强度分别为

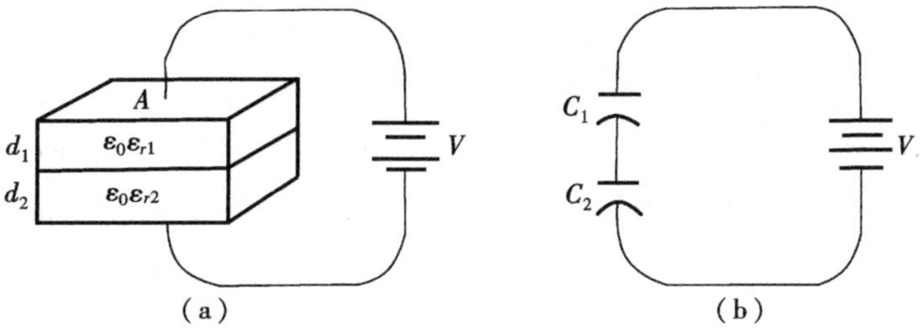

图2.6.6　两电容的串联

$$E_{1n}=\frac{Q}{\varepsilon_0\varepsilon_{r1}A}\qquad E_{2n}=\frac{Q}{\varepsilon_0\varepsilon_{r2}A}$$

两介质的两表面间的电压分别为

$$V_1=E_{1n}d_1=\frac{Qd_1}{\varepsilon_0\varepsilon_{r1}A}\qquad V_2=E_{2n}d_2=\frac{Qd_2}{\varepsilon_0\varepsilon_{r2}A}$$

于是

$$V=V_1+V_2=Q\left(\frac{1}{\varepsilon_0\varepsilon_{r1}A/d_1}+\frac{1}{\varepsilon_0\varepsilon_{r2}A/d_2}\right)$$

故

$$\frac{1}{C}=\frac{1}{\varepsilon_0\varepsilon_{r1}A/d_1}+\frac{1}{\varepsilon_0\varepsilon_{r2}A/d_2}=\frac{1}{C_1}+\frac{1}{C_2}$$

2.7　电场的能量和能量密度

静电场中的电荷 q 受到 $\vec{F}=q\vec{E}$ 的电场力的作用，如果撤去与之平衡的外力，电场力将移动此电荷并对其做功。可见，静电场中储存着能量。这些能量是在静电场系统建立过程中，由其他形式的能量转换成电场能的。如外电源对静电系统的充电过程中，外电源克服电场力所做的功将转换成静电系统的静电能。本节不讨论静电系统的建立过程和能量的转换过程。而只在给定静电系统各导体上电荷分布的情况下，讨论静电系统所储存的总静电能量和静电能在空间中的分布。

2.7.1　带电系统的静电能

设在 n 个带电体构成的系统中，每一个带电体的电量都同时从零开始，以相同增长速度逐渐增加到它们的稳态分布 q_1、$q_2\cdots$、q_n，对应的电位分布也是从零开始，以相同增长速度逐渐增加到它们的稳态分布 Φ_1、$\Phi_2\cdots$、Φ_n。各导电体上的电荷，在系统建立过程中的某一时刻可表示为 αq_1、$\alpha q_2\cdots$、αq_n，电位可表示为 $\alpha\Phi_1$、$\alpha\Phi_2\cdots$、$\alpha\Phi_n$。这里 $0\leqslant\alpha\leqslant1$。当 $\alpha=0$ 时，系统中各

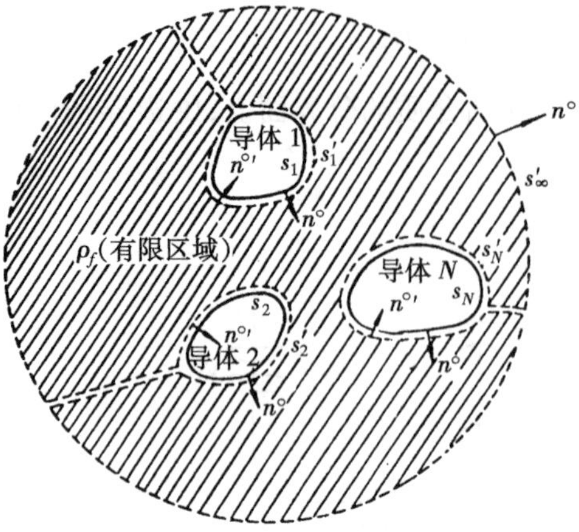

图 2.7.1　静电系统能量的计算

导电体的电荷和电位为零，对应着带电系统的初始状态；当 $\alpha=1$ 时，系统处于稳定状态。而 α 从 0 到 1 的增长过程就对应着系统从初态到稳态的建立过程。

假定带电系统的建立为外电源充电来完成的。在带电系统建立过程中 t 时刻，各带电体所带电荷为 αq_1、$\alpha q_2\cdots$、αq_n，电位为 $\alpha\Phi_1$、$\alpha\Phi_2\cdots$、$\alpha\Phi_n$。从 t 到 $t+\mathrm{d}t$，外电源对系统充电使 α 增加 $\mathrm{d}\alpha$，各带电体上增加电荷 $\mathrm{d}\alpha q_1$、$\mathrm{d}\alpha q_2\cdots$、$\mathrm{d}\alpha q_n$，外电源对系统充电所做的功为（忽略二阶小量）。

$$\sum_{i=1}^{n}\alpha\Phi_i\mathrm{d}(\alpha q_i) = \sum_{i=1}^{n}q_i\Phi_i\alpha\mathrm{d}\alpha$$

如果忽略充电过程中的能量损耗，根据能量守恒定律，外电源对系统充电所做的功将全部转换为静电系统的静电能量。这时，在此 $\mathrm{d}t$ 时间间隔内，系统的能量增加为

$$\mathrm{d}W_e = \sum_{i=1}^{n}q_i\Phi_i\alpha\mathrm{d}\alpha$$

于是，静电系统到达稳态时的静电能量为

$$W_e = \int\mathrm{d}W_e = \int_0^1\sum_{i=1}^{n}q_i\Phi_i\alpha\mathrm{d}\alpha = \sum_{i=1}^{n}\frac{1}{2}q_i\Phi_i \tag{2.7.1}$$

对于电荷连续分布的系统，在电荷分布区域中任取一小体积元 $\mathrm{d}\tau$，在 α 到 $\alpha+\mathrm{d}\alpha$ 期间，小体积元的能量增加为

$$\mathrm{d}W_e = \int_\tau(\alpha\Phi)(\mathrm{d}\alpha\rho)\mathrm{d}\tau$$

于是，到达稳态时系统的总能量为

$$W_e = \int_0^1\alpha\mathrm{d}\alpha\int_\tau\rho\Phi\mathrm{d}\tau = \frac{1}{2}\int_\tau\rho\Phi\mathrm{d}\tau \tag{2.7.2}$$

同理，对于面电荷和线电荷分布，系统的总能量分别为

$$W_e = \frac{1}{2}\int_S\rho_S\Phi\mathrm{d}s \tag{2.7.3}$$

$$W_e = \frac{1}{2}\int_l\rho_l\Phi\mathrm{d}l \tag{2.7.4}$$

注意，上述积分范围遍及所有电荷分布的区域。

2.7.2　能量密度

电场是一种物质，它具有力的性质和能的性质。电场的能量是分布在整个空间，而不是只分布在电荷所在的区域。下面就来证明这一结论。

静电场中，由于 $\rho=\nabla\cdot\vec{D}$，将其代入式(2.7.2)，再考虑到 $\vec{E}=-\nabla\Phi$ 得

$$W_e = \frac{1}{2}\int_\tau(\nabla\cdot\vec{D})\Phi\mathrm{d}\tau = \frac{1}{2}\int_\tau[\nabla\cdot(\Phi\vec{D})-\nabla\Phi\cdot\vec{D}]\mathrm{d}\tau =$$

$$\frac{1}{2}\oint_S \Phi\vec{D}\cdot d\vec{S}+\frac{1}{2}\int_\tau \vec{E}\cdot\vec{D}d\tau$$

式(2.7.2)中,由于电荷分布在有限区域,当把积分区域任意扩大时,并不影响积分的结果,所以可以把积分区域扩大到无穷大的区域,闭合面 S 也变为无穷大 S_∞。由于

$$\Phi\propto\frac{1}{r}\qquad D\propto\frac{1}{r^2}\qquad S_\infty\propto r^2$$

所以

$$\frac{1}{2}\oint_{S_\infty}\Phi\vec{D}\cdot d\vec{S}\to 0$$

故得到

$$W_e=\frac{1}{2}\int_{V_\infty}\vec{E}\cdot\vec{D}d\tau \tag{2.7.5}$$

对于各向同性介质($\vec{D}=\varepsilon\vec{E}$)

$$W_e=\frac{1}{2}\int_\tau \varepsilon\vec{E}\cdot\vec{E}d\tau=\int_\tau\frac{1}{2}\varepsilon E^2 d\tau=\int_\tau w_e d\tau\ \text{J} \tag{2.7.6}$$

特别要说明的是,上式的积分范围是全空间或存在电场的空间。

上式说明:**凡是静电场不为零的空间中都储存着静电能。静电能是以电场的形式存在于空间,而不是以电荷或电位的形式存在于空间中的**。场中任一点的能量密度为

$$w_e=\frac{1}{2}\vec{D}\cdot\vec{E}=\frac{1}{2}\varepsilon E^2\ \text{J/m}^3 \tag{2.7.7}$$

例 2.7.1　半径为 R 的导体球上带电量为 Q,试计算空间中的电场分布、电位分布和静电能量。

解　对于导体球,球内无电场,球面为等位面。利用高斯定律

当 $r\geqslant R$ 时,电场强度

$$E_r=\frac{1}{4\pi\varepsilon_0}\frac{Q}{r^2}$$

电位分布为

$$\Phi=\frac{1}{4\pi\varepsilon_0}\frac{Q}{r}$$

球面上的电位为

$$\Phi_R=\frac{1}{4\pi\varepsilon_0}\frac{Q}{R}$$

此导电球储存的静电能为

$$W_e=\frac{1}{2}Q\Phi_R=\frac{1}{8\pi\varepsilon_0}\frac{Q^2}{R}$$

而空间任一点的能量密度为

$$w_e=\frac{1}{2}\varepsilon_0E^2=\frac{Q^2}{32\pi^2\varepsilon_0 r^4}\ \text{J}$$

静电场储存的静电能为

$$W_e=\int_R^{R\infty}4\pi r^2 w_e dr=\int_R^{R\infty}4\pi r^2\cdot\frac{Q^2}{32\pi^2\varepsilon_0 r^2}dr=\frac{Q^2}{8\pi\varepsilon_0 R}\ \text{J}$$

这说明静电场的能量是存在于电场中的。

例 2.7.2 平板电容器极板的尺寸为 $a\times b$,两极板间填充介电常数为 ε 的介质,且相距为 d,今在两极板间加电压 U。

(1)试计算此电容器的电容。

(2)试证明电容器的储能 $W_e=\frac{1}{2}CU$。

解 设两极板上的面电荷密度分别为 ρ_S 和 $-\rho_S$,利用高斯定律可求得两导体板间的电场强度为 $E=\frac{\rho_S}{\varepsilon}$,而 $U=Ed=\frac{\rho_S d}{\varepsilon}$,所以

$$C=\frac{Q}{U}=\frac{\rho_S ab}{\frac{\rho_S d}{\varepsilon}}=\frac{ab\varepsilon}{d}$$

又 $E=\frac{U}{d}$,极板间电场能量密度为:$w_e=\frac{1}{2}\varepsilon\left(\frac{U}{d}\right)^2$,故平板电容器储存的电场能量为

$$W_e=w_eV=\frac{1}{2}\varepsilon\left(\frac{U}{d}\right)^2abd=\frac{1}{2}\left(\frac{ab\varepsilon}{d}\right)U^2=\frac{1}{2}CU^2$$

证毕。

2.8 恒定电场的基本方程

空间中的电荷在电场作用下形成电流。在静电场中,导体内是不存在静电场的,所以导体中的电流是一种区别于静电场的电场作用下形成的。在电路实验中已知道:要使导电回路存在电流,必需外加电源作用。因此导体中推动电荷流动的电场必须是依靠外电源维持的。**在空间中分布不随时间变化的电流称为恒定电流,与恒定电流对应的电场称为恒定电场**。这是静电场以外的又一种不随时间变化的电场。显然,恒定电场存在于导电区域,也是依靠外电源维持的。

2.8.1 恒定电流的基本特征

在电流空间中任取一闭合面 S,S 所包围的体积为 τ,根据电荷守恒定律,单位时间内由 S 面流出的电流等于单位时间内 S 面内电荷的减少量。即

$$\oint_S\vec{J}\cdot d\vec{S}=-\frac{\partial q}{\partial t}\tag{2.8.1}$$

其中 q 为 S 面内的电荷量,它等于电荷密度的体积分

$$q=\int_\tau\rho d\tau$$

将 q 的表达式带入式(2.8.1),再将其左边应用散度定理,得

$$\int_\tau\nabla\cdot\vec{J}d\tau=-\int_\tau\frac{\partial\rho}{\partial t}d\tau$$

因为闭合面 S 是任取的,故

$$\nabla \cdot \vec{J} = -\frac{\partial \rho}{\partial t} \quad 或 \quad \nabla \cdot \vec{J} + \frac{\partial \rho}{\partial t} = 0 \tag{2.8.2}$$

这是**电流连续性方程的微分形式**，而式(2.8.1)称为**电流连续性方程的积分形式**。

恒定电流场中电荷分布和电流分布是恒定的。场中任一点和任一闭合面内都不能有电荷的增减，即$\partial\rho/\partial t=0$和$\partial q/\partial t=0$。因此，电流连续性方程的积分形式和微分形式分别变为

$$\oint_S \vec{J} \cdot d\vec{S} = 0 \quad 和 \quad \nabla \cdot \vec{J} = 0 \tag{2.8.3}$$

此式说明了电荷运动的物理景象，在恒定电流场中，对任取的闭合面，电荷从一部分表面上由外向内流动，而在另一部分表面上由内向外流动，这两部分电流大小相等，因而从闭合面内流出的净电荷为零。因此，恒定电流场中任取的闭合面包围的体积内电荷分布不随时间变化，电荷分布呈现一种稳态分布。

例2.8.1　证明基尔霍夫电流定律可由电流连续性方程导出。

证明　在恒定电场中，选三个分支电路交于点M，作任一闭合面S包围该点，如图2.8.1所示。根据恒定电场的电流连续性方程的积分形式

$$\oint_S \vec{J} \cdot d\vec{S} = \int_{S_1} \vec{J}_1 \cdot d\vec{S}_1 + \int_{S_2} \vec{J}_2 \cdot d\vec{S}_2 + \int_{s_3} \vec{J}_3 \cdot d\vec{S}_3 = 0$$

因为S面上各处的法线方向向外，而导线中电流密度与电流方向一致，所以上式中右边第一项的积分为负，第二、三项的积分为正。因此上式的积分结果是

$$-I_1 + I_2 + I_3 = 0$$

将上述结果推广到n条支路汇集的节点可得

$$\sum_{k=1}^{n} I_k = 0$$

这就是基尔霍夫电流定律。

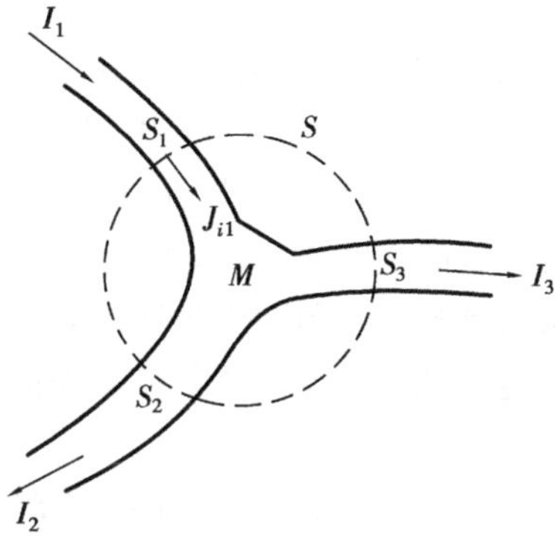

图2.8.1　基尔霍夫电流定律的证明

实验表明在导电媒质中，当温度不变时，媒质中某点的电流密度$\vec{J}$与该点的电场强度$\vec{E}$成正比

$$\vec{J} = \sigma \vec{E} \tag{2.8.4}$$

其中σ称为导电媒质的电导率，单位为S/m。式(2.8.4)通常称为导电媒质中**欧姆定律的微分形式**，它给出了导电媒质中一点上电场强度与电流密度之间的关系。表2.8.1给出了几种金属在常温下的电导率。

表2.8.1　几种金属在常温下的电导率

材料	电导率 $\sigma/(\mathrm{S \cdot m^{-1}})$	材料	电导率 $\sigma/(\mathrm{S \cdot m^{-1}})$
银	6.17×10^7	黄铜	1.57×10^7
铜	5.80×10^7	青铜	1.00×10^7
金	4.10×10^7	铁	1.00×10^7
铝	3.82×10^7	钨	1.82×10^7

由于电流密度可以视为单位面积的电流强度,电场强度可以视为在电场强度方向单位长度上的电压。因此,对一段长为 l,横截面为 S 的导线,欧姆定律的微分形式又可以写成

$$\frac{I}{S}=\sigma\frac{U}{l}$$

即

$$U=\frac{l}{\sigma S}I=RI \tag{2.8.5}$$

即电路理论中的**欧姆定律**。

在均匀导电媒质中,根据式(2.8.4),恒定电流的连续方程式(2.8.3)又可以写成

$$\nabla\cdot\vec{J}=\sigma\nabla\cdot\vec{E}=0$$

即

$$\nabla\cdot\vec{E}=0 \tag{2.8.6}$$

由高斯定律可知,在式(2.8.6)表明的恒定电场条件下,均匀导电媒质中的电荷体密度为零,所有电荷只能分布在导电媒质表面。特别要注意的是:这里的电荷密度指的是净电荷密度,与计算电流密度时的电荷密度不同,在那里 ρ 是指载流子的密度,在金属导体中即是自由电子的密度,而这里的净电荷密度是单位体积正电荷和负电荷的代数和。于是,恒定电流场的物理景象可展现为:导电媒质中电流密度稳定分布,由此,净电荷也在导电媒质中稳定分布;(实际上导电媒质中 $\rho=0$,导电媒质表面上 ρ_S 稳定。)正是这种稳定的净电荷分布保证了恒定电场的分布。

在金属导体中,自由电子在电场力的作用下做定向移动,在自由电子的运动过程中,电场力不断地对自由电子做功,自由电子获得动能;同时自由电子又不断地与晶体点阵上的原子碰撞,将动能转换为原子的热能。这就是通常所说的电流热效应。由电能转换而来的热能称为焦耳热。能引起焦耳热的媒质称为有耗媒质。

在恒定电场中,如果在 $\mathrm{d}t$ 时间里,恒定电场将电荷 $\mathrm{d}q$ 在导电媒质中移动 $\mathrm{d}l$,电场力做功为

$$\mathrm{d}W=\mathrm{d}q\,\vec{E}\cdot\mathrm{d}\vec{l}$$

如果这些功全部转换为焦耳热,于是导电媒质中电场的功率损耗为

$$p=\frac{\mathrm{d}W}{\mathrm{d}t}=\frac{\mathrm{d}q\,\vec{E}\cdot\mathrm{d}\vec{l}}{\mathrm{d}t}=I\vec{E}\cdot\mathrm{d}\vec{l}=\vec{J}\cdot\vec{E}\mathrm{d}l S=\vec{J}\cdot\vec{E}\mathrm{d}v$$

于是,单位体积内的功率损耗为

$$p=\vec{J}\cdot\vec{E} \tag{2.8.7}$$

一段横截面积为 S,长度为 l 的均匀导电媒质,其中的功率损耗为

$$P=pSl=SJlE=IU=I^2R=U^2/R \tag{2.8.8}$$

这就是电路理论中熟知的焦耳定律的微分形式和积分形式。

2.8.2 恒定电场的基本方程

由恒定电流连续性方程的微分形式,再考虑到在均匀导电媒质中电流密度与电场强度成正比($\vec{J}=\sigma\vec{E}$),式(2.8.6)给出了均匀导电媒质中恒定电场的散度方程现重写如下

$$\nabla \cdot \vec{E}=0$$

由此得到在任一闭合面上恒定电场的通量为

$$\oint_S \vec{E} \cdot \mathrm{d}\vec{S} = 0 \tag{2.8.9}$$

导电媒质中的恒定电场由外加电源产生。实际上,恒定电场应该理解为由外电源建立的空间净电荷分布激励的。既然这些净电荷是稳定分布的电荷,它们激励的电场当然是库仑电场,它具有与静电场相同的性质,所以

$$\oint_C \vec{E} \cdot \mathrm{d}\vec{l} = 0 \tag{2.8.10}$$

$$\nabla \times \vec{E}=0 \tag{2.8.11}$$

于是,恒定电场的基本方程总结为

$$\oint_S \vec{J} \cdot \mathrm{d}\vec{S} = 0 \qquad \nabla \cdot \vec{J} = 0$$

$$\nabla \cdot \vec{E} = 0 \qquad \nabla \times \vec{E} = 0$$

$$\oint_S \vec{E} \cdot \mathrm{d}\vec{S} = 0 \qquad \oint_C \vec{E} \cdot \mathrm{d}\vec{l} = 0$$

既然恒定电场的散度和旋度都为零,那么恒定电场又怎样与它的源联系呢?下面我们来证明这个问题。

在如图 2.8.2 所示的导电回路中,电源内部的非静电力将电荷从电源的负极搬运到正极,使正极上积累正电荷,负极上积累负电荷,而在两极间建立电场。在导电回路中,电荷在电场的作用下形成电流,使电荷不断从电源的正极流向负极。如果电源内部的非静电力不断将电荷从电源的负极搬运到正极,使正、负极上形成稳定的电荷分布,于是在导电回路中将形成稳定的电场分布和稳定的电流分布,这便是恒定电场和恒定电流。

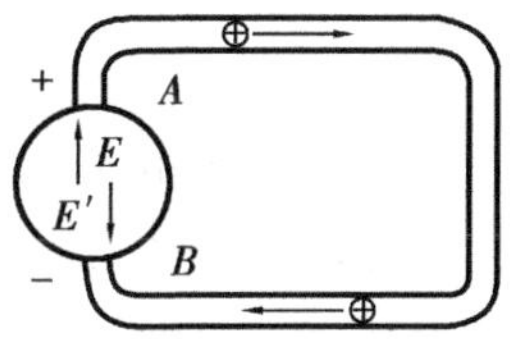

图 2.8.2　导电回路中的恒定电场

在电源内部,如果将搬运单位电荷的非静电力也视为一种等效的电场强度 $\vec{E}'$,它的方向是由负极指向正极。将单位正电荷从负极搬运到正极时,非静电力所做的功称为电源的电动势,用 ε 表示,即

$$\varepsilon = \int_B^A \vec{E}' \cdot \mathrm{d}\vec{l} \tag{2.8.12}$$

电源的电动势与有无外电路无关,它是表示电源本身的特征量。电动势的单位为伏特。

电源内部除存在等效电场 $\vec{E}'$ 外,同时还存在恒定电场 $\vec{E}$,因此电源内部的总电场为 $\vec{E} + \vec{E}'$。它在整个回路中的积分为

$$\oint_l (\vec{E} + \vec{E}') \cdot \mathrm{d}\vec{l} = \oint_l \vec{E}' \cdot \mathrm{d}\vec{l} + \oint_l \vec{E} \cdot \mathrm{d}\vec{l}$$

由于恒定电场满足式(2.8.11),是一种保守场,故

$$\oint_l (\vec{E} + \vec{E}') \cdot \mathrm{d}\vec{l} = \varepsilon \tag{2.8.13}$$

在电源内部，$\varepsilon = \int_B^A \vec{E}' \cdot d\vec{l}$，$\int_B^A \vec{E} \cdot d\vec{l} = \int_B^A \frac{\vec{J}}{\sigma} \cdot d\vec{l} = \int_B^A \frac{Idl}{\sigma S} = R_1 I$，其中 R_1 为电源的内阻；在电源外部，$\vec{E}' = 0$，$\int_A^B \vec{E} \cdot d\vec{l} = \int_A^B \frac{\vec{J}}{\sigma} \cdot d\vec{l} = \int_A^B \frac{Idl}{\sigma S} = R_2 I$，其中 R_2 为外部导体中的总电阻。因此，式(2.8.13)又可以写成

$$(R_1 + R_2)I = \varepsilon \tag{2.8.14}$$

这就是**全电路欧姆定律**。如果回路中有 n 个直流电源和 k 个电阻元件，则全电路欧姆定律又可写成

$$\sum_{j=1}^{n} \varepsilon_j = \sum_{j=1}^{k} R_j I_j \tag{2.8.15}$$

这就是电路理论中的**基尔霍夫电压定律**。

2.8.3 恒定电场的边界条件

当恒定电流通过不同电导率 σ_1 和 σ_2 的两种导电媒质的分界面时，在分界面上，恒定电流 $\vec{J}$ 和恒定电场 $\vec{E}$ 各自满足的关系称为恒定电场的边界条件。边界条件可由恒定电场基本方程的积分形式导出。

由恒定电场基本方程的积分形式

$$\oint_S \vec{E} \cdot d\vec{S} = 0 \qquad \oint_C \vec{E} \cdot d\vec{l} = 0$$

和导电媒质中 $\vec{J}$ 与 $\vec{E}$ 的关系方程 $\vec{J} = \sigma \vec{E}$。采用与静电场中推导边界条件相同的方法，于是得到恒定电场的边界条件为

$$J_{1n} = J_{2n} \quad 或 \quad \vec{n} \cdot (\vec{J}_1 - \vec{J}_2) = 0 \tag{2.8.16}$$

$$\vec{E}_{1t} = \vec{E}_{2t} \quad 或 \quad \vec{n} \times (\vec{E}_{1t} - \vec{E}_{2t}) = 0 \tag{2.8.17}$$

应用欧姆定律可得

$$\sigma_1 E_{1n} = \sigma_2 E_{2n} \tag{2.8.18}$$

$$\frac{\vec{J}_{1t}}{\sigma_1} = \frac{\vec{J}_{2t}}{\sigma_2} \tag{2.8.19}$$

2.9 恒定电场与静电场的比拟

在科学分析方法论中，如果描述两个问题的数学方程具有相同的形式，这说明两个问题内部各量之间的数量关系具有完全的相似性。如果已知一问题的解，那么另一问题的解可根据数学比拟关系得到。

由于导体中的恒定电场的基本方程和边界条件与静电场中无电荷空间的对应方程有完全相似的形式，即恒定电场与静电场可比拟。下面把两种场的各方程对比如下

静电场	恒定电场
$\nabla \times \vec{E} = 0$	$\nabla \times \vec{E} = 0$

$$\nabla \times \vec{D} = 0 \qquad\qquad \nabla \times \vec{J} = 0$$

$$D_{1n} = D_{2n}, \vec{E}_{1t} = \vec{E}_{2t} \qquad\qquad J_{1n} = J_{2n}, \vec{E}_{1t} = \vec{E}_{2t}$$

$$q = \int_S \vec{D} \cdot d\vec{S} \qquad\qquad I = \int_S \vec{J} \cdot d\vec{S}$$

$$\vec{D} = \varepsilon \vec{E} \qquad\qquad \vec{J} = \sigma \vec{E}$$

可见两个场的场量之间有一一地对偶关系，也就是说，如果在静电场的各方程中作代换：$\vec{E} - \vec{E}, \vec{J} - \vec{D}, \sigma - \varepsilon, U - U, I - q$。则静电场的各方程将变成恒定电场的方程。假定某一恒定电场的边值问题与一静电场的边值问题有相同的方程和边界条件，如果对应的静电场的边值问题是已经有解的，则恒定电场的解根据对偶关系直接写出，而不需要重新求解。例如，在静电场中两导体间充满均匀介质 ε 时的电容为

$$C = \frac{q}{U} = \frac{\varepsilon \oint_S \vec{E} \cdot d\vec{S}}{\int_A^B \vec{E} \cdot d\vec{l}}$$

其中 q 是带正电的导体 A 上的电量，U 是两导体间的电压。而在恒定电场中，两个电极间充满均匀电导率为 σ 的导电媒质。利用对偶关系可得

$$G = \frac{I}{U} = \frac{\sigma \oint_S \vec{E} \cdot d\vec{S}}{\int_A^B \vec{E} \cdot d\vec{l}}$$

其中 I 是从导体 A 表面流出的电流。这里假定电极是由理想导体构成，电极内无电场，电极表面为等位面。

小　　结

1. 静电场是由空间静止电荷产生的一种发散场。描述静电场的基本变量是电场强度 $\vec{E}$、电位移矢量 $\vec{D}$ 和电位 φ。电场强度与电位的关系为：$\vec{E} = -\nabla \varphi$。

2. 电荷分布有点电荷分布、体电荷分布、面电荷分布和线电荷分布。其电场强度和电位的计算公式如下：

（1）点电荷分布

$$\vec{E} = \frac{1}{4\pi\varepsilon_0} \sum_{k=1}^{N} \frac{q_k \vec{R}_k}{R_k^3} = \frac{-1}{4\pi\varepsilon_0} \sum_{k=1}^{N} q_k \nabla \left(\frac{1}{R_k}\right), \qquad \varphi = \frac{1}{4\pi\varepsilon_0} \sum_{k=1}^{N} \frac{q_k}{R_k} + C$$

（2）体电荷分布

$$\vec{E} = \frac{1}{4\pi\varepsilon_0} \int_v \frac{\rho(r')(\vec{r} - \vec{r}')\,dv'}{|\vec{r} - \vec{r}'|^3}, \qquad \varphi = \frac{1}{4\pi\varepsilon_0} \int_v \frac{\rho(r')\,dv'}{|\vec{r} - \vec{r}'|} + C$$

（3）面电荷分布

$$\vec{E} = \frac{1}{4\pi\varepsilon_0} \int_S \frac{\rho_S(r')(\vec{r} - \vec{r}')\,dS'}{|\vec{r} - \vec{r}'|^3}, \qquad \varphi = \frac{1}{4\pi\varepsilon_0} \int_S \frac{\rho_S(r')\,dS'}{|\vec{r} - \vec{r}'|} + C$$

(4)线电荷分布

$$\vec{E}=\frac{1}{4\pi\varepsilon_0}\int_l\frac{\rho_l(r')(\vec{r}-\vec{r}')\mathrm{d}l'}{|\vec{r}-\vec{r}'|^3},\qquad \varphi=\frac{1}{4\pi\varepsilon_0}\int_l\frac{\rho_l(r')\mathrm{d}l'}{|\vec{r}-\vec{r}'|}+C$$

3. 静电场的基本方程为

$$\oint_S\vec{D}\cdot\mathrm{d}\vec{S}=q\qquad \nabla\cdot\vec{D}=\rho(r)$$

$$\oint_C\vec{E}\cdot\mathrm{d}\vec{l}=0\qquad \nabla\times\vec{E}=0$$

在线性、各向同性的介质中,本构方程为:$\vec{D}=\varepsilon\vec{E}=\varepsilon_0\varepsilon_r\vec{E}$。

4. 在均匀介质中,电位满足的微分方程为泊松方程和拉普拉斯方程,即

$$\nabla^2\varphi=-\frac{\rho}{\varepsilon}\quad(\text{有源区域}),\qquad \nabla^2\varphi=0\quad(\text{无源区域})$$

5. 在不同介质的分界面上,由于存在束缚电荷(还有可能存在自由电荷),场量在分界面上是不连续的,场量在分界面上的关系由边界条件给出,即

$$D_{1n}-D_{2n}=\rho_S\qquad \text{或}\qquad D_{1n}-D_{2n}=0\quad(\rho_S=0)$$

$$\vec{E}_{1t}=\vec{E}_{2t}$$

如果用电位来表示,则

$$\varepsilon_1\frac{\partial\varphi_1}{\partial n}=\varepsilon_2\frac{\partial\varphi_2}{\partial n}\quad(\rho_S=0)\qquad \text{和}\ \varphi_1=\varphi_2$$

6. 静电场能量

静电荷系统的总能量为:$W_e=\frac{1}{2}\int_V\rho\varphi\mathrm{d}\tau$,其中 V 为电荷分布的空间;导体系统的总能量为:$W_e=\frac{1}{2}\sum_k q_k\varphi_k$。

静电场能量以电场的形式分布于整个空间中,空间中能量密度为

$$w_e=\frac{1}{2}\vec{E}\cdot\vec{D}=\frac{1}{2}\varepsilon E^2$$

因此,在任何情况下,总静电能量可由 $W_e=\frac{1}{2}\int_V\varepsilon E^2\mathrm{d}\tau$ 计算。

7. 恒定电场存在于导电媒质中由外加电源维持。描述恒定电场特性的基本变量为电场强度 $\vec{E}$ 和电流密度 $\vec{J}$,且 $\vec{J}=\sigma\vec{E}$。σ 为媒质的电导率。

恒定电场的基本方程为

$$\oint_S\vec{J}\cdot\mathrm{d}\vec{S}=0\qquad \nabla\cdot\vec{J}=0$$

$$\oint_C\vec{E}\cdot\mathrm{d}\vec{l}=0\qquad \nabla\times\vec{E}=0$$

在不同的导电媒质的分界面上,恒定电场的边界条件为

$$\vec{J}_{1n}=\vec{J}_{2n}\qquad \text{和}\qquad \vec{E}_{1t}=\vec{E}_{2t}$$

恒定电场的焦耳损耗功率密度为 $p=\sigma E^2$,储能密度为 $w_e=\frac{1}{2}\varepsilon E^2$。

习　题

2.1　真空中两个点电荷，$q_1=8C$ 和 $q_2=-4C$，分别位于点(0,0,4)和点(0,4,0)处，试求点(4,0,0)处的电场强度。

2.2　三个相同的正点电荷 q 放在边长为 a 的等边三角形的各顶点上。如果在此三角形的中心再放一个点电荷 q_0，问它等于多少时，才能使各顶点上的点电荷受的合力为零。

2.3　一个点电荷 q 位于$(-a,0,0)$处，另一个点电荷 $-2q$ 位于$(a,0,0)$处，问空间有没有电场强度 $\vec{E}=0$ 的点？

2.4　在半径为 a 的一个半圆弧线上均匀分布电荷 q，求圆心处的电场强度和垂直于圆平面的轴线 $z=a$ 处的电场强度。

2.5　三根长为 L，线电荷密度分别为 ρ_{l1}，ρ_{l2} 和 ρ_{l3} 的均匀线电荷构成等边三角形，设 $\rho_{l1}=2\rho_{l2}=2\rho_{l3}$，计算三角形中心处的电场强度。

2.6　一块很薄的无限大带电平板，其面电荷密度为 ρ_S。试证明在离板 z_0 点的电场强度 $\vec{E}$ 中有一半是由该点正下方的板上的一个半径为 $\sqrt{3}Z_0$ 的圆内的电荷产生的。

2.7　真空中半径为 a 的球面上，今在球面的两极点处分别放置点电荷 q 和 $-q$，如题2.7图所示。试计算球赤道圆平面上电场强度的通量。

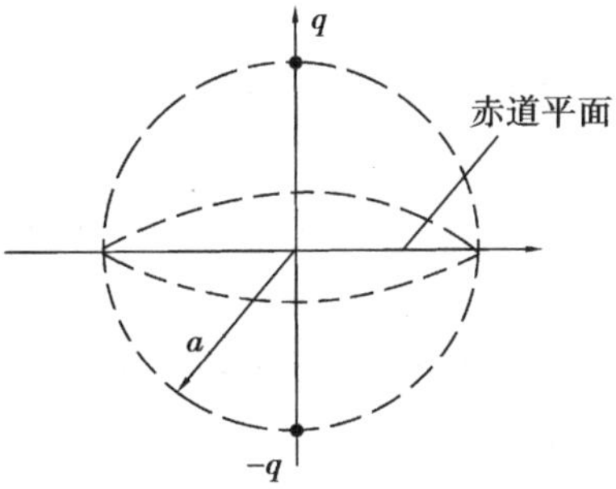

题2.7图

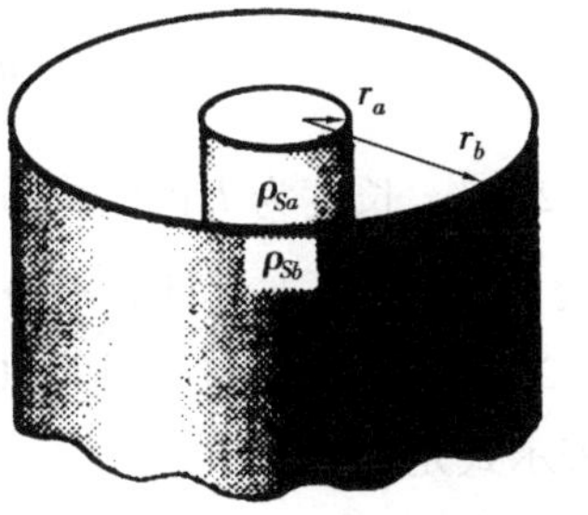

题2.9图

2.8　电荷均匀分布于两平行的圆柱面间的区域中，体密度为 ρ，两圆柱面半径分别为 a 和 b，轴线相距为 c，且 $a+c=b$。求空间各点的电场强度。

2.9　两无限长的同轴圆柱半径分别为 $r_a=a$ 和 $r_b=b$ 且 $b>a$，同轴圆柱表面分别带有面电荷 ρ_{Sa} 和 ρ_{Sb}，如题2.9图所示。(1)试计算各点的电场强度；(2)欲使 $r>b$ 的区域内 $\vec{E}=0$，则 ρ_{Sa} 和 ρ_{Sb} 应具有什么关系？

2.10　在球坐标系中，已知 $r>a$ 的区域内的电场强度为

$$\vec{E}=\vec{a}_r\frac{2A\cos\theta}{r^3}+\vec{a}_\theta\frac{A\sin\theta}{r^3}$$

其中 A 和 a 都是常数，求此区域内(介电常数为 ε_0)的体电荷密度。

2.11　在 xoy 坐标平面上有一内半径为 a，外半径为 b 的薄圆环盘。圆心位于坐标原点。圆环盘上均匀分布面电荷密度 ρ_S。

(1)求圆环盘轴线上任一点的电场强度;

(2)如果圆盘内半径 $a=0$,求轴线上 $z=\frac{b}{\sqrt{3}}$处的电场强度。

2.12　试确定与下列电位分布相对应的体电荷密度分布:

(1)$\Phi=Axyz$;(2)$\Phi=Ar\sin\varphi+Brz$;(3)$\Phi=Ar^2\sin\theta\cos\varphi$

其中 A、B 为已知常数。

2.13　试验证下列标量函数在它们各自的坐标系中满足 $\nabla^2\Phi=0$。

(1)$\Phi=\sin kx\sin ly e^{-hz}$在直角坐标系中。其中 $h^2=k^2+l^2$;

(2)$\Phi=r^{-n}\cos(n\varphi)$在柱坐标系中;

(3)$\Phi=r^{-2}\cos\varphi$ 在球坐标系中。

2.14　在电场强度 $\vec{E}=\vec{a}_x y+\vec{a}_y x$ 的电场中把带电量为 $-2qC$ 的点电荷从点(2,1,-1)移到点(8,2,-1),试计算电场沿下列路径移动电荷所做的功:

(1)沿曲线 $x=2y^2$;(2)沿连接该两点的直线。

2.15　两个点电荷 q 和 $-pq(p<1)$分别放在点(0,0,0)和点(0,d,0)上。试证明电位 $\phi(x,y,z)=0$ 的方程是

$$x^2+\left(y-\frac{d}{1-p^2}\right)^2+z^2=\left(\frac{pd}{1-p^2}\right)。$$

2.16　设长为 $2a$ 的均匀分布的细直线电荷与 y 轴重合,中点在原点,线电荷密度是 ρ_l。试证明在 xoy 平面上任一点 $P(x,y)$的电位是

$$\phi=\frac{\rho_l}{4\pi\varepsilon_0}\ln\frac{\sqrt{x^2+(y-a)^2}-(y-a)}{\sqrt{x^2+(y+a)^2}-(y+a)}$$

2.17　长度为 L 的线电荷,电荷线密度为常数 ρ_{l0}。(1)计算线电荷平分面上的电位函数 φ;(2)利用积分直接计算平分面上的 $\vec{E}$,并用 $\vec{E}=-\nabla\varphi$ 核对。

2.18　双电偶极子排列如题 2.18 图所示。试证明远离双电偶极子的点 $p(r,\theta,\varphi)$上的电位表示式是

$$\phi=\frac{qld\sin\theta\cos\theta}{2\pi\varepsilon_0 r^3}\qquad(其中\ r\gg l,r\gg d)$$

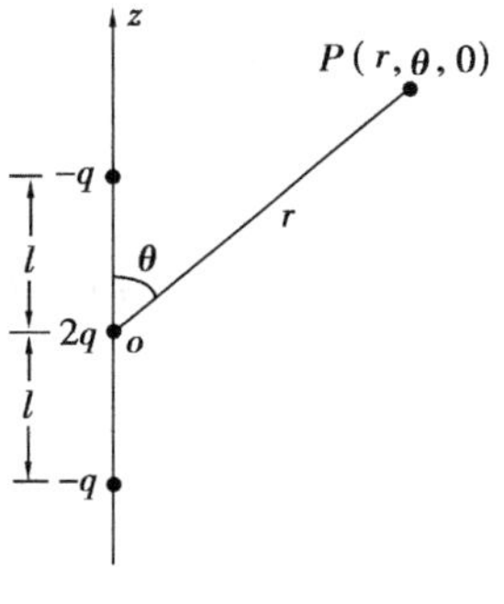

题 2.18 图

2.19　矢量场 $\vec{E}=\vec{a}_x(yz-2x)+\vec{a}_y xz+\vec{a}_z xy$ 是否可能是静电场的解?如果是,则求与之对应的电位解。

2.20　半径为 a 的带电球,其体电荷密度为 $\rho=\rho_0 r^n(n\geq 0)$,ρ_0 为常数,求球内外各处的电位和电场强度。

2.21　半径为 a 的无限长圆柱,圆柱表面均匀分布面电荷密度 ρ_S,求圆柱内外的电位和电场强度。

2.22　球形电容器内外导体球半径分别为 a 和 b,如果保持内外导体间电位差 U 不变,试证明当内外导体球半径满足关系$a=\frac{b}{2}$时,内导体球表面处的电场最小,并求此最小电场强度。

2.23　如题2.23图，内导体球半径为a，外导体球壳内半径为b，外半径为c，如果内导体带电量为Q，外导体球壳不带电。求：

(1)两导体上的电荷分布；

(2)导体内外各处的电场强度；

(3)导体内外各处的电位分布。

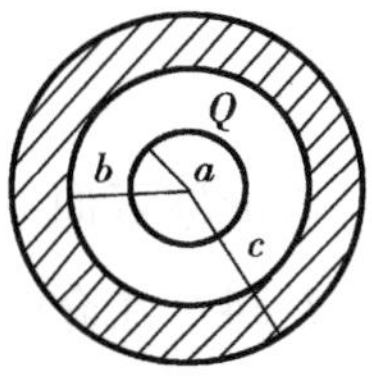

题2.23图

2.24　电场中有一半径为a的圆柱体，已知柱内外的电位函数分别为

$$\begin{cases} \Phi = 0 & r \leqslant a \\ \Phi = A\left(r - \dfrac{a^2}{r}\right)\cos\varphi & r \geqslant a \end{cases}$$

(1)求圆柱内外的电场强度；

(2)这个圆柱是什么材料制成的？表面有电荷分布吗？如果有，试求之。

2.25　在$y>0$的空间中没有电荷，下列几个函数中哪些函数可能是电位函数？

(1)$e^{-y}\cos x$；(2)$e^{-\sqrt{2}y}\sin x\cos x$；(3)$\sin x\sin y\sin z$

2.26　中心位于原点，边长为L的电介质立方体极化强度矢量为：

$$\vec{P} = P_0(\vec{a}_x x + \vec{a}_y y + \vec{a}_z z)$$

(1)计算面束缚电荷密度和体束缚电荷密度；

(2)证明总的束缚电荷为零。

2.27　一半径为a的介质球，介电常数为$\varepsilon = \varepsilon_r\varepsilon_0$，其内均匀分布自由电荷$\rho$，证明中心点的电位为

$$\Phi_0 = \frac{2\varepsilon_r + 1}{2\varepsilon_r}\left(\frac{\rho}{3\varepsilon_0}\right)a^2$$

2.28　一半径为R_0的介质球内极化强度$\vec{P} = \vec{a}_r \dfrac{K}{r}$，其中$K$是一个常数。(1)计算束缚电荷的体密度和面密度；(2)计算自由电荷密度；(3)计算球内外各点的电位分布。

2.29　(1)证明不均匀电介质在没有自由电荷密度时可能存在束缚电荷的体密度；(2)导出束缚电荷密度ρ_p的表达式。

2.30　一圆心在原点，半径为a的介质球，其极化强度$\vec{P} = \vec{a}_r ar^n (n \geqslant 0)$。

(1)求介质球内束缚电荷体密度和球表面的束缚电荷面密度；

(2)求球内外各点的电位。

2.31　同轴线的横截面如题2.31图所示。设外导体电位$\varphi = 0$，内导体电位$\varphi = U$。求内外导体间任一点的$\vec{E}$和φ，并求$r = b$处的束缚面电荷密度。

2.32　两电介质的分界面为$z = 0$的平面。已知$\varepsilon_{r1} = 2$和$\varepsilon_{r2} = 3$，如果已知区域1中的$\vec{E}_1 = \vec{a}_x 2y + \vec{a}_y 2x + \vec{a}_z(5 + z)$。试计算区域2中的$\vec{E}$和$\vec{D}$，能求出区域2中任一点的$\vec{E}$和$\vec{D}$吗？

2.33　电场中一半为a的介质球，已知球内、外的电位函数分布为

$$\varphi_1 = -E_0 r\cos\theta + \frac{\varepsilon - \varepsilon_0}{\varepsilon + 2\varepsilon_0} a^3 E_0 \frac{\cos\theta}{r^2} \qquad r \geqslant a$$

$$\varphi_2 = \frac{3\varepsilon_0}{\varepsilon + 2\varepsilon_0} E_0 r\cos\theta \qquad r \leqslant a$$

验证球表面的边界条件,并计算球表面的束缚电荷密度。

2.34　在介电常数为 ε 的无限大均匀介质中,开有如下空腔,试求各空腔中的电场强度 $\vec{E}$ 和电位移矢量 $\vec{D}$:

(1)平形于 $\vec{E}$ 的针形空腔;(2)底面垂直于 $\vec{E}$ 的薄盘形空腔;(3)小球形空腔。

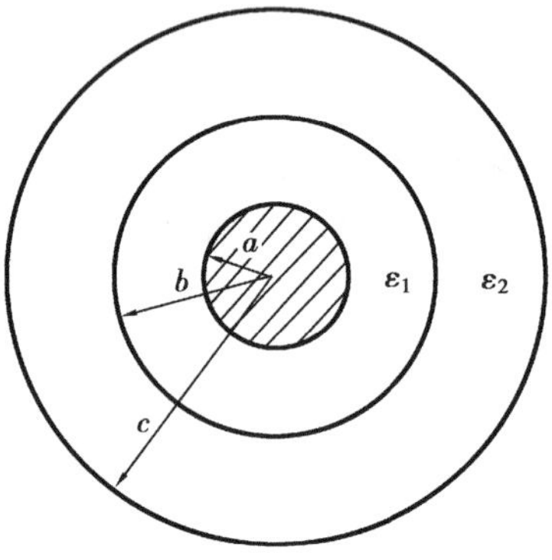

题 2.31 图

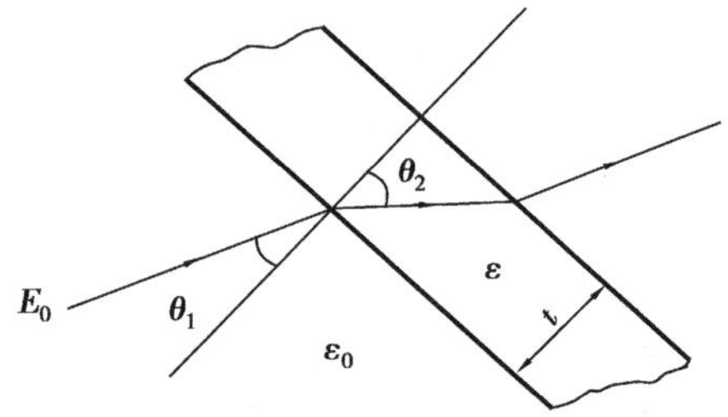

题 2.35 图

2.35　如题 2.35 图所示,厚度为 t 的无限大介质板的介电常数 $\varepsilon = 4\varepsilon_0$,此板放置在均匀电场 $\vec{E}_0$ 中,板和 $\vec{E}_0$ 成角 θ_1,求使 $\theta_2 = \frac{\pi}{4}$ 时的 θ_1 的值,并求板两表面上的束缚电荷密度。

2.36　在面积为 S 的平形板电容器内填充介电常数作线性变化的介质,从一极板($y=0$)处的 ε_1 一直变化到另一极板($y=d$)处的 ε_2,试求电容量。

2.37　同轴电容器外导体内半径为 b。当外加电压固定时,求使电容器中的电场强度取极小值的内半径 a 及 $\vec{E}_{\min}$ 值。

2.38　有一半径为 a,带电荷量为 q 的导体球,其球心位于两种介质的分界面上,此两种介质的介电常数分别为 ε_1 和 ε_2,分界面可视为无限大的平面,求:

(1)球的电容量;(2)储存的总静电能。

2.39　同心导体球的内半径为 a,外球壳的内、外半径分别为 b 和 c,内外间被介电常数为 ε 的介质所充满。设内球带电荷 Q_1,外球壳带电荷 Q_2。求:

(1)各区域中的电场能量密度及电场的总能量;

(2)若用导线将内、外球连接起来,各区域中的电场能量密度及电场的总能量怎样变化?

2.40　同轴电容器的内导体半径为 a,外导体的内半径为 b,长为 L,两电极间填充电导率为 σ 的媒质。已知电极间的电压是 U_0,求:

(1)填充媒质中的电流密度和电场强度;

(2)由于漏电流所引起的功率损耗;

(3)若填充媒质的电导率 $\sigma = 0$,忽略电容器两端的边缘效应,再求电极间的电场强度。

2.41　半径为 a 的球内均匀分布着总电量为 Q 的电荷，此球绕其直径以恒定的角速度 ω 旋转，求球内任一点的电流密度。

提示：用球坐标系，使原点位于球心，极轴与转轴重合。

2.42　半径为 R_1 和 $R_2(R_1 < R_2)$ 的两个同心球面之间充满电导率为 $\sigma = \sigma_0 \dfrac{1+K}{R}$ 的材料（K 为常数），试求两理想导体球面间的电阻。

2.43　在电导率为 σ 的无界均匀漏电介质内的两个理想的导体球面，半径分别为 a 和 b，两球面间的距离为 d 且 $d \gg a$ 和 $d \gg b$。求两导体球面间的电阻。

注：只求一级近似解。

第 3 章 静电场的解法

工程中所遇到的大多数问题是:已知给定区域中电荷分布和边界上的电位或电荷分布,求解区域中电位或电场分布。这样的问题称为静电场的边值问题。对边值问题的求解可归结为在给定区域中的电荷分布和边界条件下,求满足边界条件的泊松方程或拉普拉斯方程的解。本章主要讨论静电场边值问题的解法。

求解静电场边值问题的方法主要有解析法和数值法两大类。本章主要介绍分离变量法,镜像法和有限差分法。

3.1 静电场问题的类型

静电场问题一般可分为两种类型:分布型问题和边值型问题。

3.1.1 分布型问题

已知全空间的电荷分布,利用电场强度或电位的计算公式直接计算场中各点的电场强度或电位,这类问题称为**分布型问题**,对此问题有如下几种解法。

(1)根据电荷分布,利用场源积分式,直接求解电场 $\vec{E}$。

(2)根据电荷分布,利用场源积分式,直接求解电位 Φ,再根据 $\vec{E} = -\nabla\Phi$ 计算电场 $\vec{E}$。

(3)若电荷分布具有某种对称性,从而判断场的分布也具有某种对称性时,可用高斯定理直接求解电场 $\vec{E}$,此法主要是要正确选取高斯面,一般高斯面上的场强要保持常量,并且方向与所在面的法向相同,计算才可化简。

3.1.2 边值型问题

已知确定区域中的电荷分布和其边界上的电位或电位函数的法向导数分布,求解该区域中电位的分布状况,这类问题称为**边值型问题**或简称为**边值问题**,边值问题根据边界条件给出的形式不同可分为以下三种类型。

第一类边值问题:给定整个边界上的电位函数求区域中电位分布,这类问题又称为狄利克莱问题。

第二类边值问题:给定整个边界上电位函数的法向导数求区域中电位分布,这类问题又称为诺伊曼问题。

第三类边值问题:一部分边界上的电位给定,另一部分边界上电位的法向导数给定,求区域中电位分布,这类问题又称为混合型边值问题。

如果边界是导体,则上述三类问题分别变为:已知导体表面的电位;已知各导体的总电量;已知一部分导体表面上的电位和另一部分导体表面上的电量。

3.2　惟一性定理

对边值问题的求解,就是在给定的边界条件下,求解泊松方程或拉普拉斯方程。这是一个求解二阶微分方程的问题。

可以证明:**满足边界条件的泊松方程或拉普拉斯方程的解必定惟一**。也可以说成:**如果给定一个区域中的电荷分布和边界上的全部边界条件,则这个区域中的解是惟一的**。这个结论称为**惟一性定理**。要证明此定理,首先介绍格林定理。

3.2.1　格林定理

格林定理是由散度定理直接导出的数学恒等式。将散度定理

$$\int_v \nabla \cdot \vec{A} \mathrm{d}\tau = \oint_S \vec{A} \cdot \vec{n} \mathrm{d}S$$

用于闭合面 S 所包围的体积 v 内任一矢量场 $\vec{A}$,若令 $\vec{A}=\varphi \nabla \phi$,式中 φ 和 ϕ 是在区域内两个任意的标量函数,并要求在边界上一阶连续,在区域内二阶连续。由于

$$\nabla \cdot \vec{A} = \nabla \cdot (\varphi \nabla \phi) = \varphi \nabla^2 \phi + \nabla \varphi \cdot \nabla \phi \tag{3.2.1}$$

$$\vec{A} \cdot \vec{n} = \varphi \nabla \phi \cdot \vec{n} = \varphi \frac{\partial \phi}{\partial n} \tag{3.2.2}$$

将式(3.2.1)、式(3.2.2)式代入散度定理,得到格林第一恒等式为

$$\int_v (\varphi \nabla^2 \phi + \nabla \varphi \cdot \nabla \phi) \mathrm{d}\tau = \oint_S \varphi \frac{\partial \phi}{\partial n} \mathrm{d}S \tag{3.2.3a}$$

如果把上式中 φ 与 ϕ 调换一下,可得格林第一恒等式的另一表述

$$\int_v (\phi \nabla^2 \varphi + \nabla \phi \cdot \nabla \varphi) \mathrm{d}\tau = \oint_S \phi \frac{\partial \varphi}{\partial n} \mathrm{d}S \tag{3.2.3b}$$

将式(3.2.3a)与式(3.2.3b)相减,便得到格林第二恒等式为

$$\int_v (\varphi \nabla^2 \phi - \phi \nabla^2 \varphi) \mathrm{d}\tau = \oint_S \left(\varphi \frac{\partial \phi}{\partial n} - \phi \frac{\partial \varphi}{\partial n} \right) \mathrm{d}S \tag{3.2.4}$$

3.2.2　惟一性定理的证明

下面先证明在给定边界条件下,拉普拉斯方程的解是惟一的。用反证法,设该边值问题有两个不同的解 $\boldsymbol{\Phi}_1$ 和 $\boldsymbol{\Phi}_2$,只要证明这两个解是相同的,就证明了解是惟一的。

设 Φ_1 和 Φ_2 是同一无源区域的边值问题

$$\begin{cases} \nabla^2\Phi = 0 \\ \Phi|_S = f(x,y,z) \end{cases} \tag{3.2.5}$$

的解。即它们应满 $\nabla^2\Phi_1=0$ 和 $\nabla^2\Phi_2=0$，同时满足边界条件。因此，两个解的差 $\Phi'=\Phi_1-\Phi_2$ 应满足拉普拉斯方程

$$\nabla^2\Phi' = 0 \tag{3.2.6}$$

在格林第一恒等式(3.2.3)中，取 $\varphi=\phi=\Phi'$，可得

$$\oint_S \Phi' \frac{\partial\Phi'}{\partial n}\mathrm{d}S = \int_v \nabla\Phi'\cdot\nabla\Phi'\mathrm{d}\tau = \int_v |\nabla\Phi'|^2\mathrm{d}\tau \tag{3.2.7}$$

对于第一类边值问题，Φ_1 和 Φ_2 应满足相同的边界条件，即

$$\Phi'|_S = (\Phi_1-\Phi_2)|_S = 0 \tag{3.2.8}$$

由式(3.2.8)可得：$\nabla\Phi'=0$ 或 $\Phi'=C$，即 $\Phi_1=\Phi_2+C$。式中 C 为常数，由此可知，在第一类边值问题中，两个解最多相差一常数，若应用自然边界条件，因为 Φ_1 和 Φ_2 的参考点选在同一位置上，则常数 $C=0$。于是证明了 $\Phi_1=\Phi_2$，即该边值问题的解是惟一的。

对于第二类边值问题，由于$\frac{\partial\Phi_1}{\partial n}$和$\frac{\partial\Phi_2}{\partial n}$的值在边界上应相同，故

$$\left.\frac{\partial\Phi'}{\partial n}\right|_S = \left.\frac{\partial\Phi_1}{\partial n}\right|_S - \left.\frac{\partial\Phi_2}{\partial n}\right|_S = 0$$

由式(3.2.8)同样可得：$\nabla\Phi'=0$ 或 $\Phi'=C$，即 $\Phi_1=\Phi_2+C$。式中 C 为常数，同样应用自然边界条件，再由 Φ_1 和 Φ_2 具有同一参考点，得 $C=0$。于是证明了第二类边值问题的解也是惟一的。对于第三类边值问题，证明类似。

对于泊松方程解的惟一性的证明，仍然假设有两个解 Φ_1 和 Φ_2 都满足泊松方程和给定的边界条件，即

$$\nabla^2\Phi_1 = -\frac{\rho}{\varepsilon} \qquad 和 \qquad \nabla^2\Phi_2 = -\frac{\rho}{\varepsilon}$$

因此，两个解 Φ_1 和 Φ_2 的差 $\Phi'=\Phi_1-\Phi_2$ 满足拉普拉斯方程，余下的证明与证明拉普拉斯方程的方法完全一样，不再重复。

惟一性定理提出了定解的充分必要条件，是关于边值问题的一个重要定理。它的重要意义在于：**如果一个区域中的电荷分布和边界条件都给定，则该区域中有解且解是惟一的，此解一定满足泊松方程或拉普拉斯方程，同时满足边界条件；反过来，一个函数如果同时满足位方程和边界条件，则此函数一定是该区域中电位的惟一解**。因此，可以自由选择任一种求解电场的方法，即使是采用凑的方法或者靠判断猜测出的解，只要它满足拉普拉斯方程（或泊松方程），又满足给定的边界条件，那么根据惟一性定理，这个解就是所要求的解。

3.3 分离变量法

分离变量法是求解边值问题的一种常用方法，此法可以分两步进行，第一步，根据给定的边界形状选择适当的坐标系，并在此坐标系下将待求的电位函数表示成三个一元函数乘积的

形式，每个函数仅是一个坐标变量的函数，将其代入电位的偏微分方程，就可通过分离变量将偏微分方程求解转化成三个常微分方程的求解。第二步，根据给定的边界条件确定常微分方程解的形式、分离常数及通解中的待定系数，以求得给定问题的惟一解。本节将分别介绍在直角坐标系、圆柱坐标系和球坐标系中解拉普拉斯方程的分离变量法。

分离变量法要求给定的边界与坐标系的坐标面相合或平行，或者至少分段地与坐标面相合或平行；这样，偏微分方程的解才可表示为坐标系中三个函数的乘积，其中每个函数分别仅是一个坐标的函数。

3.3.1　直角坐标系中的分离变量法

当边界面形状适合选用直角坐标系时，则可在直角坐标系中求解电位的拉普拉斯方程，在直角坐标系中，电位的拉普拉斯方程为

$$\frac{\partial^2 \Phi}{\partial x^2}+\frac{\partial^2 \Phi}{\partial y^2}+\frac{\partial^2 \Phi}{\partial z^2}=0 \tag{3.3.1}$$

设所求解区域中的电位函数是可变量分离的，则可令待求电位函数为

$$\Phi(x,y,z)=f(x)g(y)h(z) \tag{3.3.2}$$

将(3.3.2)式代入(3.3.1)式中，并用$f(x)g(y)h(z)$除之，得

$$\frac{f''(x)}{f(x)}+\frac{g''(y)}{g(y)}+\frac{h''(z)}{h(z)}=0 \tag{3.3.3}$$

其中，$f''(x)=\frac{\mathrm{d}^2 f}{\mathrm{d}x^2}$，$g''(y)=\frac{\mathrm{d}^2 g}{\mathrm{d}y^2}$，$h''(z)=\frac{\mathrm{d}^2 h}{\mathrm{d}z^2}$。上式中每一项仅是一个坐标变量的函数，欲使此式成立，必须每项都为常数。即

$$\frac{\mathrm{d}^2 f}{\mathrm{d}x^2}=-k_x^2 f \quad 或 \quad \frac{\mathrm{d}^2 f}{\mathrm{d}x^2}+k_x^2 f=0 \tag{3.3.4a}$$

$$\frac{\mathrm{d}^2 g}{\mathrm{d}y^2}=-k_y^2 g \quad 或 \quad \frac{\mathrm{d}^2 g}{\mathrm{d}y^2}+k_y^2 g=0 \tag{3.3.4b}$$

$$\frac{\mathrm{d}^2 h}{\mathrm{d}z^2}=-k_z^2 h \quad 或 \quad \frac{\mathrm{d}^2 h}{\mathrm{d}z^2}+k_z^2 h=0 \tag{3.3.4c}$$

这样就把偏微分方程(3.3.1)分离成了三个常微分方程，其中k_x,k_y,k_z称为分离常数，都是待定的量，三者间关系是

$$k_x^2+k_y^2+k_z^2=0 \tag{3.3.5}$$

由(3.3.5)式可知三个待定常数中只有两个是独立的，且它们不能全为实数，也不能全为虚数，如有两个取实数时，第三个必取虚数，若其中一个为零值，剩下的两个必定一个是实数，一个是虚数，**分离常数k_x,k_y,k_z的选取由边界条件决定；解的具体形式由分离常数的取值性质决定**。如：

当$k_x=0$时，$f(x)=c_1x+c_2$　(3.3.6)

当k_x为实数时，$f(x)=A_1\sin(k_x x)+A_2\cos(k_x x)$　(3.3.7)

当$k_x=j\alpha_x$为虚数（其中α_x为实数）时，解的形式为双曲函数或指数函数形式，即

$$f(x)=B_1\sinh(\alpha_x x)+B_2\cosh(\alpha_x x) \tag{3.3.8}$$

或

$$f(x)=B'_1\mathrm{e}^{\alpha_x x}+B'_2\mathrm{e}^{-\alpha_x x} \tag{3.3.9}$$

需要注意的是：式(3.3.6)所示的直线函数和式(3.3.8)所示的双曲函数都最多只有一个

零点，而式(3.3.7)所示的正弦函数在 x 方向上有无穷多个零点。

$g(y)$ 和 $h(z)$ 的情况与此类似，求出了拉普拉斯方程的特解形式 $\varphi = f(x)g(y)h(z)$。然后再将所有可能的特解叠加起来并使其满足边界条件，即可确定出该边值问题的真解。下面举例说明分离变量法的应用

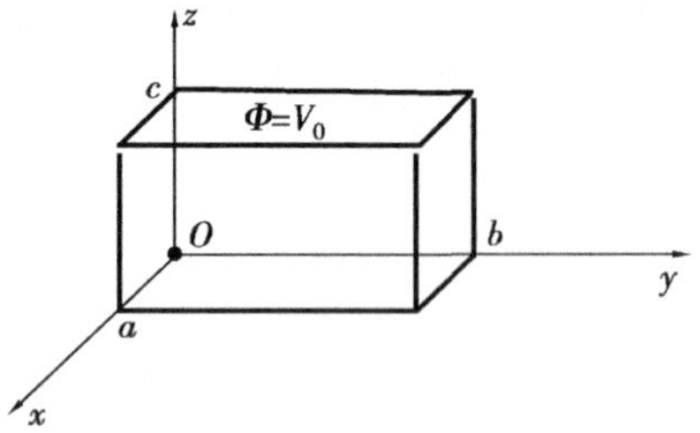

图 3.3.1　长方形槽内电位的计算

例 3.3.1　求图 3.3.1 所示长方形槽内的电位，其中除 $z=c$ 的槽壁上电位 $\Phi = V_0$ 外，其余各槽壁电位都为零($z=c$ 的面与其他面绝缘)。

解　由于各边界面与坐标面平行，则区域中的电位是可变量分离的，即

$$\Phi = f(x)g(y)h(z)$$

首先根据 $x=0$ 和 $x=a$ 的槽壁上 $\Phi=0$ 的边界条件，可以判断 $f(x)$ 在 x 方向上至少有两个零点，因此 $f(x)$ 的解应该取正弦函数解，即

$$f(x) = A\sin k_x x + A'\cos k_x x \tag{3.3.10}$$

将式(3.3.10)代入 $x=0$ 和 $x=a$ 面上的边界条件 $\Phi=0$ 可得：$A'=0$ 和

$$k_x = \frac{n\pi}{a} \quad n = 1,2,3,\cdots \tag{3.3.11}$$

则

$$f(x) = A_n\sin\left(\frac{n\pi}{a}x\right) \tag{3.3.12}$$

同理，根据 $y=0$ 与 $y=b$ 槽壁上 $\Phi=0$ 的边界条件可得

$$k_y = \frac{m\pi}{b} \quad m = 1,2,3,\cdots \tag{3.3.13}$$

$$g(y) = B_m\sin\left(\frac{m\pi}{b}y\right) \tag{3.3.14}$$

由于 k_x、k_y 都为实数，根据方程(3.3.5)可知，k_z 必定为虚数，且

$$k_z = j\sqrt{k_x^2 + k_y^2} = j\sqrt{\left(\frac{n\pi}{a}\right)^2 + \left(\frac{m\pi}{b}\right)^2} = j\beta \tag{3.3.15}$$

于是

$$h(z) = C_1\sinh(\beta z) + C_2\cosh(\beta z)$$

再根据 $z=0$ 的面上 $\Phi=0$，可得：$h(0) = C_2 = 0$，因此

$$h(z) = C\sinh(\beta z) \tag{3.3.16}$$

于是电位在此长方形槽内电位的一支解可表为

$$\Phi_{mn}(x,y,z) = A_{mn}\sin\left(\frac{n\pi}{a}\right)\sin\left(\frac{m\pi}{b}y\right)\sinh(\beta z) \tag{3.3.17}$$

由此得到长方形槽内电位的通解为

$$\Phi(x,y,z) = \sum_{m=1}^{\infty}\sum_{n=1}^{\infty} A_{mn}\sin\left(\frac{n\pi}{a}x\right)\sin\left(\frac{m\pi}{b}y\right)\sinh(\beta z) \tag{3.3.18}$$

为了确定常数 A_{mn}，利用最后一个边界条件，即 $z=c$，$\Phi=V_0$ 得

$$\Phi(x,y,c) = \sum_{m=1}^{\infty}\sum_{n=1}^{\infty} A_{mn}\sin\left(\frac{n\pi}{a}x\right)\sin\left(\frac{m\pi}{b}y\right)\sinh(\beta c) = V_0 \tag{3.3.19}$$

将式(3.3.19)两边乘以 $\sin(\frac{n'\pi}{a}y)\sin(\frac{m'\pi}{b}y)$,并在槽内垂直于 z 轴的截面上进行积分,同时考虑到三角函数的正交完备性,则式(3.3.19)的左端变为

$$A_{mn}\sinh(\beta c)\int_0^a\int_0^b\sin(\frac{n\pi}{a}x)\sin(\frac{n'\pi}{a}x)\sin(\frac{m\pi}{b}y)\sin(\frac{m'\pi}{b}y)\mathrm{d}x\mathrm{d}y$$

显然方程左边的积分只有当 $n'=n$ 和 $m'=m$ 时才不为零,其结果为:

$$\int_0^a\mathrm{d}x\int_0^b\sin^2(\frac{n\pi}{a}x)\sin^2(\frac{m\pi}{b}y)\mathrm{d}y = \frac{ab}{4}$$

方程右边的积分为

$$V_0\int_0^a\mathrm{d}x\int_0^b\sin(\frac{n\pi}{a}x)\sin(\frac{m\pi}{b}y)\mathrm{d}y = \frac{abV_0}{mn\pi^2}(1-\cos n\pi)(1-\cos m\pi)$$

显然只有当 n 和 m 为奇数时才不为零,将 $(2n-1)$ 代替 n,$(2m-1)$ 代替 m,则上面的积分结果为

$$V_0\int_0^a\mathrm{d}x\int_0^b\sin(\frac{n\pi}{a}x)\sin(\frac{m\pi}{b}y)\mathrm{d}y = \frac{4abV_0}{(2m-1)(2n-1)\pi^2}$$

于是有 $\frac{abA_{mn}}{4}\sinh(\beta c)=\frac{4abV_0}{(2m-1)(2n-1)\pi^2}$,$n=1,2,3,\cdots;m=1,2,3,\cdots$。则

$$A_{mn} = \frac{16V_0}{(2m-1)(2n-1)\pi^2\sinh(\beta c)} \tag{3.3.20}$$

将式(3.3.20)代入式(3.3.19)可得电位的解为

$$\Phi(x,y,c) = \frac{16V_0}{\pi^2}\sum_{m=1,2\cdots}\sum_{n=1,2\cdots}\frac{\sin(\frac{m\pi}{a}x)\sin(\frac{\pi}{b}y)\sinh(\beta z)}{(2m-1)(2n-1)\sinh(\beta c)} \tag{3.3.21}$$

例 3.3.2 若在区域 $-\frac{\pi z_0}{2}<z<\frac{\pi z_0}{2}$ 内电荷密度为 $\rho=10^{-8}\cos(\frac{z}{z_0})\ \mathrm{C/m^3}$,在其他区域内电荷密度为0。试由泊松方程求解电位 Φ 和电场强度 $\vec{E}$ 在此区域中的解,并与由高斯定律得出的结果相比较。

解 由于电位 Φ 不是 x,y 的函数,所以泊松方程为

$$\frac{\mathrm{d}^2\varphi}{\mathrm{d}z^2} = -\frac{\rho}{\varepsilon_0} = -\frac{10^{-8}\cos(z/z_0)}{\varepsilon_0}$$

积分两次,可得

$$\varphi = \frac{10^{-8}z_0^2\cos(z/z_0)}{\varepsilon_0} + Az + B$$

$$\vec{E} = -\nabla\varphi = \vec{a}_z\frac{10^{-8}z_0\sin(z/z_0)}{\varepsilon_0} - A$$

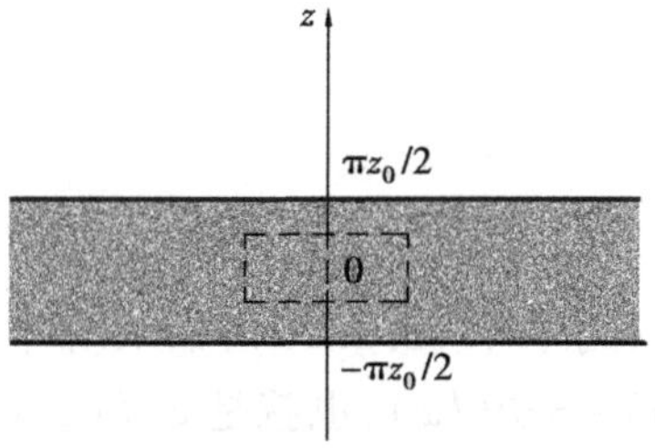

图 3.3.2 带形区域中电场强度的计算

由电荷分布的对称性可知,电场在 $z=0$ 平面上必为零。所以可得 $A=0$,因此

$$\vec{E} = \vec{a}_z\frac{10^{-8}z_0\sin(z/z_0)}{\varepsilon_0}$$

由于电荷分布关于 $z=0$ 平面对称,所以 $\vec{D}$ 必定关于 $z=0$ 平面反对称,且只有 z 方向的分

量，即在上底面上，$\vec{D}=\vec{a}_zD$，在下底面上，$\vec{D}=-\vec{a}_zD$。今在以 $z=0$ 为中心，上、下底面积为 $\mathrm{d}S$，高为 z 的高斯面上，如图 3.3.2 所示。$\vec{D}$ 仅穿过高斯面的上、下底面。所以

$$\oint_S \vec{D}\cdot \mathrm{d}\vec{S} = 2D\mathrm{d}S = \int_{-z/2}^{z/2}\left[\int_S 10^{-8}\cos\left(\frac{z}{z_0}\right)\mathrm{d}S\right]\mathrm{d}z$$

即

$$2D\mathrm{d}S = 2z_0 10^{-8}\sin\left(\frac{z}{z_0}\right)\mathrm{d}S$$

这样，在区域 $-\frac{\pi z}{2}<z<\frac{\pi z}{2}$ 内，有

$$\vec{D} = \vec{a}_z z_0 10^{-8}\sin\left(\frac{z}{z_0}\right)\ \mathrm{C/m^2}$$

因此，$\vec{E}=\frac{\vec{D}}{\varepsilon_0}=\vec{a}_z\frac{z_0}{\varepsilon_0}10^{-8}\sin\left(\frac{z}{z_0}\right)$ V/m，与有泊松方程所得到的结果相同。

3.3.2 圆柱坐标系中二维拉普拉斯方程的解

设在圆柱坐标系中，电位分布只是坐标 r、φ 的函数，沿 z 方向没有变化，则电位的拉普拉斯方程为

$$\frac{1}{r}\frac{\partial}{\partial r}\left(r\frac{\partial \Phi}{\partial r}\right)+\frac{1}{r^2}\frac{\partial^2\Phi}{\partial \phi^2}=0 \tag{3.3.22}$$

设

$$\Phi(r,\varphi)=f(r)g(\varphi) \tag{3.3.23}$$

其中 $f(r)$ 和 $g(\varphi)$ 分别只是 r、φ 的函数，将上式代入(3.3.22)式并用 $\frac{r^2}{f(r)g(\varphi)}$ 乘之，可得

$$\frac{r}{f(r)}\frac{\partial}{\partial r}\left(r\frac{f(r)}{\partial r}\right)+\frac{1}{g(\varphi)}\frac{\partial^2 g(\varphi)}{\partial \varphi^2}=0 \tag{3.3.24}$$

上式中，第一项仅是 r 的函数，第二项仅是 φ 的函数，要使上式对所有的 r、φ 值都成立，必须每项都等于一个常数，如果令第二项为 $-k^2$，则可得

$$\frac{r}{f(r)}\frac{\mathrm{d}}{\mathrm{d}r}\left(r\frac{\mathrm{d}f}{\mathrm{d}r}\right)-k^2=0 \tag{3.3.25}$$

$$\frac{\mathrm{d}^2 g(\varphi)}{\mathrm{d}\varphi^2}+k^2 g(\varphi)=0 \tag{3.3.26}$$

对于方程(3.3.26)，如果研究的空间包含 φ 从 $0\to 2\pi$。因为 Φ 必须是单值的，即 $\Phi[k(\varphi+2\pi)]=\Phi(k\varphi)$，也就是 $g[k(\varphi+2\pi)]=g(k\varphi)$，则 k 必须等于整数 n，故方程(3.3.26)的解为

$$g(\varphi)=A\sin(n\varphi)+B\cos(n\varphi) \tag{3.3.27}$$

将 $k=n$ 代入方程(3.3.25)得

$$r\frac{\mathrm{d}}{\mathrm{d}r}\left(r\frac{\mathrm{d}f(r)}{\mathrm{d}r}\right)-n^2 f(r)=0$$

即

$$r^2\frac{\mathrm{d}^2 f(r)}{\mathrm{d}r^2}+r\frac{\mathrm{d}f(r)}{\mathrm{d}r}-n^2 f(r)=0 \tag{3.3.28}$$

此方程是一个变系数的常微分方程,称为欧拉方程。其解形式为

$$f(r) = Cr^{n} + Dr^{-n} \tag{3.3.29}$$

当 $n=0$ 时,方程(3.3.26)和方程(3.3.29)的解为

$$g_0 = C_0 + D_0\varphi \tag{3.3.30}$$

$$f(r) = C_0 + D_0\ln r \tag{3.3.31}$$

对于实际的工程问题,Φ 必须在所求解的区域中是单值的,即 $n\neq 0$,所以圆柱坐标系中,二维场 Φ 的通解为

$$\Phi = \sum_{n=1}^{\infty}\left\{r^{n}\left[A_n\sin(n\varphi) + B_n\cos(n\varphi)\right] + r^{-n}\left[C_n\sin(n\varphi) + D_n\cos(n\varphi)\right]\right\} \tag{3.3.32}$$

例 3.3.3　一根半径为 a,介电常数为 ε 的无限长介质圆柱体,置于均匀外电场 $\vec{E}_0$ 中,且与 $\vec{E}_0$ 相垂直,设外电场方向为 X 轴方向。圆柱体与 z 轴相合,如图 3.3.3 所示。求圆柱内、外的电位函数。

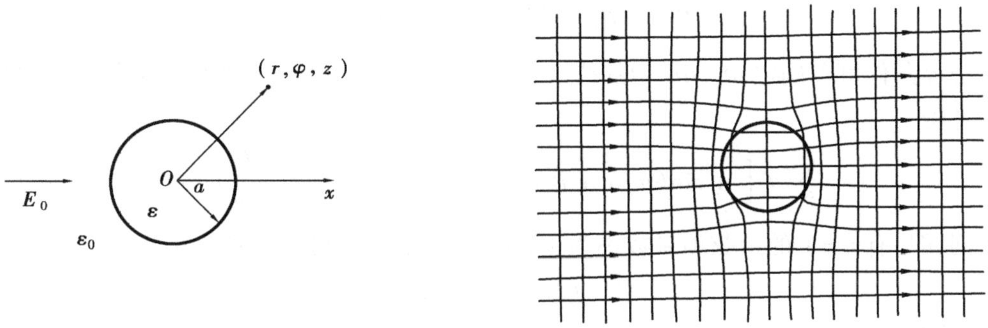

图 3.3.3　均匀电场中的介质圆柱体

解　如果选 $r=0$ 处为零电位参考点,则外电场 $\vec{E}_0 = \vec{a}_x E_0$ 在圆柱坐标系中可用电位函数 $\Phi_0 = -E_0 x = -E_0 r\cos\varphi$ 来表示。

设圆柱内、外两个区域的电位函数分别为 Φ_1 和 Φ_2,因圆柱无限长,它们均与 z 无关,只是关于 r,φ 的函数。对于 Φ_1,由于 $r=0$ 处 Φ_1 必须为有限值,故在 Φ_1 的解中不能存在 r 的负幂项,这样的条件称为**自然边界条件**。根据式(3.3.32)可得

$$\Phi_1 = \sum_{n=1}^{\infty} r^{n}\left[A_n'\sin(n\varphi) + B_n'\cos(n\varphi)\right]$$

对于 Φ_2,通解的一般形式为

$$\Phi_2 = \sum_{n=1}^{\infty}\left\{r^{n}\left[A_n\sin(n\varphi) + B_n\cos(n\varphi)\right] + r^{-n}\left[C_n\sin(n\varphi) + D_n\cos(n\varphi)\right]\right\} \tag{3.3.33}$$

介质圆柱在外加电场 $\vec{E}_0$ 中受极化产生束缚电荷,因此,在 $r>a$ 的空间中,任一点的场为外加场与束缚电荷的场的叠加。当 $r\to\infty$ 时,由于圆柱介质极化的影响不复存在,所以 $\Phi_2 = \Phi_0 = -E_0 r\cos\phi$,这是柱外区域中的一个边界条件。代入式(3.3.33),则

$$\sum_{n=1}^{\infty}\left\{r^{n}\left[A_n\sin(n\varphi) + B_n\cos(n\varphi)\right] + r^{-n}\left[C_n\sin(n\varphi) + D_n\cos(n\varphi)\right]\right\} = -E_0 r\cos\varphi \tag{3.3.34}$$

然后用 $\sin(n\varphi)$ 和 $\cos(n\varphi)$ 分别乘上式两边，并对 φ 从 $0\to2\pi$ 积分，因为右边只有 $n=1$ 的余弦项，所以只有 $\cos\phi$ 的项系数不为零，其余项系数都为零。所以解的形式根据此边界条件可简化为如下形式：

$$\Phi_2 = B_1 r\cos\varphi + \frac{D_1}{r}\cos\varphi \tag{3.3.35}$$

而当 $r\to\infty$ 时，$\Phi_2 = B_1 r\cos\varphi + \frac{D_1}{r}\cos\varphi = B_1 r\cos\varphi = -E_0 r\cos\varphi$，因此，$B_1 = -E_0$，故介质柱外的解为

$$\Phi_2 = -E_0 r\cos\varphi + \frac{D_1}{r}\cos\varphi \tag{3.3.36}$$

其中 D_1 仍为待定常数。

$r=a$ 的界面为介质与空气的交界面，其边界条件为

$$\Phi_1 = \Phi_2 \quad 和 \quad \varepsilon_0\frac{\partial\Phi_1}{\partial n} = \varepsilon\frac{\partial\Phi_2}{\partial n} \tag{3.3.37}$$

利用此边界条件可以确定 Φ_1，Φ_2 中的待定常数。将 Φ_1，Φ_2 在 $r=a$ 的柱面上代入上述第一个边界条件得

$$\sum_{n=1}^{\infty} a^n\left[A_n'\sin(n\varphi) + B_n'\cos(n\varphi)\right] = E_0 a\cos\varphi + \frac{D_1}{a}\cos\varphi \tag{3.3.38}$$

上式中同样只有 $n=1$ 的余弦项系数不为零，所以 Φ_1 的形式可进一步简化为

$$\Phi_1 = B_1' r\cos\varphi \tag{3.3.39}$$

式(3.3.38)变为

$$B_1' a\cos\varphi = -E_0 a\cos\varphi + \frac{D_1}{a}\cos\varphi \tag{3.3.40}$$

再将式(3.3.39)和式(3.3.36)代入式(3.3.37)的第二个边界条件得

$$\varepsilon B_1'\cos\varphi = -\varepsilon_0 E_0\cos\varphi - \frac{D_1}{a}\cos\varphi \tag{3.3.41}$$

由方程(3.3.40)和方程(3.3.41)可得

$$D_1 = a^2 E_0\frac{\varepsilon-\varepsilon_0}{\varepsilon+\varepsilon_0}, \qquad B_1' = -\frac{2\varepsilon_0}{\varepsilon+\varepsilon_0}\cos\varphi$$

于是可得圆柱体外和内的电位函数分别为

$$\Phi_1 = -\frac{2\varepsilon_0}{\varepsilon+\varepsilon_0}E_0 r\cos\varphi$$

$$\Phi_2 = -E_0 r\cos\varphi + \frac{\varepsilon-\varepsilon_0}{\varepsilon+\varepsilon_0}a^2 E_0\frac{\cos\varphi}{r}$$

例 3.3.4 在圆柱坐标系中，两个 $\varphi=const.$ 的平面在 z 轴上是绝缘的。设在平面 $\varphi=\alpha$ 上的电位为 100 V，参考零电位在平面 $\varphi=0$ 上。忽略边缘效应，求两平面之间 $\vec{E}$ 的表达式。

解 由于电位不随 r、z 变化，所以拉普拉斯方程为：

$$\frac{1}{r}\frac{\mathrm{d}^2\Phi}{\mathrm{d}\varphi^2} = 0$$

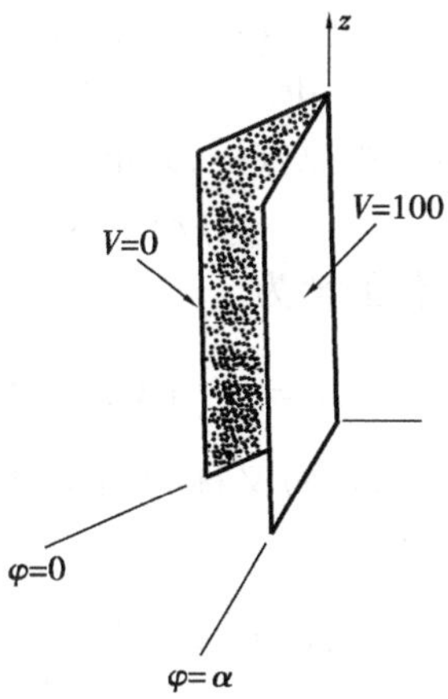

图3.3.4　角形区域中的电位和电场

积分两次可得 $\Phi = A\varphi + B$。再由边界条件可得

$$A \cdot 0 + B = 0, \quad A \cdot \alpha + B = 100$$

从而有

$$A = \frac{100}{\alpha}, \quad B = 0$$

因此

$$\Phi = 100 \frac{\varphi}{\alpha} \text{ V}$$

$$\vec{E} = -\nabla \Phi = -\vec{a}_\varphi \frac{1}{r} \frac{\mathrm{d}}{\mathrm{d}\varphi}\left(100 \frac{\varphi}{\alpha}\right) = -\vec{a}_\varphi \frac{100}{r\alpha} \ (\text{V/m})$$

3.3.3　球坐标系中二维拉普拉斯方程的解

设在球体坐标系中，电位分布只是球坐标 r, θ 的函数，沿 φ 方向没有变化，也就是说所研究的场是以极轴为对称的场，在此情况下，球坐标中的拉普拉斯方程为

$$\frac{1}{r^2} \frac{\partial}{\partial r}\left(r^2 \frac{\partial \Phi}{\partial r}\right) + \frac{1}{r^2 \sin\theta} \frac{\partial}{\partial \theta}\left(\sin\theta \frac{\partial \Phi}{\partial \theta}\right) = 0 \tag{3.3.42}$$

若电位函数是可分离的，则可设 $\Phi = f(r)g(\theta)$，代入上式，并用$\frac{r^2}{f(r)g(\theta)}$乘以上式可得

$$\frac{1}{f(r)} \frac{\partial}{\partial r}\left(r^2 \frac{\partial f(r)}{\partial r}\right) + \frac{1}{g(\theta)\sin\theta} \frac{\partial}{\partial \theta}\left(\sin\theta \frac{\partial g(\theta)}{\partial \theta}\right) = 0 \tag{3.3.43}$$

上式中 $f(r)$ 和 $g(\theta)$ 已分开在两项中，令两项分别等于常数 λ 和 $-\lambda$，则有

$$\frac{\mathrm{d}}{\mathrm{d}r}\left(r^2 \frac{\mathrm{d}f(r)}{\mathrm{d}r}\right) = \lambda f(r) \tag{3.3.44}$$

$$\frac{1}{\sin\theta} \frac{\mathrm{d}}{\mathrm{d}\theta}\left(\sin\theta \frac{\mathrm{d}g(\theta)}{\mathrm{d}\theta}\right) = -\lambda g(\theta) \tag{3.3.45}$$

在式(3.3.45)中，若令 $x = \cos\theta$，则有 $\mathrm{d}x = -\sin\theta \mathrm{d}\theta, \sin\theta = \sqrt{1 - x^2}$。并将其代入式(3.3.45)可得

$$\frac{\mathrm{d}}{\mathrm{d}x}\left[(1 - x^2) \frac{\mathrm{d}g(x)}{\mathrm{d}x}\right] + \lambda g(x) = 0 \tag{3.3.46}$$

此式为一个勒让德方程。在球坐标系中 θ 从 $0 \to \pi$，即 x 从 $0 \to -1$ 时，因此 λ 应取为

$$\lambda = n(n + 1) \quad n = 0, 1, 2, 3, \cdots \tag{3.3.47}$$

勒让德方程的解为

$$g(x) = A_n P_n(x) + B_n Q_n(x)$$

或

$$g(\cos\theta) = A_n P_n(\cos\theta) + B_n Q_n(\cos\theta) \tag{3.3.48}$$

其中 $P_n(\cos\theta)$ 称为第一类勒让德函数，$Q_n(\cos\theta)$ 称为第二类勒让德函数，它们随 $\cos\theta$ 变化的曲线如图3.3.5所示。因为 $\theta = 0$ 时，而 $Q(1) \to \infty$，所以，如果场域中包括 $\theta = 0$ 的点，则应取 $B_n = 0$。式(3.3.48)变为

$$g(\cos\theta) = A_n P_n(\cos\theta) \tag{3.3.49}$$

将 $\lambda = n(n + 1)$ 代入式(3.3.44)并展开得

$$r^2 \frac{d^2 f(r)}{dr^2} + 2r \frac{df(r)}{dr} - n(n+1)f(r) = 0 \quad (3.3.50)$$

此式为一欧拉方程，其解的形式为

$$f(r) = C_n r^n + D_n r^{-(n+1)} \quad (3.3.51)$$

于是电位的解为

$$\varphi = \sum_{n=0}^{\infty} [A_n r^n + B_n r^{-(n+1)}] P_n(\cos\theta) \quad (3.3.52)$$

其中，$P_n(\cos\theta)$又称为勒让德多项式，记作 $P_n(x)$。它的一般表达式为

$$P_n(\cos\theta) = \frac{1}{2^n n!} \frac{d^n}{d(\cos\theta)^n} (\cos^2\theta - 1)^n \quad (3.3.53)$$

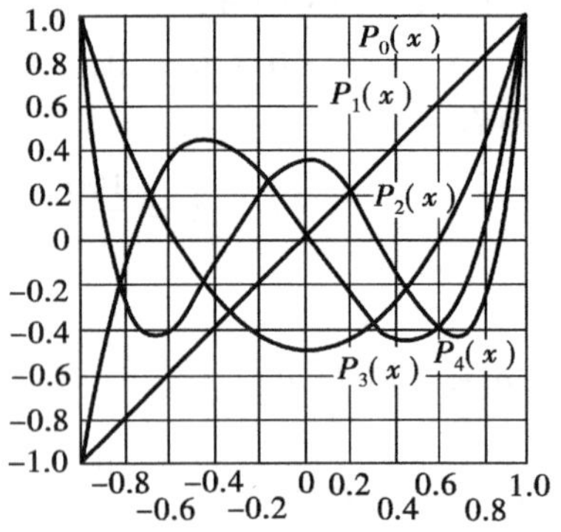

图 3.3.5　勒让德多项式图

下面是前几项勒让德多项式。

$$P_0(\cos\theta) = 1$$

$$P_1(\cos\theta) = \cos\theta$$

$$P_2(\cos\theta) = \frac{1}{2}(3\cos^2\theta - 1)$$

$$P_3(\cos\theta) = \frac{1}{2}(5\cos^3\theta - 3\cos\theta)$$

$$P_4(\cos\theta) = \frac{1}{8}(35\cos^4\theta - 30\cos^2\theta + 3)$$

另外勒让德多项式还具有正交完备性。即

$$\int_{-1}^{1} P_m(x) P_n(x) dx = 0 \text{ 和 } \int_{-1}^{1} [P_n(x)]^2 dx = \frac{2}{2n+1} \quad (3.3.54)$$

例 3.3.5　在均匀外电场 E_0 中放置一半径为 a 的介质球，球的介电常数为 ε，球外为空气（介电常数为 ε_0），如图 3.3.6 所示，计算球内、外电位函数。

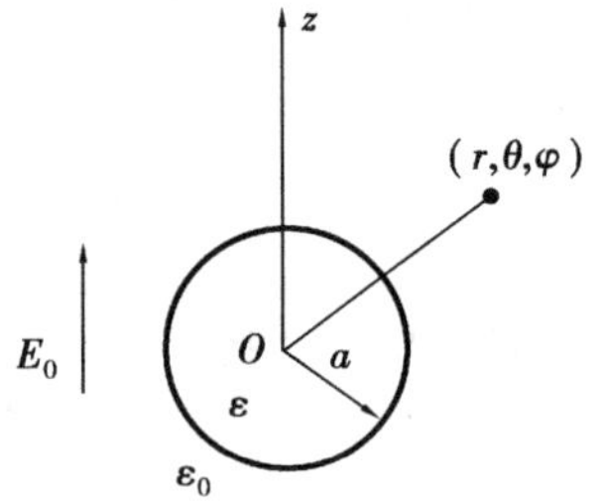

图 3.3.6　均匀场中的介质球

解　设球坐标系的原点在介质球的球心，极轴的方向与外电场 $\vec{E}_0$ 方向一致，若以球心处为零电位参考点，则外电场 $\vec{E} = \vec{a}_z E_0$ 可用电位 $\varphi_0 = -E_0 r\cos\theta$ 表示，若令球内区域电位函数为 Φ_1，球外区域电位函数为 Φ_2，因为它们都关于极轴对称与 φ 坐标无关，所以解的形式应与(3.3.52)式相同。

对于 Φ_1，根据 $r=0$ 处的自然边界条件可知解中不应该存在 r 的负幂项，而球外的区域的解 Φ_2 中可以有 r 的负幂项。因此，Φ_1 和 Φ_2 可分别表示为

$$\Phi_1 = \sum_{n=0}^{\infty} A'_n r^n P_n(\cos\theta) \quad (3.3.55)$$

$$\Phi_2 = \sum_{n=0}^{\infty} [A_n r^n + B_n r^{-(n+1)}] P_n(\cos\theta) \quad (3.3.56)$$

无穷远点的边界条件为

$$r \to \infty,\quad \Phi_2 = -E_0 r\cos\theta \tag{3.3.57}$$

$r=a$ 球面上的边界条件为

$$\Phi_1 = \Phi_2,\quad \varepsilon_0 \frac{\partial \Phi_1}{\partial r} = \varepsilon \frac{\partial \Phi_2}{\partial r} \tag{3.3.58}$$

将式(3.3.56)代入无穷远点的边界条件可得

$$\sum_{m=0}^{\infty}(A_m r + B_m r^{-(m+1)})P_m(\cos\theta) = -E_0 r\cos\theta = -E_0 r P_1(\cos\theta) \tag{3.3.59}$$

用 $P_m(\cos\theta)\sin\theta$ 乘上式两边，对 θ 从 $0\to\pi$ 积分，根据勒让德多项式的正交性可知，只有 $n=1$ 项的系数不为零，且 $A_1=-E_0$，故 Φ_2 可简化为

$$\Phi_2 = (-E_0 r + B_1 r^{-2})\cos\theta \tag{3.3.60}$$

将式(3.3.55)和式(3.3.56)分别代入 $r=a$ 界面上的两个边界条件可得

$$A_1' a\cos\theta = (-E_0 a + B_1 a^{-2})\cos\theta \tag{3.3.61}$$

和

$$\varepsilon A_1'\cos\theta = -\varepsilon_0 E_0\cos\theta - 2\varepsilon_0 B_1 a^{-3}\cos\theta \tag{3.3.62}$$

联立求解(3.3.61)、(3.3.62)方程，可得

$$A_1' = \frac{-3\varepsilon_0}{\varepsilon+2\varepsilon_0}E_0,\qquad B_1 = \frac{\varepsilon-\varepsilon_0}{\varepsilon+2\varepsilon_0}a^3 E_0$$

因此，可得球内外的电位函数

$$\Phi_1 = -\frac{3\varepsilon_0}{\varepsilon+2\varepsilon_0}E_0 r\cos\theta \qquad r\leqslant a \tag{3.3.63}$$

$$\Phi_2 = -E_0 r\cos\theta + \frac{\varepsilon-\varepsilon_0}{\varepsilon+2\varepsilon_0}a^3 E_0\frac{\cos\theta}{r^2} \qquad r\geqslant a \tag{3.3.64}$$

球内电场强度为

$$\vec{E} = \vec{a}_r\frac{3\varepsilon_0}{\varepsilon+2\varepsilon_0}E_0\cos\theta - \vec{a}_\theta\frac{3\varepsilon_0}{\varepsilon+2\varepsilon_0}E_0\sin\theta = \vec{a}_z\frac{3\varepsilon_0}{\varepsilon+2\varepsilon_0}E_0 \tag{3.3.65}$$

球内电场是一个均匀场。

例 3.3.6　如图 3.3.7 所示，假定在 $\theta=\theta_1$ 的面上电位为 V_1，在 $\theta=\theta_2$ 的面上电位为 $V=0$，圆锥面的顶角在 $r=0$ 处是绝缘的。(1)试求在同轴圆锥面之间区域内的电位解；(2)令 $\theta_1=10°$、$\theta_2=30°$和 $V_1=100$ V。求在 $\theta=20°$处的电压。θ 为多少时电压为 50 V。

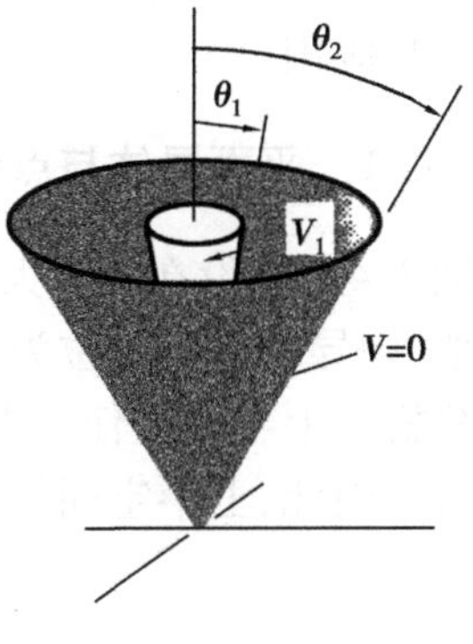

图 3.3.7　锥面间的电位计算

解　电位函数不随 r 和 φ 变化，拉普拉斯方程简化为

$$\frac{1}{r^2\sin\theta}\frac{\mathrm{d}}{\mathrm{d}\theta}\left(\sin\theta\frac{\mathrm{d}\Phi}{\mathrm{d}\theta}\right)=0$$

积分得：

$$\sin\theta\frac{\mathrm{d}\Phi}{\mathrm{d}\theta}=C$$

所以

$$\Phi = C\ln\left(\tan\frac{\theta}{2}\right)+B$$

待定常数可由下式求出

$$C\ln\left(\tan\frac{\theta_1}{2}\right)+B=V_1,\quad C\ln\left(\tan\frac{\theta_2}{2}\right)+B=0$$

则有

$$\Phi=V_1\frac{\ln\left(\tan\frac{\theta}{2}\right)-\ln\left(\tan\frac{\theta_2}{2}\right)}{\ln\left(\tan\frac{\theta_1}{2}\right)-\ln\left(\tan\frac{\theta_2}{2}\right)}$$

将已知值代入上述电位的一般表达式,得

$$\Phi=-89.34\ln\left(\frac{\tan\frac{\theta}{2}}{0.268}\right)$$

当 $\theta=20°$时,$\Phi=-89.34\ln\left(\frac{\tan 10°}{0.268}\right)=37.40\ \text{V}$。当 $\Phi=50\ \text{V}$ 时,有

$$\Phi=-89.34\ln\left(\frac{\tan\frac{\theta}{2}}{0.268}\right)=50$$

解得 $\theta=17.41°$。

3.4 镜像法

根据边值问题解的惟一性,只要我们找到一个函数既满足该问题的微分方程,又满足该问题的边界条件,则此函数就一定是场的解,镜像法就是应用惟一性定理来求解场的特殊方法。它的基本思想为:**将边界对所研究区域中场的影响,用一些位于所研究区域外的假想电荷来代替,也就是用一些位于所研究区域外的镜像电荷来代替边界条件,如果镜像电荷与区域中原电荷分布产生的场在边界上满足所给的边界条件(当然在场域内也满足微分方程),那么所求区域的场即可认为是由原电荷分布与镜像电荷产生的。**

镜像法主要适用于一些平面、柱面或球面导体边界问题。下面用几个具体问题来说明镜像法及其应用。

3.4.1 平面导体与点电荷

例 3.4.1 设在无限大导体平面($z=0$)附近有一点电荷 q 与平面距离为 $z=h$。若导体平面接地,则导体平面电位为零,如图 3.4.1 所示。求上半空间中的电场。

分析 上半空间任一点 P 处的电位,应等于点电荷 q 和无限大导体平板上感应的负电荷产生的。因此,上半空间的电位问题可表为

$$\nabla^2\Phi=-\frac{1}{\varepsilon_0}q\,\delta(x,y,z-h)\tag{3.4.1}$$

其边界条件可写成

$$z=0\text{ 处},\Phi=0。\tag{3.4.2}$$

由于无限大导体平面上一点电荷 q 在上半空间的电场分布与无穷大空间中相距为 $2h$ 的两等值异号点电荷的电场完全相同,如图 3.4.2 所示。因此无限大导体平面边界可用一个位于$(x,y,z-h)$的 $-q$ 来替代,即把导体板抽走,使整个空间充满空气,在与原点电荷 q 对称的

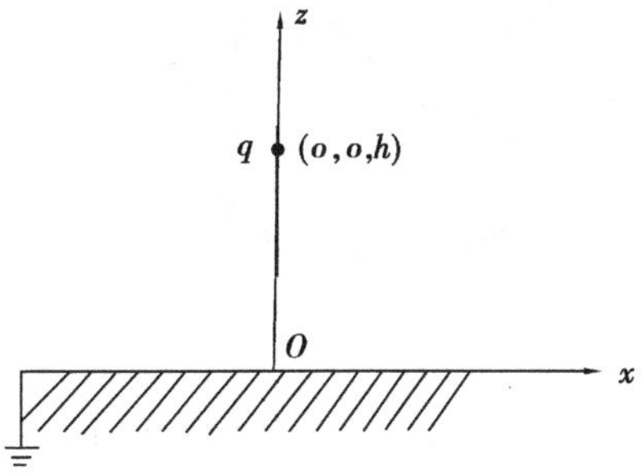

图 3.4.1　接地导体平面附近的点电荷

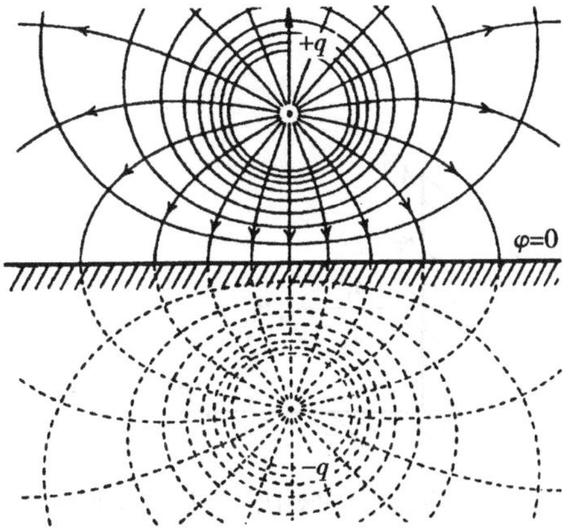

图 3.4.2　无限大导体平面附近的点电荷的电场

位置上放置一个镜像电荷 $-q$ 来代替原导体平面上的感应电荷，则该镜像电荷在 $z>0$ 空间中任一点 $P(x,y,z)$ 产生的电场与感应电荷产生的电场等效。若选无穷远处为零电位点，则有

$$\Phi = \frac{q}{4\pi\varepsilon_0}\left(\frac{1}{r_1} - \frac{1}{r_2}\right) \tag{3.4.3}$$

式中，$r_1 = \sqrt{x^2+y^2+(z-h)^2}$，$r_2 = \sqrt{x^2+y^2+(z+h)^2}$，将 r_1 和 r_2 的表达式代入式(3.4.3)可得

$$\Phi = \frac{q}{4\pi\varepsilon_0}\left[\frac{1}{\sqrt{x^2+y^2+(z-h)^2}} - \frac{1}{\sqrt{x^2+y^2+(z+h)^2}}\right] \tag{3.4.4}$$

将式(3.4.4)代入式(3.4.2)可验证电位满足边界条件，而此电位显然在点$(x,y,z-h)$满足泊松方程，在其他的点满足拉普拉斯方程，即此电位是此边值问题的惟一解。

导体平面上感应电荷密度为

$$\rho_S = -\varepsilon_0 \left.\frac{\partial \Phi}{\partial z}\right|_{z=0} = -\frac{qh}{2\pi(x^2+y^2)^{3/2}} \tag{3.4.5}$$

总感应电荷为

$$q_{in} = \int_S \rho_S \mathrm{d}S = -\int_0^{\infty}\int_0^{2\pi} \frac{qh}{2\pi(r^2+h^2)^{3/2}} r\mathrm{d}r\mathrm{d}\varphi = -q \tag{3.4.6}$$

此电荷与镜像电荷相等。

更为一般的是角形区域的问题。如直角形区域的边界为两个相交成直角的无限大导体平面并接地，如图 3.4.3 所示，在它附近有一点电荷 q，现来计算此直角形空间内的电位分布 $\Phi(x,y,z)$。

仍然用镜像法求解，那么必须在原电荷关于 OA 平面的对称位置 P_2 处引入一个镜像电荷 $-q$，关于 OB 平面对称位置 P_3 处再引入一个镜像电荷 $-q$，但这样并不能使 OA 和 OB 面成为零电位，容易看出，若在原电荷关于原点对称的位置 P_4 处再引入一个 q 的镜像电荷，则原电荷 q 及这三个镜像电荷共同的作用将使得 OA 及 OB 面保持电位满足原来的零电位边界条件，因此场中任一点的电位即可认为是由原电荷及这三个镜像所产生位的叠加。

对于以上的原电荷和镜像电荷，从几何关系上我们不难看出：它们位于一个同心圆上，而且从原电荷开始，无论是绕顺时针还是逆时针走向，相邻的一对互为镜像的电荷大小相等，符

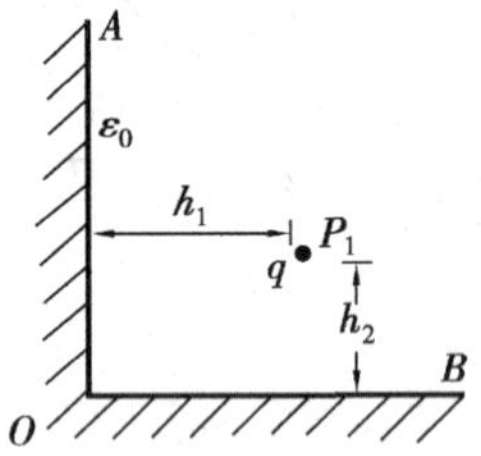

图 3.4.3　直角形区域中点电荷的镜像法

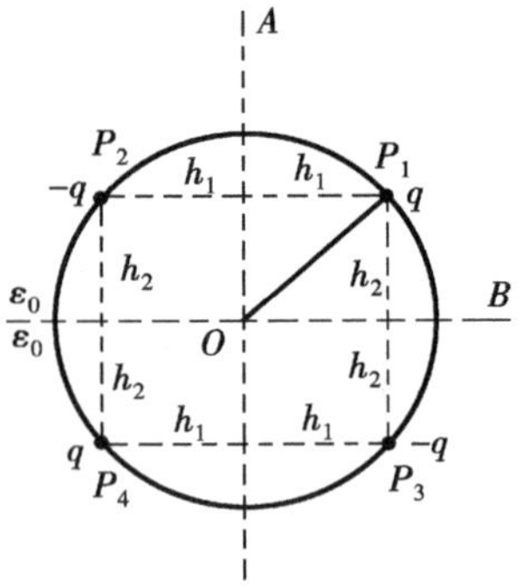

图 3.4.4　原电荷和镜像电荷在单位圆上的关系

号相反，并且最终回到原电荷位置，如图 3.4.4 所示。

如果两导体平面相交不成直角，而是成一个 α 角时，也必须同上面的情况一样，轮流地找出那些镜像电荷及镜像电荷的镜像，一直到最后的镜像电荷与原电荷重合为止。可以证明：只有当 $\alpha=\dfrac{180^\circ}{n}$（这里 n 为整数）时，最后的镜像电荷才可能与原电荷重合，即镜像电荷的总数为 $2n-1$。在这种情况下，α 角内任一点的电位等于所有的镜像电荷和原电荷在该点产生的电位之叠加。当 n 不为整数时，镜像电荷将是无限多个，无法使两相交的导体平面为等位面。在这种情况下镜像法不能用于求解静电场。

3.4.2　导体球面与球外点电荷

例 3.4.2　设一个半径为 a 的接地导体球，在与球心相距 d_1 的 P_1 点有一点电荷 q_1，如图 3.4.5 所示，试求导体球外的电位函数。

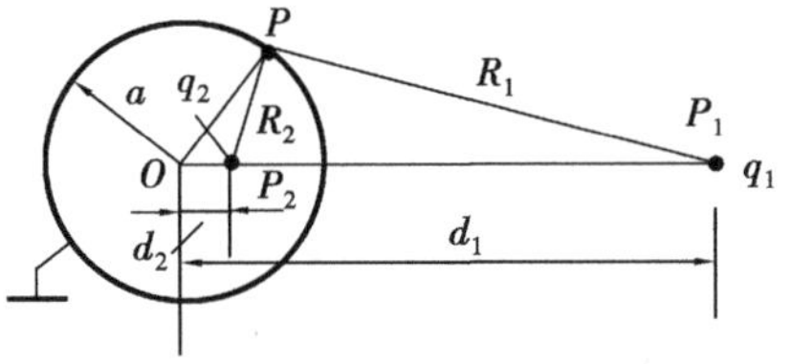

图 3.4.5　接地导体球外点电荷的镜像

解　由静电感应原理可知：接地导体球上的感应电荷分布关于 OP_1 轴对称且右边密度大于左边密度，则镜像电荷一定位于原电荷与球心的连线 OP_1 上，设镜像电荷 q_2 距球心距离为 d_2，另外，镜像电荷 q_2 与原电荷 q_1 产生的场在球面上任一点必须满足电位为零的条件。若在球面上任选一点 P，则有下面关系式成立

$$\frac{q_1}{4\pi\varepsilon_0 R_1}+\frac{q_2}{4\pi\varepsilon_0 R_1}=0 \tag{3.4.7}$$

为了确定 q_2 和 d_2，我们在球面上取两个特殊的点，这两个点是通过 P_2 的直径的两端点，在点 A，$R_1=d_1-a$，$R_2=a-d_2$；在点 B，$R_1=d_1+a$，$R_2=a+d_2$。则式(3.4.7)在点 A 和点 B 上分别可以写为

$$\frac{1}{4\pi\varepsilon_0}\frac{q_1}{d_1-a}+\frac{1}{4\pi\varepsilon_0}\frac{q_2}{a-d_2}=0 \tag{3.4.8}$$

$$\frac{1}{4\pi\varepsilon_0}\frac{q_1}{d_1+a}+\frac{1}{4\pi\varepsilon_0}\frac{q_2}{a+d_2}=0 \tag{3.4.9}$$

由此可得

$$d_2 = \frac{a^2}{d_1}, \qquad q_2 = -\frac{a}{d_1}q_1 \tag{3.4.10}$$

于是球外任一点的电位为

$$\Phi = \frac{q_1}{4\pi\varepsilon_0 R_1} + \frac{q_2}{4\pi\varepsilon_0 R_2}$$

若采用球坐标系，取原点为球心 O 点，极轴与 OP_1 重合，那么球外任一点的电位可表示为

$$\Phi = \frac{q_1}{4\pi\varepsilon_0}\left[\frac{1}{\sqrt{(r^2 + d_1^2 + 2rd_1\cos\theta)}} - \frac{a}{d_1}\frac{1}{\sqrt{r^2 + (a^2/d_1)^2 - 2ra^2/d_1\cos\theta}}\right] \tag{3.4.11}$$

球面上感应电荷密度

$$\rho_S = -\varepsilon_0\frac{\partial\Phi}{\partial r}\bigg|_{r=a} = \frac{-q_1(d_1^2 - a^2)}{4\pi a(d_1^2 + a^2 - 2ad_1\cos\theta)^{3/2}} \tag{3.4.12}$$

球面上总的感应电荷量为

$$q_{in} = \int\rho_S \mathrm{d}S = \int_0^{2\pi}\int_0^{\pi} -\frac{q_1(d_1^2 - a^2)a^2\sin\theta\mathrm{d}\theta\mathrm{d}\varphi}{4\pi a(d_1^2 + a^2 - 2ad_1\cos\theta)^{3/2}} = q_2 \tag{3.4.13}$$

感应电荷与镜像电荷相等。

如果原问题中导体球不接地，这时导体球表面电位不为零，但导体球仍为一等位体，球面上感应净电荷为零。为了满足导体球的边界条件，只需在球上再加上一个镜像电荷 $q_3 = -q_2$；且此时 q_3 必须放在球心处，以保持球面仍为等位面，如图 3.4.6 所示。此时，球面外任一点的电位为

$$\Phi = \frac{q_1}{4\pi\varepsilon_0}\left(\frac{1}{R_1} - \frac{a}{d_1R_2} + \frac{a}{d_1R_0}\right) \tag{3.4.14}$$

对于线电荷与导体柱面的边值问题，如果用镜像法，其求解方法与点电荷与导体球面的边值问题的求解方法类似。

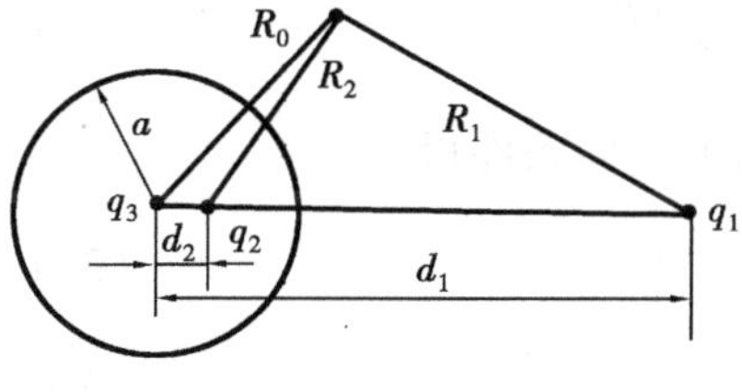

图 3.4.6　导体球不接地时的镜像

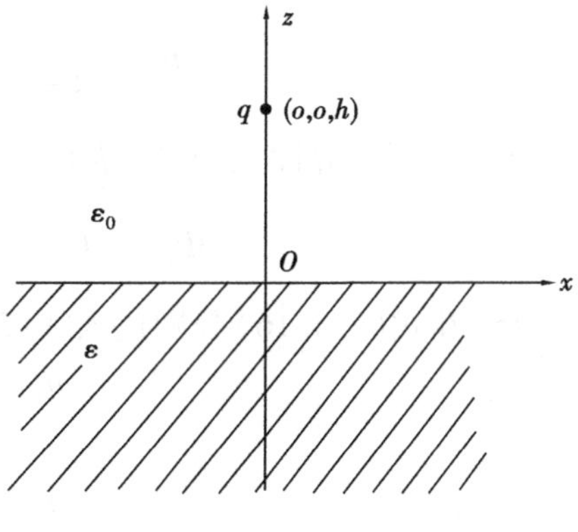

图 3.4.7　平面介质分界面对点电荷的镜像

3.4.3　电介质分界面的镜像

当两种不同电介质分界面为无穷大平面时，如果在其附近放置一点电荷或一线电荷，镜像法也可用于计算这种边值问题的电位。在这种情况下，用镜像的点电荷或镜像的线电荷来等效介质分界面上束缚电荷对电位的影响，这样原边值问题的电位就等于全空间充满与所求区域相同的介质时，原电荷与镜像电荷所产生的位的叠加。

例 3.4.3　如图 3.4.7 所示，设在 $z<0$ 的下半空间是介电常数为 ε 的介质，上半空间为空气，距离介质平面 h 处有一点电荷 q，求 $z>0$ 和 $z<0$ 的两半空间中的位。

解　半无穷大的介质放在点电荷 q 的场中被极化，其极化结果为在分界面上出现关于 z 轴对称分布的束缚面电荷。因此空间中的电场为点电荷 q 的电场与这些束缚面电荷的电场的叠加。设 $z>0$ 空间中电位函数为 Φ_1，$z<0$ 空间中的电位函数为 Φ_2。应用镜像思想，Φ_1 可以视为点电荷 q 和在 q 关于分界面 $z=0$ 的对称位置上的镜像电荷 q'，在全空间充满空气时产生的位的叠加。如图 3.4.8 所示。而对于 Φ_2，由于等效束缚面电荷的镜像电荷必须在所求区域之外，可设此镜像电荷 q'' 就在点电荷 q 所在的位置上。因此，Φ_2 为点电荷 q 和镜像电荷 q'' 在全空间充满介电常数为 ε 的介质时产生的位的迭加。如图 3.4.9 所示。

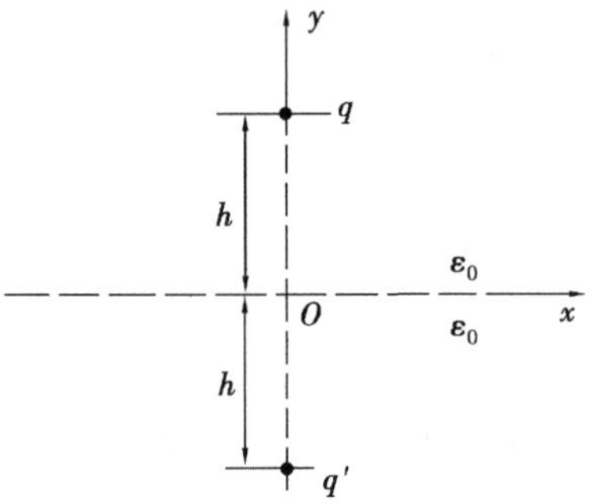

图 3.4.8　充满空气空间的镜像

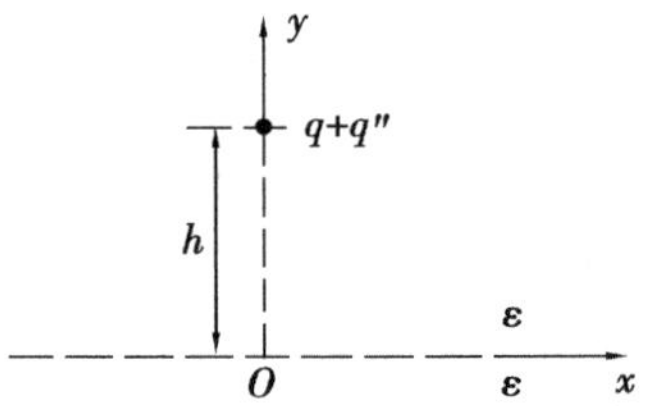

图 3.4.9　充满介质空间的镜像

当 $z>0$ 时，空间任一点 $M(x,y,z)$ 的电位为

$$\Phi_1 = \frac{1}{4\pi\varepsilon_0}\left[\frac{q_1}{\sqrt{x^2+y^2+(z-h)^2}} + \frac{q'}{\sqrt{x^2+y^2+(z+h)^2}}\right] \tag{3.4.15}$$

当 $z<0$ 时，空间任一点 $M(x,y,z)$ 的电位为

$$\Phi_2 = \frac{1}{4\pi\varepsilon}\frac{q_1+q''}{\sqrt{x^2+y^2+(z-h)^2}} \tag{3.4.16}$$

在 $z=0$ 的介质分界面上，其边界条件为

$$\Phi_1 = \Phi_2 \quad 和 \quad \varepsilon_0\frac{\partial\Phi_1}{\partial z} = \varepsilon\frac{\partial\Phi_2}{\partial z} \tag{3.4.17}$$

将式(3.4.15)和式(3.4.16)分别代入式(3.4.17)中的两个边界条件得

$$\frac{q_1+q'}{\varepsilon_0} = \frac{q+q''}{\varepsilon} \tag{3.4.18}$$

$$q' = -q'' \tag{3.4.19}$$

联立式(3.4.18)和式(3.4.19)可得

$$q' = -\frac{\varepsilon-\varepsilon_0}{\varepsilon+\varepsilon_0}q_1, \quad q'' = \frac{\varepsilon-\varepsilon_0}{\varepsilon+\varepsilon_0}q_1$$

于是在 $z>0$ 的空间中

$$\Phi_1 = \frac{q_1}{4\pi\varepsilon_0}\left[\frac{1}{\sqrt{x^2+y^2+(z-h)^2}} - \frac{\varepsilon-\varepsilon_0}{\varepsilon+\varepsilon_0}\frac{1}{\sqrt{x^2+y^2+(z+h)^2}}\right]$$

在 $z<0$ 的空间中

$$\Phi_2 = \frac{q_1 \varepsilon}{2\pi(\varepsilon + \varepsilon_0)\sqrt{x^2 + y^2 + (z - h)^2}}$$

总结:镜像法是用假想的镜像电荷来代替导体上感应电荷或介质分界面上束缚电荷的作用,镜像法的关键是根据边界条件确定镜像电荷的位置及大小。需要注意的是:(1)镜像电荷不能放在要计算电位的区域内,否则,所得电位就不会满足原来的电位方程;(2)电位函数必须满足原来的边界条件。

*3.5　有限差分法

有限差分法是一种静电场的数值计算方法。其思路为:**将求解区域划分为网格,将求解区域内的连续分布的场用网格节点上的离散场值来代替,将边界上连续分布的边界条件用离散的边界条件值来代替,这样我们可将被求解区域中的解微分方程的边值问题用差分方程的迭代求解来代替。**随着计算机技术的飞速发展,数值计算方法得到越来越广泛的应用,并在电磁场计算方法中占有重要的地位。

由于有限差分法是通过对被求解区域进行分格,实现了将连续场的离散化,因此,有限差分法不仅能用于解静电场的问题,还能解任意静态场和时变场问题;不仅能处理线性问题,还能处理非线性问题。特别要注意的是:不管被求解区域的边界形状如何复杂,只要把网格分得足够的细,都可以得到足够精确的解。

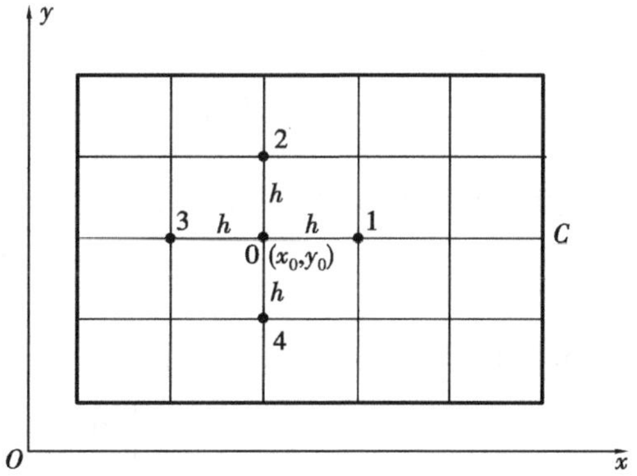

图 3.5.1　二维矩形区域的正方形网格

下面介绍有限差分法的基本原理:

如图 3.5.1 所示,在一个边界为 C 的二维矩形区域内,电位的边值问题可表为

$$\nabla^2 \Phi = \frac{\partial^2 \Phi}{\partial x^2} + \frac{\partial^2 \Phi}{\partial y^2} = -\frac{\rho_S}{\varepsilon_0} \tag{3.5.1}$$

$$\Phi|_S = f(x,y) \tag{3.5.2}$$

即给定二维区域中的电荷分布和电位在边界上的值,求区域中各点的电位。有限差分法的第一步将场域分成足够多的正方形**网格**,网格线之间的距离为 h,网格线的交点称为**节点**。现我们来讨论 5 个相邻节点上电位之间的关系,即节点 0 上 Φ_0 与节点 1、2、3、4 上电位 Φ_1,Φ_2,Φ_3,Φ_4 之间的关系。设节点 0 的坐标为(x_0,y_0),由于网格的边长 h 很小,因此在通过节点 0 且平行于 x 轴的直线上的相邻点 x 的电位值 $\Phi(x,y_0)$,可用二维函数的泰勒公式在节点 0 展开为:

$$\Phi_x = \Phi_0 + \left(\frac{\partial \Phi}{\partial x}\right)_0 (x - x_0) + \frac{1}{2!}\left(\frac{\partial^2 \Phi}{\partial x^2}\right)_0 (x - x_0)^2 + \frac{1}{3!}\left(\frac{\partial^3 \Phi}{\partial x^3}\right)_0 (x - x_0)^3 + \frac{1}{4!}\left(\frac{\partial^4 \Phi}{\partial x^4}\right)_0 (x - x_0)^4 + \cdots \tag{3.5.3}$$

在节点 1,$x = x_0 + h$,这一点的电位为

$$\Phi_1 = \Phi_0 + \left(\frac{\partial\Phi}{\partial x}\right)_0 h + \frac{1}{2!}\left(\frac{\partial^2\Phi}{\partial x^2}\right)_0 h^2 + \frac{1}{3!}\left(\frac{\partial^3\Phi}{\partial x^3}\right)_0 h^3 + \frac{1}{4!}\left(\frac{\partial^4\Phi}{\partial x^4}\right)_0 h^4 + \cdots \tag{3.5.4}$$

在节点 3，$x = x_0 - h$，这一点的电位为

$$\Phi_3 = \Phi_0 - \left(\frac{\partial\Phi}{\partial x}\right)_0 h + \frac{1}{2!}\left(\frac{\partial^2\Phi}{\partial x^2}\right)_0 h^2 - \frac{1}{3!}\left(\frac{\partial^3\Phi}{\partial x^3}\right)_0 h^3 + \frac{1}{4!}\left(\frac{\partial^4\Phi}{\partial x^4}\right)_0 h^4 + \cdots \tag{3.5.5}$$

因此

$$\Phi_1 + \Phi_3 = 2\Phi_0 + \left(\frac{\partial^2\Phi}{\partial x^2}\right)_0 h^2 + \frac{2}{4!}\left(\frac{\partial^4\Phi}{\partial x^4}\right)_0 h^4 + \cdots \tag{3.5.6}$$

当正方形网格分得足够多时，网格的边长 h 可以足够的小，则式(3.5.6)中的 h^4 以上的项都可以忽略。则式(3.5.6)可近似为

$$\left(\frac{\partial^2\Phi}{\partial x^2}\right)_0 h^2 = \Phi_1 + \Phi_3 - 2\Phi_0 \tag{3.5.7}$$

同理可写出

$$\left(\frac{\partial^2\Phi}{\partial y^2}\right)_0 h^2 = \Phi_2 + \Phi_4 - 2\Phi_0 \tag{3.5.8}$$

将上面两式相加可得

$$\left(\frac{\partial^2\Phi}{\partial x^2} + \frac{\partial^2\Phi}{\partial y^2}\right)_0 h^2 = \Phi_1 + \Phi_2 + \Phi_3 + \Phi_4 - 4\Phi_0 \tag{3.5.9}$$

而在节点 0 的泊松方程又可以写为

$$\left(\frac{\partial^2\Phi}{\partial x^2} + \frac{\partial^2\Phi}{\partial y^2}\right)_0 = -\left(\frac{\rho_S}{\varepsilon_0}\right)_0 \tag{3.5.10}$$

将式(3.5.10)代入式(3.5.9)可得

$$\Phi_0 = \frac{1}{4}\left[\Phi_1 + \Phi_2 + \Phi_3 + \Phi_4 + \left(\frac{\rho_S}{\varepsilon_0}\right)_0 h^2\right] \tag{3.5.11}$$

这是一个二维区域中一点的泊松方程的有限差分形式，它描述了该节点与周围四个节点的电位和该点电荷密度之间的关系。对于无源区域，$\rho_S = 0$，则式(3.5.11)变为

$$\Phi_0 = \frac{1}{4}(\Phi_1 + \Phi_2 + \Phi_3 + \Phi_4) \tag{3.5.12}$$

这是二维拉普拉斯方程的有限差分形式，它描述了无源区域中任意一点的电位等于围绕它的四个点的电位的平均值。

对于给定的区域和电荷分布，当用网格将区域划分后，对每一个节点我们可以写出一个式(3.5.11)或式(3.5.12)那样的差分方程，于是就可以得到一个方程数与未知电位的网点数相等的线性差分方程组。对于给定的连续边界条件，当用网格将区域划分后，我们可以给出它在边界节点上的离散值。余下的问题就是在已知边界节点电位的条件下，用迭代法求解区域内各节点上的电位。

方程的个数等于区域内的节点数。如果区域划分的网格粗，即节点少，则差分方程组的个数少，求解方程组简单，需要的时间短，但精度低；如果区域划分的网格细，即节点多，则差分方程组的个数也多，求解方程组所需的时间较长，但精度较高。

用有限差分法求解电位的精度主要取决于两个因素，一是划分的网格数的多少，二是迭代次数的多少。如果区域划分的网格较细，则网格的边长 h 较小。若将式(3.5.4)减去式

(3.5.5),并忽略 h^3 以上的项,可得

$$\left(\frac{\partial \Phi}{\partial x}\right)_0 \approx \frac{\Phi_1 - \Phi_3}{2h} \tag{3.5.13}$$

这说明:节点 0 的平均中心差商近似等于该点的偏导数。h 越小,近似的精度就越高,因此,差分方程组解的精度就越高。另外,对于迭代次数的要求可由下面三个条件来定:(1)余数都降到大约电位平均值的 0.1%;(2)所有余数的代数和与各个余数同数量级;(3)所有余数均匀地混合(关于符号和数值)遍及整个区域。对于解差分方程组,选用有效的算法是十分重要的,下面用一个简单的例子来说明有限差分法的应用。

例 3.5.1　一个正方形截面的无限长金属盒。盒子的两侧及底面的电位为零,顶部电位为 100V,如图 3.5.2 所示。求盒内的电位分布。

解　先将区域进行分格,用三条水平和三条垂直的等间距直线将正方形区域划分为 16 个网格,25 个节点。其中边界节点 16 个,内节点 9 个。边界节点上的电位是已知的,而 9 个内节点的电位为未知电位。由于这里是为了说明解题方法,故只进行了很粗的分格,实际问题中,网格必须分得较细才能得到较高的精度。

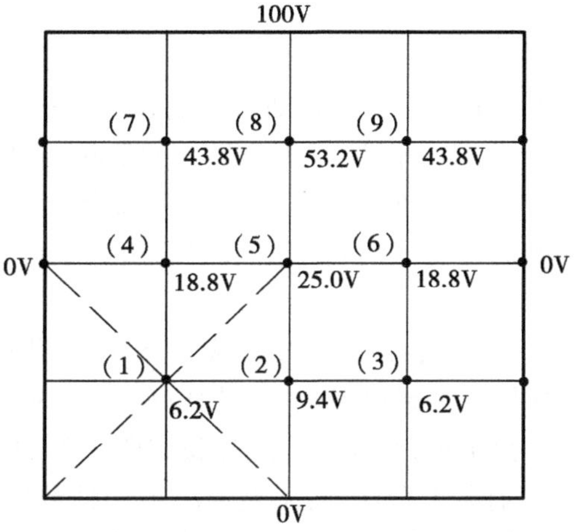

图 3.5.2　用有限差分法求解金属盒内的电位

由题所给定的边界条件可知:16 个边界节点中

$$\Phi_{11} = \Phi_{12} = \Phi_{13} = \Phi_{14} = \Phi_{15} = 100\text{V}$$

$$\Phi_{51} = \Phi_{52} = \Phi_{53} = \Phi_{54} = \Phi_{55} = 0\text{V}$$

$$\Phi_{21} = \Phi_{31} = \Phi_{41} = \Phi_{25} = \Phi_{35} = \Phi_{45} = 0\text{V}$$

设 Φ_{ij}^n 为第 i 行第 j 列节点上的第 n 次迭代的电位,则

$$\Phi_{ij}^{n+1} = \frac{1}{4}(\Phi_{i-1,j}^n + \Phi_{i,j-1}^n + \Phi_{i+1,j}^n + \Phi_{i,j+1}^n) \tag{3.5.14}$$

对于每一个未知电位节点,我们可以列出一个这样的迭代方程,于是得到 9 个未知电位节点的迭代方程组。若对 9 个未知电位赋予初值(在计算机程序求解迭代方程时,9 个未知电位的初值通常赋予 0 值),则可通过在计算机上运行一个简单的程序完成解迭代方程组。若将各未知节点电位的初值赋予 0 值,当 $n=10$ 时

$$\Phi_{22}^{10} = 42.2932 \qquad \Phi_{23}^{10} = 51.8905 \qquad \Phi_{24}^{10} = 42.2932$$

$$\Phi_{32}^{10} = 17.9880 \qquad \Phi_{33}^{10} = 23.8280 \qquad \Phi_{34}^{10} = 17.9880$$

$$\Phi_{42}^{10} = 6.5352 \qquad \Phi_{43}^{10} = 9.1382 \qquad \Phi_{44}^{10} = 6.5352$$

若要进一步提高精度,则必须将区域划分得更细,网格数更多。但随着网格数的增多,未知电位节点数和方程组的个数也增多,这样会导致解式(3.5.14)构成的迭代方程组时收敛速度较慢,为此,我们可以将刚才计算得到的邻近点的电位新值代入,即在计算(j,k)点的第 $n+$

1 次迭代电位时，可以将它左边点$(j-1,k)$和它上面点$(j,k-1)$的第 $n+1$ 次迭代电位作为第 n 次电位代入式(3.5.14)，即此时的迭代关系变为

$$\Phi_{j,k}^{n+1}=\frac{1}{4}\left(\Phi_{j+1,k}^{n}+\Phi_{j,k+1}^{n}+\Phi_{j-1,k}^{n+1}+\Phi_{j,k-1}^{n+1}\right)\tag{3.5.15}$$

上式给出的方法称为松弛法或赛德尔法。同样，如果对各未知节点电位赋零初值，当 $n=8$ 时，就可以使电位收敛。关于改善收敛速度的进一步讨论，可参阅有关计算方法的书籍。

小　结

本章介绍了拉普拉斯方程的几种解析求解方法和一种数值解法——有限差分法。

1. 分离变量法：根据边界面的形状，选择适当的坐标系，然后将电位函数表示成此坐标系下三个一元函数乘积形式，通过分离变量法将拉普拉斯方程分解为三个常微分方程，得到电位函数的通解。然后再根据给定的边界条件，确定通解中的待定常数，得出电位函数的惟一真解。

2. 镜像法：在所研究区域之外，用一些假想的电荷来等效边界面上的感应电荷或束缚电荷的作用。如果镜像电荷与原电荷产生的位的叠加在边界面上满足所给的边界条件，那么根据惟一性定理，则此位一定是我们所求解的位。此法的关键是确定镜像电荷的位置和大小。

3. 有限差分法：有限差分法是一种数值计算方法。它将所求解区域划分为很多的网格，并建立起各相邻网格节点的电位差分方程，边界节点上的电位作为求解迭代方程组的已知值，未知节点电位在求解迭代方程组前可根据经验赋予一定的初值。有限差分法的精度取决于对求解区域划分的网格数和迭代次数；求解迭代方程组时收敛速度主要取决于所采用的算法。

习　题

3.1　题 3.1 图所示为一长方形截面的导体槽，槽可以视为无限长，其上有一块与槽相绝缘的盖板，槽的电位为零，盖板电位为 U_0，求槽内电位分布。

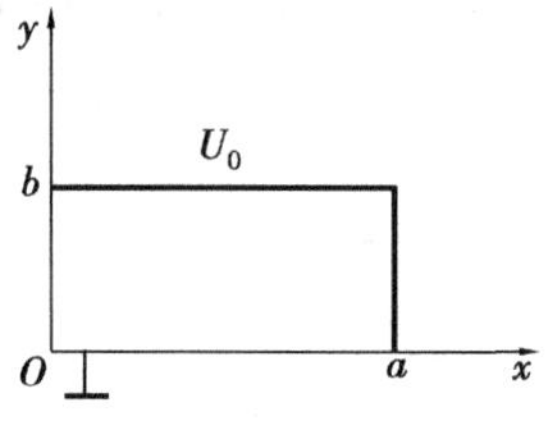

题 3.1 图

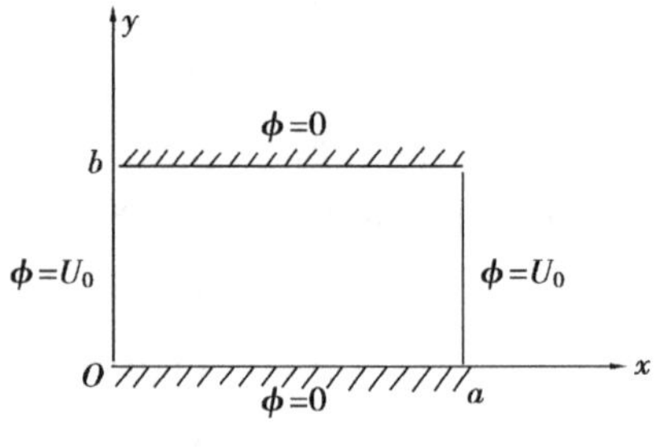

题 3.2 图

3.2　一个横截面为矩形的长直金属管，其边界条件为：

当 $x=0$ 和 $x=a$ 时，$\Phi=U_0$；当 $y=0$ 和 $y=b$ 时，$\Phi=0$。如题 3.2 图所示，求矩形区域中的电位函数 $\Phi(x,y)$。

3.3　在题3.2中，若将边界 $x=a$ 从 $y=b/2$ 沿 z 方向切开，并将边界条件改为：在 $x=0$、$y=0$ 和 $y=b$ 三个边界面上，$\Phi=0$；在 $x=a,0<y\leqslant b/2$ 的边界面上，$\Phi=U_0y/b$；在 $x=a,b/2\leqslant y<b$ 的边界面上，$\Phi=U_0\left(1-\dfrac{y}{b}\right)$。求矩形区域中的电位函数。

3.4　填充双层介质的无限长同轴线，内、外导体半径分别为 a 和 c，$r=b$ 为两层介质的分界面，内层（$a\leqslant r\leqslant b$）介质的介电常数为 ε_1，外层（$b\leqslant r\leqslant c$）介质的介电常数为 ε_2。(1)用求解拉普拉斯方程的方法求同轴线的电位分布；(2)求该同轴线单位长度的电容。

3.5　两相互平行的无限大导体平板，距离为 b，其间有一极薄的导体片由 $y=d$ 到 $y=b(-\infty<x<\infty,-\infty<z<\infty)$，上板和导体片相连，并保持电位为 U_0，下板保持零电位，如题3.5图所示。求板间的电位分布。

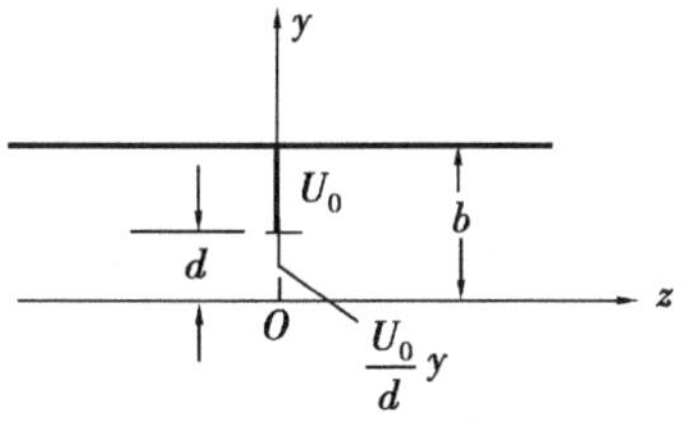

题3.5图

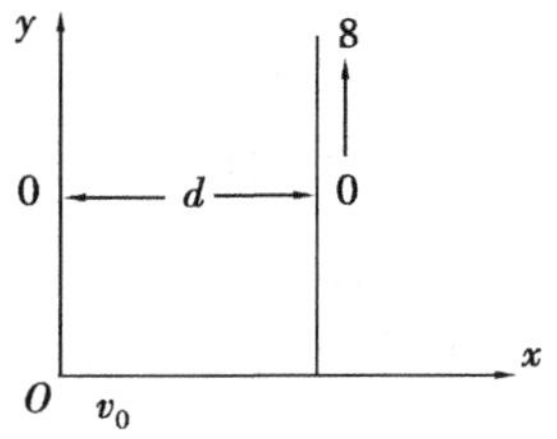

题3.6图

3.6　如题3.6图所示的导体槽，底面保持电位 U_0，其余两面电位为零，求槽内的电位分布。

3.7　如题3.7图所示的一对无限大接地平行导体板，板间有一与 z 轴平行的线电荷 q_1，其位置为 $(0,d)$，求板间的电位函数。

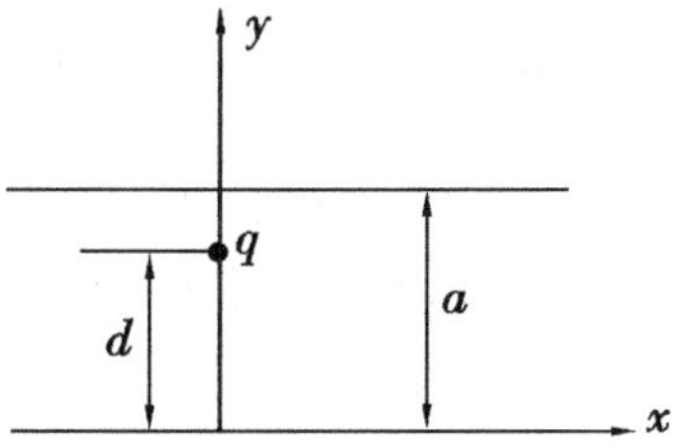

题3.7图

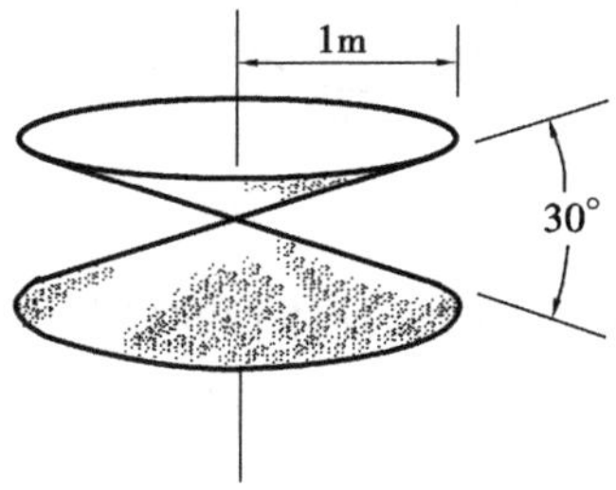

题3.8图

3.8　求解如题3.8图中两个锥面之间的电容，假设区域为真空。

3.9　在均匀电场 $\vec{E}=\vec{a}_xE_0$ 中垂直于电场方向放置一导体圆柱，圆柱半径为 a，求圆柱外的电位函数和导体表面的感应电荷密度。

3.10　一半径为 a 的无限长带电圆柱形导体，单位长度带电量为 ρ_l。圆柱体的一半埋入半无限大的介电常数为 ε 的介质中，另一半露在空气中，如题3.10图所示。

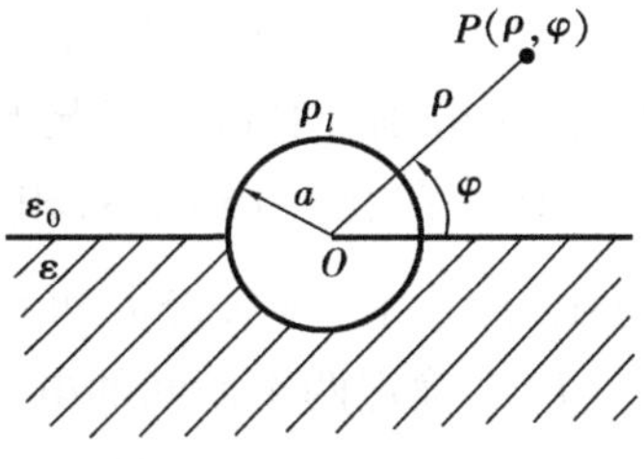

题3.10图

(1)设 $r=a$ 时，$\Phi=0$，求圆柱外的电位函数；

(2)求介质和空气中任一点的电场强度；

(3)求圆柱表面上的自由电荷密度;

(4)求圆柱面处的束缚电荷面密度。

3.11 有一介电常数为 ε 的无限大的介质,今在介质中沿 z 轴方向开一个半径为 a 的圆柱形空腔。沿 x 轴方向加一均匀电场 E_0,求空腔内和空腔外的电位,如题 3.11 图所示。

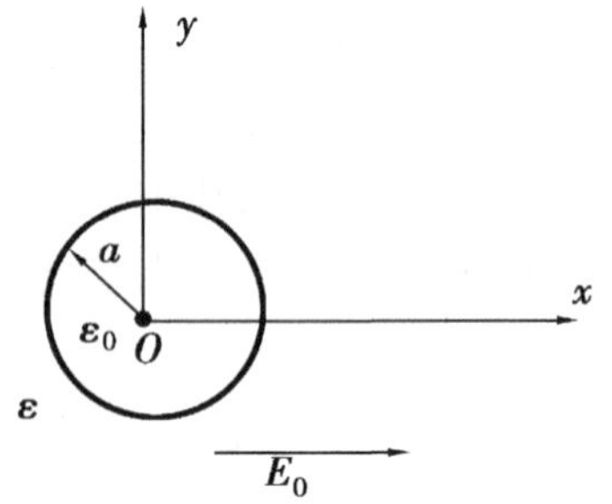

题 3.11 图

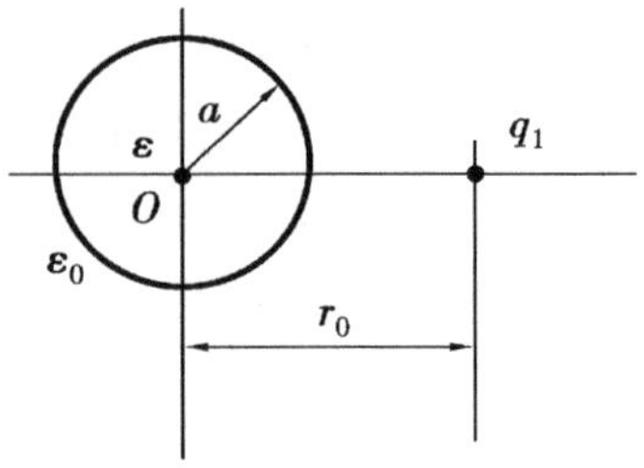

题 3.12 图

3.12 题 3.12 图所示为一无限长介质圆柱,在距离轴线 $r_0(r_0>a)$ 处,有一与圆柱平行的线电荷 q_l,计算空间各部分电位。

3.13 如题 3.13 图所示,半径为 a 的圆柱形导体管,管壁由互相绝缘的两个半圆柱面合并而成。设上半个圆柱面的电位为 U_0,下半个圆柱面的电位为零。求导体管内的电位函数。

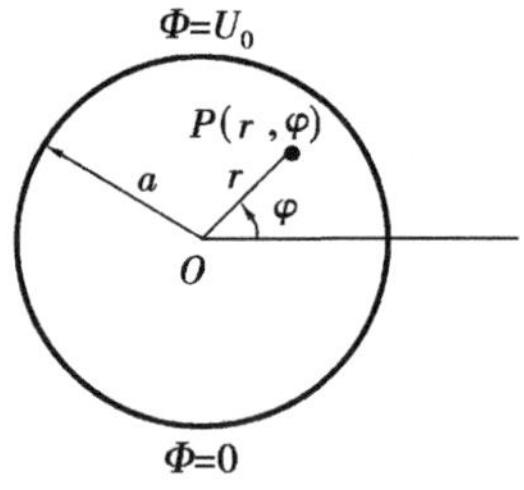

题 3.13 图

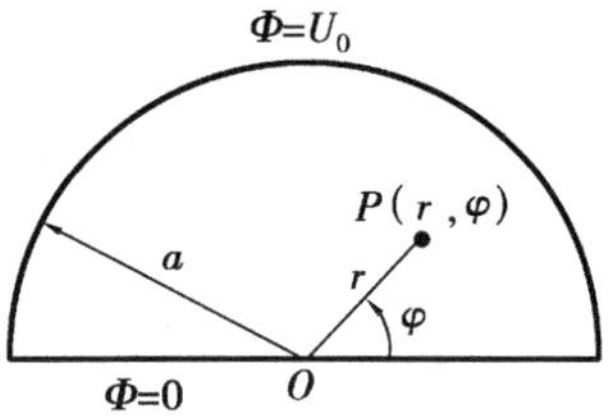

题 3.14 图

3.14 无限长导体管的横截面如题 3.14 图所示,圆弧部分的半径为 a,电位为 U_0,平面部分的电位为零。试证明管内的电位分布函数为

$$\Phi=\frac{2U_0}{\pi}\sum_{n=1}^{\infty}[1-(-1)^n]\times\frac{1}{n}\left(\frac{r}{a}\right)^n\sin(n\varphi)$$

其中 $n=1,2,3,\cdots$。

3.15 在均匀电场 E_0 中放入半径为 a 的导体球,设(1)将导体充电至 V_0;(2)将导体充电荷量 Q,试分别计算两种情况下球外的电位分布。

3.16 在题 3.16 图中,相对于在 $\theta=30°$ 的圆锥面上的参考电位而言,$\theta=45°$ 的圆锥面上的电压为 V。在 $r=0.25\text{m}$ 和 $\theta=30°$ 处,$\vec{E}=\vec{a}_\theta-2.30\times10^3\text{V/m}$。

(1)试确定两锥面间的电位差;

(2)如果在两锥面间有 $\varepsilon_r=2.45$ 的电介质,试分别确定在 30°和 45°的导电圆锥面上的面电荷密度。

(3)求两锥面间区域内的 $\vec{E}$。

3.17　无限大介质中外加均匀电场 $\vec{E}_0$，在介质中有一半径为 a 的球形空腔，求空腔中的 $\vec{E}$ 和空腔表面上的极化电荷密度（介质的介电常数为 ε）。

3.18　有一点电荷 q 与无限大导体平面距离为 d，如果把它移到无穷远处，需要作多少功？

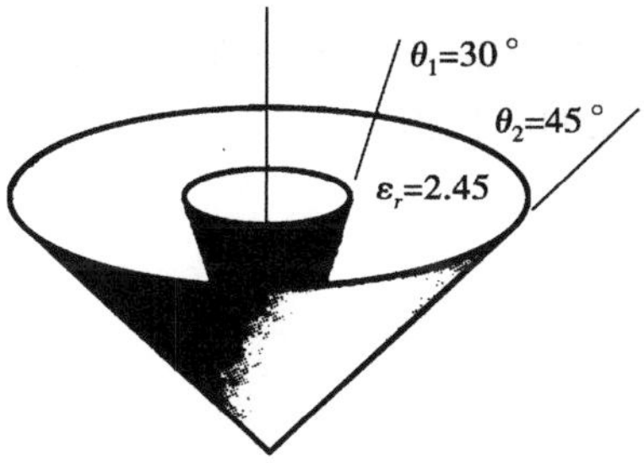

题3.16图

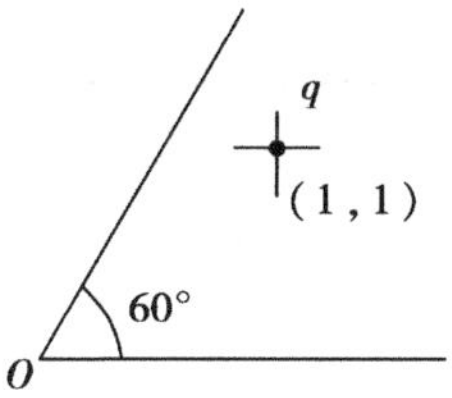

题3.19图

3.19　一点电荷 q 如题3.19图所示，放在60°导体角内的 $x=1, y=1$ 点，求：(1)所有镜像电荷的位置和大小；(2) $x=2, y=1$ 点的电位。

3.20　一个电荷量为 q 质量为 m 的小带电体，放置在无限大导体平面下方，与平面距离 h，设 $m=2\times10^{-1}$kg，$h=0.02$m。求使带电体上受到的静电力恰与重力相平衡时的 q 值。

3.21　有一与地面平行架设的圆截面导线，半径为 a，悬挂高度为 h，证明导线与地间单位长度上的电容 $C_0=\dfrac{2\pi\varepsilon_0}{\operatorname{arccosh}\left(\dfrac{h}{a}\right)}$

3.22　在离地面高为 h 处有一无限长带正电的水平细导线，线电荷密度为 ρ_l，证明它在导电的地平面上引起的面电荷密度是

$$\rho_S=\frac{-\rho_l h}{\pi(x^2+h^2)}$$

所取坐标如题3.22图所示。

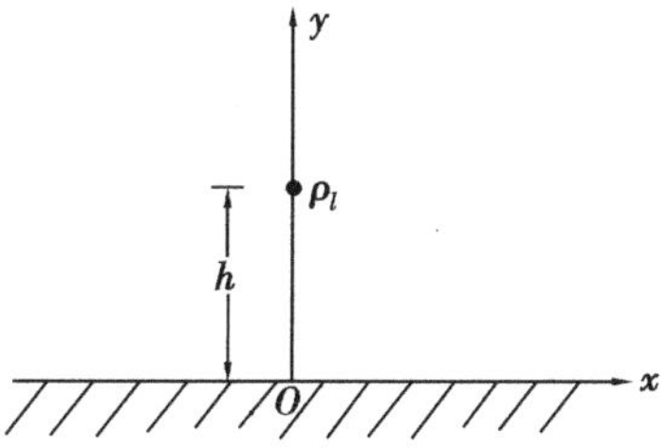

题3.22图

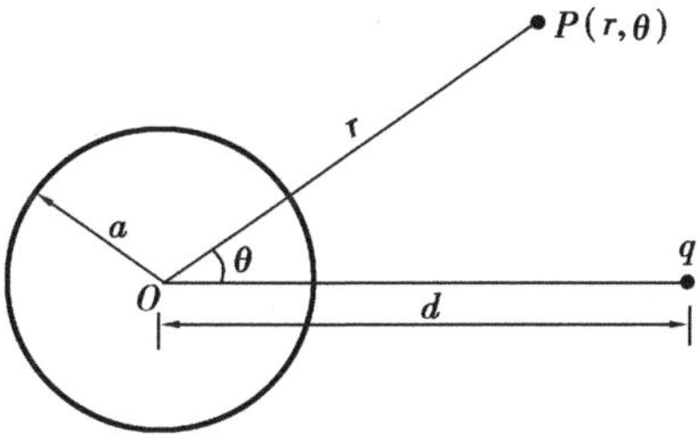

题3.23图

3.23　在无限大的自由空间中有一个原来不带电荷的导体球，球的半径为 a，现在距球心 $d(d>a)$ 处引入一个点电荷 q，如题3.22图所示。(1)试求导体球表面上的面电荷密度表示式。若设 $a=2$cm，$d=4$cm，$q=4\pi\times10^{-3}$C，计算球面上距点电荷最近的点和最远的点上的面电荷密度；(2)若用细导线将球接地，再求(1)中的各项。

3.24　一点电荷 q 放置在内表面半径为 b，厚度为 c 的导体球壳内，点电荷与球心的距离

为 d。求在球壳接地和不接地的两种情况下点电荷所受的力。

3.25 一个二维静电场，电位函数为 $\Phi(x,y)$，边界条件如题3.25图所示。现用有限差分法将正方形场域分成20个正方形网格，其中有16个内部网格点。假定16个网格点的初值都赋予零值，试用超松弛法求解16个内网格点的电位值。

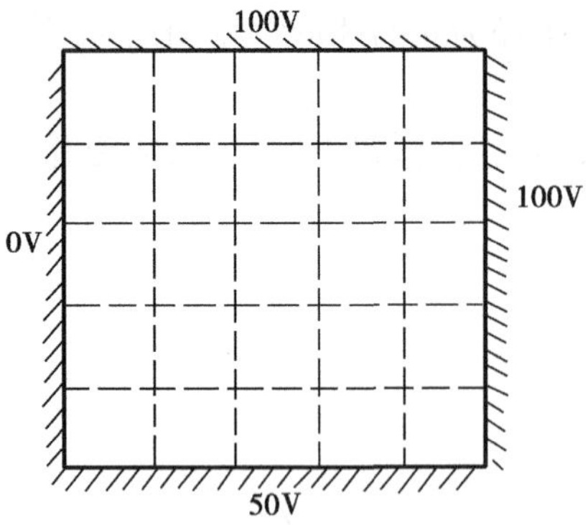

题3.25图

第 4 章 恒定磁场

恒定电流在空间中激励的磁场,其分布不随时间变化,称为恒定磁场。本章从安培力定律和毕奥—萨伐尔定律出发,研究在真空和介质中,恒定磁场的分布特性和场源关系。在此基础上,给出描述恒定磁场基本运动规律的数学方程——恒定磁场基本方程和边界条件。

恒定磁场与静电场相比,是性质完全不同的矢量场。静电场是一种发散场,而我们将看到:恒定磁场是一种旋涡场。因此,我们可以引入矢量磁位 $\vec{A}$,并导出 $\vec{A}$ 的泊松方程和拉普拉斯方程。在 $\vec{J}=0$ 的区域,可以引入标量磁位 Φ_m,并导出 Φ_m 满足的拉普拉斯方程。矢量磁位在磁场的分析和计算中占有重要的地位。

本章还将讨论一个工程问题,即自感和互感参数的计算,给出计算电感的诺伊曼公式。

本章最后讨论恒定磁场系统的能量分布和能量计算。

4.1 恒定磁场的实验定律与磁感应强度

电流或运动电荷在空间产生磁场。恒定电流激励的磁场,其分布不随时间变化,称为**恒定磁场**。恒定磁场对场中的电流或运动电荷有作用力。类似静电场中定义电场强度的方法,可以通过电流或运动电荷受到的磁场力来研究磁场的特性。

4.1.1 安培力定律

1820 年法国物理学家 A. M. 安培通过实验总结出:两个通有恒定电流的回路之间有相互作用力。真空中一个通有恒定电流 I_1 的回路 l_1,对另一个通有恒定电流 I_2 的回路 l_2 的作用力 $\vec{F}_{12}$ 为

$$\vec{F}_{12}=\frac{\mu_0}{4\pi}\oint_{l_2}\oint_{l_1}\frac{I_2\mathrm{d}\vec{l}_2\times(I_1\mathrm{d}\vec{l}_1\times\vec{a}_R)}{R^2} \tag{4.1.1}$$

式中 $I_1\mathrm{d}\vec{l}_1$ 称为回路 l_1 上所取的电流元,$\vec{R}=\vec{r}-\vec{r}'$是 $I_1\mathrm{d}\vec{l}_1$ 向 $I_2\mathrm{d}\vec{l}_2$ 所引的位置矢量,$\vec{a}_R$ 为 $\vec{R}$ 的单位矢量,$\mu_0=4\pi\times10^{-7}\mathrm{H/m}$,称为真空磁导率。式(4.1.1)称为安培力定律或磁力定律。

两个载流回路之间的作用力,也可以视为两载流回路上电流元之间相互作用力迭加的结

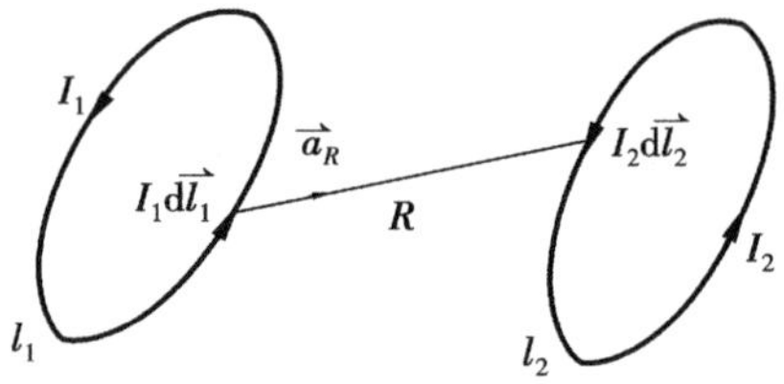

图 4.1.1　回路 l_1 与回路 l_2 间的安培力

果。如果载流回路 l_1 上的电流元 $I_1\mathrm{d}\vec{l}_1$ 对载流回路 l_2 上的电流元 $I_2\mathrm{d}\vec{l}_2$ 的作用力可以表示为

$$\mathrm{d}\vec{f}_{12}=\frac{\mu_0}{4\pi}\frac{I_2\mathrm{d}\vec{l}_2\times(I_1\mathrm{d}\vec{l}_1\times\vec{a}_R)}{R^2} \tag{4.1.2}$$

将式(4.1.2)对回路 l_1 积分,得整个载流回路 l_1 对电流元 $I_2\mathrm{d}\vec{l}_2$ 的作用力

$$\mathrm{d}\vec{F}_{12}=I_2\mathrm{d}\vec{l}_2\times\left(\frac{\mu_0}{4\pi}\oint_{l_1}\frac{I_1\mathrm{d}\vec{l}_1\times\vec{a}_R}{R^2}\right) \tag{4.1.3}$$

如果再对回路 l_2 积分,则得式(4.1.1),即两载流回路之间的作用力。

同样,载流回路 l_2 对载流回路 l_1 的作用力可表示为

$$\vec{F}_{21}=\frac{\mu_0}{4\pi}\oint_{l_1}\oint_{l_2}\frac{I_1\mathrm{d}\vec{l}_1\times(I_2\mathrm{d}\vec{l}_2\times\vec{a}_R)}{R^2} \tag{4.1.4}$$

而且,可以证明 $\vec{F}_{12}=-\vec{F}_{21}$,两载流回路之间的相互作用力满足牛顿第三定律。

4.1.2　磁感应强度

按物理学的观点:载流回路之间的相互作用是通过磁场来进行的。在式(4.1.3)中,载流回路 l_1 对电流元 $I_2\mathrm{d}\vec{l}_2$ 的作用力,可以认为是载流回路 l_1 上的电流 I_1 在空间中激励磁场 $\vec{B}$,而磁场 $\vec{B}$ 对电流元 $I_2\mathrm{d}\vec{l}_2$ 施加作用力 $\mathrm{d}\vec{F}_{12}$。载流回路 l_1 激励的磁场在空间中的分布,显然应该只与载流回路 l_1 和空间中的媒质和位置有关,与电流元 $I_2\mathrm{d}\vec{l}_2$ 无关,如果将载流回路 l_1 在空间中激励的磁场表示为

$$\vec{B}=\frac{\mu_0}{4\pi}\oint_{l_1}\frac{I_1\mathrm{d}\vec{l}_1\times\vec{a}_R}{R^2}=\frac{\mu_0}{4\pi}\oint_{l_1}\frac{I_1\mathrm{d}\vec{l}_1\times(\vec{r}-\vec{r}')}{|\vec{r}-\vec{r}'|^3} \tag{4.1.5}$$

则式(4.1.3)可以表为

$$\mathrm{d}\vec{F}_{12}=I_2\mathrm{d}\vec{l}_2\times\vec{B} \tag{4.1.6}$$

同样,式(4.1.1)也可改写成

$$\vec{F}_{12}=\oint_{l_2}I_2\mathrm{d}\vec{l}_2\times\vec{B} \tag{4.1.7}$$

因此,两载流回路之间的相互作用力又可视为:回路 l_1 上的电流 I_1 在空间中激励磁场 $\vec{B}$,放置在磁场中的电流元将受到式(4.1.6)所给出的作用力,因此,整个载流回路 l_2 受到磁场的作用力为所有这些电流元所受到的磁场力的叠加,即由式(4.1.7)给出的力。

运动电荷的电流 $\vec{J}=q\vec{v}$，因此，运动电荷在磁场中受的力为

$$\vec{F}=q\vec{v}\times\vec{B} \tag{4.1.8}$$

若将式(4.1.5)中的下标去掉，则式(4.1.5)变为

$$\vec{B}=\frac{\mu_0}{4\pi}\oint_l\frac{I\mathrm{d}\vec{l}'\times\vec{a}_R}{R^2}=\frac{\mu_0}{4\pi}\oint_l\frac{I\mathrm{d}\vec{l}'\times(\vec{r}-\vec{r}')}{|\vec{r}-\vec{r}'|^3} \tag{4.1.9}$$

这便是空间电流 I 在 R 处激励的磁场的大小描述，$\vec{B}$ 称为磁场的**磁感应强度**。在SI单位制中，磁感应强度的单位是特斯拉(Tesla)，简记为T。式(4.1.9)称为毕奥－萨伐尔定律。

理论上也可将电流回路的磁感应强度，视为电流回路上各电流元激励的磁感应强度的叠加，则电流元 $I\mathrm{d}\vec{l}$ 的磁感应强度为

$$\mathrm{d}\vec{B}=\frac{\mu_0}{4\pi}\frac{I\mathrm{d}\vec{l}\times\vec{a}_R}{R^2} \tag{4.1.10}$$

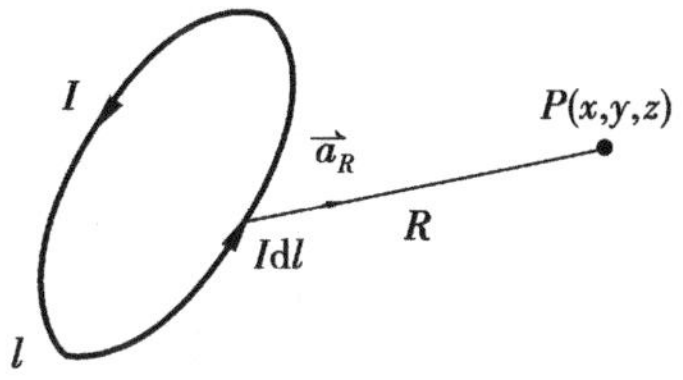

图4.1.2　空间线电流的磁场

对于体电流和面电流分布，分别用体电流元 $\vec{J}\mathrm{d}\tau$ 和面电流元 $\vec{J}_S\mathrm{d}S$ 代替上式中 $I\mathrm{d}\vec{l}$，积分得

体电流
$$\vec{B}=\frac{\mu_0}{4\pi}\int_\tau\frac{\vec{J}\times\vec{a}_R}{R^2}\mathrm{d}\tau'=\frac{\mu_0}{4\pi}\int_\tau\frac{\vec{J}\times(\vec{r}-\vec{r}')}{|\vec{r}-\vec{r}'|^3}\mathrm{d}\tau' \tag{4.1.11}$$

面电流
$$\vec{B}=\frac{\mu_0}{4\pi}\int_S\frac{\vec{J}_S\times\vec{a}_R}{R^2}\mathrm{d}S'=\frac{\mu_0}{4\pi}\int_S\frac{\vec{J}_S\times(\vec{r}-\vec{r}')}{|\vec{r}-\vec{r}'|^3}\mathrm{d}S' \tag{4.1.12}$$

对式(4.1.9)、(4.1.11)及(4.1.12)积分，即可计算任意电流分布所建立的磁场。

磁感应强度可以在空间以磁感应线(磁力线)的形式来描述。磁感应线的方程与电力线的方程相似，即

$$\frac{\mathrm{d}x}{B_x}=\frac{\mathrm{d}y}{B_y}=\frac{\mathrm{d}z}{B_z} \tag{4.1.13}$$

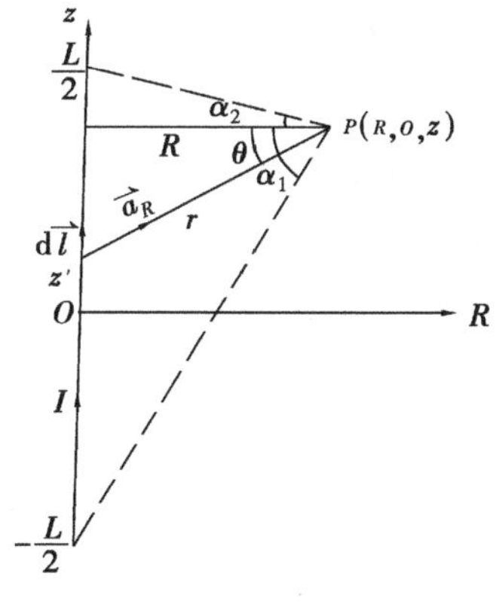

图4.1.3　直导线的磁感应强度

例4.1.1　计算图4.1.3所示真空中通过电流 I、长度为 L 的直导线的磁感应强度。

解　如图4.1.3所示，采用圆柱坐标系，若将坐标原点置于导线中点，由于电流分布具有轴对称性，磁场分布与 φ 坐标无关。因此，将场点 (r,φ,z) 取在 $\varphi=0$ 平面内而不失一般性。在导线上距原点 z' 处取一电流元 $\vec{a}_z I\mathrm{d}z'$。图中 θ 角是以场点 P 至 z 轴的垂线距离 z 为基准，由此转到 P 至 $\mathrm{d}\vec{l}$ 的连线时，在该图中若为逆时针方向，则 θ 取正值；反之，则 θ 取负值。

由图4.1.3得

$$\vec{R}=\vec{a}_r r+\vec{a}_z(z-z'),z'=z-r\tan\theta,\mathrm{d}z'=\frac{-r}{\cos^2\theta}\mathrm{d}\theta,\mathrm{d}\vec{l}=\vec{a}_z\mathrm{d}z'=\vec{a}_z\frac{-r}{\cos^2\theta}\mathrm{d}\theta$$

因此

$$\vec{B}=\frac{\mu_0}{4\pi}\oint_l \frac{I\mathrm{d}z'\vec{a}_z\times[\vec{a}_r r+\vec{a}_z(z-z')]}{[r^2+(z-z')^2]^{3/2}}=$$

$$\vec{a}_\varphi\frac{\mu_0 I}{4\pi}\int_{\alpha_1}^{\alpha_2}\frac{-r\cos\theta}{r^2}\mathrm{d}\theta=\vec{a}_\varphi\frac{\mu_0 I}{4\pi r}\int_{\alpha_1}^{\alpha_2}-\cos\theta\mathrm{d}\theta=$$

$$\vec{a}_\varphi\frac{\mu_0 I}{4\pi r}(\sin\alpha_1-\sin\alpha_2)$$

其中

$$\sin\alpha_1=\frac{z+L/2}{\sqrt{r^2+(z+L/2)^2}},\quad \sin\alpha_2=\frac{z-L/2}{\sqrt{r^2+(z-L/2)^2}}$$

对于无限长直载流导线，$\alpha_1=\frac{\pi}{2}$，$\alpha_2=-\frac{\pi}{2}$，得

$$\vec{B}=\vec{a}_\varphi\frac{\mu_0 I}{2\pi r}$$

可见磁感应线是位于垂直于导线的平面之内、并以导线为圆心的同心圆族。

例4.1.2　计算图4.1.4所示真空中一圆形载流回路轴线上的磁感应强度。回路半径为 a，电流为 I。

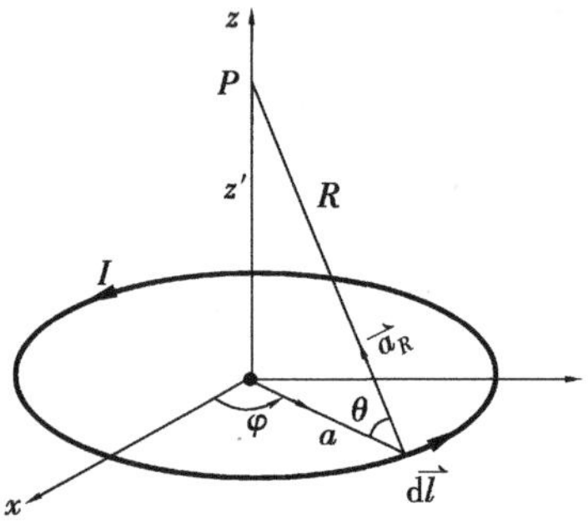

图4.1.4　圆形载流回路轴线上的磁感应强度

解　在圆柱坐标系中，原点位于圆形回路中心。场点 P 在 z 轴上，则

$$\vec{R}=-\vec{a}_r a+\vec{a}_z z$$

记 $\vec{a}_R$ 与其在 x-y 平面内投影的夹角为 θ。则有

$$\mathrm{d}\vec{B}=\frac{\mu_0 I a\mathrm{d}\varphi\ \vec{a}_\varphi\times(-\vec{a}_r a+\vec{a}_z z)}{4\pi(a^2+z^2)^{3/2}}=\frac{\mu_0 I a\mathrm{d}\varphi(\vec{a}_z a+\vec{a}_r z)}{4\pi(a^2+z^2)^{3/2}}$$

由对称性，$\mathrm{d}\vec{B}$ 在同一直径两端处相反的电流元产生的 $\vec{a}_r$ 分量互相抵消，故

$$\vec{B}=\vec{a}_z\frac{\mu_0 I a^2}{4\pi(a^2+z^2)^{3/2}}\int_0^{2\pi}\mathrm{d}\varphi=\vec{a}_z\frac{\mu_0 I a^2}{2(a^2+z^2)^{3/2}}$$

在 $z=0$ 处，$\vec{B}=\vec{a}_z\frac{1}{2a}$。

4.2　恒定磁场的基本方程

在研究静电场时，我们从库仑定律出发，通过对静电场在空间中的分布规律和场源关系的分析，得到了高斯定律，建立了静电场的基本方程。对恒定磁场的研究，我们的思路与研究静电场的思路一样。也从磁场的实验定律（毕奥—萨伐尔定律）出发，通过对恒定磁场的通量、散度，环流、旋度的研究，我们将得到恒定磁场的磁通连续性方程、安培环路定律，并建立恒定磁场的基本方程。

4.2.1　磁通连续性原理

磁感应强度穿过任意曲面的通量,称为**磁通量**。这里通量的定义与电场中相同,若用 Φ 表示磁通量,则

$$\Phi = \int_S \vec{B} \cdot \mathrm{d}\vec{S} \tag{4.2.1}$$

在 SI 单位制中,Φ 的单位为韦伯(Wb),$\vec{B}$ 的单位为特斯拉(T),也就是韦伯/米^2。所以 $\vec{B}$ 就是磁通量的面密度,故 $\vec{B}$ 又称**磁通密度**。

下面我们来证明:在恒定磁场中任一点上,磁感应强度的散度为零,磁感应强度在空间中任一闭合面上的通量为零,即

$$\nabla \cdot \vec{B} = 0 \tag{4.2.2}$$

$$\oint_S \vec{B} \cdot \mathrm{d}\vec{S} = 0 \tag{4.2.3}$$

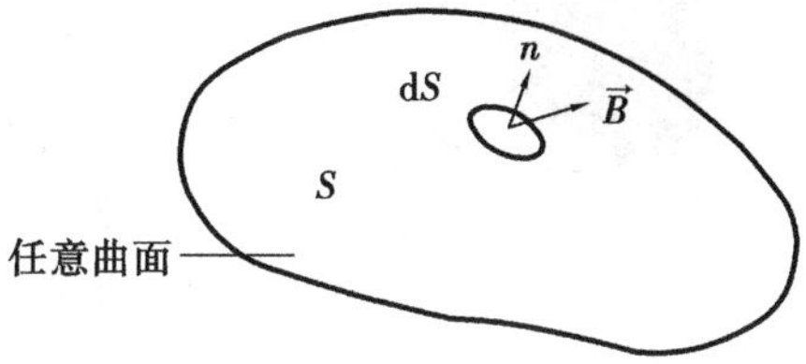

图 4.2.1　磁通量计算

对于在区域 τ 中连续分布的体电流密度 $\vec{J}$,在空间中激励的磁感应强度为

$$\vec{B}(\vec{r}) = \frac{\mu_0}{4\pi}\int_\tau \frac{\vec{J}(\vec{r}') \times (\vec{r} - \vec{r}')}{|\vec{r} - \vec{r}'|^3}\mathrm{d}\tau' \tag{4.2.4}$$

两端对场点坐标取散度,而式(4.2.4)中的体积分是对源点坐标进行的,所以等式右端的散度运算符可移入到积分号内,即

$$\nabla \cdot \vec{B} = \frac{\mu_0}{4\pi}\int_\tau \nabla \cdot \left[\vec{J}(\vec{r}') \times \frac{\vec{r} - \vec{r}'}{|\vec{r} - \vec{r}'|^3}\right]\mathrm{d}\tau' \tag{4.2.5}$$

由于

$$\frac{\vec{r} - \vec{r}'}{|\vec{r} - \vec{r}'|^3} = -\nabla\left(\frac{1}{|\vec{r} - \vec{r}'|}\right)$$

$$\nabla \cdot \vec{B} = \frac{\mu_0}{4\pi}\int_\tau \nabla \cdot \left[\nabla\left(\frac{1}{|\vec{r} - \vec{r}'|}\right) \times \vec{J}(\vec{r}')\right]\mathrm{d}\tau'$$

应用矢量恒等式:$\nabla \cdot (\vec{a} \times \vec{b}) = \vec{b} \cdot \nabla \times \vec{a} - \vec{a} \cdot \nabla \times \vec{b}$。若将 $\nabla\left(\frac{1}{|\vec{r} - \vec{r}'|}\right)$ 视为 $\vec{a}$,$\vec{J}(\vec{r}')$ 视为 $\vec{b}$,则有

$$\nabla \cdot \left[\nabla\left(\frac{1}{|\vec{r} - \vec{r}'|}\right) \times \vec{J}(\vec{r}')\right] = \vec{J}(\vec{r}') \cdot \nabla \times \nabla\left(\frac{1}{|\vec{r} - \vec{r}'|}\right) - \nabla\left(\frac{1}{|\vec{r} - \vec{r}'|}\right) \cdot \nabla \times \vec{J}(\vec{r}')$$

因为 $\nabla \times \nabla\left(\frac{1}{|\vec{r} - \vec{r}'|}\right) = 0$,而第二项中 $\vec{J}(\vec{r}')$ 不是场点坐标的函数,则 $\nabla \times \vec{J}(\vec{r}') = 0$。于是有:

$$\nabla \cdot \left[\nabla\left(\frac{1}{|\vec{r} - \vec{r}'|}\right) \times \vec{J}(\vec{r}')\right] = \vec{J}(\vec{r}') \cdot \nabla \times \nabla\left(\frac{1}{|\vec{r} - \vec{r}'|}\right) - \nabla\left(\frac{1}{|\vec{r} - \vec{r}'|}\right) \cdot \nabla \times \vec{J}(\vec{r}') = 0$$

式(4.2.5)的被积函数为零,即有结论

$$\nabla \cdot \vec{B} = 0$$

$\vec{B}$ 的散度处处为零,说明在恒定磁场中没有发散源。恒定磁场是一种旋涡场。这是与静电场根本不同的。将 $\nabla \cdot \vec{B}$ 在区域 τ 中积分,再应用高斯散度定理,可得

$$\int_{\tau} \nabla \cdot \vec{B} \mathrm{d}\tau = \oint_{S} \vec{B} \cdot \mathrm{d}\vec{S} = 0$$

式中,S 为区域 τ 的边界面。上式说明:在磁场中通过任意闭合面 S 的磁通量恒等于零,或者说穿入一个闭合曲面的磁通必然等于穿出该曲面的磁通。这个结论称为磁通连续性定理。因此,磁感应线是一些无头无尾的闭合曲线。如图 4.2.2 所示。通常我们又将式(4.2.2)和式(4.2.3)称为**磁通连续性定理的微分形式和积分形式**。磁通连续性定理是磁场的一条基本定理。

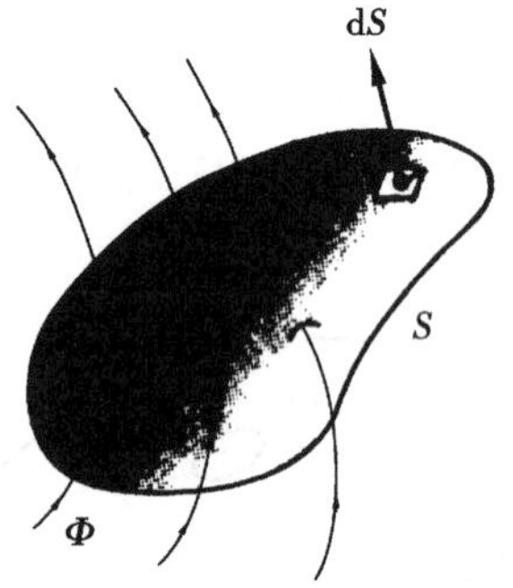

图 4.2.2　磁通的连续性

4.2.2　真空中的安培环路定律

毕奥—萨伐尔定律给出了任意电流分布在空间某一点建立的磁场。这一定律在恒定磁场中的地位相当于库仑定律在静电场中的地位。由式(4.1.9)、式(4.1.11)及式(4.1.12),在给定电流分布的条件下,可以计算空间中的磁感应强度分布。

下面我们从毕奥—萨伐尔定律出发,通过分析真空中无限长载流导线周围的磁场与空间中电流强度的关系,导出著名的安培环路定律,并加以证明。

真空中一无限长载流导线在周围激励磁场,磁感应强度为

$$\vec{B} = \frac{\mu_0 I}{2\pi r} \vec{a}_{\varphi} \tag{4.2.6}$$

$\vec{B}$ 线在垂直于 I 的平面内,呈同心圆状。

若在垂直于 I 的平面上以 I 穿过平面的点为圆心,以 R 为半径作一圆,试求 $\vec{B}$ 在这个圆上的线积分,如图 4.2.3 所示

$$\oint \vec{B} \cdot \mathrm{d}\vec{l} = \int_0^{2\pi} \frac{\mu_0 I}{2\pi R} R \mathrm{d}\varphi = \frac{\mu_0 I}{2\pi R} 2\pi R = \mu_0 I \tag{4.2.7}$$

若在平面上取任意围绕 I 的闭合环路 C,设环路 C 上的线元 $\mathrm{d}\vec{l}$ 到 I 点的距离为 r,$\mathrm{d}\vec{l}$ 对 I 点的张角为 $\mathrm{d}\varphi$,$\vec{B}$ 与 $\mathrm{d}\vec{l}$ 的夹角是 α,如图 4.2.4(a),则有

$$\mathrm{d}l\cos\alpha = r\mathrm{d}\varphi$$

因此

$$\oint_C \vec{B} \cdot \mathrm{d}\vec{l} = \oint_C \frac{\mu_0 I}{2\pi r} \mathrm{d}l\cos\alpha = \int_0^{2\pi} \frac{\mu_0 I}{2\pi r} r\mathrm{d}\varphi = \frac{\mu_0 I}{2\pi} \int_0^{2\pi} \mathrm{d}\varphi = \mu_0 I \tag{4.2.8}$$

结果与沿圆周的积分同。

若积分的闭合环路不绕过 I,如图 4.2.4(b)所示,则上式的积分变成

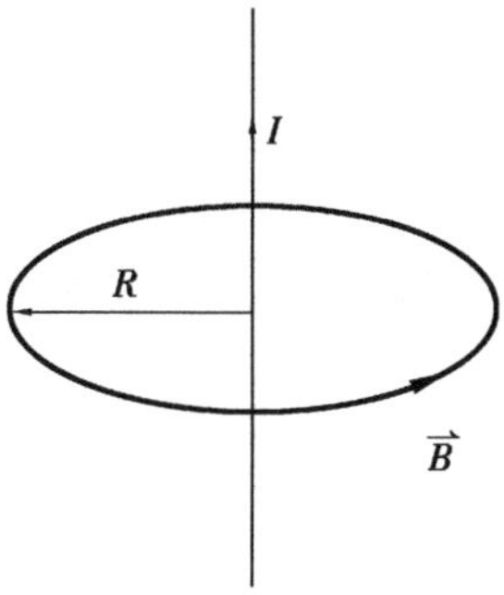

图 4.2.3　无限长载流导线周围的磁场

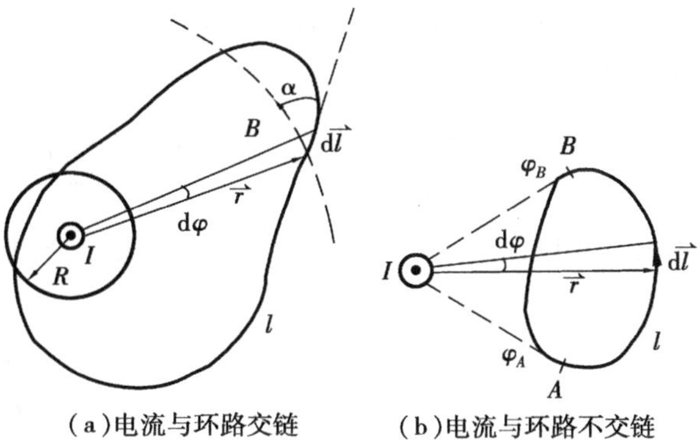

图 4.2.4　任意闭合环路与电流的关系

$$\oint_C \vec{B} \cdot \mathrm{d}\vec{l} = \frac{\mu_0 I}{2\pi}\int_{\varphi_A}^{\varphi_B} \mathrm{d}\varphi$$

对于闭合回路，当绕行一周后，$\varphi_B = \varphi_A$。因此，

$$\oint_C \vec{B} \cdot \mathrm{d}\vec{l} = \frac{\mu_0 I}{2\pi}\int_{\varphi_A}^{\varphi_B} \mathrm{d}\varphi = 0$$

闭合环路并不限于平面曲线，若闭合环路为空间曲线，同样可证明上述结论。由此，安培提出：磁感应强度在空间任意闭合环路上的线积分（即环流）等于与此闭合环路交链的所有电流之和与 μ_0 的乘积。即

$$\oint_C \vec{B} \cdot \mathrm{d}\vec{l} = \mu_0 I \tag{4.2.9}$$

这里，I 为 C 围成的面上穿过的总电流强度，且电流的方向与回路 C 的环绕方向符合右手螺旋法则，如图 4.2.5 所示。式(4.2.8)称为**安培环路定律**，它是电磁场理论的基本定律之一。

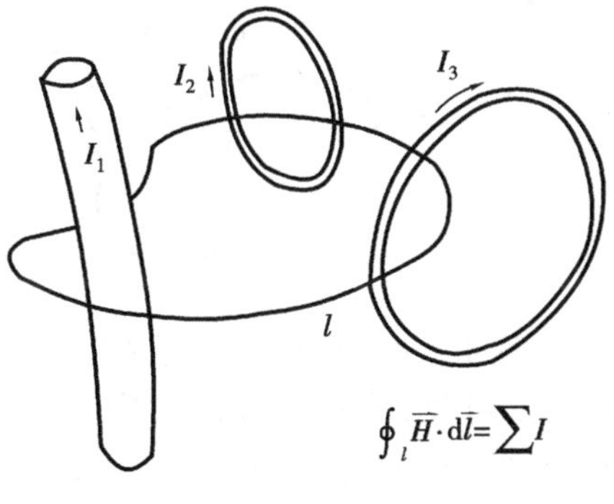

图 4.2.5　安培环路定律的参考方向

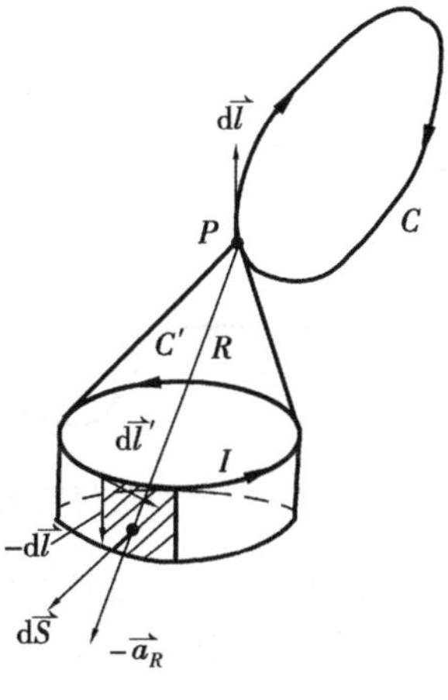

图 4.2.6　安培环路定律的证明

下面我们以线电流的磁场为例来证明安培环路定律。在恒定磁场中，任取一闭合回路 C，磁感应强度 $\vec{B}$ 在 C 上的积分为

$$\oint_C \vec{B} \cdot \mathrm{d}\vec{l} = \oint_C \frac{\mu_0 I}{4\pi}\oint_{C'} \frac{\mathrm{d}\vec{l}' \times \vec{a}_R}{R^2} \cdot \mathrm{d}\vec{l} \tag{4.2.10}$$

这里闭合回路 C' 为线电流所在的回路,如图 4.2.6 所示。

若将式(4.2.10)右端写成

$$\frac{\mu_0 I}{4\pi}\oint_C\oint_{C'}\frac{d\vec{l}\times d\vec{l}'\cdot\vec{a}_R}{R^2}=\frac{\mu_0 I}{4\pi}\oint_C\oint_{C'}\frac{(-d\vec{l})\times d\vec{l}'\cdot(-\vec{a}_R)}{R^2} \tag{4.2.11}$$

由图 4.2.7 可以看出:$(-d\vec{l})\times d\vec{l}=d\vec{S}'$ 为一个以 $(-d\vec{l})$ 和 $d\vec{l}$ 为边的矢量面元,而此面元对场点 P 所张的立体角为

$$d\omega=\frac{(-d\vec{l})\times d\vec{l}\cdot(-\vec{a}_R)}{R^2} \tag{4.2.12}$$

$(-d\vec{l})$ 沿闭合回路 C' 扫过的环形表面对场点 P 所张的立体角为:

$$d\Omega=\oint_{C'}\frac{(-d\vec{l})\times d\vec{l}\cdot(-\vec{a}_R)}{R^2} \tag{4.2.13}$$

这就是 P 点移动 $d\vec{l}$ 时立体角的改变量。当场点 P 沿回路移动一周时,立体角的改变量应为

$$\Delta\Omega=\oint_C\oint_{C'}\frac{(-d\vec{l})\times d\vec{l}\cdot\vec{a}_R}{R^2} \tag{4.2.14}$$

因此,磁感应强度 $\vec{B}$ 在 C 上的环流为:

$$\oint_C\vec{B}\cdot d\vec{l}=\frac{\mu_0 I}{4\pi}\Delta\Omega \tag{4.2.15}$$

$\vec{B}$ 在 C 上的环流值取决于 $\Delta\Omega$,这里有两种情况:

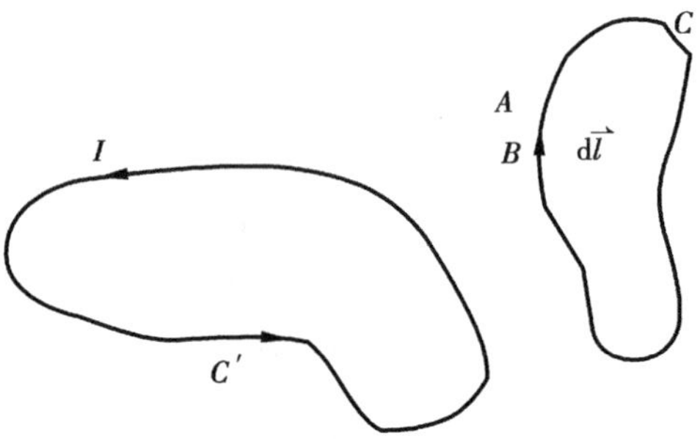

图 4.2.7　积分回路与电流回路不交链

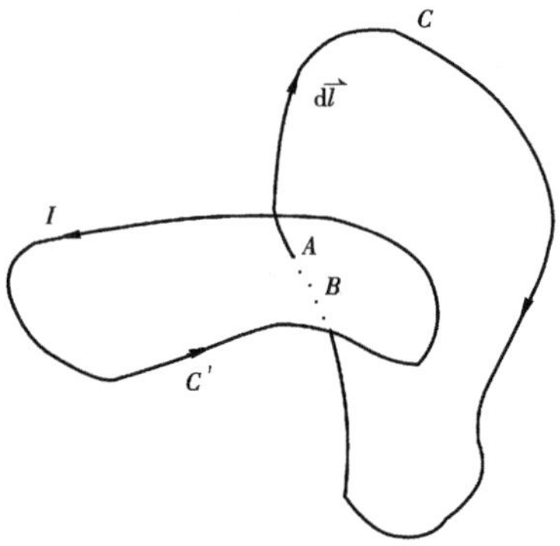

图 4.2.8　积分回路与电流回路交链

①积分回路 C 与电流回路 C' 不交链,如图 4.2.7 所示。可见,当从积分回路中某点开始沿闭合回路 C 绕行一周后又回到起始点,立体角又回到原来的值,即 $\Delta\Omega=0$,而式(4.2.15)变为

$$\oint_C\vec{B}\cdot d\vec{l}=0$$

②若积分回路 C 与电流回路 C' 相交链,即 C 穿过 C' 围成的面 S' 的情况。如图 4.2.8 所示。如果我们取积分回路的起点为 S' 面上侧的 A 点,终点在 S' 面下侧的 B 点。由于面元对它上表面上的点所张的立体角为 (-2π),对下表面上的点所张的立体角为 $(+2\pi)$,故 S' 面对 A 点所张的立体角为 (-2π),对 B 点所张的立体角为 $(+2\pi)$,因而 $\Delta\Omega=2\pi-(-2\pi)=4\pi$。

于是有

$$\oint_C \vec{B} \cdot \mathrm{d}\vec{l} = \frac{\mu_0 I}{4\pi} 4\pi = \mu_0 I$$

对多个电流分布同样可证明上述结论。

对于电流连续分布的情况，式(4.2.9)可写成

$$\oint_C \vec{B} \cdot \mathrm{d}\vec{l} = \mu_0 \int_S \vec{J} \cdot \mathrm{d}\vec{S}$$

应用斯托克斯定理可得 $\int_S \nabla \times \vec{B} \cdot \mathrm{d}\vec{S} = \oint_C \vec{B} \cdot \mathrm{d}\vec{l} = \mu_0 \int_S \vec{J} \cdot \mathrm{d}\vec{S}$，于是有

$$\nabla \times \vec{B} = \mu_0 \vec{J} \tag{4.2.16}$$

式(4.2.9)和式(4.2.16)称为真空中恒定磁场的旋度方程。

真空中恒定磁场的基本方程可以总结为

$$\nabla \cdot \vec{B} = 0 \qquad \nabla \times \vec{B} = \mu_0 \vec{J}$$

$$\oint_S \vec{B} \cdot \mathrm{d}\vec{S} = 0 \qquad \oint_l \vec{B} \cdot \mathrm{d}\vec{l} = \mu_0 I$$

例 4.2.1　计算图 4.2.9(a)所示真空中半径为 R 的长直圆柱形载流铜导线的磁场。

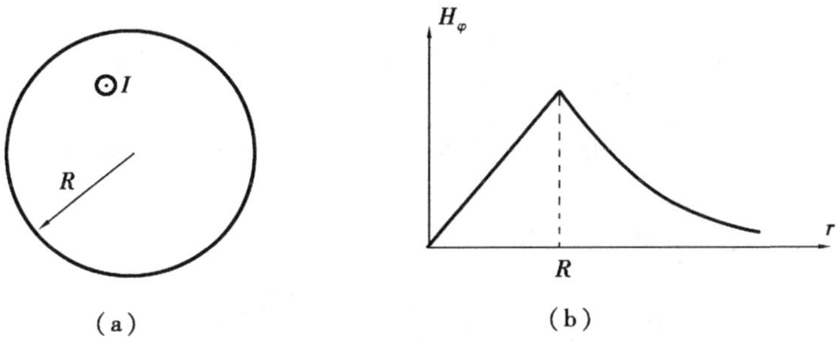

图 4.2.9　长直圆柱形载流导线的磁场

解　在圆柱坐标系中，令导线的轴线与 z 轴重合。由对称性分析可知，圆柱内外各点 $\vec{B}$ 的方向沿 $\vec{a}_\varphi$ 方向，即 $\vec{B}$ 线是平行的圆族；并且 $\vec{B}$ 的大小仅随 r 坐标变化。在圆柱内外分别取以 z 轴为圆心，半径为 r 的圆，则在圆上 $\vec{B}$ 值处处相等。由真空中安培环路定律，在 $r<R$ 处，有

$$\oint_C \vec{B} \cdot \mathrm{d}\vec{l} = 2\pi r B_\varphi = \mu_0 \frac{\pi r^2}{\pi R^2} I$$

得

$$B_\varphi = \frac{\mu_0 I r}{2\pi R^2} \quad 或 \quad \vec{B} = \frac{\mu_0 I r}{2\pi R^2} \vec{a}_\varphi$$

若将导体中的电流表示为电流密度 $\vec{J} = \vec{a}_z \dfrac{I}{\pi R^2}$，则磁感应强度可表示为

$$\vec{B} = \mu_0 \frac{\vec{J} \times \vec{r}}{2}$$

在 $r > R$ 处，有

$$\oint_C \vec{B} \cdot \mathrm{d}\vec{l} = 2\pi r B_\varphi = \mu_0 I$$

得

$$B_\varphi = \frac{\mu_0 I}{2\pi r} \quad 或 \quad \vec{B} = \frac{\mu_0 I}{2\pi r}\vec{a}_\varphi$$

圆柱内外 B 值随坐标 r 的变化曲线如图 4.2.9(b)中所示。

例 4.2.2　在无限长柱形区域 $1\text{m} < r < 3\text{m}$ 中,沿纵向流动的电流,其电流密度为 $\vec{J} = \vec{a}_z 5\mathrm{e}^{-2r}$,其他地方电流密度 $\vec{J}=0$。求各区域中的磁感应强度。

解　在圆柱坐标系中,若将圆柱的轴线与 z 轴重合,则电流关于 z 轴对称,且在 $\vec{a}_\varphi$ 方向。若选圆形路径作为积分回路,利用安培环路定律,有

$$\oint_C \vec{B} \cdot \mathrm{d}\vec{l} = B_\varphi 2\pi r = \mu_0 I$$

其中 I 为回路 C 围成的面积上穿过的电流强度。

当 $r<1$ m 时,$I=0$,则 $\vec{B}=0$

当 1 m $< r < 3$ m 时,$I = \int_0^{2\pi}\int_1^r \vec{J}\cdot \mathrm{d}\vec{S} = \int_0^{2\pi}\int_1^r 5\mathrm{e}^{-2r} r'\mathrm{d}r'\mathrm{d}\varphi = 10\pi\int_1^r \mathrm{e}^{-2r} r'\mathrm{d}r' =$

$$-5\pi\left(r+\frac{1}{2}\right)\mathrm{e}^{-2r} + \frac{15}{2}\pi\mathrm{e}^{-2}\ \text{A}$$

$$B_\varphi = \frac{\mu_0}{2\pi r}I = -\frac{5\mu_0}{4r}(2r+1)\mathrm{e}^{-2r} + \frac{15\mu_0}{4r}\mathrm{e}^{-2}\ \text{T}$$

当 $r \geqslant 3$ m 时,$I = \int_0^{2\pi}\int_1^3 \vec{J}\cdot \mathrm{d}\vec{S} = \int_0^{2\pi}\int_1^3 5\mathrm{e}^{-2r} r\mathrm{d}r\mathrm{d}\varphi = 10\pi\int_1^3 \mathrm{e}^{-2r} r\mathrm{d}r =$

$$-\frac{35}{2}\pi\mathrm{e}^{-6} + \frac{15}{2}\pi\mathrm{e}^{-2}\ \text{A}$$

$$B_\varphi = \frac{\mu_0}{2\pi r}I = -\frac{35\mu_0}{4r}\mathrm{e}^{-6} + \frac{15\mu_0}{4r}\mathrm{e}^{-2}\ \text{T}$$

4.3　矢量磁位

我们知道恒定磁场是无散场,即

$$\nabla \cdot \vec{B} = 0$$

根据矢量分析,对无旋场可引入标量位函数(如静电场 $\nabla \times \vec{E}=0$,引入电位 φ,即,$\vec{E} = -\nabla\varphi$),对无散场则可引入矢量位函数。因为

$$\nabla \cdot (\nabla \times \vec{A}) = 0$$

因此,我们可以将磁感应强度 $\vec{B}$ 表示为矢量 $\vec{A}$ 的旋度,即令

$$\vec{B} = \nabla \times \vec{A} \tag{4.3.1}$$

$\vec{A}$ 称为磁场的矢量磁位,单位是韦伯/米(Wb/m)。

由亥姆霍兹定理知道,必须同时规定一个矢量场的旋度和散度,它才具有惟一性。以上我们只规定了 $\vec{A}$ 的旋度等于磁感应强度 $\vec{B}$,而 $\vec{A}$ 的散度是不确定的,因此 $\vec{A}$ 是一个不确定的矢

量。

如果另取一矢量 $\vec{A}'$ 为

$$\vec{A}' = \vec{A} + \nabla\varphi$$

这里 φ 为任一标量场，因为 $\nabla \times \nabla\varphi = 0$，则有

$$\nabla \times \vec{A}' = \nabla \times \vec{A} + \nabla \times \nabla\varphi = \nabla \times \vec{A} = \vec{B}$$

即 $\vec{A}'$ 也是旋度等于 $\vec{B}$ 的矢量。

为了确定矢量 $\vec{A}$。还必须规定 $\vec{A}$ 的散度。$\vec{A}$ 的散度原则上是可以任意给定的。在矢量场理论中，我们将 $\vec{A}$ 的散度的一种取法叫一种规范，在恒定磁场中通常令

$$\nabla \cdot \vec{A} = 0 \tag{4.3.2}$$

上式称为库仑规范。

下面推导矢量磁位 $\vec{A}$ 的微分方程。将式(4.3.1)代入恒定磁场的基本方程式(4.2.16)有

$$\nabla \times \nabla \times \vec{A} = \mu_0 \vec{J} \tag{4.3.3}$$

应用矢量恒等式 $\nabla \times \nabla \times \vec{A} = \nabla(\nabla \cdot \vec{A}) - \nabla^2\vec{A}$，这里取 $\nabla \cdot \vec{A} = 0$，即取库仑规范，故有

$$\nabla^2\vec{A} = -\mu_0\vec{J} \tag{4.3.4}$$

即矢量磁位满足矢量的泊松方程。在无源区域中($\vec{J} = 0$)，有

$$\nabla^2\vec{A} = 0 \tag{4.3.5}$$

矢量磁位在无源区域中满足矢量的拉普拉斯方程。

$\nabla^2\vec{A}$ 称为对矢量 $\vec{A}$ 的拉普拉斯运算，在直角坐标系中可分解为对其分量 A_x, A_y, A_z 的标量的拉普拉斯运算 $\nabla^2 A_x$、$\nabla^2 A_y$、$\nabla^2 A_z$，因此式(4.3.4)可分解为三个标量的泊松方程，即

$$\nabla^2 A_x = -\mu_0 J_x \tag{4.3.6a}$$

$$\nabla^2 A_y = -\mu_0 J_y \tag{4.3.6b}$$

$$\nabla^2 A_z = -\mu_0 J_z \tag{4.3.6c}$$

这三个方程与静电场中电位 φ 的泊松方程形式相同，由数学方程的比拟性可知，其解的形式也相同。若恒定电流 $\vec{J} = \vec{a}_x J_x + \vec{a}_y J_y + \vec{a}_z J_z$ 分布在有限区域 τ 中，则矢量磁位各分量的解为

$$A_x = \frac{\mu_0}{4\pi}\int_\tau \frac{J_x}{r}\mathrm{d}\tau' \tag{4.3.7a}$$

$$A_y = \frac{\mu_0}{4\pi}\int_\tau \frac{J_y}{r}\mathrm{d}\tau' \tag{4.3.7b}$$

$$A_z = \frac{\mu_0}{4\pi}\int_\tau \frac{J_z}{r}\mathrm{d}\tau' \tag{4.3.7c}$$

将式(4.3.7a)、式(4.3.7b)、式(4.3.7b)合并成矢量形式为

$$\vec{A} = \frac{\mu_0}{4\pi}\int_\tau \frac{\vec{J}(r')}{r}\mathrm{d}\tau' \tag{4.3.8}$$

式(4.3.8)中 r 是体电流元 $\vec{J}\mathrm{d}\tau'$ 至观察点的距离。与静电位的计算一样，这里同样假定了无穷远点 $\vec{A} = 0$。

对于面电流和线电流分布，其矢量磁位的计算公式分别为

$$\vec{A}=\frac{\mu_0}{4\pi}\int_S\frac{\vec{J}_S(r')}{r}\mathrm{d}S' \tag{4.3.9}$$

$$\vec{A}=\frac{\mu_0}{4\pi}\oint_C\frac{I\mathrm{d}\vec{l}'}{r} \tag{4.3.10}$$

各电流元的矢量磁位分别可写成

$$\mathrm{d}\vec{A}=\frac{\mu\vec{J}\mathrm{d}\tau'}{4\pi r},\mathrm{d}\vec{A}=\frac{\mu\vec{J}_S\mathrm{d}S'}{4\pi r},\mathrm{d}\vec{A}=\frac{\mu I\mathrm{d}\vec{l}'}{4\pi r} \tag{4.3.11}$$

可见电流元的矢量磁位 $\mathrm{d}\vec{A}$ 的方向与该电流元的方向一致，由此可见，$\mathrm{d}\vec{A}$ 与电流元之间的关系比磁感应强度 $\mathrm{d}\vec{B}$ 与电流元的关系更为简单。

应用矢量磁位可以计算磁通

$$\Phi=\int_S\vec{B}\cdot\mathrm{d}\vec{S}=\int_S(\nabla\times\vec{A})\cdot\mathrm{d}\vec{S}$$

运用斯托克斯定理 $\int_S(\nabla\times\vec{A})\cdot\mathrm{d}\vec{S}=\oint_l\vec{A}\cdot\mathrm{d}\vec{l}$

则

$$\Phi=\oint_l\vec{A}\cdot\mathrm{d}\vec{l} \tag{4.3.12}$$

即穿过曲面 S 的磁通等于矢量磁位 $\vec{A}$ 沿 S 的周界 l 的闭合环路线积分。l 绕行的方向与磁通穿出 S 的方向之间为右手螺旋关系。以上说明矢量磁位对于任意闭合环路的环流是磁通。

例 4.3.1 计算图 4.3.1 中长度为 $2L$ 的直载流细导线在 x-y 平面内的矢量磁位及磁感应强度。

解 在 x-y 平面上取一点 $P(x,y,0)$，因电流只沿 z 轴方向，所以矢量磁位 $\vec{A}$ 只有 z 方向分量，即

$$\vec{A}=\vec{a}_zA_z=\vec{a}_z\frac{\mu_0I}{4\pi}\int_{-L}^{L}\frac{\mathrm{d}z'}{R}=\vec{a}_z\frac{\mu_0I}{4\pi}\int_{-L}^{L}\frac{\mathrm{d}z'}{\sqrt{r^2+z'^2}}$$

$$A_z=\frac{\mu_0I}{4\pi}\ln\frac{\sqrt{L^2+r^2}+L}{\sqrt{L^2+r^2}-L}$$

当 $L\to\infty$ 时，有

$$\vec{A}\approx\vec{a}_z\frac{\mu_0I}{2\pi}\ln\frac{2L}{r} \tag{4.3.13}$$

即如果线电流是无限长的，则 A_z 趋于无穷大。这与静电场中计算无限长直导线产生的电位时所遇到的问题相同。解决问题的办法为把矢量的参考点选在 r_0 处，则矢量磁位可以写成

$$\vec{A}=\vec{a}_z\frac{\mu_0I}{2\pi}\ln\frac{r_0}{r} \tag{4.3.14}$$

式中 r 和 r_0 分别表示平面上任一观察点和选定参考点至电流 I 的距离。

此时，磁感应强度为

$$\vec{B}=\nabla\times\vec{A}=-\vec{a}_\varphi\frac{\partial A_z}{\partial r}=\vec{a}_\varphi\frac{\mu_0I}{2\pi r} \tag{4.3.15}$$

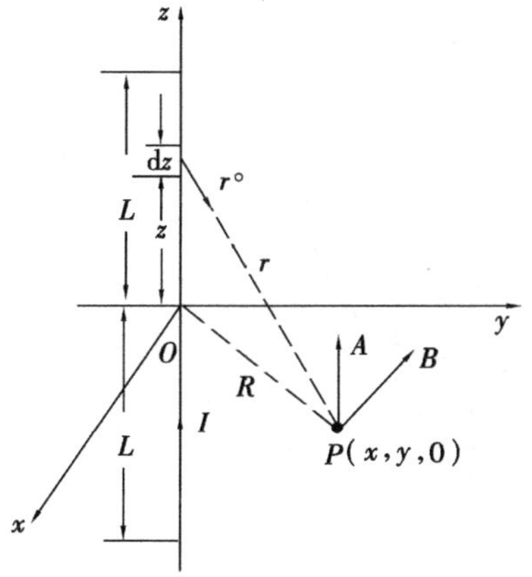

图4.3.1　长直载流细导线在 x-y 平面内的磁场

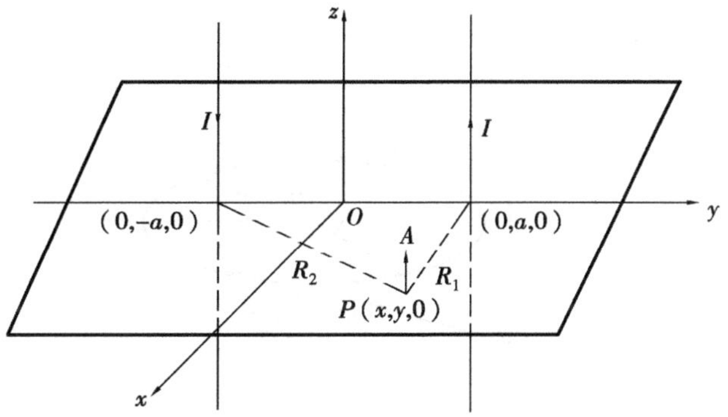

图4.3.2　双线传输线的矢量磁位

例4.3.2　计算图4.3.2中载流长直细导线双线传输线的矢量磁位。

解　一对通有相反方向电流的长直细导线传输线,电流可以看作集中在导线的几何轴线上。因轴向长度可视为无限长,其磁场是平行平面场,故只需计算 x-y 平面中任一点 P 处的矢量磁位。

利用式(4.3.15)及叠加原理,得

$$\vec{A}=\vec{a}_z\frac{\mu_0 I}{2\pi}\ln\frac{r_{01}}{r_1}-\vec{a}_z\frac{\mu_0 I}{2\pi}\ln\frac{r_{02}}{r_2}=\vec{a}_z\frac{\mu_0 I}{2\pi}\ln\frac{r_2}{r_1}+\vec{a}_z\frac{\mu_0 I}{2\pi}\ln\frac{r_{01}}{r_{02}}$$

上式中 r_1 和 r_2 分别是平面中观察点 P 至顺 z 轴方向的电流和逆 z 轴方向的电流的距离,r_{01} 和 r_{02} 则表示平面上一选定参考点分别到两个线电流的距离,上式中第二项为一常矢量。为方便起见,可选 x 轴上一点为参考点,则 $r_{01}=r_{02}$,因此得

$$\vec{A}=\vec{a}_z\frac{\mu_0 I}{2\pi}\ln\frac{r_2}{r_1}\tag{4.3.16}$$

4.4　磁偶极子

本节研究真空中的磁偶极子,即一个任意形状的小平面载流回路的磁场。先看一个半径为 a 的载流小圆环,设回路电流是 I_0,空间任一观察点 P 至回路的距离远大于回路的几何尺寸,如图4.4.1所示。下面我们通过矢量磁位 $\vec{A}$ 来求磁感应强度 $\vec{B}$。很明显磁场具有轴对称性。选用球坐标系,将场点放在 $\varphi=0$ 平面上不失普遍性,使小回路的中心位于坐标原点,z 轴正向与回路的法线方向一致。

现在取两个电流元,它们与 $\varphi=0$ 平面成的角分别为 $+\varphi$ 和 $-\varphi$,则它们在场点的矢量磁位 $d\vec{A}$ 相加后得到的 $\vec{A}$ 只有 φ 分量,且 $2dA_\varphi=2dA\cos\varphi$,故有

$$A_\varphi=\frac{2\mu_0 I}{4\pi}\int_0^{\pi}\frac{a\,d\varphi\cos\varphi}{R}\tag{4.4.1}$$

由图4.4.1可知

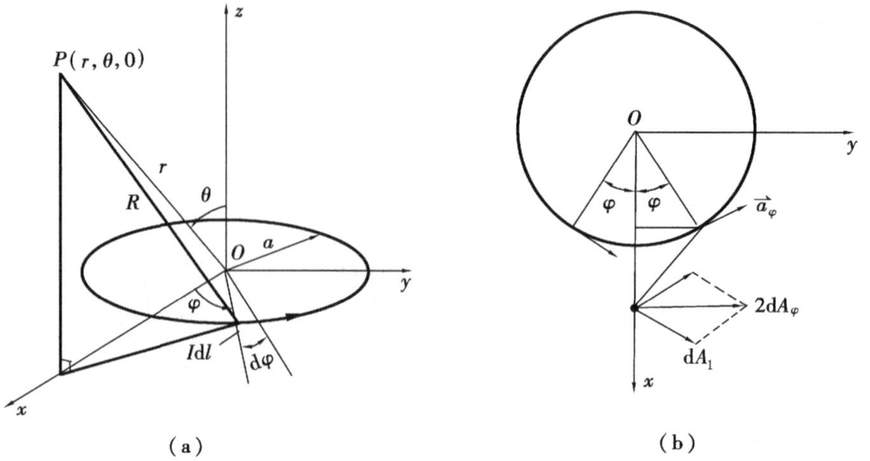

图 4.4.1　小平面载流回路的磁场

$$R = [(a\sin\varphi)^2 + (r\sin\theta - a\cos\varphi)^2 + (r\cos\theta)^2]^{1/2} = (r^2 + a^2 - 2ra\sin\theta\cos\varphi)^{1/2}$$

因为 $r \gg a$，故得

$$\frac{1}{R} = \frac{1}{r}(1 - \frac{2a}{r}\sin\theta\cos\varphi + \frac{a^2}{r^2})^{-1/2} \approx \frac{1}{r}(1 + \frac{a}{r}\sin\theta\cos\varphi) \tag{4.4.2}$$

将式(4.4.2)代入式(4.4.1)得

$$A_\varphi = \frac{\mu_0 Ia}{2\pi r}\int_0^\pi (1 + \frac{a}{r}\sin\theta\cos\varphi)\cos\varphi \mathrm{d}\varphi = \frac{\mu_0 SI}{4\pi r^2}\sin\theta$$

即

$$\vec{A} = \vec{a}_\varphi \frac{\mu_0 SI}{4\pi r^2}\sin\theta \tag{4.4.3}$$

式中 $S = \pi a^2$ 是圆环的面积，然后代入球坐标中旋度公式求 $\vec{B}$，即 $\vec{B} = \nabla \times \vec{A}$。可得上述小载流回路在观察点的磁感应强度 $\vec{B}$ 为

$$\vec{B} = \vec{a}_r \frac{\mu_0 I_0 S}{4\pi r^3}2\cos\theta + \vec{a}_\varphi \frac{\mu_0 IS}{4\pi r^3}\sin\theta \tag{4.4.4}$$

将此式(4.4.4)与静电场中电偶极子的电场强度的计算式(2.3.15)比较，可见二者在形式上相似。与电偶极子相对应，我们将一个小平面载流回路称为磁偶极子。磁偶极子的特性用磁偶极矩矢量 $\vec{p}_m$(或简称磁矩)来描述。磁偶极子的磁偶极矩矢量定义为

$$\vec{p}_m = I\vec{S} \tag{4.4.5}$$

$\vec{S}$ 的方向与电流方向成右手螺旋法则，如图 4.4.2 所示。$\vec{p}_m$ 的单位是安·米($\mathrm{A \cdot m^2}$)。磁偶极子的磁感应强度的场图如图 4.4.3 所示。

式(4.4.4)又可写成

$$\vec{B} = \vec{a}_r \frac{2\mu_0 p_m}{4\pi r^3}\cos\theta + \vec{a}_\varphi \frac{\mu_0 p_m}{4\pi r^3}\sin\theta \tag{4.4.6}$$

磁偶极子的磁感应强度与距离的三次方成反比。

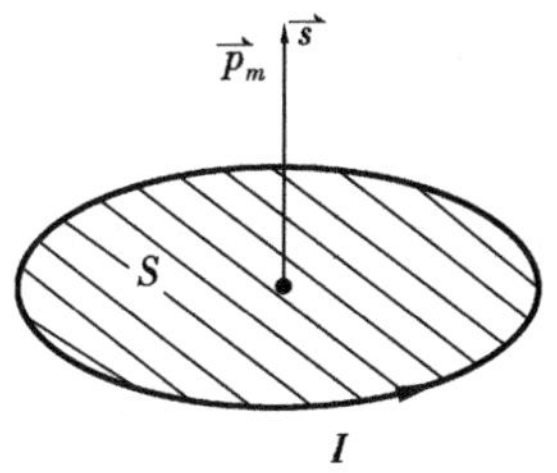

图 4.4.2 磁偶极子的定义

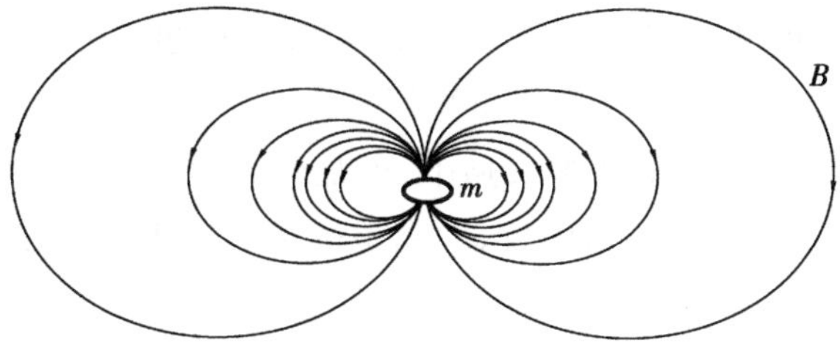

图 4.4.3 磁偶极子的场图

我们还可以导出磁偶极子场的另外表示式

$$\vec{B}=\frac{\mu_0 SI}{4\pi r^3}(\vec{a}_r 2\cos\theta+\vec{a}_r\sin\theta)=$$
$$-\frac{\mu_0 SI}{4\pi}\nabla\left[\frac{\cos\theta}{r^2}\right]=-\frac{\mu_0 SI}{4\pi}\nabla\left(\frac{\vec{a}_z\cdot\vec{a}_r}{r^2}\right)= \tag{4.4.7}$$
$$-\frac{\mu_0 I}{4\pi}\nabla\left(\frac{\vec{S}\cdot\vec{a}_r}{r^2}\right)=-\frac{\mu_0 I}{4\pi}\nabla(\mathrm{d}\Omega)$$

其中 $\mathrm{d}\Omega=\frac{\vec{S}\cdot\vec{a}_r}{r^2}$为磁偶极子的面积 S 对场点所张的立体角，由上式可以得出结论：磁偶极子的电流回路形状不同时，只要面积 S 对场点所张的立体角相同，则在同一点的 $\vec{B}$ 是相同的。可见 $\vec{B}$ 的分量仅与载流回路的面积有关，而与其具体形状无关，此结论也适用于任意形状的载流小回路的远区场。

另外，矢量磁位又可写成

$$\vec{A}=\frac{\mu_0\vec{p}_m\times\vec{a}_r}{4\pi r^2}=-\frac{\mu_0\vec{p}_m}{4\pi}\times\nabla\left(\frac{1}{r}\right) \tag{4.4.8}$$

因此，磁偶极子的磁感应强度为

$$\vec{B}=-\frac{\mu_0}{4\pi}\nabla\times\left(\vec{p}_m\times\nabla\frac{1}{r}\right)=\frac{\mu_0}{4\pi}\nabla\times\left(\nabla\times\frac{\vec{p}_m}{r}-\frac{1}{r}\nabla\times\vec{p}_m\right) \tag{4.4.9}$$

由于 $\vec{p}_m$ 是常矢量，则 $\nabla\times\vec{p}_m=0$，式(4.4.9)为

$$\vec{B}=\frac{\mu_0}{4\pi}\nabla\times\nabla\times\frac{\vec{p}_m}{r} \tag{4.4.10}$$

若将式(4.4.10)展开，并考虑 $r\neq0$ 时有 $\nabla^2\left(\frac{1}{r}\right)=0$，$\nabla^2\left(\frac{\vec{p}_m}{r}\right)=0$，故有

$$\vec{B}=\frac{\mu_0}{4\pi}\nabla\left(\nabla\cdot\frac{\vec{p}_m}{r}\right)=\frac{\mu_0}{4\pi}\nabla\left(\vec{p}_m\cdot\nabla\frac{1}{r}\right)=-\mu_0\nabla\left(\frac{\vec{p}_m\cdot\vec{r}}{4\pi r^3}\right) \tag{4.4.11}$$

令 $\varphi_m=\frac{\vec{p}_m\cdot\vec{r}}{4\pi r^3}$，则磁感应强度可表示为

$$\vec{B}=-\mu_0\nabla\varphi_m \tag{4.4.12}$$

由此可见,在无电流分布区域,磁感应强度 $\vec{B}$ 可表示为一标量函数的负梯度,我们将标量函数 φ_m 称为恒定磁场的标量磁位。

实际上,在无源区域中,由基本方程 $\nabla\times\vec{B}=0$ 可知恒定磁场是无旋的。因此可定义 $\vec{B}=-\mu_0\nabla\varphi_m$,且标量函数 φ_m 满足标量的拉普拉斯方程

$$\nabla^2\varphi_m=0 \tag{4.4.13}$$

标量函数 φ_m 满足的边界条件为

$$\varphi_{m1}=\varphi_{m2} \tag{4.4.14}$$

$$\mu_1\frac{\partial\varphi_{m1}}{\partial n}=\mu_2\frac{\partial\varphi_{m2}}{\partial n} \tag{4.4.15}$$

对于无源区域中恒定磁场的求解,我们也可通过求解标量函数 φ_m 的分布型问题或边值型问题来得到。

例 4.4.1　求一个半径为 a 的磁介质球置于均匀磁场 $\vec{H}=\vec{a}_zH_0$ 中被磁化后的磁场,如图 4.4.4 所示。

解　这是无源区中求磁场的问题,可用求解标量磁位的拉普拉斯方程的边值问题来解得。设磁介质的磁导率 $\mu>\mu_0$,球心置于球坐标的原点。令球外的标量磁位为 φ_{m1},球内为 φ_{m2},其边界条件为

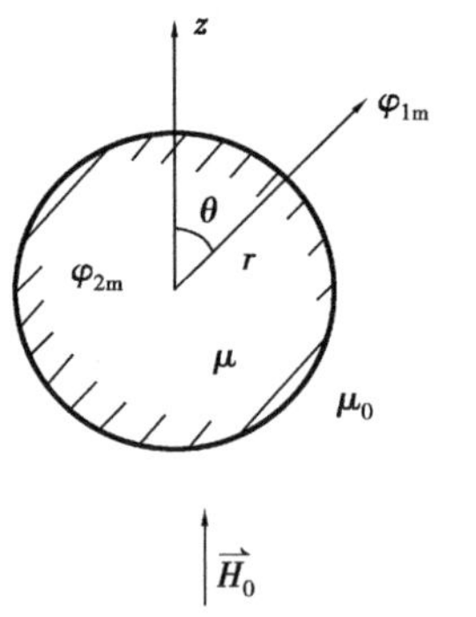

图 4.4.4　均匀磁场中介质球

当 $r=0$ 时,$\varphi_{m2}=0$;

当 $r\to\infty$ 时,$\varphi_{m1}=-H_0r\cos\theta$;

当 $r=a$ 时,$\varphi_{m1}=\varphi_{m2}$,$\mu_0\frac{\partial\varphi_{m1}}{\partial r}=\mu\frac{\partial\varphi_{m2}}{\partial r}$

将各区域中标量磁位的拉普拉斯方程的通解分别代入上述边界条件可得

$$\varphi_{m1}=(-r+A_1\frac{a^3}{r^2})H_0\cos\theta$$

$$\varphi_{m2}=(-A_2r)H_0\cos\theta$$

式中

$$A_1=\frac{\mu-\mu_0}{\mu+2\mu_0},\qquad A_2=\frac{3\mu_0}{\mu+2\mu_0}$$

由 $\vec{H}=-\nabla\varphi_m$ 可得:当 $r>a$ 时,磁场强度为

$$\vec{H}=\vec{a}_r\left[1+2A_1(\frac{a}{r})^3H_0\cos\theta\right]+\vec{a}_\theta\left[A_1(\frac{a}{r})^3-1\right]H_0\sin\theta=$$

$$\vec{a}_zH_0+(\vec{a}_r2\cos\theta-\vec{a}_\theta\sin\theta)\left[(\frac{a}{r})^3A_1H_0\right]$$

上式中第一项为原外磁场 $\vec{a}_zH_0$;第二项为磁介质球磁化后产生的磁场,它等于磁偶极子产生的磁场强度。而球内($r<a$)的磁场强度为

$$\vec{H}=(\vec{a}_r\cos\theta-\vec{a}_\theta\sin\theta)A_2H_0=\vec{a}_z\frac{3\mu_0}{\mu+2\mu_0}H_0=$$

$$\vec{a}_z\left[H_0 - \frac{\mu - \mu_0}{\mu + 2\mu_0}H_0\right] = \vec{H}_0 + \vec{H}_m$$

式中 $\vec{H}_m = -\vec{a}_z\dfrac{\mu - \mu_0}{\mu + 2\mu_0}H_0$ 为磁化介质球在球内产生的一个反向磁场。

4.5　磁介质中的安培环路定律

磁介质材料中电子的自旋和电子绕原子核的旋转形成微观电流，称为分子电流或束缚电流。每一个分子电流我们可以视为一个磁偶极子。微观电流也要产生磁场，平常情况下，由于热运动的结果，材料中的磁偶极子的取向是杂乱无章的，因此，各单元束缚电流的磁矩互相抵消，对外不显磁性。在外磁场作用下，材料中各单元磁矩 $\vec{p}_m$ 的取向趋于一致，对外呈现宏观的磁效应，影响磁场的分布，这种现象称为磁化现象。材料中磁偶极子在两种情况下的取向如图 4.5.1 所示。

(a)非极化磁偶极子分布　　(b)受极磁偶极子分布

图 4.5.1　磁偶极子的取向

磁介质被磁化的程度用磁化强度矢量 $\vec{M}$ 表示，磁介质中某点 N 的磁化强度矢量定义为

$$\vec{M} = \lim_{\Delta\tau \to 0}\frac{\sum_{i=1}^{k}\vec{p}_{mi}}{\Delta\tau} \tag{4.5.1}$$

$\Delta\tau$ 为包围 N 点的一小体积元，$\sum_{i=1}^{k}\vec{p}_{mi}$ 为体积 $\Delta\tau$ 内分子电流磁偶极矩的矢量和，$\vec{M}$ 为 N 点单位体积中的磁矩矢量，单位为安/米(A/m)，表示磁介质中该点磁化的程度。在均匀磁介质内，磁介质内部没有磁化电流，而表面将出现磁化面电流分布，用 $\vec{J}_{ms}$ 表示磁化面电流密度。当磁介质不均匀时，磁介质内部还存在磁化体电流密度，用 $\vec{J}_m$ 表示。因此，存在磁介质空间中的磁场为源电流的磁场和磁化电流的磁场的迭加。下面我们来计算磁介质在空间中激励的矢量磁位和磁介质中或磁介质表面上的磁化电流分布。

由于每个分子电流相当于一个磁偶极子，它在远区产生的矢量磁位为

$$\vec{A} = -\frac{\mu_0}{4\pi}\vec{p}_m \times \nabla\left(\frac{1}{r}\right) \tag{4.5.2}$$

若磁偶极子的中心在点(x',y',z')，则式(4.5.2)又可写成

$$\vec{A}=-\frac{\mu_0}{4\pi}\vec{p}_m\times\nabla\left(\frac{1}{|\vec{r}-\vec{r}'|}\right)=\frac{4}{4\pi}\vec{p}_m\times\nabla'\left(\frac{1}{|\vec{r}-\vec{r}'|}\right)\tag{4.5.3}$$

现在计算一个体积为τ'的被磁化了的磁介质，在场点$P(x,y,z)$所产生的矢量磁位。如图4.5.2所示，在体积τ'内取体积元$d\tau'$，根据磁化强度$\vec{M}$的定义，$d\tau'$内的磁矩为$\vec{M}d\tau'$，它在P点产生的矢量磁位是

$$d\vec{A}=\frac{\mu_0}{4\pi}\vec{M}\times\nabla'\left(\frac{1}{|\vec{r}-\vec{r}'|}\right)d\tau'\tag{4.5.4}$$

体积τ'内所有的磁偶极子在P点产生的矢量磁位是

$$\vec{A}=\frac{\mu_0}{4\pi}\int_{\tau'}\vec{M}\times\nabla'\left(\frac{1}{|\vec{r}-\vec{r}'|}\right)d\tau'\tag{4.5.5}$$

上式的微分和积分都是对源点坐标进行的。应用矢量恒等式

$$\nabla'\times\left(\frac{\vec{M}}{|\vec{r}-\vec{r}'|}\right)=\frac{1}{|\vec{r}-\vec{r}'|}\nabla'\times\vec{M}-\vec{M}\times\nabla'\left(\frac{1}{|\vec{r}-\vec{r}'|}\right)$$

所以，式(4.5.5)又可以写成

$$\vec{A}=\frac{\mu_0}{4\pi}\int_{\tau'}\frac{\nabla'\times\vec{M}}{|\vec{r}-\vec{r}'|}d\tau'-\frac{\mu_0}{4\pi}\int_{\tau'}\nabla'\times\left(\frac{\vec{M}}{|\vec{r}-\vec{r}'|}\right)d\tau'\tag{4.5.6}$$

利用高斯定理的切向形式(附录式1.20)可将式(4.5.6)中的第二项体积分改写成在包围体积τ'的闭合面s'上的面积分，即

$$\vec{A}=\frac{\mu_0}{4\pi}\int_{\tau'}\frac{\nabla'\times\vec{M}}{|\vec{r}-\vec{r}'|}d\tau'+\frac{\mu_0}{4\pi}\oint_{S'}\left(\frac{\vec{M}\times\vec{n}}{|\vec{r}-\vec{r}'|}\right)dS'\tag{4.5.7}$$

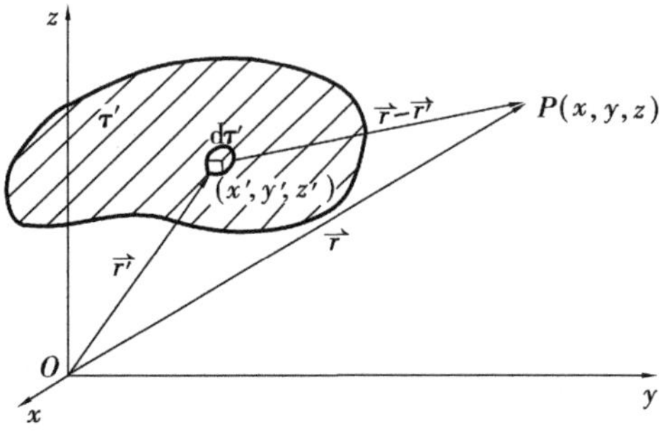

图4.5.2 磁介质的矢量磁位

这是磁化介质在外一点$P(x',y',z')$的矢量磁位，式中$\vec{n}$是表面上的法向矢量。可以证明，这也是在磁介质内部一点上的矢量磁位的计算公式。将式(4.5.7)中的体积分项与式(4.3.8)比较可见：$\nabla'\times\vec{M}$相当于磁介质中的体电流密度分布；将式(4.5.7)中的面积分项与式(4.3.9)比较可见：$\vec{M}\times\vec{n}$相当于磁介质表面上的面电流密度分布。因为磁介质的矢量磁位就是磁介质中的体磁化电流和磁介质表面上的磁化面电流激励的，因此，磁介质中的束缚体电流密度为

$$\vec{J}_m=\nabla\times\vec{M}\tag{4.5.8}$$

上式略去了∇上的一撇，这是因为求旋度是对束缚体电流密度$\vec{J}_m$所在的点进行的。$\vec{J}_m$的单位为A/m^2。

磁介质表面上的束缚面电流密度为

$$\vec{J}_{mS}=\vec{M}\times\vec{n}\tag{4.5.9}$$

穿过磁介质空间中任一闭合路径所围面积上的磁化电流强度为

$$I_m = \int_S \vec{J}_m \cdot \mathrm{d}\vec{S} = \int_S \nabla \times \vec{M} \cdot \mathrm{d}\vec{S} = \oint_l \vec{M} \cdot \mathrm{d}\vec{l} \tag{4.5.10}$$

磁化磁介质的矢量磁位又可写成

$$\vec{A} = \frac{\mu_0}{4\pi}\int_\tau \frac{\vec{J}_m}{|\vec{r} - \vec{r}'|}\mathrm{d}\tau' + \frac{\mu_0}{4\pi}\oint_S \frac{\vec{J}_{mS}}{|\vec{r} - \vec{r}'|}\mathrm{d}S' \tag{4.5.11}$$

磁化磁介质的磁感应强度为

$$\vec{B} = \frac{\mu_0}{4\pi}\int_\tau \frac{\vec{J}_m \times (\vec{r} - \vec{r}')}{|\vec{r} - \vec{r}'|^3}\mathrm{d}\tau' + \frac{\mu_0}{4\pi}\oint_S \frac{\vec{J}_{mS} \times (\vec{r} - \vec{r}')}{|\vec{r} - \vec{r}'|^3}\mathrm{d}S' \tag{4.5.12}$$

由以上讨论可知，磁介质的作用可以用磁化电流来代替，因此，当空间中存在磁介质时，磁场可以看作源电流与磁化电流在真空中激励的磁场的迭加。存在磁介质的空间中任一点的磁感应强度为

$$\vec{B} = \vec{B}_0 + \vec{B}' \tag{4.5.13}$$

$\vec{B}_0$ 是真空中源电流的磁场，$\vec{B}'$是因磁化产生的附加磁场，也即磁化电流 I_m 产生的磁场。这时，安培环路定律应当写成

$$\oint_l \vec{B} \cdot \mathrm{d}\vec{l} = \mu_0(I + I_m) \tag{4.5.14}$$

式中 I、I_m 分别是 l 上交链的源电流与磁化电流的代数和，并且闭合回路 l 的环绕方向与 I、I_m 的方向符合右手螺旋法则。

将式(4.5.10)代入式(4.5.14)可得

$$\oint_l \vec{B} \cdot \mathrm{d}\vec{l} = \mu_0\left(I + \oint_l \vec{M} \cdot \mathrm{d}\vec{l}\right)$$

即

$$\oint_l \left(\frac{\vec{B}}{\mu_0} - \vec{M}\right) \cdot \mathrm{d}\vec{l} = I \tag{4.5.15}$$

定义矢量

$$\vec{H} = \frac{\vec{B}}{\mu_0} - \vec{M} \tag{4.5.16}$$

并称 $\vec{H}$ 为磁场强度矢量，单位为 A/m，于是式(4.5.15)可改写成

$$\oint_l \vec{H} \cdot \mathrm{d}\vec{l} = I \tag{4.5.17}$$

这就是磁介质中的安培环路定律。式(4.5.17)表明，磁场强度的环流只和闭合路径所围面积上穿过的自由电流的代数和有关，而与磁介质的分布，或者说与磁化电流的分布无关。尽管磁介质磁化后要引起 $\vec{B}$ 的变化，也相应引起 $\vec{H}$ 的变化，但对 $\vec{H}$ 的环流却无影响。在此需要正确理解的是：$\vec{H}$ 的闭合环路积分仅与自由电流有关，但场中 $\vec{H}$ 矢量本身的分布却与自由电流，磁介质分布都有关。

对于任何磁介质，式(4.5.16)都成立。在真空中，由于 $\vec{M} = 0$，则 $\vec{B} = \mu_0\vec{H}$。实验结果表明：除铁磁介质以外，在其他各向同性的线性磁介质中，$\vec{M}$ 与 $\vec{H}$ 成正比，它们之间的关系是

$$\vec{M}=\mu_0\chi_m\vec{H} \tag{4.5.18}$$

式中χ_m为无量纲的常数，称为磁介质的磁化率。对于顺磁介质，$\chi_m>0$；对于抗磁介质，$\chi_m<0$；在真空中，$\chi_m=0$。将式(4.5.18)代入式(4.5.16)可得

$$\vec{B}=\mu_0(1+\chi_m)\vec{H} \tag{4.5.19}$$

令

$$\mu_r=1+\chi_m=\frac{\mu}{\mu_0} \tag{4.5.20}$$

式中μ_r称为磁介质的相对磁导率，是一个无量纲的常数。在真空中，$\mu_r=1$；在顺磁介质中，$\mu_r>1$；在抗磁介质中，$\mu_r<1$。μ称为磁介质的磁导率，它的单位与μ_0的单位一样是(亨利/米)。χ_m、μ_r和μ都是说明磁介质磁化特性的物理量。将式(4.5.20)代入式(4.5.19)得

$$\vec{B}=\mu_0\mu_r\vec{H}=\mu\vec{H} \tag{4.5.21}$$

如果磁介质是各向同性、线性、均匀的，则μ_r和μ是与空间坐标无关的常数，如果磁介质是各向同性、线性、不均匀的，则μ_r和μ是空间坐标(x,y,z)的函数。

所有的顺磁性物质(如铝等)和抗磁性物质(如铜、银等)的$|\chi_m|\approx 0$，所以它们的磁导率$\mu\approx\mu_0$。这说明这些物质对磁场的影响很小。大多数的磁性系统都使用铁磁性物质(如铁等)，它们的$\vec{B}$与$\vec{H}$的关系是非线性的，不满足式(4.5.21)。μ不是常数，而是$\vec{H}$的函数，并且与它原来的磁化状态有关。铁磁性物质中的磁化强度比顺磁介质和抗磁介质要大若干数量级，一些铁磁性物质的μ_r可达10^4量级。

还有一些各向异性的磁介质(如铁氧体)，它们的$\vec{B}$与$\vec{H}$的关系也不满足式(4.5.21)。例如$\vec{B}$的x分量不仅与H_x有关，而且还与H_y和H_z有关，其他分量也是如此。如果仍沿用式(4.5.21)来表示$\vec{B}$与$\vec{H}$的关系，则μ_r和μ不再是标量，而是一个张量。$\vec{B}$与$\vec{H}$的关系可写成

$$[B]=\mu_0[\mu_r][H]=[\mu][H] \tag{4.5.22}$$

其中$[\mu_r]$和$[\mu]$分别称为相对张量磁导率和张量磁导率。

在式(4.5.17)中，穿过闭合路径所围面积上的自由电流为

$$I=\int_S\vec{J}\cdot d\vec{S}$$

将上式代入式(4.5.17)，再利用斯托克斯定律可得

$$\oint_l\vec{H}\cdot d\vec{l}=\int_S\nabla\times\vec{H}\cdot d\vec{S}=\int_S\vec{J}\cdot d\vec{S}$$

于是有

$$\nabla\times\vec{H}=\vec{J} \tag{4.5.23}$$

这便是安培环路定律的微分形式。另外，束缚电流的磁场也是旋涡场，因此，磁介质空间中恒定磁场仍然满足磁通连续性方程，即

$$\nabla\cdot\vec{B}=0 \tag{4.5.24}$$

和

$$\oint_S\vec{B}\cdot d\vec{S}=0 \tag{4.5.25}$$

现将磁介质空间中恒定磁场的基本方程总结如下

$$\nabla \times \vec{H} = \vec{J} \qquad \nabla \cdot \vec{B} = 0$$

和

$$\oint_l \vec{H} \cdot \mathrm{d}\vec{l} = I \qquad \oint_S \vec{B} \cdot \mathrm{d}\vec{S} = 0$$

$$\vec{B} = \mu_0 \mu_r \vec{H} = \mu \vec{H}$$

在磁介质中，式(4.5.21)和式(4.5.22)又称为磁性媒质的本构方程。

例4.5.1　同轴线的内导体半径为 a，外导体的半径为 b，外导体的厚度忽略不计。并设导体的磁导率是 μ_0，内、外导体间充满磁导率为 μ 的均匀磁介质，如图4.5.3所示。内、外导体分别通以大小都等于 I 但方向相反的电流，求各处的 $\vec{H}$ 和 $\vec{B}$。

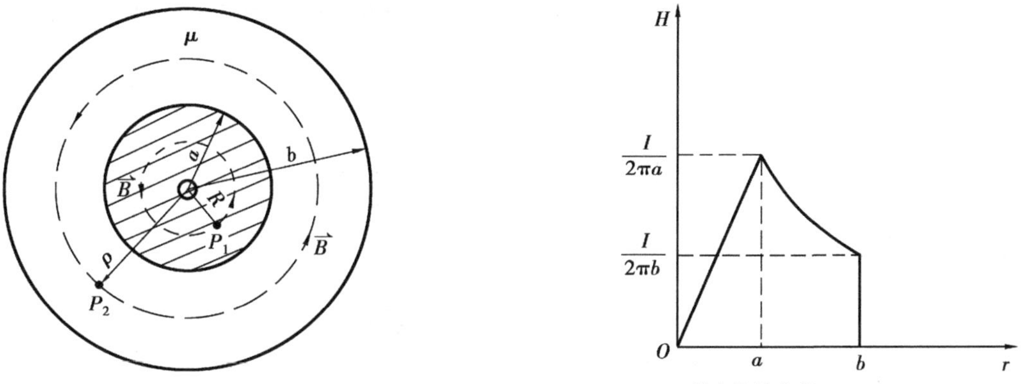

(a)同轴线　(b)H的分布

图4.5.3　同轴线内的磁场分布

解　同轴线是无限长的，这是一个平面场问题。在柱坐标系中，取同轴线的轴线与 z 轴重合，且内导体电流沿 z 轴正向流动。由于导体截面是圆的，因此，电流产生的磁场为轴对称场，$\vec{H}$ 和 $\vec{B}$ 的方向都在 $\vec{a}_\varphi$。

由安培环路定律：$\oint_l \vec{H} \cdot \mathrm{d}\vec{l} = \int_S \vec{J} \cdot \mathrm{d}\vec{S}$ 可知

当 $0 \leqslant r \leqslant a$ 时，$\oint_l \vec{H} \cdot \mathrm{d}\vec{l} = H_\varphi 2\pi r = \dfrac{I}{\pi a^2} \cdot \pi r^2$，即

$$H_\varphi = \frac{I}{2\pi a^2} r \quad 和 \quad B_\varphi = \frac{\mu_0 I}{2\pi a^2} r$$

当 $a \leqslant r \leqslant b$ 时，$\oint_l \vec{H} \cdot \mathrm{d}\vec{l} = H_\varphi 2\pi r = I$，即

$$H_\varphi = \frac{I}{2\pi r} \quad 和 \quad B_\varphi = \frac{\mu I}{2\pi a r}$$

当 $r > b$ 时，$\oint_l \vec{H} \cdot \mathrm{d}\vec{l} = H_\varphi 2\pi r = 0$，由对称性可知，$\vec{B} = \vec{H} = 0$。

例4.5.2　无限长铁质圆管中通过电流 I，管的内、外半径分别为 a 和 b。已知铁的磁导率为 μ，求管壁中和管内、外空气中的 $\vec{B}$，并计算铁中的磁化强度 $\vec{M}$ 和磁化电流分布。

解　由于电流分布具有轴对称性，场分布也具有轴对称性。在柱坐标系中，磁场的分量只

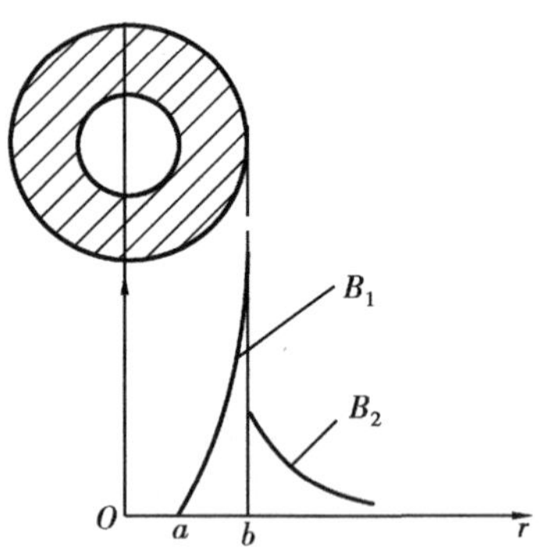

图 4.5.4　铁质圆管的磁场分布

有 φ 分量，对半径为 r 的圆柱面上场变量只有切向分量，故

当 $a \leqslant r \leqslant b$ 时，$\oint_l \vec{H} \cdot \mathrm{d}\vec{l} = H_\varphi 2\pi r = \dfrac{I}{\pi(b^2 - a^2)}\pi(r^2 - a^2)$，则有

$$\vec{H} = \vec{a}_\varphi \frac{r^2 - a^2}{b^2 - a^2}\frac{I}{2\pi r} \quad 和 \quad \vec{B} = \mu\vec{H} = \vec{a}_\varphi \mu \frac{r^2 - a^2}{b^2 - a^2}\frac{I}{2\pi r}$$

当 $b \leqslant r \leqslant \infty$ 时，$\oint_l \vec{H} \cdot \mathrm{d}\vec{l} = H_\varphi 2\pi r = I$，则有

$$\vec{H} = \vec{a}_\varphi \frac{I}{2\pi r} \quad 和 \quad \vec{B} = \mu_0 \vec{H} = \vec{a}_\varphi \frac{\mu_0 I}{2\pi r}$$

当 $0 \leqslant r \leqslant a$ 时，$\oint_l \vec{H} \cdot \mathrm{d}\vec{l} = H_\varphi 2\pi r = 0$，则有 $\vec{B} = \vec{H} = 0$。

在 $a \leqslant r \leqslant b$ 的管壁空间内有磁化强度为

$$\vec{M} = \vec{a}_\varphi\left(\frac{\vec{B}}{\mu_0} - \vec{H}\right) = \vec{a}_\varphi\left(\frac{\mu}{\mu_r} - 1\right)\left(\frac{r^2 - a^2}{b^2 - a^2}\right)\frac{I}{2\pi r}$$

故管壁内的磁化体电流为

$$\vec{J}_m = \nabla \times \vec{M} = \vec{a}_z\left(\frac{\mu}{\mu_0} - 1\right)\frac{I}{\pi(b^2 - a^2)}$$

在分界面 $r = a$ 和 $r = b$ 处的磁化面电流为

在 $r = a$ 处：　$\vec{J}_{ms} = \vec{M} \times (-\vec{a}_r) = 0$

在 $r = b$ 处：　$\vec{J}_{ms} = \vec{M} \times \vec{a}_r = -\vec{a}_z\left(\dfrac{\mu}{\mu_0} - 1\right)\dfrac{I}{2\pi b}$

4.6　恒定磁场的边界条件

在不同磁介质的分界面上，由于磁介质的磁导率存在突变，而且在磁介质表面上一般还存在着束缚电流，因此，$\vec{B}$ 和 $\vec{H}$ 在经过分界面时要发生突变。$\vec{B}$ 和 $\vec{H}$ 在分界面两侧的变化关系称为 $\vec{B}$ 和 $\vec{H}$ 在分界面上的边界条件。

与静电场中一样，恒定磁场基本方程的微分形式只适用于介质连续的区域，因为进行微分运算的基本要求是函数应是连续的。因此在不同介质的分界面上 $\vec{B}$ 和 $\vec{H}$ 的关系必须用基本方程的积分形式来讨论。

在两种磁介质分界面上，取一个跨过分界面两侧的小扁状闭合柱面（高 $h \to 0$ 为无穷小量），如图 4.6.1(a)所示，应用磁通连续方程式(4.5.25)可得：

$$\oint_S \vec{B} \cdot \mathrm{d}\vec{S} = \vec{B}_1 \cdot \vec{n}\mathrm{d}S - \vec{B}_2 \cdot \vec{n}\mathrm{d}S = 0$$

于是有

$$n \cdot (\vec{B}_2 - \vec{B}_1) = 0 \tag{4.6.1}$$

即

$$B_{1n} = B_{2n} \tag{4.6.2}$$

式(4.6.1)或式(4.6.2)说明磁感应强度的法向分量是连续的。

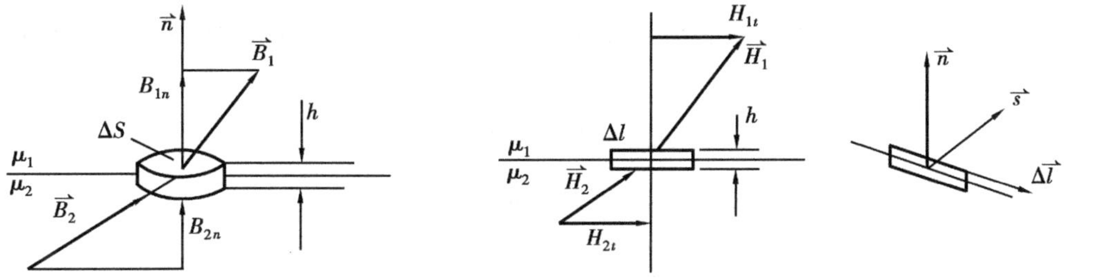

(a)　　　　　　　　(b)

图4.6.1　恒定磁场的边界条件

再在磁介质分界面上，取一跨过分界面两侧的小矩形回路 l，如图4.6.1(b)所示，这个小矩形回路的两边 Δl 平行于分界面，且分居于分界面两侧，另外两边 h 垂直穿过分界面，且 $h\to 0$。应用安培环路定律式(4.5.17)，由于磁场强度为有限值，则 $\vec{H}$ 在两个 h 边的线积分可略去。又设 Δl 边也很小，可以把磁场看成沿 Δl 呈均匀分布，于是

$$\oint_l \vec{H}\cdot \mathrm{d}\vec{l} = \vec{H}_1\cdot\Delta\vec{l} - \vec{H}_2\cdot\Delta\vec{l} = I \tag{4.6.3}$$

若分界面上分布有表面电流 $\vec{J}_S$，取垂直于小矩形面积的单位矢量为 $\vec{S}$，则穿过小矩形面积的电流为 $\vec{J}_S\cdot\vec{S}\Delta l$，其中 $\vec{J}_S\cdot\vec{S}$ 是垂直于小矩形面积的电流分量。如图4.6.2所示。

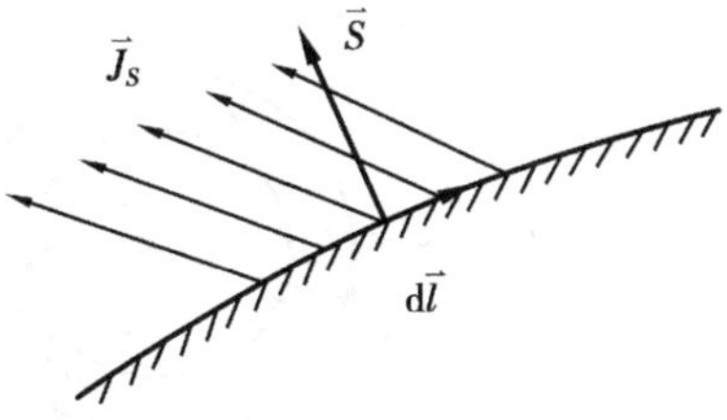

图4.6.2　穿过小矩形面积的电流

另外，$\Delta\vec{l}$ 又可以写成 $\Delta\vec{l} = \vec{s}\times\vec{n}\Delta\vec{l}$，于是，式(4.6.3)可写成

$$(\vec{H}_1 - \vec{H}_2)\cdot(\vec{S}\times\vec{n})\Delta l = \vec{J}_S\cdot\vec{S}\Delta l \tag{4.6.4}$$

即

$$n\times(\vec{H}_1 - \vec{H}_2)\cdot\vec{s}\Delta l = \vec{J}_S\cdot\vec{S}\Delta l \tag{4.6.5}$$

因为回路是任意取的，其包围的面的方向也是任意的，因而一定有

$$\vec{n}\times(\vec{H}_1 - \vec{H}_2) = \vec{J}_S \tag{4.6.6}$$

如果分界面上无源表面电流(即 $\vec{J}_S=0$)，则

$$\vec{n}\times(\vec{H}_1 - \vec{H}_2) = 0 \tag{4.6.7}$$

即

$$\vec{H}_{1t} = \vec{H}_{2t} \qquad 或 \qquad H_1\sin\theta_1 = H_2\sin\theta_2$$

当 $\vec{J}_s=0$ 时，分界面上 $\vec{H}$ 的切向分量是连续的。若两磁介质各向同性，则 $\vec{H}$ 和 $\vec{B}$ 是共面的矢量，且两介质中矢量与法线 $\vec{n}$ 的夹角 θ_1 和 θ_2 之间的关系为

$$\frac{\tan\theta_1}{\tan\theta_2} = \frac{\mu_1}{\mu_2} \tag{4.6.8}$$

如果介质 1 是空气,介质 2 是铁磁物质,则由于$\mu_1 \ll \mu_2$,$\theta_1 \ll \theta_2$,在空气中磁感应线几乎与铁表面垂直。

当介质 1 是真空,介质 2 表面上没有自由面电流时,$\vec{B}_1$ 和 $\vec{B}_2$ 的切向分量之差为

$$\vec{n} \times (\vec{B}_1 - \vec{B}_2) = \vec{n} \times [\mu_0 \vec{H}_1 - (\mu_0 \vec{H}_2 + \mu_0 \vec{M})] = \mu_0 \vec{n} \times (\vec{H}_1 - \vec{H}_2) + \mu_0 \vec{M} \times \vec{n}$$

而

$$\mu_0 \vec{n} \times (\vec{H}_1 - \vec{H}_2) = 0$$

$$\vec{J}_{mS} = \vec{M} \times \vec{n}$$

故

$$\vec{n} \times (\vec{B}_1 - \vec{B}_2) = \mu_0 \vec{J}_{mS} \tag{4.6.9}$$

由此可见分界面上场量突变的原因是磁化面电流 $\vec{J}_{mS}$。当然自由面电流 $\vec{J}_S$ 也是场量突变的原因。

另外,对应于 $\vec{B}$ 和 $\vec{H}$ 的边界条件,矢量磁位 $\vec{A}$ 对应的表达式为

$$\vec{A}_1 = \vec{A}_2 \tag{4.6.10}$$

$$\frac{1}{\mu_1}(\nabla \times \vec{A}_1)_t = \frac{1}{\mu_2}(\nabla \times \vec{A}_2)_t \tag{4.6.11}$$

例 4.6.1 如图 4.6.3 所示,铁心磁环的内半径为 a,轴线半径 r_0,环的横截面为矩形,且尺寸为 $d \times h$。已知 $a \gg h$ 和铁心的磁导率 $\mu \gg \mu_0$,磁环上绕有 N 匝线圈,通以电流为 I。试计算环中的 $\vec{B}$,$\vec{H}$ 和 Φ。

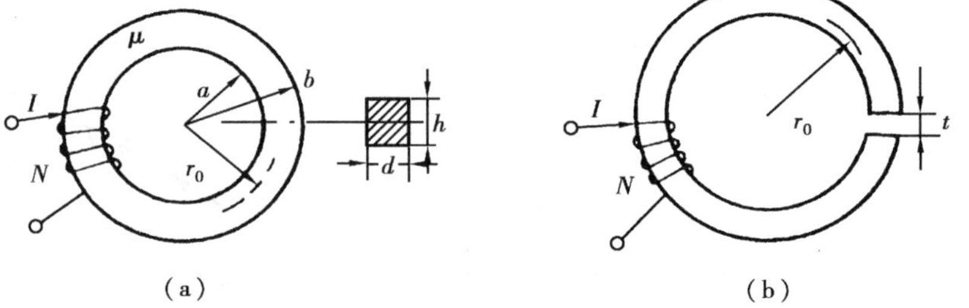

图 4.6.3 铁心磁环的 $\vec{B}$,$\vec{H}$ 和 Φ 分布

解 由边界条件可知,在 $\mu \gg \mu_0$ 的情况下,磁感应线主要在磁环内流动,磁环外的空间中磁感应线数量稀少,且垂直于磁环表面,此时,铁心磁环形成一条磁感应线流动的通路,实际上也是一条磁场能量流动的通路,这样的磁场通路称为磁路。在忽略环外漏磁的条件下,环内 $\vec{H}$ 的环积分为

$$\oint_l \vec{H} \cdot d\vec{l} = H_\varphi 2\pi r_0 = NI$$

$$H_\varphi = \frac{NI}{2\pi r_0}, \qquad B_\varphi = \mu H_\varphi = \frac{\mu NI}{2\pi r_0}$$

铁心环内的磁通为

$$\Phi = \frac{\mu NI}{2\pi r_0}\mathrm{d}h = \frac{\mu NI}{l}S$$

上式中 $l=2\pi r_0$ 为磁环的周长，若令 $NI=E_m$，$R_m=\frac{l}{\mu S}$，则有

$$\Phi = \frac{E_m}{R_m}$$

称 $E_m=NI$ 为磁动势；R_m 为磁阻，上式为磁路理论中的欧姆定律。

当磁环上开一很小切口，即在磁路上有一个小空气隙时，根据磁通连续性方程，我们近似地认为磁感应线穿过空气隙时仍均匀分布在截面上。由磁场的边界条件可知：铁心内的磁感应强度与空气中的磁感应强度相等，即 $\vec{B}=\vec{B}_0$，当两个区域中的磁场强度不同，于是

$$\oint_l \vec{H}\cdot\mathrm{d}\vec{l} = H_\varphi(2\pi r_0 - t) + H_{\varphi 0}t = NI$$

这里 t 为空气隙的宽度，且 $t \ll 2\pi r_0$，在磁环内，$\vec{H}=\frac{\vec{B}}{\mu}$，在空气隙中，$\vec{H}_0=\frac{\vec{B}}{\mu_0}$，代入上式得

$$\frac{B_\varphi}{\mu}(2\pi r_0 - t) + \frac{B_\varphi}{\mu_0}t = NI$$

将上式中左边分子分母同乘以面积 S，则上式又可改写成

$$\Phi\left(\frac{2\pi r_0 - t}{\mu S} + \frac{t}{\mu_0 S}\right) = NI$$

因为 $R_m=\frac{2\pi r_0 - t}{\mu S}$，$R_{m0}=\frac{t}{\mu_0 S}$分别为铁心的磁阻和空气的磁阻，故空气隙和铁心组成了两个磁阻串联的单回路磁路，所以磁通量为

$$\Phi = \frac{E_m}{R_m + R_{m0}}$$

铁心和空气隙中的磁感应强度为

$$B = \frac{\Phi}{S} = \frac{E_m}{S}\frac{1}{R_m + R_{m0}} = NI\left(\frac{2\pi r_0 - t}{\mu} + \frac{t}{\mu_0}\right)^{-1}$$

而磁路中的 H_φ 和 $H_{\varphi 0}$分别为

$$H_\varphi = \frac{B_\varphi}{\mu} = NI\mu_0[2\pi r_0\mu_0 + t(\mu - \mu_0)]^{-1}$$

$$H_{\varphi 0} = \frac{B_\varphi}{\mu_0} = NI\mu[2\pi r_0\mu_0 + t(\mu - \mu_0)]^{-1}$$

因为 $\mu \gg \mu_0$，可见 $H_\varphi \gg H_{\varphi 0}$，与没有空气隙相比，$\Phi$ 和 B 将减小很多。

4.7　电　　感

4.7.1　电感定义

电感是一种储存磁场能量的元件，通常由 N 匝导线绕制而成。其物理表现为：当线圈中

通有电流 I 时，此电流将在空间中激励磁场，穿过线圈的总磁通称为磁链，用 Ψ 表示。若穿过一匝线圈的磁通为

$$\Phi = \int_S \vec{B} \cdot d\vec{S} \tag{4.7.1}$$

假定 N 匝导线紧密绕制，可以近似认为处于同一位置，则 $\Psi = N\Phi$。

在线性介质中，磁感应强度 $\vec{B}$ 与电流 I 成正比，电感的特性用回路的磁链与电流的比值

$$L = \frac{\Psi}{I} \tag{4.7.2}$$

来描述，L 称为电感的自感系数，或简称自感，单位为 H(亨)。自感 L 取决于线圈的大小、形状、匝数和填充的媒质。

对于两个线圈构成的互感系统，设载流回路 l_1 载有电流 I_1，在空间建立的磁感应强度为 $\vec{B}_1$，若回路 l_2 的面积为 S_2，则 $\vec{B}_1$ 穿过回路 2 的磁通量为

$$\Phi_{12} = \int_{S_2} \vec{B}_1 \cdot d\vec{S}_2 = \int_{S_2} \nabla \times \vec{A}_1 \cdot d\vec{S}_2 = \oint_{l_2} \vec{A}_1 \cdot d\vec{l}_2 \tag{4.7.3}$$

Φ_{12} 称为回路 1 上的电流 I_1 在回路 2 上的互磁通。若回路 2 有 n_2 圈，则回路 1 上的电流 I_1 在回路 2 上的互感磁链为 $\Psi_{12} = n_2\Phi_{12}$。同样，回路 2 上的电流 I_2 在回路 1 上也将激励互感磁链 $\Psi_{21} = n_1\Phi_{21}$。

在线性媒质中，互感磁链 Ψ_{12} 正比于电流 I_1 即：

$$\Psi_{12} = M_{12}I_1 \quad 或 \quad M_{12} = \frac{\Psi_{12}}{I_1} \tag{4.7.4}$$

比例系数 M_{12} 称为回路 1 与回路 2 的互感，单位为 H(亨)。

同样，回路 2 的电流 I_2 的磁场与回路 1 相交链的磁链 Ψ_{21} 与 I_2 的比值

$$M_{21} = \frac{\Psi_{21}}{I_2} \tag{4.7.5}$$

称为回路 2 与回路 1 的互感。线圈间的互感 M_{12} 和 M_{21} 取决于回路的形状、大小、匝数、两线圈的相对位置和磁介质的磁导率。

4.7.2 电感计算

电感和互感可用式(4.7.2)和式(4.7.4)、式(4.7.5)来计算。这里必须注意一个问题：即式(4.7.2)和式(4.7.4)、式(4.7.5)中的载流导线的面积无限小，这显然是不符合实际情况的。因此，在推导电感和互感的计算公式时，应将导线的截面积视为有限值。同时，还应将自感分为内自感和外自感。穿过导线内部的磁链称为内磁链，用 Ψ_i 表示，由内磁链算出的自感称为内自感 L_i。在计算内磁链时，认为电流均匀地通过导线的横截面，其中的任一条磁感应线只交链导线中电流的一部分。导线外部的磁链称为外磁链，用 Ψ_0 表示。由它计算的自感称为外自感 L_0。在计算外磁链时，我们假设电流集中在导线的几何轴线上，如图 4.7.1 中的 l_0 回路，而把导线的

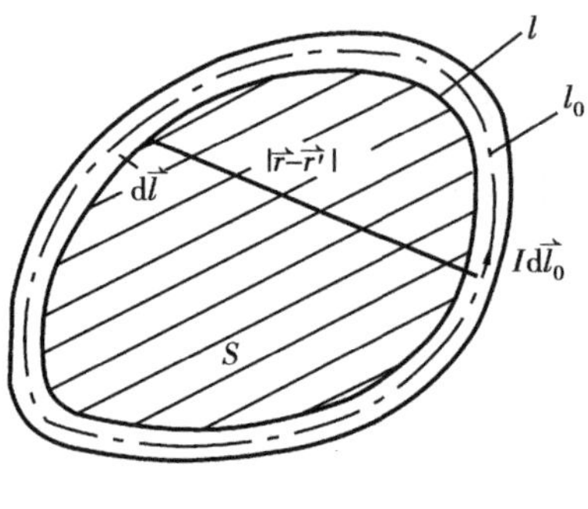

图 4.7.1 电流回路的外自感的计算

内侧边线 l 视为回路的边界。这样,外磁链 Ψ_0 就等于 $\vec{B}$ 在 l 所围面积 S 上的面积分,或等于 $\vec{A}$ 沿 l 的闭合线积分,即

$$\vec{A} = \frac{\mu_0 I}{4\pi}\oint_{l_0}\frac{\mathrm{d}\vec{l}}{R} \tag{4.7.6}$$

穿过以 l 为边界的面积上的磁链为

$$\Psi_0 = \oint_l \vec{A}\cdot\mathrm{d}\vec{l} = \oint_l\oint_{l_0}\frac{\mu_0 I}{4\pi}\frac{\mathrm{d}\vec{l}_0\cdot\mathrm{d}\vec{l}}{R} \tag{4.7.7}$$

由自感的定义式(4.7.2)可得

$$L_0 = \frac{\Psi_0}{I} = \frac{\mu_0}{4\pi}\oint_l\oint_{l_0}\frac{\mathrm{d}\vec{l}_0\cdot\mathrm{d}\vec{l}}{R} \tag{4.7.8}$$

这便是计算单匝线圈外自感的一般公式。如果是多匝线圈,而且是密绕的,则它的外自感就是上式的结果乘以匝数 n。上式又称为计算自感的诺伊曼公式。

对于两单匝互感线圈,回路 1 通过的电流 I_1 在回路 2 上的磁链为

$$\Psi_{12} = \Phi_{12} = \frac{\mu_0 I_1}{4\pi}\oint_{l_2}\oint_{l_1}\frac{\mathrm{d}\vec{l}_1\cdot\mathrm{d}\vec{l}_2}{R} \tag{4.7.9}$$

$$M_{12} = \frac{\Psi_{12}}{I_1} = \frac{\mu_0}{4\pi}\oint_{l_2}\oint_{l_1}\frac{\mathrm{d}\vec{l}_1\cdot\mathrm{d}\vec{l}_2}{R} \tag{4.7.10}$$

这就是回路 1 对回路 2 的互感计算的一般公式。同样可求得

$$\Psi_{21} = \Phi_{21} = \frac{\mu_0 I_2}{4\pi}\oint_{l_1}\oint_{l_2}\frac{\mathrm{d}\vec{l}_2\cdot\mathrm{d}\vec{l}_1}{R} \tag{4.7.11}$$

$$M_{21} = \frac{\Psi_{21}}{I_2} = \frac{\mu_0}{4\pi}\oint_{l_1}\oint_{l_2}\frac{\mathrm{d}\vec{l}_2\cdot\mathrm{d}\vec{l}_1}{R} \tag{4.7.12}$$

可见

$$M_{12} = M_{21} = M \tag{4.7.13}$$

式(4.7.10)和式(4.7.12)称为计算互感的诺伊曼公式。

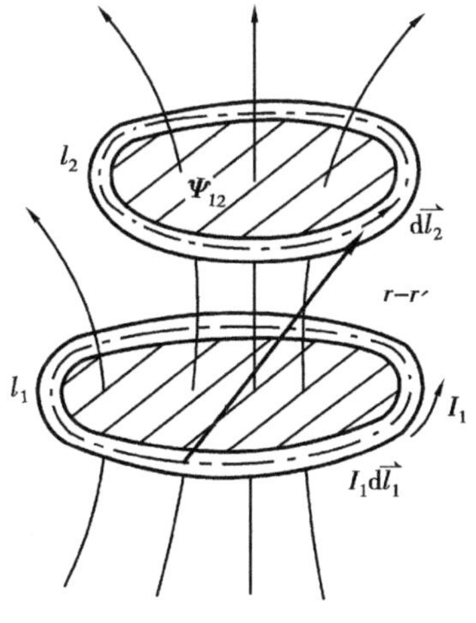

图 4.7.2　互感计算

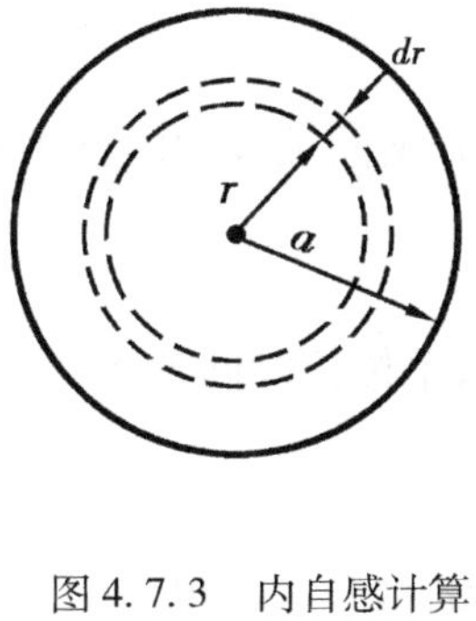

图 4.7.3　内自感计算

对于内自感的计算，设回路的尺寸比导线截面尺寸大得多且导线横截面为圆形，则导线内部的磁场可近似地认为同无限长直圆柱导体内部的场相同。若导线截面半径为 a，磁导率为 μ，如图 4.7.3 所示。则导线内的磁场为

$$\vec{B} = \vec{a}_\varphi \frac{\mu}{2} Jr = \vec{a}_\varphi \frac{\mu}{2}\left(\frac{I}{\pi a^2}\right) r \tag{4.7.14}$$

取一段导线长为 l，穿过图中宽度为 $\mathrm{d}r$ 的截面的磁通为

$$\mathrm{d}\Phi = B\mathrm{d}S = Bl\mathrm{d}r$$

$\mathrm{d}\Phi$ 并没有和全部的电流相交链，而是仅与电流的一部分（即半径为 r 的圆截面内的电流）相交链，因而在计算与 I 相交链的磁链时要乘以一个比值 $\frac{r^2}{a^2}$，即它交链的电流占总电流的百分比，即

$$\mathrm{d}\Psi = \frac{r^2}{a^2}\mathrm{d}\Phi = \frac{r^2}{a^2}\left(\frac{\mu I}{2\pi a^2}\right) lr\mathrm{d}r = \frac{\mu Il}{2\pi a^4} r^3 \mathrm{d}r \tag{4.7.15}$$

而磁链为

$$\Psi = \int_0^a \frac{\mu Il}{2\pi a^4} r^3 \mathrm{d}r = \frac{\mu l}{8\pi} I \tag{4.7.16}$$

故长度为 l 的一段圆截面导线的内自感为

$$L = \frac{\mu l}{8\pi} \tag{4.7.17}$$

例 4.7.1 如图 4.7.4 所示，求同轴圆柱导体单位长度的电感。

解 在两个导体之间，有

$$\vec{H} = \vec{a}_\varphi \frac{I}{2\pi r}, \quad \vec{B} = \vec{a}_\varphi \frac{\mu_0 I}{2\pi r}$$

通过平面 $\varphi = \mathrm{const}$ 的磁通与两导体中的电流相耦合。设导体的长度为 l，则

$$\Phi = \int_0^l \int_a^b \frac{\mu_0 I}{2\pi r}\mathrm{d}r\mathrm{d}z = \frac{\mu_0 Il}{2\pi}\ln\frac{b}{a}$$

长度为 l 的一段同轴线的外自感为

$$L = \frac{\Phi}{I} = \frac{\mu_0 l}{2\pi}\ln\frac{b}{a}$$

单位长度同轴线的外自感为

$$\frac{L}{l} = \frac{\mu_0}{2\pi}\ln\frac{b}{a}$$

单位长度同轴线的内自感为

$$L_0' = \frac{\mu_0}{8\pi}$$

因此，单位长度同轴线的总电感为

$$L = L_0 + L_0' = \frac{\mu_0}{2\pi}\ln\frac{b}{a} + \frac{\mu_0}{8\pi}$$

例 4.7.2 如图 4.7.5 所示，求双线传输线单位长度的自感，导线半径为 a，导线间的距离 $D \gg a$。

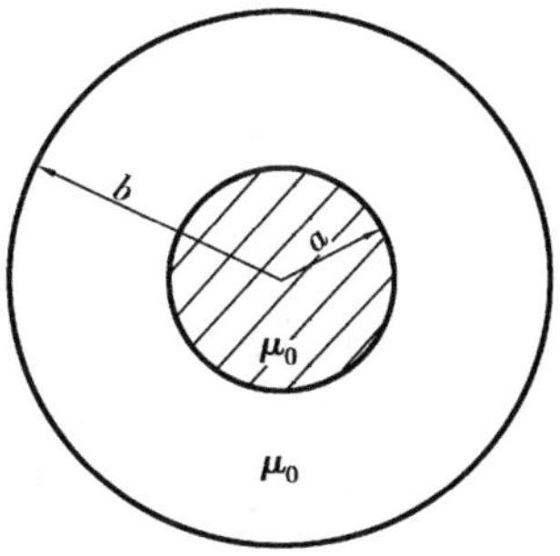

图4.7.4

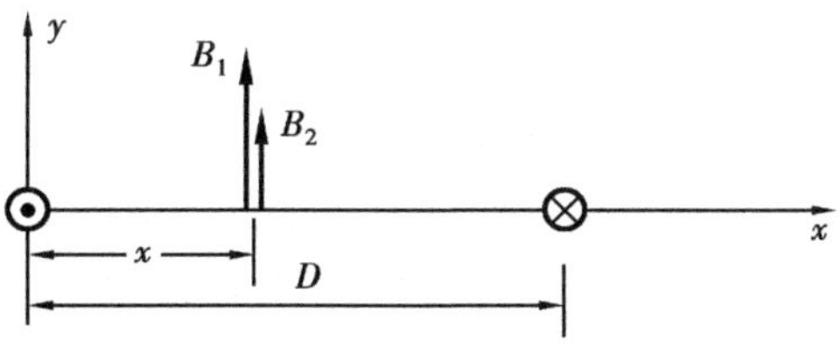

图4.7.5　双线传输线单位长度的自感

解　设导线电流为I,在两导线所构成的平面上,磁感应强度为两导线的磁感应强度的迭加,且与平面垂直。

$$\vec{B} = \frac{\mu_0 I}{2\pi}\left(\frac{1}{x} + \frac{1}{D - x}\right)$$

单位长度传输线交链的磁链为

$$\Phi_0 = \int_a^{D-a} \frac{\mu_0 I}{2\pi}\left(\frac{1}{x} + \frac{1}{D - x}\right)\mathrm{d}x = \frac{\mu_0 I}{\pi}\ln\left(\frac{D - a}{a}\right)$$

因此,单位长度传输线的自感为

$$L_0 = \frac{\mu_0}{\pi}\ln\left(\frac{D - a}{a}\right) \approx \frac{\mu_0}{\pi}\ln\frac{D}{a}$$

例4.7.3　两个互相平行且共轴的圆线圈,其中一个圆的半径a远小于距离d,另一圆的半径b不受此限制,两线圈都只有一匝,求互感。

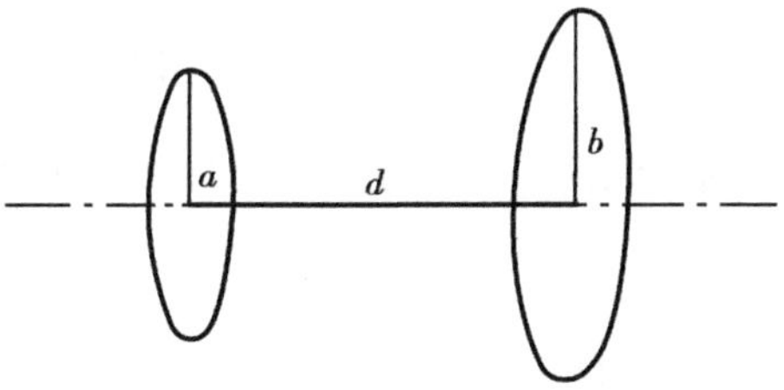

图4.7.6　两个互相平行共轴圆线圈的互感

解　由图4.7.6可见,一个小圆线圈电流在远区的矢量磁位为

$$\vec{A} = \vec{a}_\varphi \frac{\mu_0}{4\pi}\left(\frac{\pi a^2 I}{r^2}\right)\sin\theta$$

磁感应强度$\vec{B}$在第二个大圆线圈围成的面上的磁通为

$$\Phi_{12} = \oint_{c_2} \vec{A}_1 \cdot \mathrm{d}\vec{l} = A_1 2\pi b = \frac{\mu_0}{4\pi}\left(\frac{\pi a^2 I}{r^2}\right)\sin\theta \cdot 2\pi b$$

则有

$$M = \frac{\Phi_{12}}{I} = \frac{\mu_0 \pi a^2 b^2}{2(b^2 + d^2)^{3/2}}$$

其中,$r = \sqrt{b^2 + d^2}$,$\sin\theta = \dfrac{b}{\sqrt{b^2 + d^2}}$。

4.8 磁场的能量和能量密度

磁场系统所具有的磁场能量是在建立此恒定磁场系统过程中，由其他形式的能量转换成磁能的。如磁场系统是由一个或几个恒定电流回路所产生的，那么磁场的能量就一定是在这些恒定电流的建立过程中，由外电源提供的。本节讨论在给定磁场系统的电流分布的情况下，求磁场系统具有的总磁场能量和能量分布。

若磁场系统由 N 个恒定电流回路 I_1、I_2、…、I_n 所产生，并假定在 $t=0$ 时，$I_1=I_2=\cdots=I_n=0$，随着时间的增加，外电源做功使各电流按 $\alpha I_1,\alpha I_2,\cdots,\alpha I_n$ 线性增加到稳态值。

在电流建立过程中，回路中产生的反磁通企图阻碍电流增长，为了克服反磁通产生的反电动势，以使电流达到稳态值，外电源必须做功。根据能量守恒定律，各外电源做功的总和应等于恒定磁场的能量。

回路中的感应电动势等于回路磁链的时间变化率，回路 j 中的感应电动势为 $\varepsilon_j=-\dfrac{\partial \Psi_j}{\partial t}$，而外加电压必须等于

$$u_j=-\varepsilon_j=-\frac{\partial \Psi_j}{\partial t} \tag{4.8.1}$$

$\mathrm{d}t$ 时间内与回路 j 相连的电源所做的功为

$$\mathrm{d}W_j=u_j\mathrm{d}q_j=\frac{\mathrm{d}\Psi_j}{\mathrm{d}t}\mathrm{d}q=i_j\mathrm{d}\Psi_j \tag{4.8.2}$$

因此，整个系统在 $\mathrm{d}t$ 时间内增加的磁能为

$$\mathrm{d}W_m=\sum_{j=1}^{N}i_j\mathrm{d}\Psi_j \tag{4.8.3}$$

回路 j 的磁链为

$$\Psi_j=\sum_{k=1}^{N}M_{kj}i_k \tag{4.8.4}$$

其中 M_{kj}是互感系数；当 $k=j$ 时，$M_{kj}=L_j$ 是回路的自感系数，将此式代入式(4.8.3)得

$$\mathrm{d}W_m=\sum_{j=1}^{N}\sum_{k=1}^{N}i_jM_{kj}\mathrm{d}i_k \tag{4.8.5}$$

系统的建立过程对应于 α 从 0 到 1 的变化过程，假定回路中各电流同时从 0 开始以相同百分比 α 上升，达到终值 I_j，即 $i_j(t)=\alpha(t)I_j$，$i_k(t)=\alpha(t)I_k$，则 $\mathrm{d}i_k=I_k\mathrm{d}\alpha$，于是，式(4.8.5)可改写成

$$\mathrm{d}W_m=\sum_{j=1}^{N}\sum_{k=1}^{N}I_jM_{kj}I_k\alpha\mathrm{d}\alpha \tag{4.8.6}$$

整个磁场系统的总磁场能为

$$W_m=\sum_{j=1}^{N}\sum_{k=1}^{N}I_jM_{kj}I_k\int_0^1\alpha\mathrm{d}\alpha=\frac{1}{2}\sum_{j=1}^{N}\sum_{k=1}^{N}M_{kj}I_jI_k \tag{4.8.7}$$

若 $N=1$ 时，即单一回路组成的电感 $M_{11}=L$，则 $W_m=\dfrac{1}{2}LI^2$，这意味着当回路电流增长至最终值

I时,外电源做的总功就是电感储存的磁场能量。

当$N=2$时,$M_{11}=L_1$,$M_{22}=L_2$,$M_{12}=M_{21}=M$,则

$$W_m = \frac{1}{2}L_1I_1^2 + \frac{1}{2}L_2I_2^2 + MI_1I_2 \tag{4.8.8}$$

外电源做的总功就是耦合电感储存的磁场能量。

将式(4.8.4)代入(4.8.7)中,得

$$W_m = \frac{1}{2}\sum_{j=1}^{N} I_j\Psi_j = \frac{1}{2}\sum_{j=1}^{N} I_j\oint_{l_j}\vec{A}\cdot \mathrm{d}\vec{l}_j \tag{4.8.9}$$

上式中$\vec{A}$是N个回路在$\mathrm{d}\vec{l}_j$上的合成矢量磁位,上面的结果适用于细线回路的情形。对于分布电流,由于分布电流可以视为具有一定半径的线电流在给定区域中的连续分布,因此,在上式中$I_j\mathrm{d}\vec{l}_j=\vec{J}\mathrm{d}\tau$,于是,式(4.8.9)可改写为

$$W_m = \frac{1}{2}\sum_{j=1}^{N}\oint_{l_j}\vec{J}\cdot\vec{A}\mathrm{d}l_j = \frac{1}{2}\int_\tau \vec{J}\cdot\vec{A}\mathrm{d}\tau \tag{4.8.10}$$

这里的积分是对所有电流分布区域进行的。当然我们将积分区域扩大到整个空间,而不影响上式的积分结果。再将恒定磁场的基本方程$\nabla\times\vec{H}=\vec{J}$代入式(4.8.10)可得

$$W_m = \frac{1}{2}\int_\tau \vec{A}\cdot(\nabla\times\vec{H})\mathrm{d}\tau \tag{4.8.11}$$

因为
$$\nabla\cdot(\vec{A}\times\vec{H}) = \vec{H}\cdot(\nabla\times\vec{A}) - \vec{A}\cdot(\nabla\times\vec{H})$$

故式(4.8.11)可写成

$$W_m = \frac{1}{2}\int_\tau \vec{H}\cdot(\nabla\times\vec{A})\mathrm{d}\tau - \frac{1}{2}\int_\tau \nabla\cdot(\vec{A}\times\vec{H})\mathrm{d}\tau = \frac{1}{2}\int_\tau \vec{H}\cdot\vec{B}\mathrm{d}\tau - \frac{1}{2}\oint_S(\vec{A}\times\vec{H})\cdot\mathrm{d}\vec{S} \tag{4.8.12}$$

若将式(4.8.12)中积分体积扩大到无穷大,此时闭合面S可视为一无穷大的球面,因此,$R\to\infty$,而$A\to\frac{1}{R}$,$H\to\frac{1}{R^2}$,$|\vec{A}\times\vec{H}\cdot\mathrm{d}\vec{S}|\to\frac{1}{R}$,故第二项面积分为零。于是磁场的总储能为

$$W_m = \frac{1}{2}\int_\tau \vec{H}\cdot\vec{B}\mathrm{d}\tau \tag{4.8.13}$$

定义磁场的能量密度为
$$w_m = \frac{1}{2}\vec{H}\cdot\vec{B} \tag{4.8.14}$$

它代表空间某点单位体积中的磁场能量。

在各向同性,线性磁介质中

$$\vec{B} = \mu\vec{H}$$

于是
$$W_m = \int_\tau \frac{1}{2}\mu H^2\mathrm{d}\tau \tag{4.8.15}$$

$$w_m = \frac{1}{2}\mu H^2 \tag{4.8.16}$$

由此可见,磁场能量是以磁场的形式分布在整个磁场存在的空间,在空间任一点,只要有磁场

存在，则一定就有磁场能量。空间单位体积中储存的磁能大小一方面取决于磁场强度的大小，另一方面取决于媒质的磁导率，铁磁介质具有集中磁场能量的能力。

例 4.8.1 同轴线的内导体半径为 a，外导体内半径为 b，外导体的厚度忽略不计。设同轴线所用材料的磁导率都等于 μ_0，今将同轴线内、外导体在两端闭合形成回路，并通有恒定电流 I，试计算同轴线单位长度储存的磁场能。

解 同轴线内、外导体在两端短路后可视为一闭合回路，而同轴线的单位长度的电感为

$$L = L_0 + L_0' = \frac{\mu_0}{2\pi}\ln\frac{b}{a} + \frac{\mu_0}{8\pi}$$

因此，同轴线的单位长度储存的磁场能量为

$$W_m = \frac{1}{2}LI^2 = \frac{\mu_0}{4\pi}\left(\frac{1}{4} + \ln\frac{b}{a}\right)I^2$$

小　　结

1. 磁场的特性由磁感应强度 $\vec{B}$ 和磁场强度 $\vec{H}$ 来描述，真空中磁感应强度的计算公式为：

线电流　$$\vec{B} = \frac{\mu_0}{4\pi}\oint_l \frac{I\mathrm{d}\vec{l}' \times \vec{a}_R}{R^2} = \frac{\mu_0}{4\pi}\oint_l \frac{I\mathrm{d}\vec{l}' \times (\vec{r} - \vec{r}')}{|\vec{r} - \vec{r}'|^3}$$

面电流　$$\vec{B} = \frac{\mu_0}{4\pi}\int_S \frac{\vec{J}_S \times \vec{a}_R}{R^2}\mathrm{d}S' = \frac{\mu_0}{4\pi}\int_S \frac{\vec{J}_S \times (\vec{r} - \vec{r}')}{|\vec{r} - \vec{r}'|^3}\mathrm{d}S'$$

体电流　$$\vec{B} = \frac{\mu_0}{4\pi}\int_\tau \frac{\vec{J} \times \vec{a}_R}{R^2}\mathrm{d}\tau' = \frac{\mu_0}{4\pi}\int_\tau \frac{\vec{J} \times (\vec{r} - \vec{r}')}{|\vec{r} - \vec{r}'|^3}\mathrm{d}\tau'$$

2. 恒定磁场的基本方程：

磁通连续性方程

$$\oint_S \vec{B}\cdot\mathrm{d}\vec{S} = 0, \qquad \nabla\cdot\vec{B} = 0$$

安培环路定律

$$\oint_l \vec{H}\cdot\mathrm{d}\vec{l} = I \qquad \nabla\times\vec{H} = \vec{J}$$

磁介质的本构方程为：

$$\vec{B} = \mu_0\mu_r\vec{H} = \mu\vec{H}$$

恒定磁场是一种旋涡场。因此，恒定磁场一般不能用一个标量函数的梯度来描述。

3. 恒定磁场的矢量磁位为

$$\vec{B} = \nabla\times\vec{A}$$

在库仑规范条件（$\nabla\cdot\vec{A}=0$）下，场与源的关系方程为

$$\nabla^2\vec{A} = -\mu\vec{J}\ \text{（有源区）} \qquad \nabla^2\vec{A} = 0\ \text{（无源区）}$$

对于分布型的矢量磁位计算公式为：

线电流　　$\vec{A}=\frac{\mu}{4\pi}\int_l \frac{I\mathrm{d}\vec{l}}{R}$

面电流　　$\vec{A}=\frac{\mu}{4\pi}\int_S \frac{\vec{J}_S\mathrm{d}S}{R}$

体电流　　$\vec{A}=\frac{\mu}{4\pi}\int_\tau \frac{\vec{J}\mathrm{d}\tau}{R}$

4. 磁介质在磁场中被磁化，磁化的结果是磁介质内部出现净磁矩或宏观磁化电流。磁介质的磁化程度用磁化强度 $\vec{M}$ 表示，即

$$\vec{M}=\lim_{\Delta\tau\to 0}\frac{\sum \vec{p}_m}{\Delta\tau}$$

磁化电流密度与磁化强度的关系为

$$\vec{J}_m=\nabla\times\vec{M},\qquad \vec{J}_{mS}=\vec{M}\times\vec{n}$$

5. 两种磁介质分界面上的边界条件为

$$\vec{n}\cdot(\vec{B}_2-\vec{B}_1)=0\qquad 或\qquad B_{1n}=B_{2n}$$

$$\vec{n}\times(\vec{H}_2-\vec{H}_1)=\vec{J}_S$$

用矢量磁位表示的边界条件为

$$\vec{A}_1=\vec{A}_2$$

$$\frac{1}{\mu_1}(\nabla\times\vec{A}_1)_t-\frac{1}{\mu_2}(\nabla\times\vec{A}_2)_t=\vec{J}_S$$

6. 计算外自感和互感的诺伊曼公式

外自感：　　$L_0=\frac{\Psi_0}{I}=\frac{\mu_0}{4\pi}\oint_l\oint_{l_0}\frac{\mathrm{d}\vec{l}_0\cdot\mathrm{d}\vec{l}}{R}$

互感：　　$M_{21}=M_{12}=\frac{\mu_0 n_1 n_2}{4\pi}\oint_{l_1}\oint_{l_2}\frac{\mathrm{d}\vec{l}_1\cdot\mathrm{d}\vec{l}_2}{R}$

7. 磁介质中，载流回路系统的总磁场能量为

$$W_m=\frac{1}{2}\sum_{j=1}^{N}\sum_{k=1}^{N}M_{kj}I_jI_k$$

磁场能量分布在整个磁场空间，磁场能量用场量表示为

$$W_m=\frac{1}{2}\int_\tau\vec{B}\cdot\vec{H}\mathrm{d}\tau=\frac{1}{2}\int_\tau\mu H^2\mathrm{d}\tau$$

磁场能量体密度

$$w_m=\frac{1}{2}\vec{H}\cdot\vec{B}=\frac{1}{2}\mu H^2$$

习　　题

4.1　半径为 R 的导体球上均匀带有电荷 q,球以角速度 ω 绕一直径旋转。求球心处的磁感应强度。

4.2　真空中一矩形线圈边长分别为 $2a$ 和 $2b$,线圈匝数为 N,载有电流 I。求线圈轴线上至线圈平面距离为 h 的 P 点处的磁感应强度。已知 $a=10\ \text{cm}, b=20\ \text{cm}, h=15\ \text{cm}, I=1\ \text{A}, N=100$,计算出数值结果。

4.3　磁流体发电机中可用一对鞍形线圈产生磁场。线圈绕组的横截面是一对相交的圆中非公共的部分,如题 4.3 图所示。二圆的半径均为 R,圆心间距离为 d。设绕组在轴线方向可视作无限长,电流在绕组截面上均匀分布,其方向如题 4.3 图所示,电流密度为 $\vec{J}$。求绕组所包围的空间(二圆的公共部分)中磁感应强度的大小和方向。

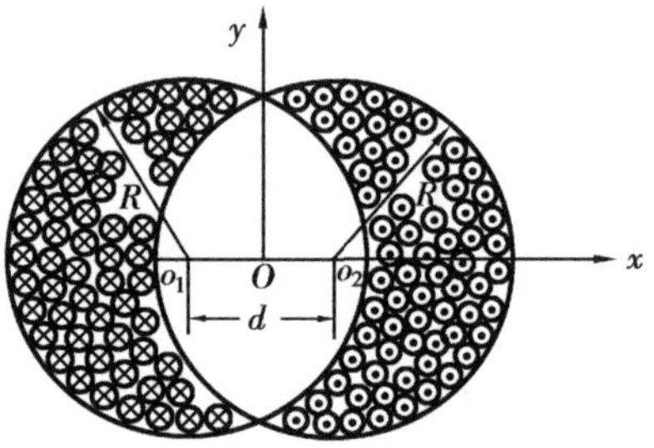

题 4.3 图

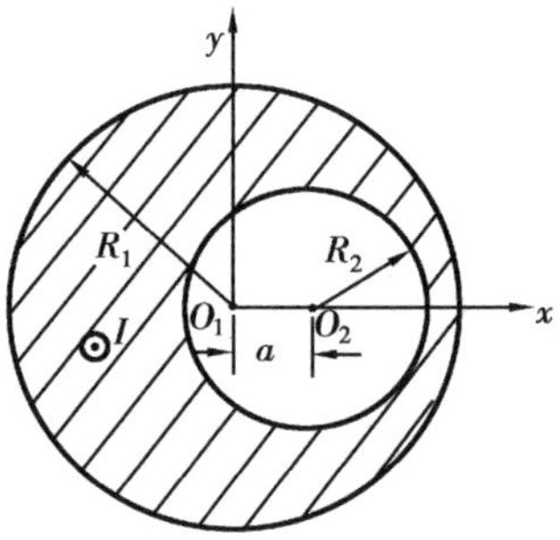

题 4.4 图

4.4　一半径为 R_1 的无限长圆柱形导体,其内挖有一与其轴线平行的圆柱形空腔,半径是 R_2。圆柱导体与空腔轴线间距离为 a,见题 4.4 图。电流 I 沿轴线方向流过导体,并在导体截面上均匀分布。证明空腔中的磁场是均匀的;并求磁感应强度的大小和方向。

4.5　以下矢量函数中,哪些函数可以用来描述磁感应强度 B? 如果将其作为磁感应强度,设磁导率是 μ_0,求电流密度 $\vec{J}$。

在直角坐标系中:

(1) $\vec{B}=a(-y\vec{a}_y+x\vec{a}_x)$,　　(2) $\vec{B}=a(x\vec{a}_x-y\vec{a}_y)$

在球坐标系中:

(3) $\vec{B}=ar\vec{a}_r$,　　(4) $\vec{B}=ar\vec{a}_\varphi$

4.6　已知

$$\vec{B}=\vec{a}_z 2.50\sin\frac{\pi x}{2}e^{-2y}$$

求穿过由 $z=0, y\geqslant 0, 0\leqslant x\leqslant 2\ \text{m}$ 所围成的带形面积的磁通量。

4.7　一同轴导体,其内部导体的半径为 a,外半径分别为 b 和 c,通过内部导体的电流为 I,求穿过两导体间 φ 为常数的平面内单位长度上的磁通量。

4.8　一无限长的同轴电缆,其内导体半径为 R_1,外导体半径为 R_2,外导体的厚度可以忽略不计。内导体和内外导体之间的介质的相对磁导率分别为 μ_{r1} 和 μ_{r2}，外导体的磁导率为 μ_0。电缆中沿轴线方向通过电流 I，并在导体截面上均匀分布。求：

(1)空间各点的磁感应强度和磁场强度；

(2)磁化面电流密度、磁化体电流密度及单位长度电缆中总磁化电流。

4.9　一圆截面的镯环铁心线圈，环的平均半径 8 cm，环上线圈共 800 匝，导线通过电流 1 A，测得环内磁感应强度为 0.5 T。求：

(1)环内磁场强度 $\vec{H}$ 和磁化强度 $\vec{M}$；

(2)铁心的磁化率和相对磁导率；

(3)磁化面电流密度。

4.10　一根通有电流 I 的长直导线埋在不导电的均匀磁性介质中，求出 $\vec{H}$，$\vec{B}$，$\vec{M}$ 及磁化电流分布。

4.11　若 4.10 题中的电流 I 沿 z 流动，在 $z<0$ 的半无穷空间充满导磁率为 μ 的均匀介质，$z>0$ 的半无穷空间为真空，重复 4.10 题的计算。

4.12　若电流 I 沿 z 流动，在 $x<0$ 的半无穷空间充满导磁率为 μ 的均匀介质，在 $x>0$ 的半无穷空间为真空，重复 4.10 题。

4.13　真空中有如下电流分布，求矢量磁位 $\vec{A}$ 及磁感应强度 $\vec{B}$。

(1)$\vec{J}_S=\vec{a}_z J_{S0}$，$r=a$($J_{S0}$ 为常数，r 为圆柱坐标系坐标)；

(2)$\vec{J}_S=\vec{a}_\varphi J_{S0}$，$r=a$(提示：可先求 $\vec{B}$)。

4.14　一同轴电缆内导体半径为 R_1，外导体内、外半径分别为 R_2，R_3。导体材料为铜，电缆中沿轴向通过电流 I，见题 4.14 图。试用泊松方程求空间各点的矢量磁位 $\vec{A}$(以电缆轴线处为参考点)。

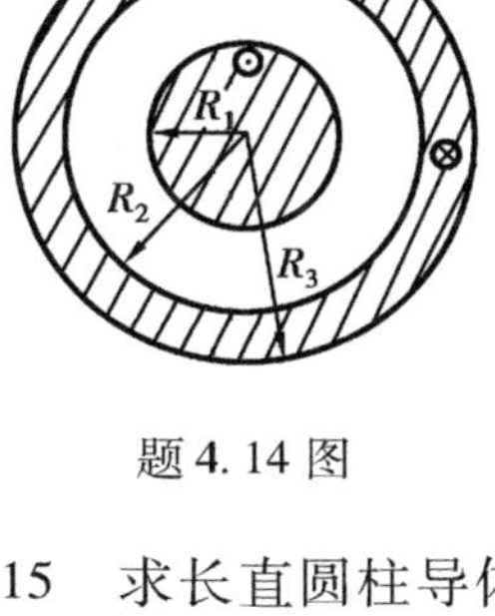

题 4.14 图

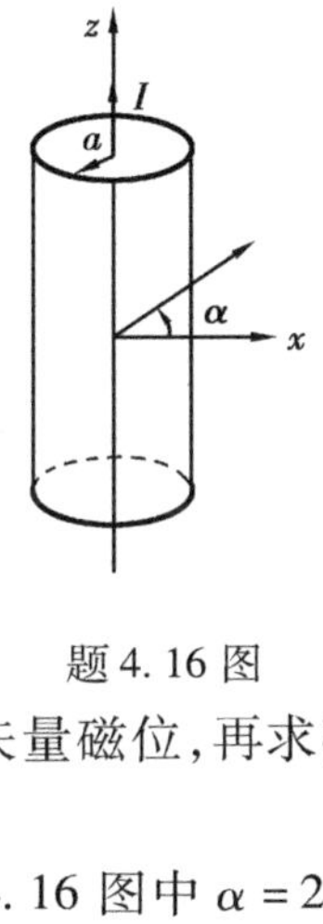

题 4.16 图

4.15　求长直圆柱导体(磁导率为 μ)通入恒定电流 I 时空间的矢量磁位，再求磁感应强度。

4.16　半径为 a 的无限长直圆柱形导线沿轴向通过电流 I。取题 4.16 图中 $\alpha=2\pi$ 处为参考点，用拉普拉斯方程求导线外部的标量磁位。

4.17　一横截面为正方形的环状铁心上开有一空气隙，长度 $\delta=1$ mm，铁心内半径 $a=8$ cm，横截面边长 $b=2$ cm，相对磁导率 $\mu_r=500$。铁心上均匀紧密绕有线圈 1 000 匝，见题4.17 图。忽略气隙附近的漏磁通，求此线圈的自感。

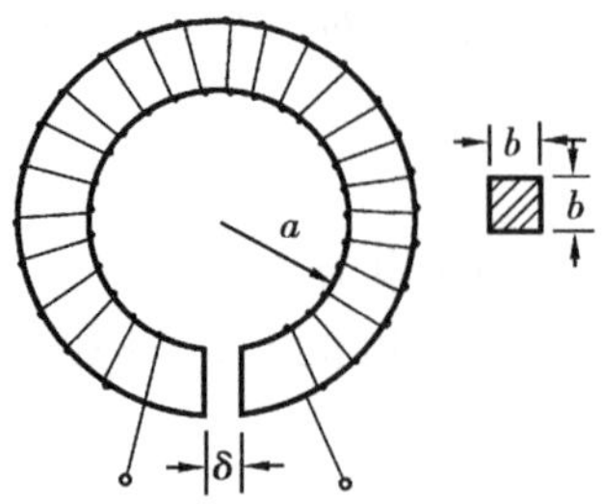

题 4.17 图

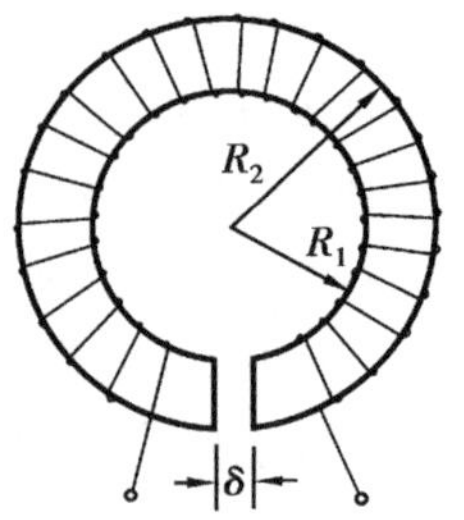

题 4.18 图

4.18　若上题中铁心的横截面为圆形的，气隙尺寸不变。铁心的内半径 $R_1=8\ \text{cm}$，外半径 $R_2=10\ \text{cm}$，见题 4.18 图。铁心磁导率 $\mu=\infty$，线圈匝数 $N=200$。求线圈自感的表达式。

4.19　一环形螺旋管，平均半径为 R，其圆形截面的半径为 $a(r\gg a)$，铁的相对磁导率 $\mu_r=1\ 400$，环上绕有 1 000 匝线圈，流过的电流为 I，

(1)计算环形螺旋管的电感；

(2)若铁心上开一宽度为 t 的空气隙，假定开口后铁心的相对磁导率不变化，再计算电感值；

(3)求空气隙和铁心内的磁场能量的比值。

4.20　同轴电缆内导体外半径为 R_1，外导体内半径为 R_2，设电流集中在内导体外表面及外导体内表面上(或者说内外导体都是薄管)。内外导体上电流大小相等，方向相反。求单位长度的自感。

第 5 章 时变电磁场

本章讨论时变电磁场,即场量随时间变化的电磁场。时变电磁理论的核心就是著名的麦克斯韦(Maxwell)方程组。

本章的前部分研究电磁感应定律,得到在时变情况下,电与磁普遍联系的一个方面,即随时间变化的磁场激励电场;接着引入位移电流的概念并导出全电流定律,得到电与磁普遍联系的另一个方面,即随时间变化的电场亦激励磁场。在此基础上,给出描述宏观时变电磁场运动规律的基本方程组——麦克斯韦方程组。在麦克斯韦方程组的基础上,我们将讨论时变电磁场中介质分解面上的边界条件,说明时变电磁场以一定的速度在空间中以波动的方式传播,并给出电磁波的概念和波动方程。我们还将讨论电磁波在空间中能量的传播与能量守恒问题。

本章的后部分我们将引入时变的电磁位,建立电磁位的方程——达朗伯方程。

5.1 静态场的场与源的时间特性

前面我们讨论了静电场和恒定磁场,它们都是不随时间变化的稳态场。从理论上来说:静电场和恒定磁场对源的依赖关系在时间上具有即时性,即

静电场:
$$\vec{E} = \frac{1}{4\pi\varepsilon_0}\int_\tau \frac{\rho(\vec{r'})(\vec{r} - \vec{r'})\mathrm{d}\tau'}{|\vec{r} - \vec{r'}|^3}$$

恒定磁场:
$$\vec{B} = \frac{\mu_0}{4\pi}\oint_l \frac{\vec{J}(\vec{r'}) \times (\vec{r} - \vec{r'})}{|\vec{r} - \vec{r'}|^3}\mathrm{d}\tau'$$

对于静电场,激励电场的源是静电荷,从电场强度的计算公式看到:空间中一旦建立静电荷分布,则空间中立即建立起静电场分布;反过来,如果在静电场中我们将静电荷撤走,空间中的静电场也将立刻消失。恒定磁场与恒定电流对时间也有一样的即时依赖关系。

静电场与恒定磁场的另一特点是:如果空间中同时存在静电荷和恒定电流,则空间中的静电场分布只与静电荷分布有关;空间中的恒定磁场分布只与恒定电流分布有关,即空间中静电场与恒定磁场彼此独立。

但是,如果空间中分布的是时变的电荷和时变的电流,则利用

$$\vec{E}(\vec{r},t) = \frac{1}{4\pi\varepsilon_0}\int_\tau \frac{\rho(\vec{r}',t)(\vec{r}-\vec{r}')\mathrm{d}\tau'}{|\vec{r}-\vec{r}'|^3}$$

和

$$\vec{B}(\vec{r},t) = \frac{\mu_0}{4\pi}\oint_l \frac{\vec{J}(\vec{r}',t)\times(\vec{r}-\vec{r}')}{|\vec{r}-\vec{r}'|^3}\mathrm{d}\tau'$$

不能完全确定空间中的电场和磁场分布。在本章中我们将看到:随时间变化的电场和磁场彼此不能独立,时变的电场将激励磁场,时变的磁场也将激励电场,时变电场与时变磁场的相互激励将形成向远方传播的电磁波。

5.2 电磁感应定律及其数学方程

自从奥斯特发现电流周围有磁场以后,人们就在探索磁场周围是否会出现电流。但在法拉第以前,所有人的实验都没有成功,其原因在于他们都是在恒定状态下,即静止状态下进行观察的。即使有再强的磁场,只要它不随时间变化,这样的磁场中的固定线圈不会激起丝毫的电流。

1831 年,法拉第观察到随时间变化的磁场中的线圈上出现了感应电流,以及后来又观察到在恒定磁场中运动的线圈上也会出现感应电流。电流是由电动势推动的,线圈中出现电流,这说明线圈中存在着感应电动势。他证实了电动势的大小与穿过线圈的磁通 Φ 的时间变化率成正比。这个电动势称为感应电动势。它的方向为右手螺旋法则所规定的方向,如图5.2.1所示,这样,感应电动势为

$$\mathscr{E}_{in} = -\frac{\mathrm{d}\Phi}{\mathrm{d}t} \tag{5.2.1}$$

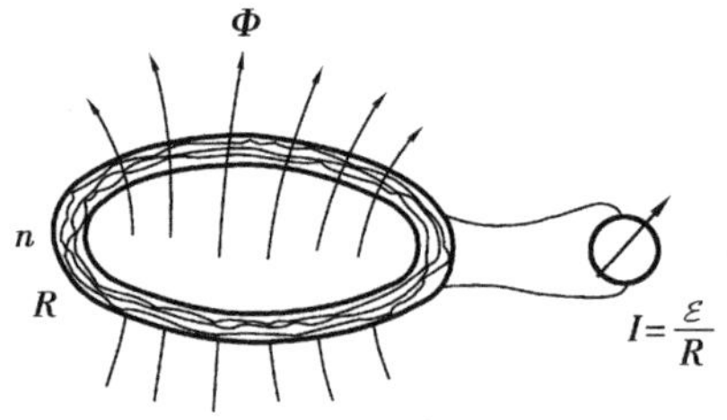

图 5.2.1 穿过线圈的时变磁链

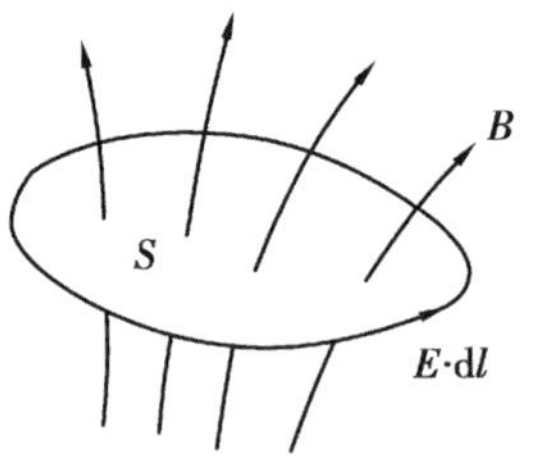

图 5.2.2 感应电场的线积分

式(5.2.1)便是物理学中的法拉第电磁感应定律。当$\frac{\mathrm{d}\Phi}{\mathrm{d}t}>0$ 时,即穿过线圈的磁通增加时,$\mathscr{E}_{in}<0$,这时感应电动势的实际方向与选定的参考方向相反;当$\frac{\mathrm{d}\Phi}{\mathrm{d}t}<0$ 时,即穿过线圈的磁通减小时,$\mathscr{E}_{in}>0$,这时感应电动势的实际方向与选定的参考方向相同。

进一步的问题是,这个感应电动势与线圈的存在是否有关系呢?法拉第和麦克斯韦的学说认为,之所以置于时变磁场中的线圈中产生了感应电动势,是因为时变磁场在空间中激发了感应电场,这个感应电场推动了线圈中电荷的运动。实际上,感应电场的存在并不依赖于线圈

的存在而存在，只不过是我们通过线圈感知了感应电动势的存在和感应电场的存在，如果空间中无时变磁场，则这样空间中的线圈中无论如何也不会有感应电动势和感应电流。因此，上述实验揭示了时变的磁场将激励电场这一事实，且感应电场与时变磁场存在于同一空间。

由于感应电动势是感应电场强度沿闭合回路的线积分。于是得到

$$\oint_l \vec{E} \cdot d\vec{l} = -\frac{d\Phi}{dt} \tag{5.2.2}$$

式中，Φ 是穿过由 l 围成的曲面 S 上的磁通量，因此由图 5.2.2 可有

$$\oint_l \vec{E} \cdot d\vec{l} = -\frac{d}{dt}\int_S \vec{B} \cdot d\vec{S} \tag{5.2.3}$$

这就是法拉第电磁感应定律的积分形式。它说明时变的磁场将激励电场，而且这种感应电场是一种旋涡场，即感应电场不再是保守场，感应电场 $\vec{E}$ 在时变磁场中的闭合曲线上的线积分等于此闭合曲线围成的面上磁通的负变化率。

若积分回路 l 是空间中一条固定回路，则式(5.2.3)中的导数符号与积分符号的位置可以互换，并转化为 $\vec{B}$ 的偏导数，即

$$\oint_l \vec{E} \cdot d\vec{l} = -\int_S \frac{\partial \vec{B}}{\partial t} \cdot d\vec{S} \tag{5.2.4}$$

由斯托克斯定律可得

$$\oint_l \vec{E} \cdot d\vec{l} = \int_S \nabla \times \vec{E} \cdot d\vec{S} = -\int_S \frac{\partial \vec{B}}{\partial t} \cdot d\vec{S}$$

因为积分回路是任意选取的，所以有

$$\nabla \times \vec{E} = -\frac{\partial \vec{B}}{\partial t} \tag{5.2.5}$$

上式为法拉第电磁感应定律的微分形式。

例 5.2.1　如图 5.2.3 所示，边长为 0.60 m 的正方形线圈，在磁感应强度 $\vec{B} = \vec{a}_x 0.80$ T 的场中以 $\omega = 60\pi$ rad/s 的转速绕 y 轴转动。求线圈在输出端口上的感应电压。

解　若线圈位于 yoz 平面上，在初始时刻线圈位于 yoz 平面内，即线圈平面与 x 轴的夹角 $\alpha = 0$，则在任意时刻线圈平面与 x 轴的夹角 $\alpha = \omega t = 60\pi t$，线圈平面投射到 yoz 平面上的面积为

$$S = 0.6 \times 0.6\cos(60\pi t)\ \mathrm{m}^2$$

任意时刻线圈平面上穿过的磁链为

$$\Psi = \vec{B} \cdot \vec{S} = 0.8 \times 0.6 \times 0.6\cos(60\pi t)\ \mathrm{Wb}$$

线圈在输出端口上的感应电压为

$$v = -\frac{d\Psi}{dt} = 54.3\sin(60\pi t)\ \mathrm{V}$$

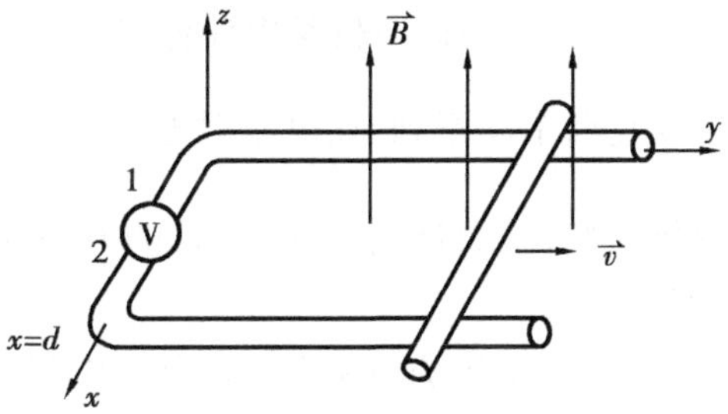

图 5.2.3　运动导线产生的感应电流

5.3 位移电流与时变场中的安培环路定律

5.3.1 安培环路定律在时变场中出现的矛盾

时变磁场可以产生电场,那么时变电场能否产生磁场呢?麦克斯韦发现将恒定磁场中的安培环路定律应用于时变磁场中遇到了困难。例如,在如图5.3.1所示的电路中,由于传导电流 i 在电容器极板间中断,对于以闭合曲线 l 为边界的 S_1 和 S_2 两个曲面来说,电流 i 只穿过曲面 S_1 而不穿过曲面 S_2,因此出现

$$\oint_l \vec{H} \cdot d\vec{l} = \int_{S_1} \vec{J} \cdot d\vec{S} = i \tag{5.3.1}$$

与

$$\oint_l \vec{H} \cdot d\vec{l} = \int_{S_2} \vec{J} \cdot d\vec{S} = 0 \tag{5.3.2}$$

的矛盾。这使安培环路定律在时变磁场中的应用受到限制。

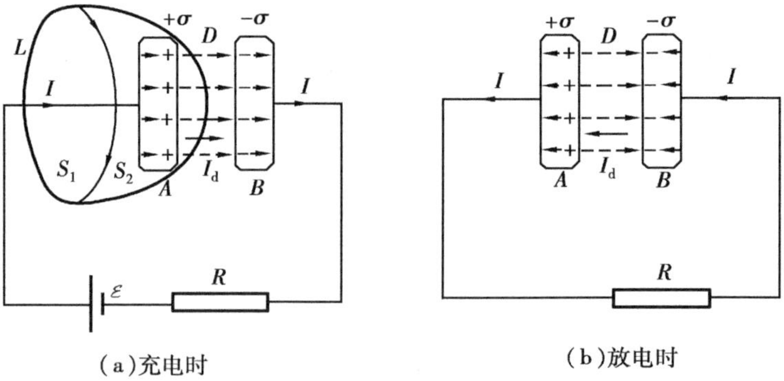

图5.3.1 含有电容器的电路中电流不连续

5.3.2 麦克斯韦位移电流假说

麦克斯韦注意到:在电流对电容器的充放电过程中,电容器极板间的电场随着极板上电量的变化而变化,而且电场变化 $d\vec{E}$ 的方向与电流的方向一致。充电时电场增强,$\frac{\partial \vec{D}}{\partial t}$由正极指向负极,与传导电流方向相同;放电时电场减弱,$\frac{\partial \vec{D}}{\partial t}$由负极指向正极,与传导电流方向也相同。如果将$\frac{\partial \vec{D}}{\partial t}$也视为一种电流,那么$\frac{\partial \vec{D}}{\partial t}$与实际电流密度 $\vec{J}$ 的关系如何?

根据电流连续性方程

$$\nabla \cdot \vec{J} = -\frac{\partial \rho}{\partial t} \tag{5.3.3}$$

利用高斯定律 $\nabla \cdot \vec{D} = \rho$,于是式(5.3.3)变为

$$\nabla \cdot \left(\vec{J} + \frac{\partial \vec{D}}{\partial t}\right) = 0 \tag{5.3.4}$$

定义

$$\vec{J}_d = \frac{\partial \vec{D}}{\partial t} \tag{5.3.5}$$

为位移电流密度，则位移电流强度为

$$I_d = \int_S \vec{J}_d \cdot d\vec{S} = \frac{\partial}{\partial t}\int_S \vec{D} \cdot d\vec{S} \tag{5.3.6}$$

将式(5.3.5)代入式(5.3.4)得

$$\nabla \cdot (\vec{J} + \vec{J}_d) = 0 \tag{5.3.7}$$

可见，如果将实际电流密度与位移电流密度合在一起称为全电流密度，则全电流密度在空间各点连续。对式(5.3.7)在任一体积上积分，并应用高斯定律可得：

$$\int_\tau \nabla \cdot (\vec{J} + \vec{J}_d) d\tau = \oint_S (\vec{J} + \vec{J}_d) \cdot d\vec{S} = 0 \tag{5.3.8}$$

即通过闭合曲面的全电流的通量恒等于零，全电流在空间任选的闭合面上是连续的。图5.3.2表示穿过电容器极板时全电流连续的示意图。

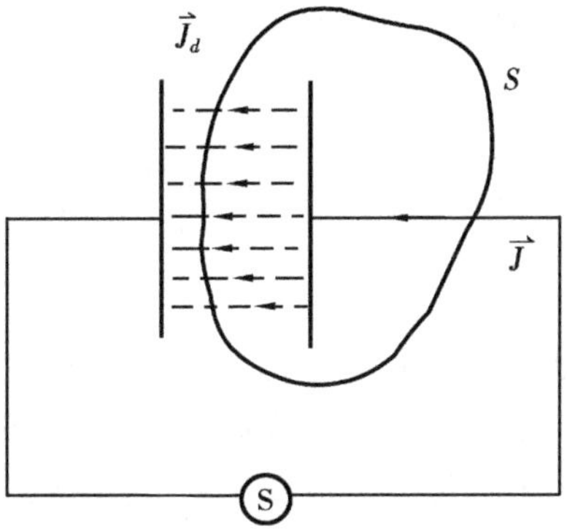

图 5.3.2　穿过电容器极板的全电流

5.3.3　时变场中的安培环路定律

根据全电流的连续性，麦克斯韦将位移电流与传导电流等同看待，认为位移电流一样的要激励磁场，也就是说，位移电流一样的可以是磁场的源。因此，麦克斯韦以全电流代替传导电流，进而把恒定磁场中的安培环路定律推广到时变场，得到

$$\nabla \times \vec{H} = \vec{J} + \frac{\partial \vec{D}}{\partial t} \tag{5.3.9}$$

式(5.3.9)称为全电流安培定律，也简称安培定律。

将式(5.3.9)在任一闭合面 S 上积分后，可得时变场的安培环路定律：

$$\int_S (\nabla \times \vec{H}) \cdot d\vec{S} = \int_S \vec{J} \cdot d\vec{S} + \int_S \frac{\partial \vec{D}}{\partial t} \cdot dS \tag{5.3.10}$$

根据斯托克斯定理，上式可写为

$$\oint_l \vec{H} \cdot d\vec{l} = I + I_d = I + \int_S \frac{\partial \vec{D}}{\partial t} \cdot d\vec{S} \tag{5.3.11}$$

这便是全电流安培定律的积分形式。

麦克斯韦关于位移电流的假说的实质是：变化的电场要激励磁场。需要说明的是：位移电流是电流概念的扩展，与传导电流一样，位移电流要激励磁场，但它与传导电流不同的是，它不是带电粒子定向运动形成的，不能直接用实验测出。由 $\vec{D} = \varepsilon_0 \vec{E} + \vec{P}$ 可知

$$\frac{\partial \vec{D}}{\partial t} = \varepsilon_0 \frac{\partial \vec{E}}{\partial t} + \frac{\partial \vec{P}}{\partial t}$$

由此可见，位移电流的一部分为$\frac{\partial \vec{P}}{\partial t}$，这是介质分子的电极化强度随时间改变引起的极化电流，也称为运流电流；另一部分位移电流仅对应于电场的变化。由此可得出结论：位移电流激励的磁场为真空中变化的电场（即真空中的位移电流）激励的磁场，与电介质在时变电场中被极化引起的极化电流激励的磁场的叠加。

例 5.3.1　潮湿土壤的电导率为 $\sigma = 10^{-3}$S/m，且 $\varepsilon_r = 2.5$，其中

$$\vec{E} = 6.0 \times 10^{-6} \sin(9.0 \times 10^9 t)\ \text{V/m}$$

求土壤中的传导电流密度 $\vec{J}_c$ 和位移电流密度 $\vec{J}_d$。

解　传导电流密度为 $\vec{J}_c = \sigma \vec{E}$，因此

$$\vec{J}_c = 6.0 \times 10^{-9} \sin(9.0 \times 10^9 t)\ \text{A/m}^2$$

位移电流密度 $\vec{J}_d = \frac{\partial \vec{D}}{\partial t} = \varepsilon_0 \varepsilon_r \frac{\partial \vec{E}}{\partial t}$，因此

$$\vec{J}_d = 1.20 \times 10^{-6} \cos(9.0 \times 10^9 t)\ \text{A/m}^2$$

由此可见，在潮湿土壤中，位移电流密度较传导电流密度大三个数量级。

例 5.3.2　一介质的 $\sigma = 5.0$ S/m，$\varepsilon_r = 1$，电场强度为 $E = 25\sin(10^{10} t)$。求：

(1)传导电流和位移电流密度；(2)欲使 $J = J_d$，频率应为何值？

解　传导电流密度为：　$J = \sigma E = 125 \sin 10^{10} t\ \text{A/m}^2$

位移电流密度为：　$\vec{J}_d = \frac{\partial \vec{D}}{\partial t} = \varepsilon_0 \varepsilon_r \frac{\partial \vec{E}}{\partial t} = 22.1 \cos(10^9 t)\ \text{A/m}^2$

当 $J = J_d$ 即 $\sigma = \omega \varepsilon_0 \varepsilon_r$ 时，有

$$\omega = \frac{5.0}{8.854 \times 10^{-12}} = 5.65 \times 10^{11}\ \text{rad/s} \qquad 或 \qquad f = 89.9\ \text{GHz}$$

5.4　麦克斯韦方程组

麦克斯韦对前人已有的实验结果进行归纳总结，再加上位移电流假说，概括得出了电磁场的最基本的定律，这就是麦克斯韦方程组，又称电磁场方程组。

从建立矢量场的场与源最基本关系的观点出发，麦克斯韦认为：时变电磁场中的磁场是由传导电流和位移电流分别独立激励的磁场的矢量和，而且都是旋涡场。时变电磁场中的电场则是由电荷激励的发散电场与时变磁场激励的旋涡电场的矢量和。于是他将时变电磁场的场源关系总结为

$$\nabla \times \vec{H} = \vec{J} + \frac{\partial \vec{D}}{\partial t} \tag{5.4.1}$$

$$\nabla \times \vec{E} = -\frac{\partial \vec{B}}{\partial t} \tag{5.4.2}$$

$$\nabla \cdot \vec{B} = 0 \tag{5.4.3}$$

$$\nabla \cdot \vec{D}=\rho \tag{5.4.4}$$

其积分形式包括如下的四个方程

$$\oint_l \vec{H} \cdot \mathrm{d}\vec{l} = \int_S \left(\vec{J} + \frac{\partial \vec{D}}{\partial t}\right) \cdot \mathrm{d}\vec{S} \tag{5.4.5}$$

$$\oint_l \vec{E} \cdot \mathrm{d}\vec{l} = -\int_S \frac{\partial \vec{B}}{\partial t} \cdot \mathrm{d}\vec{S} \tag{5.4.6}$$

$$\oint_S \vec{B} \cdot \mathrm{d}\vec{S} = 0 \tag{5.4.7}$$

$$\oint_S \vec{D} \cdot \mathrm{d}\vec{S} = q \tag{5.4.8}$$

习惯上把上述 4 个方程依次称为麦克斯韦第一、二、三、四方程。实际上麦克斯韦第一方程就是时变电磁场中的安培环路定律，它的物理意义为：磁场是由电流和时变的电场激励的；第二方程为法拉第电磁感应定律，它说明了时变的磁场激励电场这一事实；第三方程为时变磁场的磁通连续性方程，它说明了磁场是一个旋涡场；第四方程为高斯定律，它的物理意义为：时变电磁场中的发散电场分量是由电荷激励的。

麦克斯韦方程组是宏观经典电磁理论的基本方程组。它以数学形式概括了宏观电磁现象的基本性质。

麦克斯韦方程中没有写进电流连续性方程，因为它可以从(5.4.1)和(5.4.4)两式导出。把式(5.4.1)两边同时取散度得

$$\nabla \cdot (\nabla \times \vec{H}) = \nabla \cdot \left(\vec{J} + \frac{\partial \vec{D}}{\partial t}\right) \tag{5.4.9}$$

由于矢量的旋度的散度恒等于零，故得

$$\nabla \cdot \left(\vec{J} + \frac{\partial \vec{D}}{\partial t}\right) = 0 \tag{5.4.10}$$

再把式(5.4.4)代入上式，即得

$$\nabla \cdot \vec{J} + \frac{\partial \rho}{\partial t} = 0 \tag{5.4.11}$$

此即电流连续性方程。

需要注意的是：在式(5.4.1)～式(5.4.4)和式(5.4.5)～式(5.4.8)中，麦克斯韦方程组为两个矢量方程和两个标量方程，即共有 6 个标量方程。而描述电磁场运动规律的场量却有 $\vec{E}$、$\vec{D}$、$\vec{B}$、$\vec{H}$ 四个矢量，即待求 12 个标量。因此，我们不可能由上述麦克斯韦方程组求解出 $\vec{E}$、$\vec{D}$、$\vec{B}$、$\vec{H}$ 四个场量，其原因是时变电磁场所在空间的媒质是任意的（即 $\vec{D}$ 与 $\vec{E}$，$\vec{B}$ 与 $\vec{H}$ 的关系是任意的），也就是说，上述给出的麦克斯韦方程组的微分形式和积分形式描述了时变电磁场在任意空间中的一般运动规律，但它不能限定时变电磁场在某一确定空间中的运动规律。因此，上述给出的麦克斯韦方程通常被称为麦克斯韦方程的非限定形式，因为它没有限定 $\vec{D}$ 和 $\vec{E}$ 之间及 $\vec{B}$ 和 $\vec{H}$ 之间的关系，故适用于任何介质。

在线性和各向同性的介质中，有关场量之间的关系为

$$\vec{D} = \varepsilon \vec{E} = \varepsilon_r \varepsilon_0 \vec{E} \tag{5.4.12}$$

$$\vec{B}=\mu\vec{H}=\mu_r\mu_0\vec{H} \tag{5.4.13}$$

$$\vec{J}_C=\sigma\vec{E} \tag{5.4.14}$$

式(5.4.12)~式(5.4.14)称为媒质的本构关系。这里,$\vec{J}_c$ 只代表介质中的传导电流,而不包括空间中的源电流分布。如果空间中还存在源电流 $\vec{J}_S$,则空间中的总电流为

$$\vec{J}=\vec{J}_S+\vec{J}_C=\vec{J}_S+\sigma\vec{E} \tag{5.4.15}$$

一般情况下,源电流 $\vec{J}_S$ 都省去下标而直接用 $\vec{J}$ 表示。此时,麦克斯韦方程可用 $\vec{E}$ 和 $\vec{H}$ 两个场量写出

$$\nabla\times\vec{H}=\vec{J}+\varepsilon\frac{\partial\vec{E}}{\partial t} \tag{5.4.16}$$

$$\nabla\times\vec{E}=-\mu\frac{\partial\vec{H}}{\partial t} \tag{5.4.17}$$

$$\nabla\cdot\mu\vec{H}=0 \tag{5.4.18}$$

$$\nabla\cdot\varepsilon\vec{E}=\rho \tag{5.4.19}$$

上式称为麦克斯韦方程组的限定形式。

麦克斯韦方程是描述客观存在的宏观电磁现象的总规律,对静态场当然也适用,只是关于时间导数的项为零而已,可见前述静电场和恒定磁场的基本方程其实都只是麦克斯韦方程的特例。

例 5.4.1 已知自由空间中 $\vec{E}=\vec{a}_yE_0\sin(\omega t-\beta z)$,求时变电磁场的磁场分量 $\vec{H}$,并说明场 $\vec{E}$ 和 $\vec{H}$ 构成了一个沿 z 方向传播的行波。

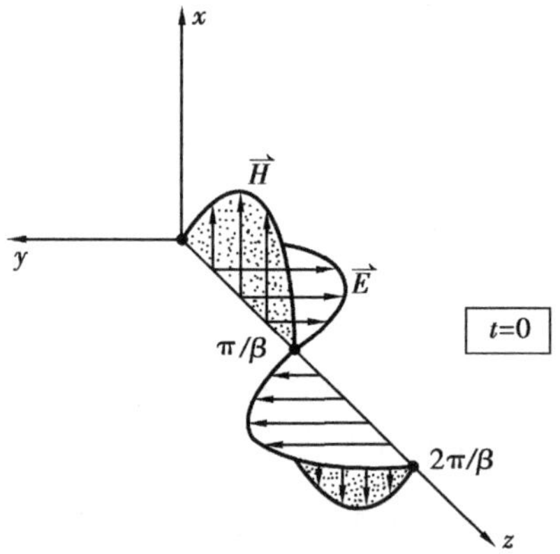

图 5.4.1 $t=0$ 时刻沿 z 轴变化的场量分布

解 由麦克斯韦方程 $\nabla\times\vec{E}=-\dfrac{\partial\vec{B}}{\partial t}$ 可得

$$\begin{vmatrix}\vec{a}_x & \vec{a}_y & \vec{a}_z\\ \dfrac{\partial}{\partial x} & \dfrac{\partial}{\partial y} & \dfrac{\partial}{\partial z}\\ 0 & E_y & 0\end{vmatrix}=-\frac{\partial\vec{B}}{\partial t}$$

即

$$\vec{a}_x\beta E_0\cos(\omega t-\beta z)=-\frac{\partial\vec{B}}{\partial t}$$

对时间积分可得

$$\vec{B}=-\vec{a}_x\frac{\beta E_0}{\omega}\sin(\omega t-\beta z)$$

这里积分常数忽略不计,于是

$$\vec{H}=-\vec{a}_x\frac{\beta E_0}{\mu_0\omega}\sin(\omega t-\beta z)$$

由此可见,场 $\vec{E}$ 和 $\vec{H}$ 相互垂直,它们随时间和空间是按正弦波的方式传播的,它是一个行波。图5.4.1给出了一个在 $t=0$ 时刻沿 z 轴变化的场量分布。由图5.4.1可看出:场 $\vec{E}$ 和 $\vec{H}$ 同时按

$\sin(\omega t-\beta z)$变化，所以 $\vec{E}$ 和 $\vec{H}$ 在某一时刻的某一位置满足

$$\omega t-\beta z=\cos nt=\omega t_0 \qquad 或 \qquad z=\frac{\omega}{\beta}(t-t_0)$$

这是一个平面方程，这个平面的移动速度为

$$v_p=\frac{\omega}{\beta}$$

它就是此行波的传播速度。

5.5　不同介质分界面上的边界条件

在时变电磁场中，在不同媒质分界面上，由于媒质的特征参数 μ、ε 和 σ 发生突变，时变电磁场的某些分量也将发生突变。描述时变电磁场在分界面两侧各场分量的关系方程，我们仍称为边界条件。

分析两种不同介质分界面上的边界条件，与静态电磁场一样，必须应用麦克斯韦方程的积分形式。

5.5.1　两种不同介质界面

(1) $\vec{H}$ 的边界条件

图 5.5.1 所示为两种媒质的分界面，1 区媒质的参数为 μ_1、ε_1 和 σ_1；2 区媒质的参数为 μ_2、ε_2 和 σ_2。

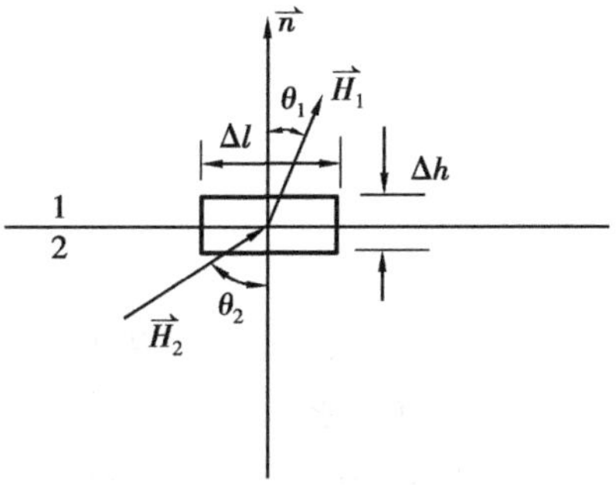

图 5.5.1　$\vec{H}$ 的边界条件

在分界面上取一个无限靠近分界面的无穷小矩形闭合路径，并使两边落在分界面的两侧，若取小矩形闭合回路的边长为无穷小量 Δl，宽为高阶无穷小量 $\Delta h\to 0$。且小矩形闭合回路围成的面元的方向为 $\vec{a}_S$。设分界面的单位法向矢量为 $\vec{n}$，分界面上的面电流密度为 $\vec{J}_S$，将积分形式的麦克斯韦第一方程式(5.4.5)应用于此矩形闭合回路，在忽略高阶无穷小量的情况下可得

$$\vec{H}_1\cdot\Delta\vec{l}-\vec{H}_2\cdot\Delta\vec{l}=\vec{J}_S\cdot\vec{a}_S\Delta l+\lim_{\Delta h\to 0}\int_S\frac{\partial\vec{D}}{\partial t}\cdot d\vec{S} \tag{5.5.1}$$

即

$$\vec{H}_1\cdot\Delta\vec{l}-\vec{H}_2\cdot\Delta\vec{l}=\vec{J}_S\cdot\vec{a}_S\Delta l+\lim_{\Delta h\to 0}\left|\frac{\partial\vec{D}}{\partial t}\right|\Delta h\Delta l \tag{5.5.2}$$

对于实际的电磁场，场量随时间是连续变化的，则$\frac{\partial D}{\partial t}$是有限量，当 $\Delta h\to 0$ 时，$\lim\limits_{\Delta h\to 0}\left|\frac{\partial\vec{D}}{\partial t}\right|\Delta h\Delta l\to 0$。而 $\Delta\vec{l}=\vec{a}_S\times\vec{n}\Delta l$，于是得

$$(\vec{H}_1 - \vec{H}_2) \cdot \vec{a}_S \times \vec{n}\Delta l = \vec{J}_S \cdot \vec{a}_S \Delta l \tag{5.5.3}$$

经过简单的矢量混合积变换得

$$\vec{n} \times (\vec{H}_1 - \vec{H}_2) \cdot \vec{a}_S \Delta l = \vec{J}_S \cdot \vec{a}_S \Delta l$$

由于小矩形闭合回路的选取具有任意性,则可得

$$\vec{n} \times (\vec{H}_1 - \vec{H}_2) = \vec{J}_S \tag{5.5.4}$$

若分界面上不存在面电流(即 $\vec{J}_S = 0$)时,则有

$$\vec{n} \times (\vec{H}_1 - \vec{H}_2) = 0 \tag{5.5.5}$$

由此可见,当分界面上分布有源面电流时,$\vec{H}$ 从一种媒质跨过另一种媒质时,其切向分量会发生突变。其突变量就等于分界面上的面电流密度。若分界面上没有面电流,则 $\vec{H}$ 的切向分量是连续的。

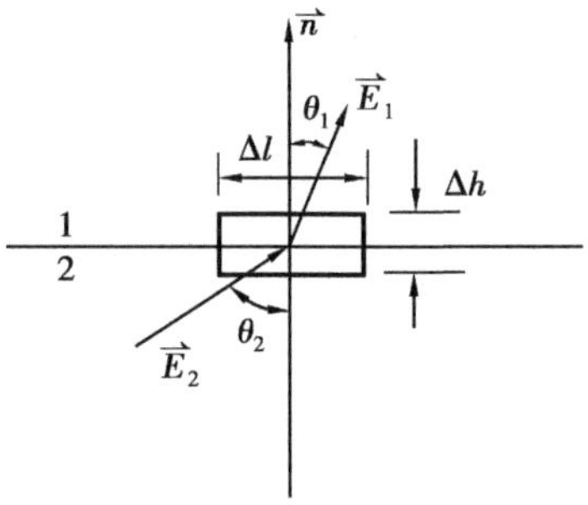

图 5.5.2　$\vec{E}$ 的边界条件

(2) $\vec{E}$ 的边界条件

将麦克斯韦第二方程的积分形式用于图 5.5.2 所示的无穷小矩形闭合回路,可得

$$\vec{E}_1 \cdot \Delta\vec{l} - \vec{E}_2 \cdot \Delta\vec{l} = -\lim_{\Delta h \to 0} \left| \frac{\partial \vec{B}}{\partial t} \right| \Delta h \Delta l$$

式中的$\frac{\partial B}{\partial t}$是有限量,当 $\Delta h \to 0$ 时,$\lim_{\Delta h \to 0} \left| \frac{\partial \vec{B}}{\partial t} \right| \Delta h \Delta l = 0$,与推导 $\vec{H}$ 的边界条件的方法一样,我们可得

$$(\vec{E}_1 - \vec{E}_2) \cdot \vec{a}_S \times \vec{n}\Delta l = 0$$

即

$$\vec{n} \times (\vec{E}_1 - \vec{E}_2) = 0 \tag{5.5.6}$$

说明 $\vec{E}$ 在分界面上,其切向分量总是连续的。

(3) $\vec{B}$ 的边界条件

与恒定磁场中推导边界条件的方法相同,在不同媒质的分界面上取一小扁形闭合柱面,如图 5.5.3 所示。将麦克斯韦第三方程的积分式,即式(5.4.7)应用于此闭合面可得:

$$\oint_S \vec{B} \cdot \mathrm{d}\vec{S} = \vec{B}_1 \cdot \vec{n}\Delta S - \vec{B}_2 \cdot \vec{n}\Delta S = 0 \tag{5.5.7}$$

因此可得

$$\vec{n} \cdot (\vec{B}_1 - \vec{B}_2) = 0 \tag{5.5.8}$$

即

$$B_{1n} - B_{2n} = 0 \tag{5.5.9}$$

这说明在分界面上 $\vec{B}$ 的法向分量总是连续的。

(4) $\vec{D}$ 的边界条件

与静电场中推导边界条件的方法相同,将麦克斯韦第四方程的积分式,即式(5.4.8)应用于分界面上所取的一小扁形闭合柱面上可得

$$\oint_S \vec{D}\cdot d\vec{S} = \vec{n}\cdot\vec{D}_1 dS - \vec{n}\cdot\vec{D}_2 dS = \rho_S dS \tag{5.5.10}$$

由此可得 $\vec{D}$ 的边界条件为

$$\vec{n}\cdot(\vec{D}_1-\vec{D}_2)=\rho_S \tag{5.5.11}$$

若分界面上不存在源面电荷，则

$$D_{1n}-D_{2n}=0 \tag{5.5.12}$$

或

$$\vec{n}\cdot(\vec{D}_1-\vec{D}_2)=0 \tag{5.5.13}$$

式(5.5.11)说明：当分界面上存在自由面电荷时，$\vec{D}$ 的法向分量不连续，其增量就等于分界面上自由电荷面密度。若分界面上没有自由面电荷分布，则 $\vec{D}$ 的法向分量在分界面上连续。

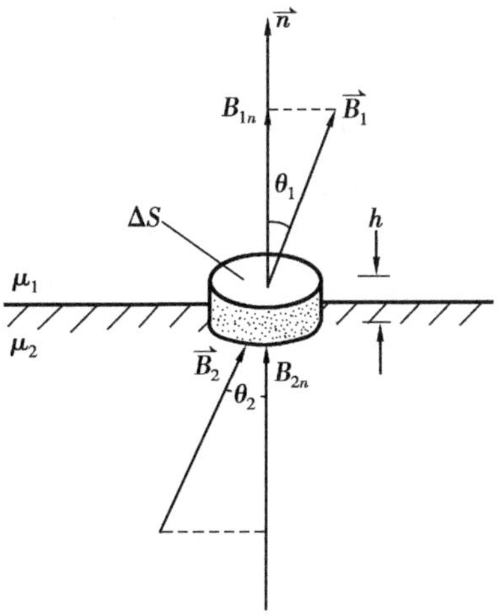

图5.5.3 $\vec{B}$ 的边界条件推导

在不同媒质的分界面上的边界条件可归纳为

分界面上存在源 $\vec{J}_S$ 和 ρ_S	分界面上无源分布
$\vec{n}\times(\vec{H}_1-\vec{H}_2)=\vec{J}_S$	$\vec{n}\times(\vec{H}_1-\vec{H}_2)=0$
$\vec{n}\times(\vec{E}_1-\vec{E}_2)=0$	$\vec{n}\times(\vec{E}_1-\vec{E}_2)=0$
$\vec{n}\cdot(\vec{B}_1-\vec{B}_2)=0$	$\vec{n}\cdot(\vec{B}_1-\vec{B}_2)=0$
$\vec{n}\cdot(\vec{D}_1-\vec{D}_2)=\rho_S$	$\vec{n}\cdot(\vec{D}_1-\vec{D}_2)=0$

5.5.2 理想介质与理想导体的分界面

在电磁场工程中，我们常遇到空气(μ_0、ε_0)与理想导体($\sigma=\infty$)的分界面。由于理想导体的 $\sigma=\infty$，根据 $\vec{J}_C=\sigma\vec{E}$ 中 $\vec{J}_C$ 不可能为无穷大，理想导体中势必处处 $\vec{E}=0$。再由麦克斯韦第二方程 $\nabla\times\vec{E}=-\dfrac{\partial\vec{B}}{\partial t}$ 可得 $\dfrac{\partial\vec{B}}{\partial t}=0$，如果不考虑导体中恒定磁场的存在，则理想导体中磁场也处处为零。因此，理想导体内部电磁场都为零。于是，在理想导体表面上有

$$\vec{n}\times\vec{H}=\vec{J}_S \qquad H_t=J_S \tag{5.5.14}$$

$$\vec{n}\times\vec{E}=0 \qquad E_t=0 \tag{5.5.15}$$

$$\vec{n}\cdot\vec{B}=0 \qquad B_n=0 \tag{5.5.16}$$

$$\vec{n}\cdot\vec{E}=\frac{\rho_S}{\varepsilon_0} \qquad E_n=\frac{\rho_S}{\varepsilon_0} \tag{5.5.17}$$

式中 $\vec{n}$ 是导体表面法线方向的单位矢量。上述边界条件说明：在理想导体与空气的分界面上，如果导体表面上分布有电荷，则在导体表面上有电场的法向分量，则由式(5.5.17)决定，导体表面上电场的切向分量总为零；导体表面上磁场的法向分量总为零，如果导体表面上分布有电流，则在导体表面上有磁场的切向分量，则由式(5.5.14)决定。

理想导体实际上是不存在的，但它却是一个非常有用的概念。因为在实际问题中常遇到

金属导体边界的情形。电磁波投射到金属表面时几乎是产生全反射,进入金属的功率仅是入射波功率的很小部分。如果忽略此微小的功率,则金属表面可以用理想导体表面代替,使边界条件变简单($\vec{E}_t=0$ 和 $B_n=0$ 恒为零),从而简化边值问题的分析。对与一般的金属与介质的分界面,我们都可以将其视为理想介质与理想导体的分界面,并用上面给出的边界条件来得到电磁场在分界面上的关系,只是将式(5.5.17)中的介电常数取为相应介质的 ε 就行了。

例5.5.1　如图5.5.4所示,在两导体平板($z=0,z=d$)限定的空气中传播的电磁波,已知波的电场分量为

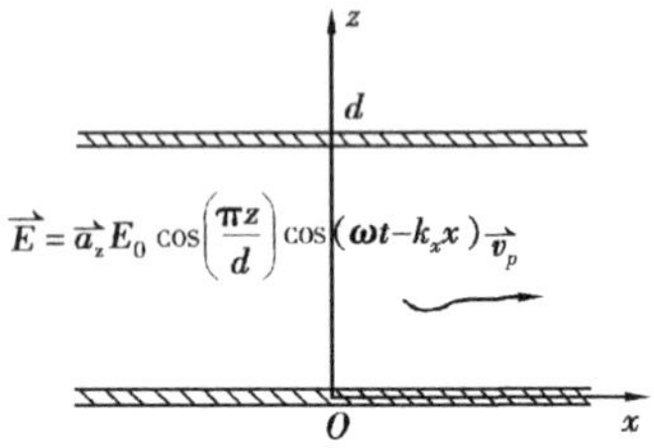

图5.5.4　两导体平板间传播的电磁波

$$\vec{E}=\vec{a}_z E_0\cos\left(\frac{\pi z}{d}\right)\cos(\omega t-k_x x)$$

式中,k_x 为常数。

(1)试求波的磁场分量;

(2)验证波的各场分量满足边界条件;

(3)求两导体表面上的面电荷和面电流分布。

解　(1)由麦克斯韦第二方程 $\nabla\times\vec{E}=-\mu_0\frac{\partial\vec{H}}{\partial t}$可得

$$\frac{\partial\vec{H}}{\partial t}=-\frac{1}{\mu_0}\left(\vec{a}_x\frac{\partial E_z}{\partial y}-\vec{a}_y\frac{\partial E_z}{\partial x}\right)=\vec{a}_y\frac{k_x}{\mu_0}E_0\cos\left(\frac{\pi z}{d}\right)\sin(\omega t-k_x x)$$

于是

$$\vec{H}=\vec{a}_y\frac{k_x}{\mu_0}E_0\int\cos\left(\frac{\pi z}{d}\right)\sin(\omega t-k_x x)\,\mathrm{d}t=$$

$$-\vec{a}_y\frac{k_x}{\mu_0\omega}E_0\cos\left(\frac{\pi z}{d}\right)\cos(\omega t-k_x x)$$

(2)由导体与空气的边界条件可知,在 $z=0$,和 $z=d$ 的导体表面上应该有电场强度的切向分量 $\vec{E}_t=0$ 和磁感应强度的法向分量 $B_n=0$。而当 $z=0$ 和 $z=d$ 时,$E_x=E_y=E_t=0$ 和$B_z=B_n=0$,可见电磁波的场分量自然满足边界条件。

(3)由导体与空气的边界条件可知,在导体的表面上有

$$\rho_S=\varepsilon_0 E_n \qquad \text{和} \qquad \vec{J}_S=\vec{n}\times\vec{H}$$

在 $z=0$ 的表面上,$\vec{n}=\vec{a}_z$。于是

$$\rho_S=\varepsilon_0 E_z|_{z=0}=\varepsilon_0 E_0\cos(\omega t-k_x x)$$

$$\vec{J}_S=\vec{a}_z\times\vec{H}|_{z=0}=\vec{a}_z\times(-\vec{a}_y)\frac{k_x}{\mu_0\omega}E_0\cos(\omega t-k_x x)=$$

$$\vec{a}_x\frac{k_x}{\mu_0\omega}E_0\cos(\omega t-k_x x)$$

在 $z=d$ 的表面上,$\vec{n}=-\vec{a}_z$。于是

$$\rho_S=\varepsilon_0 E_z|_{z=d}=-\varepsilon_0 E_0\cos(\omega t-k_x x)$$

$$\vec{J}_S=(-\vec{a}_z)\times\vec{H}|_{z=d}=(-\vec{a}_z)\times(\vec{a}_y)\frac{k_x}{\mu_0\omega}E_0\cos(\omega t-k_x x)=$$

$$\vec{a}_x \frac{k_x}{\mu_0 \omega} E_0 \cos(\omega t - k_x x)$$

5.6　波动方程

静态场的特点是场对源具有即时性,即源出现则场出现,源撤销则场撤销。在时变电磁场中,变化的电场将激励起磁场,变化的磁场将激励起电场,于是,这种电磁场的相互激励可使场脱离源,形成向远方传播的电磁波。下面我们从麦克斯韦方程组出发来讨论时变电磁场在无源空间中的运动规律。

若无源空间($\vec{J}=0,\rho=0$)中充满线性、均匀媒质,则麦克斯韦方程组可写成

$$\nabla \times \vec{H} = \varepsilon \frac{\partial \vec{E}}{\partial t} \tag{5.6.1}$$

$$\nabla \times \vec{E} = -\mu \frac{\partial \vec{H}}{\partial t} \tag{5.6.2}$$

$$\nabla \cdot \vec{B} = 0 \quad \text{或} \quad \nabla \cdot \vec{H} = 0 \tag{5.6.3}$$

$$\nabla \cdot \vec{D} = 0 \quad \text{或} \quad \nabla \cdot \vec{E} = 0 \tag{5.6.4}$$

对式(5.6.1)两端取旋度 $\nabla \times$,则有

$$\nabla \times \nabla \times \vec{H} = \nabla \times \left(\varepsilon \frac{\partial \vec{E}}{\partial t}\right) = \varepsilon \frac{\partial}{\partial t}(\nabla \times \vec{E}) \tag{5.6.5}$$

$\nabla \times \nabla \times \vec{H}$ 可利用附录 1 中式(1.11)展开为

$$\nabla \times \nabla \times \vec{H} = \nabla(\nabla \cdot \vec{H}) - \nabla^2 \vec{H} \tag{5.6.6}$$

将式(5.6.6)和 $\nabla \times \vec{E} = -\mu \frac{\partial \vec{H}}{\partial t}$ 代入式(5.6.5),并注意到 $\nabla \cdot \vec{H}=0$,于是

$$\nabla \times \nabla \times \vec{H} = \nabla(\nabla \cdot \vec{H}) - \nabla^2 \vec{H} = -\mu\varepsilon \frac{\partial^2 \vec{H}}{\partial t^2}$$

即

$$\nabla^2 \vec{H} - \mu\varepsilon \frac{\partial^2 \vec{H}}{\partial t^2} = 0 \tag{5.6.7}$$

同理可得

$$\nabla^2 \vec{E} - \mu\varepsilon \frac{\partial^2 \vec{E}}{\partial t^2} = 0 \tag{5.6.8}$$

式(5.6.7)和式(5.6.8)为三维空间中的矢量齐次波动方程。由此可以看出:时变电磁场在无源空间中是以波动的方式在运动,故称时变电磁场为电磁波。且电磁波的传播速度为

$$v_p = \frac{1}{\sqrt{\mu\varepsilon}} \tag{5.6.9}$$

需要说明的是:∇^2 因其后运算量为矢量,所以是一个矢量的拉普拉斯算符。

上述 $\vec{E}$ 和 $\vec{H}$ 的矢量波动方程,可在一定的坐标系中分解为 3 个标量的波动方程。如在直角坐标系中,式(5.6.8)可分解为如下 3 个标量波动方程:

$$\frac{\partial^2 E_x}{\partial x^2}+\frac{\partial^2 E_x}{\partial y^2}+\frac{\partial^2 E_x}{\partial z^2}-\mu\varepsilon\frac{\partial^2 E_x}{\partial t^2}=0 \tag{5.6.10a}$$

$$\frac{\partial^2 E_y}{\partial x^2}+\frac{\partial^2 E_y}{\partial y^2}+\frac{\partial^2 E_y}{\partial z^2}-\mu\varepsilon\frac{\partial^2 E_y}{\partial t^2}=0 \tag{5.6.10b}$$

$$\frac{\partial^2 E_z}{\partial x^2}+\frac{\partial^2 E_z}{\partial y^2}+\frac{\partial^2 E_z}{\partial z^2}-\mu\varepsilon\frac{\partial^2 E_z}{\partial t^2}=0 \tag{5.6.10c}$$

波动方程是电磁波理论的最基本的方程。是研究电磁波传播规律的理论依据。实际上,研究电磁波的传播问题都可归结为在给定边界条件和初始条件下求波动方程的解。

例 5.6.1 在一维空间中,波动方程式(5.6.8)退化为

$$\frac{\partial^2 E_x}{\partial z^2}-\mu\varepsilon\frac{\partial^2 E_x}{\partial t^2}=0 \tag{5.6.11}$$

若函数 $f(u)$ 是二阶连续可微的,试证明

$$E_x=f\left(t-\frac{z}{v}\right)+f\left(t+\frac{z}{v}\right)$$

是一维空间变量波动方程的解。式中 $v=\frac{1}{\sqrt{\mu\varepsilon}}$ 为电磁波在均匀介质中的传播速度,在这里它是一个常数。

证明 令 $u=t-\frac{z}{v}$,先证 $E_x^+=f(u)=f\left(t-\frac{z}{v}\right)$ 是一维波动方程的解。

将 $f(u)=f\left(t-\frac{z}{v}\right)$ 对变量 z 求偏导数有

$$\frac{\partial f(u)}{\partial z}=\frac{\partial f(u)}{\partial u}\frac{\partial u}{\partial z}=-\frac{1}{v}f'(u)$$

$$\frac{\partial^2 f(u)}{\partial z^2}=-\frac{1}{v}\frac{\partial f'(u)}{\partial z}=-\frac{1}{v}\frac{\partial f'(u)}{\partial u}\frac{\partial u}{\partial z}=\frac{1}{v^2}f''(u)$$

同样又可求出

$$\frac{\partial^2 f(u)}{\partial t^2}=f''(u)$$

将所求 $\frac{\partial^2 f(u)}{\partial z^2}$ 和 $\frac{\partial^2 f(u)}{\partial t^2}$ 的结果代入一维波动方程式(5.6.11)可得

$$\frac{\partial^2 E_x^+}{\partial z^2}-\mu\varepsilon\frac{\partial^2 E_x^+}{\partial t^2}=\frac{1}{v^2}f''(u)-\mu\varepsilon f''(u)=\mu\varepsilon f''(u)-\mu\varepsilon f''(u)=0$$

这就证明了 $f(u)=f\left(t-\frac{z}{v}\right)$ 是式(5.6.11)的解。同样可以证明 $f(u)=f\left(t+\frac{z}{v}\right)$ 也是式(5.6.11)的解。因此,$E_x=f\left(t-\frac{z}{v}\right)+f\left(t+\frac{z}{v}\right)$ 仍为式(5.6.11)的解。

E_x 的两项解代表什么意义呢?我们先来看 $f\left(t-\frac{z}{v}\right)$ 这一项。它表示 E_x 为 t 和 z 的连续函数,但是,没有具体表明到底是什么函数关系。所以,我们可认为是任意的函数图形,如图

5.6.1所示。它表示 $E_x^+=f(t'-\frac{z'}{v})$ 在某一瞬间 t' 时，沿空间 z 方向的分布情况。

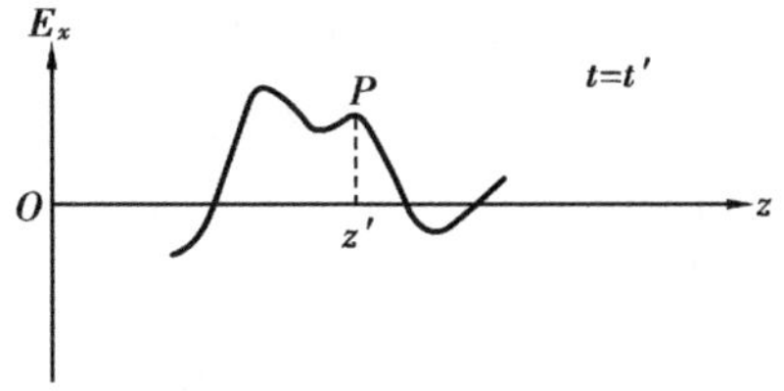

图 5.6.1　$E_x^+=f(t'-\frac{z'}{v})$ 在 t' 时刻沿 z 方向的分布

为了弄清楚 E_x 随时间 t 和空间 z 的变化规律，我们来观察波形上任一点 P 的运动规律。因为 P 点选定之后，在无传播损耗的情况下，任何瞬间观察到的 P 点所对应的函数值 $f(t-\frac{z}{v})$，总应该等于图 5.6.1 所给出的 P 点所对应的函数值 $f(t'-\frac{z'}{v})$，亦即 $(t_1-\frac{z_1}{v})=(t_2-\frac{z_2}{v})=\cdots=(t'-\frac{z'}{v})=\text{const}$。它表明，当时间从 t_1 增至 $t_2,t_3,\cdots$ 时，P 点的空间位置也随之由 z_1 变到 $z_2,z_3,\cdots$。实际上，整个波形上各点与 P 点一样，都以同样的速度随着时间增大而向 z 移动，且传播速度为 v。因此，$f(t-\frac{z}{v})$ 表示的是 E_x 以速度为 v 沿向正 z 方向传播，如图 5.6.2所示；同样，$f(t+\frac{z}{v})$ 表示的是 E_x 以速度为 v 沿向负 z 方向传播。

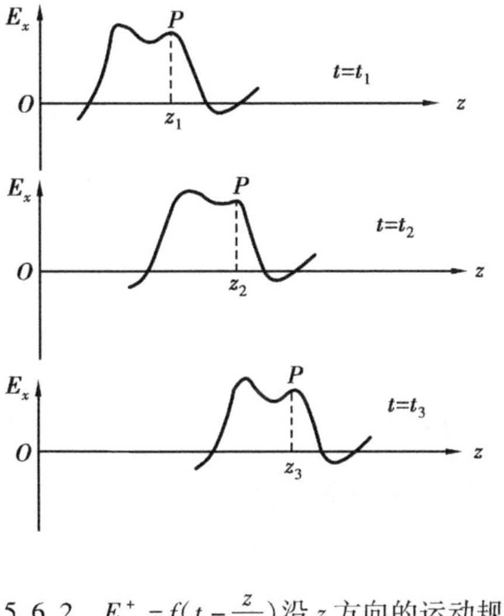

图 5.6.2　$E_x^+=f(t-\frac{z}{v})$ 沿 z 方向的运动规律

5.7　坡印廷定理和坡印廷矢量

时变电荷和时变电流在空间中激励起时变电磁场。时变的电场将激励磁场，时变磁场将激励电场，从而激励起空间中传播的电磁波。电磁波是一种特殊形式的物质，而能量是物质的主要属性之一，从能量的角度来看：时变电荷和时变电流将电能转换成电磁能量，空间中电磁能量分别以电场能和磁场能的形式存在并相互转换，电磁波将携带这些能量在空间中传播，因此，时变电磁场中一定存在能量的流动。另外，电磁波能量在有耗媒质中传播时还将受到损耗。下面我们来讨论电磁波能量在无源导电媒质中的传播和守恒性质。

在线性、各向同性的无源导电媒质中，若媒质参数为μ、ε 和 σ，麦克斯韦方程组可以写成

$$\nabla \times \vec{H} = \sigma \vec{E} + \frac{\partial \vec{D}}{\partial t} \tag{5.7.1}$$

$$\nabla \times \vec{E} = -\frac{\partial \vec{B}}{\partial t} \tag{5.7.2}$$

将 $\vec{H}$ 点乘式(5.7.1)再减去 $\vec{E}$ 点乘式(5.7.2)得

$$\vec{H} \cdot \nabla \times \vec{E} - \vec{E} \cdot \nabla \times \vec{H} = -\vec{H} \cdot \frac{\partial \vec{B}}{\partial t} - \vec{E} \cdot (\sigma \vec{E}) - \vec{E} \cdot \frac{\partial \vec{D}}{\partial t} \tag{5.7.3}$$

而

$$\vec{H} \cdot \frac{\partial \vec{B}}{\partial t} = \frac{1}{2} \frac{\partial(\mu \vec{H} \cdot \vec{H})}{\partial t} = \frac{\partial}{\partial t}\left(\frac{1}{2}\mu H^2\right) \tag{5.7.4}$$

$$\vec{E} \cdot \frac{\partial \vec{D}}{\partial t} = \frac{1}{2} \frac{\partial(\varepsilon \vec{E} \cdot \vec{E})}{\partial t} = \frac{\partial}{\partial t}\left(\frac{1}{2}\varepsilon E^2\right) \tag{5.7.5}$$

$$\vec{E} \cdot (\sigma \vec{E}) = \sigma E^2 \tag{5.7.6}$$

于是，式(5.7.3)可改写成

$$\vec{H} \cdot \nabla \times \vec{E} - \vec{E} \cdot \nabla \times \vec{H} = -\frac{\partial}{\partial t}\left(\frac{1}{2}\varepsilon E^2 + \frac{1}{2}\mu H^2\right) - \sigma E^2 \tag{5.7.7}$$

利用矢量恒等式

$$\nabla \cdot (\vec{E} \times \vec{H}) = \vec{H} \cdot \nabla \times \vec{E} - \vec{E} \cdot \nabla \times \vec{H} \tag{5.7.8}$$

式(5.7.7)可改写为

$$\nabla \cdot (\vec{E} \times \vec{H}) = -\frac{\partial}{\partial t}\left(\frac{1}{2}\varepsilon E^2 + \frac{1}{2}\mu H^2\right) - \sigma E^2 \tag{5.7.9}$$

式中，$w_e = \frac{1}{2}\varepsilon E^2$ 为电磁波的电场能量密度，$w_m = \frac{1}{2}\mu H^2$ 为电磁波的磁场能量密度，$p = \sigma E^2$ 为电磁波在空间中单位体积的焦耳损耗功率。若定义矢量

$$\vec{S} = \vec{E} \times \vec{H} \tag{5.7.10}$$

为坡印廷矢量，则可将式(5.7.9)改写成

$$-\nabla \cdot \vec{S} = \frac{\partial}{\partial t}\left(\frac{1}{2}\varepsilon E^2 + \frac{1}{2}\mu H^2\right) + \sigma E^2 \tag{5.7.11}$$

式(5.7.11)的物理意义为：空间某点 $\vec{S}$ 矢量流入单位体积边界面的流量等于该体积内电磁能量的增加率和焦耳损耗功率。显然，矢量 $\vec{S} = \vec{E} \times \vec{H}$ 代表空间中电磁波的功率流动密度，是垂直穿过单位面积的功率，它的单位是W/m^2。

对式(5.7.11)两端对任意体积 τ 求体积分，再利用高斯散度定理可得

$$-\oint_S \vec{E}\times\vec{H}\cdot d\vec{S} = \frac{\partial}{\partial t}\int_\tau\left(\frac{1}{2}\mu H^2+\frac{1}{2}\varepsilon E^2\right)d\tau+\int_\tau \sigma E^2 d\tau \tag{5.7.12}$$

而 $W_e=\int_\tau \frac{1}{2}\varepsilon E^2 d\tau$ 为体积 τ 内的总电场储能，$W_m=\int_\tau \frac{1}{2}\mu H^2 d\tau$ 为体积 τ 内的总磁场储能，$P=\int_\tau \sigma E^2 d\tau$ 为体积 τ 内的总焦耳损耗功率。于是，式(5.7.12)可改写成

$$-\oint_S \vec{E}\times\vec{H}\cdot d\vec{S} = \frac{\partial}{\partial t}(W_e+W_m)+P \tag{5.7.13}$$

式中 S 为限定体积 τ 的闭合面。

式(5.7.13)的物理意义为：对空间中任意闭合面 S 限定的体积 τ，$\vec{S}$ 矢量流入该体积边界面的流量等于该体积内电磁能量的增加率和焦耳损耗功率。它给出了电磁波在空间中的能量守恒和能量转换关系。我们通常称式(5.7.11)和式(5.7.13)为电磁波的能量转换和能量守恒定理，或称为电磁波的坡印廷定理。

5.8　标量位和矢量位

在讨论静电场与恒定磁场时，为了分析与计算的方便，我们分别引入了标量电位和矢量磁位。在时变电磁场中，若对给定的时变电荷和时变电流计算空间电磁场分布，则需求解麦克斯韦方程的分布型问题或边值型问题，这将会在数学上遇到极大困难，为此，我们在时变电磁场中引入动态的标量电位和矢量磁位。

在时变电磁场中，由于磁场分量是一种旋涡场，即 $\nabla\cdot\vec{B}=0$，因此可令

$$\vec{B}=\nabla\times\vec{A} \tag{5.8.1}$$

并称矢量 $\vec{A}$ 为时变场的动态矢量磁位（简称矢量磁位）。将 $\vec{B}=\nabla\times\vec{A}$ 代入麦克斯韦第二方程，即 $\nabla\times\vec{E}=-\frac{\partial\vec{B}}{\partial t}$可得

$$\nabla\times\left(\vec{E}+\frac{\partial\vec{A}}{\partial t}\right)=0 \tag{5.8.2}$$

由于电场分量既有发散场分量又有旋涡场分量，我们不能对电场分量引入标量位，但矢量场 $\left(\vec{E}+\frac{\partial\vec{A}}{\partial t}\right)$ 却是一个发散场，因此，我们可令

$$\vec{E}+\frac{\partial\vec{A}}{\partial t}=-\nabla\Phi \tag{5.8.3}$$

于是

$$\vec{E}=-\nabla\Phi-\frac{\partial\vec{A}}{\partial t} \tag{5.8.4}$$

Φ 称为时变场的动态标量电位（简称标量电位）。由此可见，若直接计算电磁场的各标量分量，则要计算6个标量函数，而我们通过计算动态电磁位来计算时变电磁场，则只需求解4个标量函数，从而使问题得到化简。

下面我们在线性、各向同性媒质中来导出电磁位与其源的关系方程。

将 $\vec{H}=\frac{1}{\mu}\vec{B}=\frac{1}{\mu}\nabla\times\vec{A}$ 和式(5.7.4)代入方程 $\nabla\times\vec{H}=\vec{J}+\frac{\partial\vec{D}}{\partial t}$ 可得

$$\frac{1}{\mu}\nabla\times\nabla\times\vec{A}=\vec{J}+\varepsilon\frac{\partial}{\partial t}\left(-\nabla\Phi-\frac{\partial\vec{A}}{\partial t}\right) \tag{5.8.5}$$

即

$$\nabla\times\nabla\times\vec{A}=\mu\vec{J}-\mu\varepsilon\nabla\frac{\partial\Phi}{\partial t}-\mu\varepsilon\frac{\partial^2\vec{A}}{\partial t^2} \tag{5.8.6}$$

因为 $\nabla\times\nabla\times\vec{A}=\nabla(\nabla\cdot\vec{A})-\nabla^2\vec{A}$，而式(5.8.1)只规定了 $\vec{A}$ 的旋度，若再取

$$\nabla\cdot\vec{A}=-\mu\varepsilon\frac{\partial\Phi}{\partial t} \tag{5.8.7}$$

我们称式(5.8.6)为洛仑兹规范。将式(5.8.7)代入式(5.8.6)可得

$$\nabla^2\vec{A}-\mu\varepsilon\frac{\partial^2\vec{A}}{\partial t^2}=-\mu J \tag{5.8.8}$$

将式(5.8.4)代入方程 $\nabla\cdot\vec{D}=\rho$，按同样的方法取洛仑兹规范，可得

$$\nabla^2\Phi-\mu\varepsilon\frac{\partial^2\Phi}{\partial t^2}=-\frac{\rho}{\varepsilon} \tag{5.8.9}$$

式(5.8.8)和式(5.8.9)称为达朗贝尔方程或 $\vec{A}$ 与 Φ 的非齐次波动方程。在无源空间中，$\vec{J}=0$，$\rho=0$，于是，式(5.8.8)和式(5.8.9)分别变为

$$\nabla^2\vec{A}-\mu\varepsilon\frac{\partial^2\vec{A}}{\partial t^2}=0 \tag{5.8.10}$$

$$\nabla^2\Phi-\mu\varepsilon\frac{\partial^2\Phi}{\partial t^2}=0 \tag{5.8.11}$$

这是一组齐次波动方程。它表明 $\vec{A}$ 与 Φ 在无源空间中以波动方式传播，即时变电磁场在无源空间中以波动方式传播。

由式(5.8.8)～式(5.8.11)可见，若采用洛仑兹规范，$\vec{A}$ 与 Φ 被分离在两个方程中，即源 $\vec{J}$ 激励 $\vec{A}$，源 ρ 激励 Φ。由源激励的电磁位在空间中以波动的方式传播。它反应了时变源激励的时变电磁场在空间中以波动方式传播。这是一个时变源的电磁辐射过程，因此，式(5.8.8)和式(5.8.9)是一组直接联系时变源和电磁波的方程，它是分析电磁辐射的基本方程。

小　　结

1. 法拉第电磁感应定律为

$$\varepsilon=-\frac{\mathrm{d}\Phi}{\mathrm{d}t}$$

即

$$\oint_l \vec{E} \cdot \mathrm{d}\vec{l} = \oint_S -\frac{\partial \vec{B}}{\partial t} \cdot \mathrm{d}\vec{S}$$

微分形式为

$$\nabla \times \vec{E} = -\frac{\partial \vec{B}}{\partial t}$$

它表征了空间中变化的磁场激励电场的规律。

2. 按麦克斯韦提出位移电流的假说,电位移矢量对时间的变化率可视为一种广义的电流密度,称为位移电流密度,即 $\vec{J}_D = \frac{\partial \vec{D}}{\partial t}$。位移电流一样可以激励磁场,从而对安培环路定律作了修正,使安培环路定律变为

$$\oint_l \vec{H} \cdot \mathrm{d}\vec{l} = \oint_S \left(\vec{J} + \frac{\partial \vec{D}}{\partial t}\right) \cdot \mathrm{d}\vec{S}$$

微分形式为

$$\nabla \times \vec{H} = \vec{J} + \frac{\partial \vec{D}}{\partial t}$$

3. 麦克斯韦方程是经典电磁理论的基本定律。麦克斯韦方程组如下:

积分形式	微分形式
$\oint_l \vec{H} \cdot \mathrm{d}\vec{l} = \int_S \left(\vec{J} + \frac{\partial \vec{D}}{\partial t}\right) \cdot \mathrm{d}\vec{S}$	$\nabla \times \vec{H} = \vec{J} + \frac{\partial \vec{D}}{\partial t}$
$\oint_l \vec{E} \cdot \mathrm{d}\vec{l} = -\int_S \frac{\partial \vec{B}}{\partial t} \cdot \mathrm{d}\vec{S}$	$\nabla \times \vec{E} = -\frac{\partial \vec{B}}{\partial t}$
$\oint_S \vec{B} \cdot \mathrm{d}\vec{S} = 0$	$\nabla \cdot \vec{B} = 0$
$\oint_S \vec{D} \cdot \mathrm{d}\vec{S} = q$	$\nabla \cdot \vec{D} = \rho$

本构关系为 $\vec{D} = \varepsilon\vec{E}, \vec{B} = \mu\vec{H}, \vec{J} = \sigma\vec{E}$

当求解空间一旦确定,则本构关系随之确定,麦克斯韦方程才可以求解。

4. 界面上的边界条件

法向分量的边界条件

$$\vec{n} \cdot (\vec{D}_1 - \vec{D}_2) = \rho_S$$

$$\vec{n} \cdot (\vec{B}_1 - \vec{B}_2) = 0$$

若分界面上 $\rho_S = 0$,则 $\vec{n} \cdot (\vec{D}_1 - \vec{D}_2) = 0$

切向分量的边界条件

$$\vec{n} \times (\vec{E}_1 - \vec{E}_2) = 0$$

$$\vec{n} \times (\vec{H}_1 - \vec{H}_2) = \vec{J}_S$$

若分界面上 $\vec{J}_S = 0$,则

$$\vec{n} \times (\vec{H}_1 - \vec{H}_2) = 0$$

对于理想导体($\sigma=\infty$)表面,边界条件为

$$\vec{n}\times\vec{E}=0 \qquad \vec{n}\cdot\vec{D}=\rho_S$$

$$\vec{n}\times\vec{H}=\vec{J}_S \qquad \vec{n}\cdot\vec{B}=0$$

5. 无源区域内,$\vec{E}$、$\vec{H}$ 的波动方程为

$$\nabla^2\vec{H}-\mu\varepsilon\frac{\partial^2\vec{H}}{\partial t^2}=0$$

$$\nabla^2\vec{E}-\mu\varepsilon\frac{\partial^2\vec{E}}{\partial t^2}=0$$

电磁波的传播速度为

$$v_p=\frac{1}{\sqrt{\mu\varepsilon}}$$

6. 坡印廷定理是电磁场中能量转换与守恒关系的方程:它表征了单位时间内体积中电磁储能的增加量和媒质对电磁波能量的焦耳损耗功率等于从表面进入体积的净功率,即

$$\oint_S\vec{E}\times\vec{H}\cdot d\vec{S}=\int_\tau\frac{\partial}{\partial t}\left(\frac{1}{2}\varepsilon E^2+\frac{1}{2}\mu H^2\right)d\tau+\int_\tau\sigma E^2 d\tau$$

能流矢量(或坡印廷矢量)$\vec{S}=\vec{E}\times\vec{H}$ 表示沿能量流动方向单位表面上穿过的功率。

7. 动态矢量磁位 $\vec{A}$ 和动态标量位 Φ 与电磁场的关系为

$$\vec{B}=\nabla\times\vec{A}$$

$$\vec{E}=-\nabla\Phi-\frac{\partial\vec{A}}{\partial t}$$

$\vec{A}$ 和 Φ 与时变源的关系方程(达朗贝方程)为

$$\nabla^2\vec{A}-\mu\varepsilon\frac{\partial^2\vec{A}}{\partial t^2}=-\mu\vec{J}$$

$$\nabla^2\Phi-\mu\varepsilon\frac{\partial^2\Phi}{\partial t^2}=-\frac{\rho}{\varepsilon}$$

习　　题

5.1 有一导体滑片在两根平行的轨道上滑动,整个装置位于正弦时变磁场 $\vec{B}=(\vec{a}_z 5\cos\omega t)$ mT 之中,如题 5.1 图所示。滑片的位置由 $x=[0.35(1-\cos\omega t)]$ 确定,轨道终端接有电阻 $R=0.2\ \Omega$,试求 i。

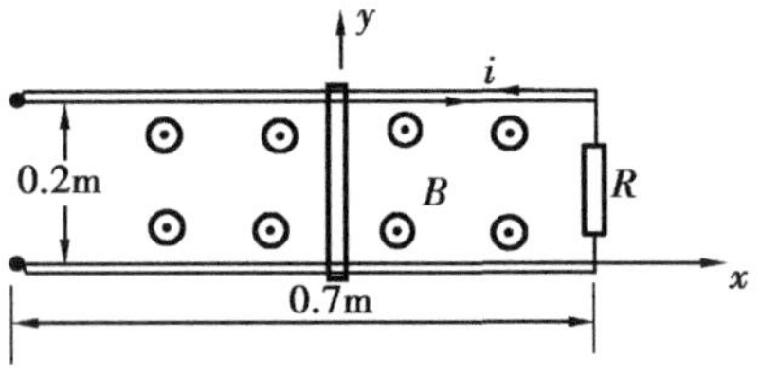

题 5.1 图

5.2 有一平板电容器,极板为圆形,半径为 a,两极板距离为 d,极板间的介质的介电常数为 ε,导磁率为 μ_0,若两极间加交流电压 $u=U_m\sin\omega t$,求电容器中的

位移电流强度，磁感应强度及坡印廷矢量，并说明极板间功率流的性质及运动情况。略去边缘效应。

5.3　如题 5.3 图所示，矩形回路在场中以 $\vec{v}=-\vec{a}_y 250$ m/s 的速度向原点移动，空间中的场分布为

$$\vec{B}=\vec{a}_z 0.80\mathrm{e}^{-0.25y}\ \mathrm{T}$$

求当矩形回路在 $y=0.50$ m 和 $y=0.60$ m 处、电阻为 $R=2.5\ \Omega$ 时的瞬时电流。

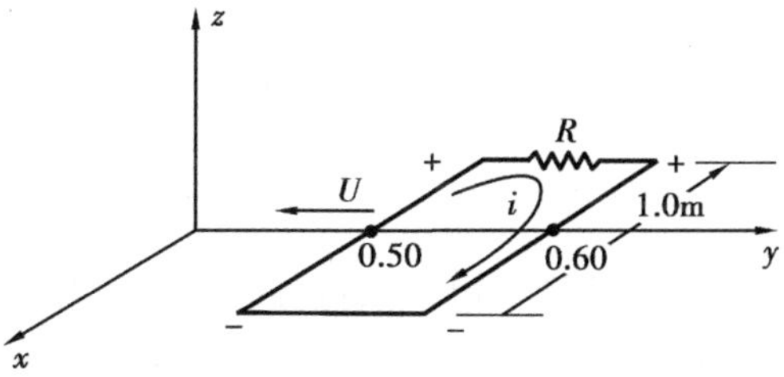

题 5.3 图

5.4　在良导体中，即使在微波频率也可略去位移电流。试分别计算在 100 GHz 时铜及玻璃中位移电流与传导电流之比。铜的导电率为 5.8×10^7 S/m，介电常数为 ε_0，玻璃的导电率为 10^{-12} S/m，相对介电常数为 5。

5.5　长度为 500 mm、内径为 5 mm、外径为 6 mm 的同轴电容器中有 $\varepsilon_r=6.7$ 的电介质，外加电压为 $v=250\sin(377t)$ 伏。试确定位移电流 i_d，并与传导电流 i_c 相比较。

5.6　试将麦克斯韦方程式(5.4.5)～式(5.4.8)写成 8 个标量方程：

(1)在直角坐标系中；

(2)在圆柱坐标系中；

(3)在球坐标系中。

5.7　试写出在线性、无耗、各向同性的非均匀介质中用 $\vec{E}$ 和 $\vec{B}$ 表示的麦克斯韦方程。

5.8　由麦克斯韦方程及电流连续方程出发，证明在导电率为 σ，介电常数为 ε 的导体中电荷密度满足下述方程：

$$\frac{\sigma}{\varepsilon}\rho+\frac{\partial\rho}{\partial t}=0$$

5.9　已知在空气中 $\vec{E}=\vec{a}_y 0.1\sin(10\pi x)\cos(6\pi\times10^9-\beta z)$，求 $\vec{H}$ 和 β。

提示：将 $\vec{E}$ 代入直角坐标系中的波动方程，可求得 β。

5.10　证明由麦克斯韦方程的两个旋度方程及电流连续方程可导出两个散度方程。反之由 4 个麦克斯韦方程可导出电流连续方程。

5.11　两同心导体球之间接电压源 $V_0\sin\omega t$，球半径分别为 $r=a$ 和 $r=b$，$b>a$，两球填充的介质 $\varepsilon=\varepsilon_r\varepsilon_0$，$\mu=\mu_0$ 和 $\sigma=0$。求流经介质的总的位移电流大小。

5.12　在自由空间中，

(1)已知 $\vec{H}=\vec{a}_z H_m\mathrm{e}^{j(\omega t+\beta z)}$，求 $\vec{E}$；

(2)若已知 $\vec{E}=\vec{a}_x 30\pi\mathrm{e}^{j(10^8 t+\beta z)}$ V/m，$\vec{H}=\vec{a}_y H_m\mathrm{e}^{j(10^8 t+\beta z)}$ A/m，求 H_m 和 β。

5.13　在均匀不导电的区域中，$\mu_r=1$，如果

$$\vec{E}=\vec{a}_z 30\pi\mathrm{e}^{j(\omega t-\frac{4}{3}z)}\ \mathrm{V/m},\qquad \vec{H}=\vec{a}_x 1.0\mathrm{e}^{j(\omega t-\frac{4}{3}z)}\ \mathrm{A/m}$$

求 ε_r 和 ω。

5.14　已知在自由空间中球面波的电场为：

$$\vec{E}=\vec{a}_{\theta}\left(\frac{E_0}{r}\right)\sin\theta\cos(\omega t-kr)$$

求 $\vec{H}$ 和 k。

5.15　在由理想导电壁($\gamma=\infty$)限定的区域 $0\leqslant x\leqslant a$ 内存在一个如下的电磁场。

$$E_y=H_0\mu\omega\left(\frac{a}{\pi}\right)\sin(kz-\omega t)\sin\frac{\pi x}{a}$$

$$H_x=-H_0k\left(\frac{a}{\pi}\right)\sin\left(\frac{\pi x}{a}\right)\sin(kz-\omega t)$$

$$H_z=H_0\cos\left(\frac{\pi x}{a}\right)\cos(kz-\omega t)$$

这个电磁场满足的边界条件如何？导电壁上的电流密度值如何？

5.16　在导体平板($z=0$ 和 $z=d$)之间的空气中传播的电磁波,已知其电场强度为

$$\vec{E}=\vec{a}_yE_0\sin\left(\frac{\pi}{d}z\right)\cos(\omega t-k_xx)$$

式中的 k_x 为常数。试求:(1)磁场强度 $\vec{H}$;(2)两导体表面上的面电流密度 $\vec{J}_S$。

5.17　选用圆柱坐标系,理想导体表面位于 $r=5$ mm,$r=20$ mm,$z=0$ 和 $z=50$ mm。该封闭区域中介质为 $\varepsilon_r=2.25$,$\mu_r=1$ 和 $\sigma=0$,磁场 $\vec{H}=\vec{a}_{\varphi}(\frac{2}{r})\cos2\pi z\cos4\pi10^8t$ A/m。求:

(1)$r=5$ mm,$\varphi=\frac{\pi}{2}$,$z=50$ mm 的表面电流密度;

(2)封闭区域内的电场 $\vec{E}$;

(3)$r=200$ mm,$\varphi=\frac{\pi}{2}$,$z=250$ mm 的表面电荷密度;

(4)$r=10$ mm,$\varphi=0.2\pi$,$z=250$ mm 处的位移电流密度。

5.18　在无界的非均匀媒质中,若整个空间无源,并假设介电常数是位置的函数 $\varepsilon=\varepsilon(x,y,z)$。证明该媒质中的电场强度和磁感应强度满足的波动方程为

$$\nabla^2\vec{E}+\omega^2\mu\varepsilon(x,y,z)\vec{E}=-\nabla\left[\vec{E}\cdot\frac{\nabla\varepsilon(x,y,z)}{\varepsilon(x,y,z)}\right]$$

$$\nabla^2\vec{H}+\omega^2\mu\varepsilon(x,y,z)\vec{H}=-\frac{\nabla\varepsilon(x,y,z)}{\varepsilon(x,y,z)}\times(\nabla\times\vec{H})$$

5.19　设电场强度和磁场强度分别为

$$\vec{E}=\vec{E}_0\cos(\omega t+\Psi_e)\qquad 和\qquad \vec{H}=\vec{H}_0\cos(\omega t+\Psi_m)$$

证明其坡印廷矢量的平均值为:

$$\vec{S}_{av}=\frac{1}{2}\vec{E}_0\times\vec{H}_0\cos(\Psi_e-\Psi_m)$$

5.20　在应用电磁位时,如果不采用洛伦兹条件,而采用所谓的库仑规范,令 $\nabla\cdot\vec{A}=0$。导出 $\vec{A}$ 和 φ 所满足的微分方程。

5.21　在自由空间中,$\vec{D}=\vec{a}_xD_m\sin(\omega t+\beta z)$。利用麦克斯韦方程组验证

$$\vec{B} = -\vec{a}_y \frac{\omega\mu_0 D_m}{\beta}\sin(\omega t + \beta z)$$

沿 z 轴画出 $t=0$ 时的草图，假定 $D_m>0$，$\beta>0$。

5.22　在 $\mu_r=1$ 和 $\varepsilon_r=50$ 的均匀区域中，有

$$\vec{E} = \vec{a}_z 20\pi e^{j(\omega t-\beta z)}\ \text{V/m} \quad , \qquad \vec{B} = \vec{a}_y \mu_0 H_m e^{j(\omega t-\beta z)}\ \text{T}$$

如果波长为 $\lambda=1.78$ m，求 ω 和 H_m。

第 6 章 正弦平面电磁波在无界空间中的传播

变化的电场激励磁场,变化的磁场又激励电场,电场与磁场的相互激励形成向远方传播的电磁波。电磁波的传播分为电磁波在无界空间中的传播和在有界空间中的传播。本章讨论正弦平面电磁波在无界空间中的传播规律。

在线性媒质中,一些非正弦的电磁场可根据傅里叶方法视为各种不同频率的正弦电磁场的线性迭加,因此研究正弦电磁场问题是研究时变电磁场的基础。

本章第 1 节讨论正弦平面电磁场的复数表示方法,麦克斯韦方程的复数表示形式,坡印廷定理的复数形式,并给出正弦平面电磁波的波动方程——亥姆霍兹方程。第 2 节讨论均匀正弦平面电磁波在理想介质中的传播规律。第 3 节给出电磁波的极化概念。第 4 节讨论媒质的损耗特性和频率特性。第 5 节讨论正弦平面电磁波在导电媒质中的传播规律。

6.1 正弦电磁场

6.1.1 正弦电场、磁场强度的复数表示方法

时变电磁场是空间和时间的函数,如果时变电磁场的每一个分量是时间的正弦函数,具有相同的频率 ω,这样的电磁场称为正弦电磁场,也称为时谐场。在直角坐标系中,正弦电磁场的电场和磁场分量可以写成

$$\begin{aligned}\vec{E}(x,y,z,t) = &\vec{a}_x E_{xm}(x,y,z)\cdot\cos[\omega t+\varphi_x(x,y,z)]+\\ &\vec{a}_y E_{ym}(x,y,z)\cdot\cos[\omega t+\varphi_y(x,y,z)]+\\ &\vec{a}_z E_{zm}(x,y,z)\cdot\cos[\omega t+\varphi_z(x,y,z)]\end{aligned} \tag{6.1.1a}$$

$$\begin{aligned}\vec{H}(x,y,z,t) = &\vec{a}_x H_{xm}(x,y,z)\cdot\cos[\omega t+\varphi_x(x,y,z)]+\\ &\vec{a}_y H_{ym}(x,y,z)\cdot\cos[\omega t+\varphi_y(x,y,z)]+\\ &\vec{a}_z H_{zm}(x,y,z)\cdot\cos[\omega t+\varphi_z(x,y,z)]\end{aligned} \tag{6.1.1b}$$

正弦电磁场可用欧拉公式 $e^{jx}=\cos x+j\sin x$ 将其表示为复数矢量形式。以电场强度为例，电场强度的各分量分别可表为

$$\begin{aligned}E_x&=E_{xm}\cos[\omega t+\varphi_x(x,y,z)]=\mathrm{Re}[E_{xm}e^{j(\omega t+\varphi_x)}]=\mathrm{Re}(\dot{E}_{xm}e^{j\omega t})\\E_y&=E_{ym}\cos[\omega t+\varphi_y(x,y,z)]=\mathrm{Re}[E_{ym}e^{j(\omega t+\varphi_y)}]=\mathrm{Re}(\dot{E}_{ym}e^{j\omega t})\\E_z&=E_{zm}\cos[\omega t+\varphi_z(x,y,z)]=\mathrm{Re}[E_{zm}e^{j(\omega t+\varphi_z)}]=\mathrm{Re}(\dot{E}_{zm}e^{j\omega t})\end{aligned}\tag{6.1.2}$$

其中

$$\dot{E}_{xm}=E_{xm}e^{j\varphi_x}\qquad \dot{E}_{ym}=E_{ym}e^{j\varphi_y}\qquad \dot{E}_{zm}=E_{zm}e^{j\varphi_z}$$

分别称为各分量振幅的相量，它的模和相角都是空间坐标的函数，因此

$$\begin{aligned}\vec{E}(x,y,z,t)&=\mathrm{Re}[(\vec{a}_x\dot{E}_{xm}+\vec{a}_y\dot{E}_{ym}+\vec{a}_z\dot{E}_{zm})e^{j\omega t}]=\\&\mathrm{Re}(\dot{\vec{E}}e^{j\omega t})\end{aligned}\tag{6.1.3}$$

其中

$$\dot{\vec{E}}=\vec{a}_x\dot{E}_{xm}+\vec{a}_y\dot{E}_{ym}+\vec{a}_z\dot{E}_{zm}\tag{6.1.4}$$

称为电场强度复矢量，它含有各分量的振幅和初相两大要素。电场强度复矢量是一个为简化正弦场计算的表示符号，一般不能用三维空间中一个矢量来表示，也不能写成指数形式。

电场强度对时间的微分和积分可表示为

$$\frac{\partial\vec{E}}{\partial t}=\frac{\partial}{\partial t}\mathrm{Re}(\dot{\vec{E}}_m e^{j\omega t})=\mathrm{Re}\frac{\partial}{\partial t}(\dot{\vec{E}}_m e^{j\omega t})=\mathrm{Re}(j\omega\dot{\vec{E}}_m e^{j\omega t})\tag{6.1.5}$$

$$\int\vec{E}\mathrm{d}t=\int\mathrm{Re}(\dot{\vec{E}}_m e^{j\omega t})\mathrm{d}t=\mathrm{Re}\int\dot{\vec{E}}_m e^{j\omega t}\mathrm{d}t=\mathrm{Re}\left(\frac{1}{j\omega}\dot{\vec{E}}_m e^{j\omega t}\right)\tag{6.1.6}$$

电场强度的散度和旋度可表示为

$$\nabla\times\vec{E}=\nabla\times\mathrm{Re}(\dot{\vec{E}}_m e^{j\omega t})=\mathrm{Re}(\nabla\times\dot{\vec{E}}_m e^{j\omega t})\tag{6.1.7}$$

$$\nabla\cdot\vec{E}=\nabla\cdot\mathrm{Re}(\dot{\vec{E}}_m e^{j\omega t})=\mathrm{Re}(\nabla\cdot\dot{\vec{E}}_m e^{j\omega t})\tag{6.1.8}$$

同样，其他的正弦场矢量可用相应的复矢量表示，正弦源 $\vec{J}$ 和 ρ 也可表示为

$$\vec{J}=\mathrm{Re}(\dot{\vec{J}}_m e^{j\omega t})\qquad 和\qquad \rho=\mathrm{Re}(\dot{\rho}e^{j\omega t})$$

例 6.1.1　将下列场矢量的瞬时值改写为复数；将场的复矢量写为瞬时值。

(1) $\vec{H}=\vec{a}_xH_0k\left(\frac{a}{\pi}\right)\sin\left(\frac{\pi x}{a}\right)\sin(kz-\omega t)+\vec{a}_zH_0\cos\left(\frac{\pi x}{a}\right)\cos(kz-\omega t)$

(2) $\dot{E}_{xm}=2jE_0\sin\theta\cos(kx\cos\theta)e^{-jkz\sin\theta}$

解　(1) 因为 $\cos(kz-\omega t)$ 是偶函数，则 $\cos(kz-\omega t)=\cos(\omega t-kz)$

而

$$\sin(kz-\beta t)=\cos(kz-\omega t-\frac{\pi}{2})=\cos(\omega t-kz+\frac{\pi}{2})$$

故

$$\dot{\vec{H}}_m=\vec{a}_xH_0k\left(\frac{a}{\pi}\right)\sin\left(\frac{\pi x}{a}\right)e^{-jkz+j\pi/2}+\vec{a}_zH_0\cos\left(\frac{\pi x}{a}\right)e^{-jkz}=$$

$$\vec{a}_x\dot{H}_{xm}+\vec{a}_z\dot{H}_{zm}$$

(2)因为

$$\dot{E}_{xm}=2jE_0\sin\theta\cos(kx\cos\theta)\mathrm{e}^{-jkz\sin\theta}=2E_0\sin\theta\cos(kx\cos\theta)\mathrm{e}^{-j(kz\sin\theta+\pi/2)}$$

故

$$E_x=2E_0\sin\theta\cos(kx\cos\theta)\cos(\omega t-kz\sin\theta+\frac{\pi}{2})$$

6.1.2 麦克斯韦方程组的复数形式

在线性媒质中,正弦稳态电磁场有一个特点:如果激励的频率为 ω,则响应的频率一定为 ω。因此,正弦稳态电磁场与其源的关系可以用正弦稳态电磁场的复矢量与源的复矢量的关系来描述。下面,我们先建立正弦稳态电磁场复矢量的麦克斯韦方程。

在正弦稳态电磁场中,如果场和源都用相应的复矢量和复数表示,则麦克斯韦方程组可表为

$$\nabla\times[\mathrm{Re}(\dot{\vec{H}}_m\mathrm{e}^{j\omega t})]=\mathrm{Re}(\dot{\vec{J}}_m\mathrm{e}^{j\omega t})+\mathrm{Re}[j\omega\dot{\vec{D}}_m\mathrm{e}^{j\omega t}]$$

$$\nabla\times[\mathrm{Re}(\dot{\vec{E}}_m\mathrm{e}^{j\omega t})]=\mathrm{Re}[-j\omega\dot{\vec{B}}_m\mathrm{e}^{j\omega t}]$$

$$\nabla\cdot[\mathrm{Re}(\dot{\vec{B}}_m\mathrm{e}^{j\omega t})]=0$$

$$\nabla\cdot[\mathrm{Re}(\dot{\vec{D}}_m\mathrm{e}^{j\omega t})]=\mathrm{Re}(\dot{\rho}\mathrm{e}^{j\omega t})$$

去掉时间因子 $\mathrm{e}^{j\omega t}$,再考虑到取实部的运算和 ∇ 对空间坐标的运算可交换秩序,因此,麦克斯韦方程组可简化为

$$\nabla\times\dot{\vec{H}}_m=\dot{\vec{J}}_m+j\omega\dot{\vec{D}}_m \tag{6.1.9a}$$

$$\nabla\times\dot{\vec{E}}_m=-j\omega\dot{\vec{B}}_m \tag{6.1.9b}$$

$$\nabla\cdot\dot{\vec{B}}_m=0 \tag{6.1.9c}$$

$$\nabla\cdot\dot{\vec{D}}_m=\dot{\rho} \tag{6.1.9d}$$

这便是正弦电磁场麦克斯韦方程组的复数形式。由于正弦电磁场麦克斯韦方程组的复数形式与麦克斯韦方程组有形式上的差别,通常我们将场的复矢量上面的点和下标 m 去掉,于是麦克斯韦方程组的复数形式可简写成

$$\nabla\times\vec{H}=\vec{J}+j\omega\vec{D} \tag{6.1.10a}$$

$$\nabla\times\vec{E}=-j\omega\vec{B} \tag{6.1.10b}$$

$$\nabla\cdot\vec{B}=0 \tag{6.1.10c}$$

$$\nabla\cdot\vec{D}=\rho \tag{6.1.10d}$$

注意,式中的场量仍代表复矢量,标量仍代表复数。

麦克斯韦方程组的复数形式对求解正弦电磁场具有十分重要的意义。**对于正弦电磁场的**

求解，我们可根据给出的源写出其复矢量和复数，然后利用麦克斯韦方程组的复数形式求出场的复矢量，再由电磁场的复矢量写出电磁场的正弦表达式。

例6.1.2　在真空中，已知正弦电磁波的电场分量为

$$\vec{E}(z,t)=\vec{a}_y 10^3\sin(\omega t-\beta z)$$

求波的磁场分量 $\vec{H}(z,t)$。

解　先将波的电场分量写成复矢量，即 $E_y=-j10^3 e^{j(\omega t-\beta z)}$，将其代入复矢量的麦克斯韦方程：$\nabla\times\vec{E}=-j\omega\mu_0\vec{H}$ 可得

$$\vec{H}=-\frac{1}{j\omega\mu_0}\nabla\times\vec{E}=\frac{\vec{a}_x}{j\omega\mu_0}\frac{\partial E_y}{\partial z}$$

将 $\dot{E}_y=-j10^3 e^{j(\omega t-\beta z)}$ 代入上式可得

$$\vec{H}=\vec{a}_x\frac{j\beta}{\omega\mu_0}10^3 e^{j(\omega t-\beta z)}$$

将上式展开取实部得

$$\vec{H}(z,t)=-\vec{a}_x\frac{\beta}{\omega\mu_0}10^3\sin(\omega t-\beta z)$$

6.1.3　正弦场中的坡印廷定理

正弦场中，电场和磁场分别用复矢量 $\vec{E}$ 和 $\vec{H}$ 表示，用 $\vec{E}^*$ 和 $\vec{H}^*$ 分别表示 $\vec{E}$ 和 $\vec{H}$ 的共轭复数，并设介质的介电常数为 $\varepsilon_c=\varepsilon'-j\varepsilon''$，导磁率为 $\mu_c=\mu'-j\mu''$，导电率为 σ。由恒等式

$$\nabla\cdot(\vec{E}\times\vec{H}^*)=\vec{H}^*\cdot\nabla\times\vec{E}-\vec{E}\cdot\nabla\times\vec{H}^*$$

和麦克斯韦方程

$$\nabla\times\vec{E}=-j\omega\mu_C\vec{H}$$

$$\nabla\times\vec{H}^*=-j\omega\varepsilon_C^*\vec{E}^*+\sigma\vec{E}^*$$

得

$$\nabla\cdot(\vec{E}\times\vec{H}^*)=-j\omega\mu_C\vec{H}\cdot\vec{H}^*+j\omega\varepsilon_C^*\vec{E}\cdot\vec{E}^*-\sigma\vec{E}\cdot\vec{E}^*$$

上式采用的振幅复矢量，为了得到平均功率的有效值，对上式等式两端 $\times(-\frac{1}{2})$ 得

$$-\nabla\cdot\frac{1}{2}(\vec{E}\times\vec{H}^*)=j\frac{1}{2}\omega\mu_C\vec{H}\cdot\vec{H}^*-j\frac{1}{2}\omega\varepsilon_C^*\vec{E}\cdot\vec{E}^*+\frac{1}{2}\sigma\vec{E}\cdot\vec{E}^*\qquad(6.1.11)$$

其中，等式左端为复数的坡印廷矢量 $\vec{S}$，它可以写为

$$\vec{S}=\frac{1}{2}\vec{E}\times\vec{H}^*=\mathrm{Re}(\frac{1}{2}\vec{E}\times\vec{H}^*)+j\mathrm{Im}(\frac{1}{2}\vec{E}\times\vec{H}^*)$$

为穿过单位表面的复功率，实部 $\vec{S}_{平均}=\mathrm{Re}(\frac{1}{2}\vec{E}\times\vec{H}^*)$ 为穿过单位表面的平均功率，虚部 $\vec{Q}_{平均}=\mathrm{Im}(\frac{1}{2}\vec{E}\times\vec{H}^*)$ 为穿过单位表面的无功功率。等式右端各项分别为：

与磁介质有关的项

$$j\frac{1}{2}\omega\mu_C\vec{H}\cdot\vec{H}^* = j\frac{1}{2}\omega(\mu' - \mu'')\vec{H}\cdot\vec{H}^* = \frac{1}{2}\omega\mu''H^2 + j\frac{1}{2}\omega\mu' H^2 \qquad (6.1.12)$$

其实部为磁介质单位体积中单位时间内的平均耗能 P_m。

与电介质有关的项

$$-j\frac{1}{2}\omega\varepsilon_C^*\vec{E}\cdot\vec{E}^* = -j\frac{1}{2}\omega(\varepsilon' - \varepsilon'')\vec{E}\cdot\vec{E}^* = \frac{1}{2}\omega\varepsilon''E^2 - j\frac{1}{2}\omega\varepsilon' H^2 \qquad (6.1.13)$$

其实部为电介质单位体积中单位时间内的平均耗能 P_e。

第三项为导电媒质的焦耳损耗 $P_T = \frac{1}{2}\sigma E^2$。将式(6.1.12)和式(6.1.13)以及导电媒质的焦耳损耗带入式(6.1.11),并对研究的区域 τ 积分。应用散度定理将等式左边的体积分变为面积分得

$$-\oint_S \frac{1}{2}\vec{E}\times\vec{H}^*\cdot d\vec{S} = \int_\tau\left(\frac{1}{2}\sigma E^2 + \frac{1}{2}\omega\varepsilon''E^2 + \frac{1}{2}\omega\mu''H^2\right)d\tau + \int_\tau j\omega\left(\frac{1}{2}\mu' H^2 - \frac{1}{2}\varepsilon' E^2\right)d\tau$$

或

$$\oint_S \vec{S}\cdot d\vec{S} = \int_\tau (P_m + P_e + P_T)\,d\tau + j2\omega\int_\tau (w_{m平均} - w_{e平均})\,d\tau \qquad (6.1.14)$$

其中 $w_{m平均} = \frac{1}{4}\mu' H^2$ 为磁场能量密度的平均值,$w_{e平均} = \frac{1}{4}\varepsilon' E^2$ 为电场能量密度的平均值。上式便是正弦电磁场的坡印廷定理。这里场量 $\vec{E}$ 和 $\vec{H}$ 分别为正弦电场和磁场的幅值。

正弦电磁场的坡印廷定理说明:**流进闭合面 S 内的有功功率供闭合面包围的区域内媒质的各种功率损耗;而流进(或流出)的无功功率代表着电磁波与该区域功率交换的尺度。**

例 6.1.3 如图 6.1.1 所示,同轴线的内外半径分别为 a 和 b,同轴线中填充空气,内导体上流过的电流为 $I = I_0 e^{j(\omega t - \beta z)}$,内外导体间的电压为 $V = V_0 e^{j(\omega t - \beta z)}$,试用坡印廷矢量求同轴线的传输功率。

解 由安培环路定律可求出同轴线中的磁场分布为

$$\vec{H} = \vec{a}_\varphi \frac{I_0}{2\pi r} e^{j(\omega t - \beta z)}$$

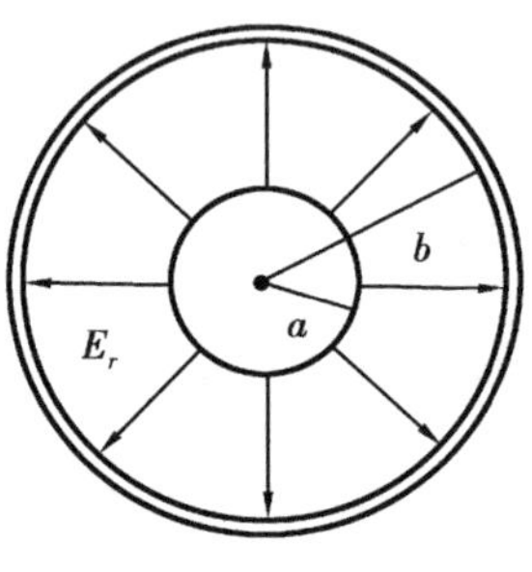

图 6.1.1 同轴线的传输功率

再由麦克斯韦方程 $\nabla\times\vec{H} = j\omega\varepsilon_0\vec{E}$ 可得

$$\vec{E} = \frac{1}{j\omega\varepsilon_0}\nabla\times\vec{H} = \vec{a}_r \frac{\beta}{\omega\varepsilon_0}\frac{I_0}{2\pi r}e^{j(\omega t - \beta z)}$$

而 $\beta = k = \omega\sqrt{\mu_0\varepsilon_0}$,故

$$\vec{E} = \vec{a}_r \sqrt{\frac{\mu_0}{\varepsilon_0}}\frac{I_0}{2\pi r}e^{j(\omega t - \beta z)}$$

同轴线中的坡印廷矢量为

$$\vec{S}_{av} = \frac{1}{2}\mathrm{Re}(\vec{E}\times\vec{H}^*) = \vec{a}_z \frac{1}{2}\sqrt{\frac{\mu_0}{\varepsilon_0}}\left(\frac{I_0}{2\pi r}\right)^2$$

于是,同轴线传输的总功率为

$$P = \int_S \frac{1}{2}\mathrm{Re}(\vec{E}\times\vec{H}^*)\cdot d\vec{S} = \frac{1}{2}\int_a^b\int_0^{2\pi}\sqrt{\frac{\mu_0}{\varepsilon_0}}\left(\frac{I_0}{2\pi r}\right)^2 r\,dr\,d\varphi = \frac{I_0^2}{4\pi}\sqrt{\frac{\mu_0}{\varepsilon_0}}\ln\frac{b}{a}$$

由电压与电场强度的关系

$$V = \int_a^b E_r \mathrm{d}r = \sqrt{\frac{\mu_0}{\varepsilon_0}} \frac{I_0}{2\pi} \ln \frac{b}{a} \mathrm{e}^{j(\omega t - \beta z)} = V_0 \mathrm{e}^{j(\omega t - \beta z)}$$

于是有

$$V_0 = \sqrt{\frac{\mu_0}{\varepsilon_0}} \frac{I_0}{2\pi} \ln \frac{b}{a}$$

因此同轴线传输的总功率又可表示为

$$P = \frac{1}{2} I_0 V_0$$

6.1.4　亥姆霍兹方程

对于无源区域中的正弦电磁场，如果场量用相应的复矢量表示，再考虑到

$$\frac{\partial^2 \vec{E}}{\partial t^2} = (j\omega)^2 \vec{E} = -\omega^2 \vec{E} \qquad \text{和} \qquad \frac{\partial^2 \vec{H}}{\partial t^2} = (j\omega)^2 \vec{H} = -\omega^2 \vec{H}$$

于是得到正弦电磁场波动方程的复数形式

$$\nabla^2 \vec{E} + k^2 \vec{E} = 0 \tag{6.1.15}$$

$$\nabla^2 \vec{H} + k^2 \vec{H} = 0 \tag{6.1.16}$$

式中

$$k^2 = \omega^2 \mu \varepsilon \tag{6.1.17}$$

称为正弦电磁波的波数，波动方程式(6.1.15)和式(6.1.16)称为正弦电磁场波动方程的复数形式，也称为亥姆霍兹方程。

例6.1.4　在自由空间中，验证正弦电磁波的电场分量 $\vec{E} = \vec{a}_y 10\sin(kz - \omega t)$ 是亥姆霍兹方程式(6.1.15)的解，其中 $k^2 = \omega^2 \mu_0 \varepsilon_0$；若正弦电磁波的角频率为 $\omega = 10^6 \mathrm{rad/s}$，当波用时间 t_1 前进 $\lambda/8$ 时，画出在 $t=0$ 和 $t=t_1$ 时的波形；若波的角频率变为 $\omega = 2\times 10^6 \mathrm{rad/s}$，再画出在 $t=0$ 和 $t=t_1$ 时的波形。

解　矢量亥姆霍兹方程式(6.1.15)在直角坐标系中可分解为三个标量亥姆霍兹方程，即

$$\nabla^2 E_x + k^2 E_x = 0 \quad , \qquad \nabla^2 E_y + k^2 E_y = 0 \quad , \qquad \nabla^2 E_z + k^2 E_z = 0$$

将 $E_y = 10\sin(kz - \omega t)$ 写成复矢量形式 $\dot{E}_y = -10\mathrm{e}^{j(\omega t - kz - \frac{\pi}{2})}$，并代入标量亥姆霍兹方程

$$\frac{\partial^2 E_y}{\partial x^2} + \frac{\partial^2 E_y}{\partial y^2} + \frac{\partial^2 E_y}{\partial z^2} + k^2 E_y = 0$$

可验证波的电场分量 $\vec{E}$ 是亥姆霍兹方程的解，即 $\vec{E} = \vec{a}_y 10\sin(kz - \omega t)$ 是一个正弦波函数。

现考查相位为 $c = kz - \omega t$ 的波阵面，其位置为 z，波阵面移动的速度为

$$v_p = \frac{\mathrm{d}z}{\mathrm{d}t} = \frac{\omega}{k} = \frac{1}{\sqrt{\mu_0 \varepsilon_0}} = 3\times 10^8 \ \mathrm{m/s}$$

在一个周期 $T = 2\pi/\omega$ 内，波前进 λ 距离，因此 $t_1 = \dfrac{T}{8} = \dfrac{\pi}{4\omega}$，故

$$\frac{\lambda}{8} = v_p t_1 = 3\times 10^8 \times \frac{\pi}{4\times 10^6} = 236 \ \mathrm{m}$$

在图 6.1.2(a)中分别画出了在 $t=0$ 和 $t=t_1$ 时的波形。当频率增加一倍时，波长是前者的一半，相移常数是前者的两倍，而波阵面移动的速度不变，在 $t=t_1$ 时刻波仍前进了 236 m，但现在为$\dfrac{\lambda}{4}$，如图 6.1.2(b)所示。

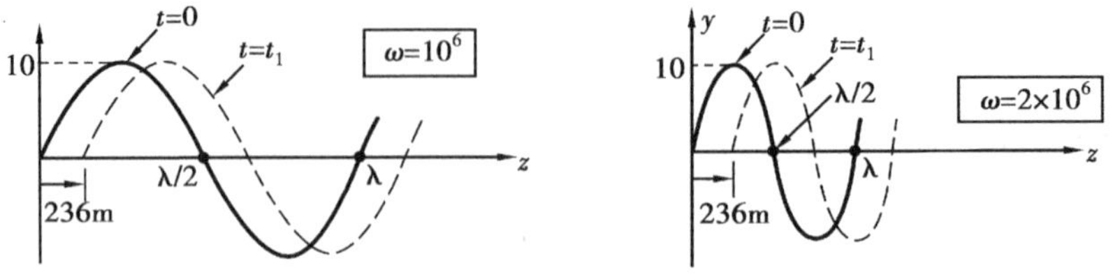

(a)　　(b)

图 6.1.2　$t=0$ 和 $t=t_1$ 时的波形

6.2　理想介质中的均匀平面波

线性均匀各向同性无耗的介质称为理想介质。自由空间可近似视为理想介质。这一节我们讨论均匀平面波在充满理想介质的无界空间中的传播规律。

6.2.1　均匀平面波的波动方程及其解

平面波是指波阵面为平面的电磁波。**均匀平面波是指波的电场 $\vec{E}$ 和磁场 $\vec{H}$ 只沿波的传播方向变化，而在波阵面内 $\vec{E}$ 和 $\vec{H}$ 的方向、振幅和相位不变的平面波。**一般说来，大多数源辐射的电磁波为球面波。但当我们远离波源观察球面上的一小部分波时，由于半径足够大，球面上的一小片面积可以视为平面，在此小平面内的波可视为平面波。因此，对平面波的讨论具有十分重要的工程意义。

这里我们讨论的是波在理想介质中的传播问题，所以 $\vec{J}=0,\rho=0$。在直角坐标系中，正弦稳态电磁波满足的复矢量方程为

$$\frac{\partial^2\vec{E}}{\partial x^2}+\frac{\partial^2\vec{E}}{\partial y^2}+\frac{\partial^2\vec{E}}{\partial z^2}+k^2\vec{E}=0 \tag{6.2.1}$$

$$\frac{\partial^2\vec{H}}{\partial x^2}+\frac{\partial^2\vec{H}}{\partial y^2}+\frac{\partial^2\vec{H}}{\partial z^2}+k^2\vec{H}=0 \tag{6.2.2}$$

下面我们来求解波的电场和磁场。由于波的电场和磁场受麦克斯韦方程约束，所以只需求解电场或磁场分量。假定均匀平面波向 z 方向传播，且电场只有 x 分量，由于波阵面为与 xoy 面平行的平面。按均匀平面波的定义有

$$\frac{\partial^2 E_x}{\partial x^2}=0 \qquad \frac{\partial^2 E_x}{\partial y^2}=0。$$

因此，向 z 方向传播的均匀平面波电场 E_x 满足的波动方程可简化为

$$\frac{\partial^2 E_x}{\partial z^2}+k^2E_x=0 \tag{6.2.3}$$

其相量解为

$$E_x = E_m^+ e^{-jkz} + E_m^- e^{jkz}$$

为了求出瞬时解，下面给出 E_x 的指数形式

$$E_x = E_m^+ e^{j(\omega t - kz)} + E_m^- e^{j(\omega t + kz)} \tag{6.2.4}$$

将式(6.2.4)展开并取实部得

$$E_x(z,t) = \mathrm{Re}[E_m^+ e^{j(\omega t - kz)} + E_m^- e^{j(\omega t + kz)}] = E_m^+ \cos(\omega t - kz) + E_m^- \cos(\omega t + kz) \tag{6.2.5}$$

可见方程(6.2.3)的解为两正弦波的迭加，若将式(6.2.5)中的第一项记为 $E_x^+ = E_m^+ \cos(\omega t - kz)$，第二项记为 $E_x^- = E_m^- \cos(\omega t + kz)$。下面我们先讨论第一项的物理意义。如果我们令 $\omega t - kz = C$，也就是考察相位为 C 的波阵面，此波阵面的位置由 z 给出。此波阵面的移动速度为

$$\frac{dz}{dt} = v_p = \frac{\omega}{k} \tag{6.2.6}$$

v_p 通常称为波的相速度。显然，这是一个以相速 v_p 向 z 方向传播的正弦波；同理可知，第二项代表一个以相速 v_p 向 $-z$ 方向传播的正弦波。由于这里我们假定要求的波是向 z 方向传播的，故方程(6.2.3)的解只取第一项。因此

$$E_x(z,t) = E_m \cos(\omega t - kz) \tag{6.2.7}$$

图6.2.1给出了几个不同时刻的 E_x 的波形。

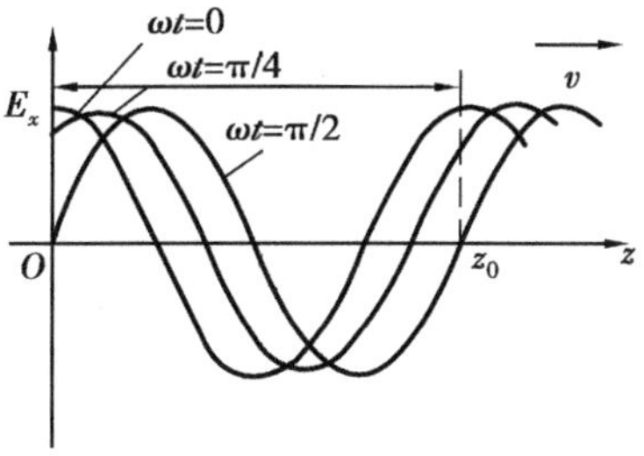

图6.2.1　不同时刻 E_x 的波形

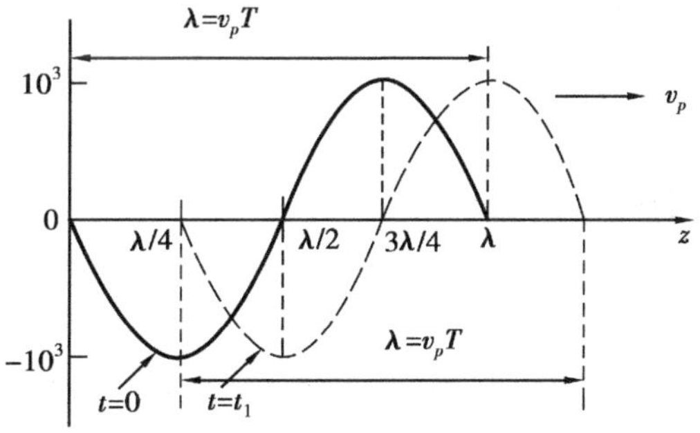

图6.2.2　正弦平面波的相速、波长的关系

6.2.2　均匀平面波的传播特性

下面我们讨论均匀平面波的传播特性。将 $k=\omega\sqrt{\mu\varepsilon}$ 代入相速公式得

$$v_p = \frac{\omega}{k} = \frac{1}{\sqrt{\mu\varepsilon}} \tag{6.2.8}$$

在自由空间中，$\mu = \mu_0 = 4\pi \times 10^{-7}$ H/m，$\varepsilon = \varepsilon_0 = \dfrac{1}{4\pi \times 9 \times 10^9}$ F/m，则波的相速度

$$v_p = \frac{1}{\sqrt{\mu_0 \varepsilon_0}} = 3 \times 10^8 \text{ m/s} \tag{6.2.9}$$

为光速。由于电场解是一个周期为 2π 的正弦函数，因此波的周期为 $T = 2\pi/\omega$，频率为 $f = \omega/2\pi$，而我们通常又称 $\omega = 2\pi f$ 为波的角频率。

波在一个周期中传播的距离称为波的波长，用 λ 表示。波长与频率、相速的关系为

$$\lambda = v_p T = \frac{1}{f\sqrt{\mu\varepsilon}} = \frac{2\pi}{\omega\sqrt{\mu\varepsilon}} = \frac{2\pi}{k} \tag{6.2.10}$$

周期是波在时间上的重复量,波长为波在空间中的重复量。正弦平面波的相速、波长的关系以及波随时间变化而推进的关系如图 6.2.2 所示。

由式(6.2.10)可得

$$k = \frac{2\pi}{\lambda} \tag{6.2.11}$$

k 可以理解为使相位改变 2π 所需移动的波长数,通常称为波数。而我们又将波移动单位距离时相位的改变称为波的相位常数并记为 β,这里显然有 $\beta = \frac{2\pi}{\lambda} = k$。所以正弦平面波的又可写成

$$E_x(z,t) = E_m\cos(\omega t - \beta z) \tag{6.2.12}$$

根据麦克斯韦方程组的第二方程 $\nabla \times \vec{E} = -j\omega\mu\vec{H}$ 可得

$$\vec{H} = -\frac{1}{j\omega\mu}\begin{vmatrix} \vec{a}_x & \vec{a}_y & \vec{a}_z \\ \frac{\partial}{\partial x} & \frac{\partial}{\partial y} & \frac{\partial}{\partial z} \\ E_x^+ & 0 & 0 \end{vmatrix} = -\frac{1}{j\omega\mu}\vec{a}_y\frac{\partial E_x}{\partial z} \tag{6.2.13}$$

于是

$$H_y = \frac{k}{\omega\mu}E_m^+ \mathrm{e}^{-jkz} = \sqrt{\frac{\varepsilon}{\mu}}E_m^+ \mathrm{e}^{-jkz} = \sqrt{\frac{\varepsilon}{\mu}}E_x, \quad H_x = H_z = 0$$

其时域(瞬时值)表示为

$$\vec{H} = \vec{a}_y\sqrt{\frac{\varepsilon}{\mu}}E_m^+\cos(\omega t - kz) \tag{6.2.14}$$

由此可见,磁场与电场同相,电场与磁场的振幅比为

$$\frac{E_x}{H_y} = \eta = \sqrt{\frac{\mu}{\varepsilon}}$$

称为媒质的**本征阻抗**。在自由空间中,

$$\eta_0 = \sqrt{\frac{\mu_0}{\varepsilon_0}} = 120\pi = 377\ \Omega$$

磁场与电场的矢量关系为

$$\vec{H} = \frac{1}{\eta}\vec{a}_z \times \vec{E} \tag{6.2.15}$$

坡印廷矢量为

$$\vec{S} = \vec{E} \times \vec{H}^* = \vec{a}_z\frac{k}{\omega\mu}(E_m^+)^2 = \vec{a}_z\frac{1}{\eta}(E_m^+)^2 \tag{6.2.16}$$

波的功率向 z 方向流动,与波的传播方向一致。

电场能量密度为

$$w_e = \frac{\varepsilon E^2}{2} \tag{6.2.17}$$

磁场能量密度为

$$w_m = \frac{\mu H^2}{2} \tag{6.2.18}$$

且电场能量密度与磁场能量密度满足关系

$$w_m = \frac{\mu H^2}{2} = \frac{\mu}{2}\frac{\varepsilon}{\mu}H^2 = \frac{\varepsilon E^2}{2} = w_e \tag{6.2.19}$$

结论：沿 z 方向传播的均匀平面波，若电场在 x 方向，则磁场在 y 方向，电场与磁场总相互垂直，并垂直于波的传播方向，电场、磁场、波的传播方向三者满足右手螺旋关系。电场与磁场处处同相，在传播过程中波的振幅不变，电场与磁场的振幅之比取决于媒质特性，空间中电场能量密度等于磁场能量密度。在一确定时刻正弦波的电场和磁场分量在空间中的分布如图6.2.3所示。

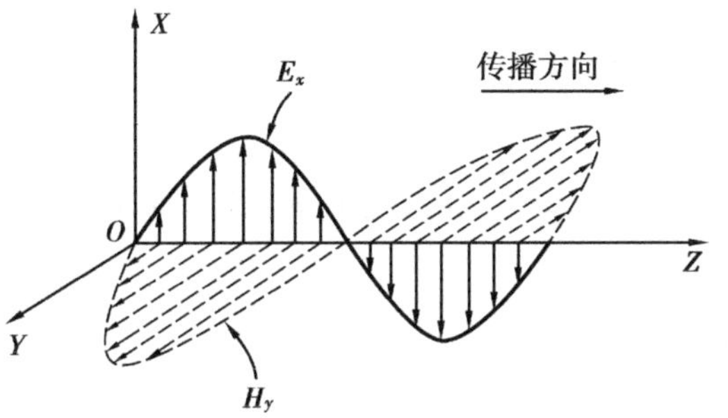

图6.2.3　理想介质中均匀平面波的电场和磁场分布

例6.2.1　频率为100 MHz的正弦均匀平面电磁波在各向同性的均匀理想介质中沿$(+z)$方向传播，介质的特性参数为 $\varepsilon_r = 4, \mu_r = 1$。设电场只有 x 方向的分量，即 $\vec{E} = \vec{a}_x E_x$；当 $t = 0, z = \frac{1}{8}$ m时，电场等于其振幅值 10^{-4} V/m，试求：

(1)该正弦电磁波的 $\vec{E}(z,t)$ 和 $\vec{H}(z,t)$；

(2)该正弦电磁波的传播速度；

(3)该正弦电磁波的平均坡印廷矢量。

解　各向同性的均匀理想介质中沿$(+z)$方向传播的正弦均匀平面电磁波可由标准的余弦函数来表示，即

$$\vec{E}(z,t) = \vec{E}_m \cos(\omega t - \beta z + \phi)$$

而波的电场分量是沿 x 方向的，因此，波的电场分量可写成

$$\vec{E}(z,t) = \vec{a}_x E_m \cos(\omega t - \beta z + \phi_x)$$

式中 $E_m = 10^{-4}$V/m。而

$$\beta = k = \omega\sqrt{\mu\varepsilon} = 2\pi f\sqrt{4\mu_0\varepsilon_0} = 2\pi \times 100 \times 10^6 \times 2\sqrt{\mu_0\varepsilon_0} = \frac{4\pi}{3}\ \text{rad/m}$$

再由 $t = 0, z = \frac{1}{8}$ m时，$E_x\left(\frac{1}{8}, 0\right) = E_m = 10^{-4}$得

$$\omega t - \beta z + \phi_x = 0$$

故

$$\phi_x = \beta z = \frac{4\pi}{6} \times \frac{1}{8} = \frac{\pi}{6} \text{ rad}$$

则

$$\vec{E}(z,t) = \vec{a}_x 10^{-4} \cos(2\pi \times 10^8 t - \frac{4\pi}{3}z + \frac{\pi}{6}) \text{ V/m}$$

$$\vec{H}(z,t) = \vec{a}_y H_y = \vec{a}_y \frac{E_x}{\eta} = \vec{a}_y \frac{1}{60\pi} 10^{-4} \cos(2\pi \times 10^8 t - \frac{4\pi}{3}z + \frac{\pi}{6}) \text{ A/m}$$

波的传播速度为

$$v = \frac{1}{\sqrt{\mu\varepsilon}} = \frac{1}{\sqrt{4\mu_0\varepsilon_0}} = \frac{3 \times 10^8}{2} = 1.5 \times 10^8 \text{ m/s}$$

波的电场和磁场分量的复矢量可写成

$$\vec{E} = \vec{a}_x 10^{-4} e^{-j(\frac{4\pi}{3}z - \frac{\pi}{6})} \quad , \quad \vec{H} = \vec{a}_y \frac{10^{-4}}{60\pi} e^{-j(\frac{4\pi}{3} - \frac{\pi}{6})}$$

故波的平均坡印廷矢量为

$$\vec{S} = \frac{1}{2}\text{Re}(\vec{E} \times \vec{H}^*) = \frac{1}{2}\text{Re}(\vec{a}_x 10^{-4} e^{-j(\frac{4\pi}{3}z - \frac{\pi}{6})}) \times \vec{a}_y \frac{10^{-4}}{60\pi} e^{j(\frac{4\pi}{3}z - \frac{\pi}{6})} =$$

$$\vec{a}_z \frac{10^{-8}}{120\pi} \text{ W/m}^2$$

6.3 电磁波的极化

在电磁场工程中，了解电磁波的电场的取向对天线有效接收电磁波是十分重要的。无界空间中传播的平面电磁波的电场和磁场总是垂直于波的传播方向的，这样的波我们称为横电磁波，也称为 TEM 波。一般情况下平面波的电场有两个分量，如 E_x 和 E_y，其合成电场在空间任一点的大小和方向是随时间变化的。**我们将电磁波的电场强度在空间中的大小和方向随时间的变化方式称为电磁波的极化**。如我们上节讨论的平面波中 $E_y = 0$，而只有 E_x 分量，这样的波称为 x 极化波，或波在 x 方向极化。

波的极化分为直线极化、圆极化和椭圆极化 3 种情况。下面我们就每种情况分别进行讨论。

6.3.1 线极化波

若电场的两分量相位相同，则两电场分量可表示为

$$E_x = E_{xm} \cos\omega t$$

$$E_y = E_{ym} \cos\omega t$$

其合成电场强度为

$$\vec{E} = \vec{a}_x E_{xm} \cos\omega t + \vec{a}_y E_{ym} \cos\omega t = (\vec{a}_x E_{xm} + \vec{a}_y E_{ym}) \cos\omega t$$

或写成

$$\vec{E} = \vec{E}_m \cos\omega t$$

其中：$\vec{E}_m = \vec{a}_x E_{xm} + \vec{a}_y E_{ym}$，由此可见，随着时间变化合成电场总是沿着矢量 $\vec{E}_m$ 决定的直线移动。即箭点轨迹为一条直线移动。如图 6.3.1 所示。同样，相位差为 π 的两电场分量合成也可得到相同的结论。因此，我们将这样的极化称为波的线极化，将**电场沿着一条直线移动的波称为线极化波**。

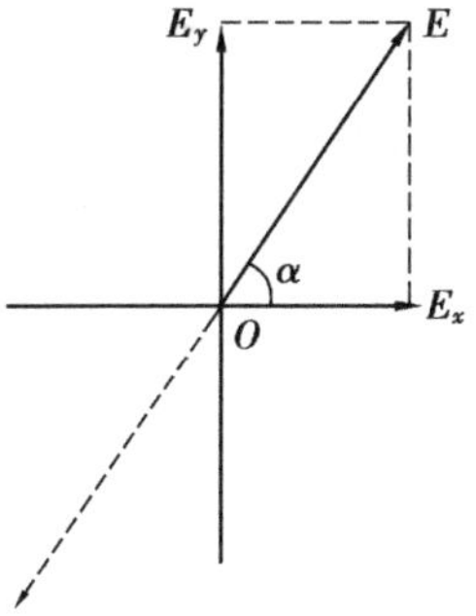

图 6.3.1　线极化波

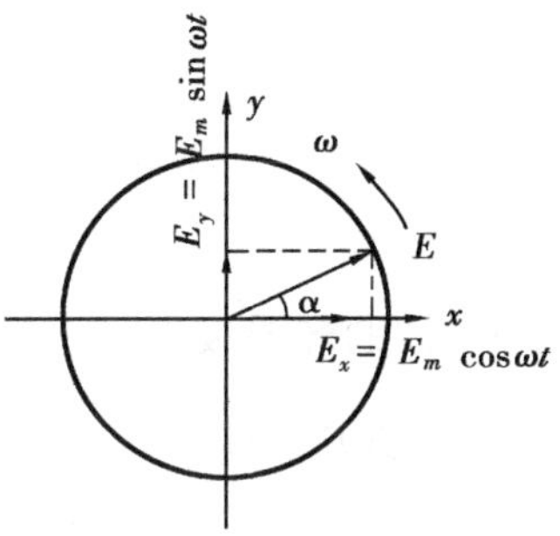

图 6.3.2　圆极化波

6.3.2　波的圆极化

如果电场的 E_x 分量与 E_y 分量振幅相等，但相位相差 $\pi/2$ 或 $3\pi/2$，这样的两个电场分量的合成电场为圆极化。下面以相位相差 $\pi/2$ 的两个电场分量的合成为例来说明。

设两振幅相等、相位相差 $\pi/2$ 的两个电场分量可表示为

$$E_x = E_m \cos\omega t$$

$$E_y = E_m \sin\omega t$$

其合成电场为

$$\vec{E} = \vec{a}_x E_m \cos\omega t + \vec{a}_y E_m \sin\omega t$$

这是一个幅值为 E_m，以幅角 ωt 逆时针旋转的矢量，其箭点扫过的轨迹为一个半径为 E_m 的圆，如图 6.3.2 所示。所以称这样的波为**圆极化波**。

如果两电场分量可表示为

$$E_x = E_m \cos\omega t$$

$$E_y = -E_m \sin\omega t$$

其合成电场为

$$\vec{E} = \vec{a}_x E_m \cos\omega t - \vec{a}_y E_m \sin\omega t$$

这是一个幅值为 E_m，以幅角 ωt 顺时针旋转的矢量，这也是圆极化波。在工程上，我们还用左旋或右旋来说明圆极化波中电场矢量的旋转方向。**如果我们面向电磁波传去的方向，电场矢量是顺时针方向旋转的，这样极化的波我们称为右旋极化波。如果电场矢量是逆时针方向旋转的，这样极化的波我们称为左旋极化波**。上述第一个波为右旋极化波，第二个波为左旋极化波，如图 6.3.3 所示。

同样可以说明相差为 $3\pi/2$ 的两电场分量的合成电场也为圆极化波。而且也可以按波的旋转方向分为右旋极化波和左旋极化波。

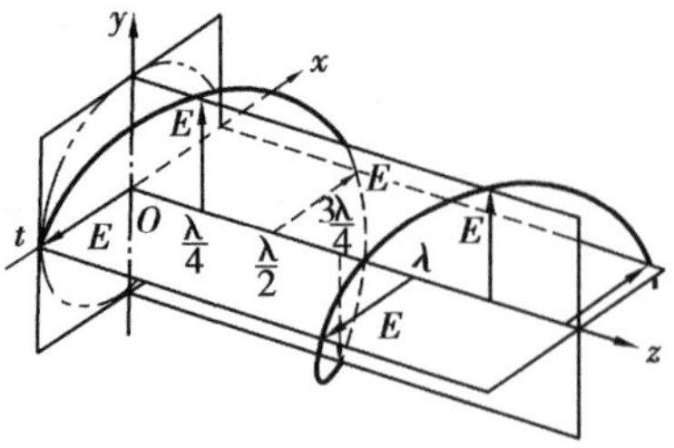

(a)右旋极化波

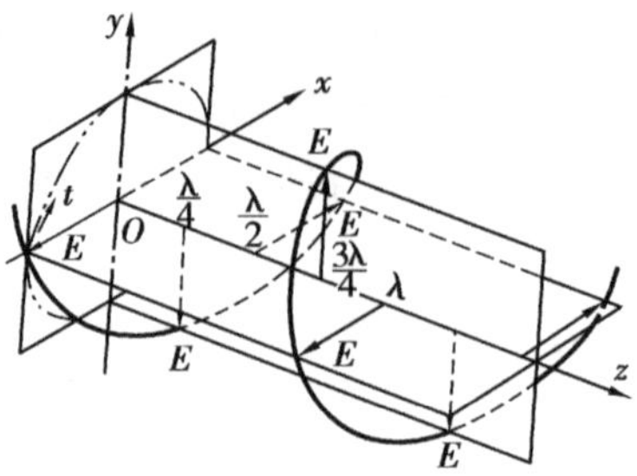

(b)左旋极化波

图 6.3.3　不同旋转方向的圆极化波

6.3.3　波的椭圆极化

如果电场的 E_x 分量与 E_y 分量振幅和相位都不相等

$$E_x = E_{xm}\cos\omega t$$

$$E_y = E_{ym}\cos(\omega t - \varphi)$$

这样的两个电场分量的合成电场为

$$\vec{E} = \vec{a}_x E_{xm}\cos\omega t + \vec{a}_y E_{ym}\cos(\omega t - \varphi)$$

消去时间变量 t 得

$$\frac{E_x^2}{E_{xm}^2} + \frac{E_y^2}{E_{ym}^2} - \frac{2E_x E_y}{E_{xm}E_{ym}}\cos\varphi = \sin^2\varphi$$

这是一个椭圆方程，合成电场的矢量箭头在一椭圆轨迹上旋转，如图 6.3.4 所示。因此我们称这种极化的波为**椭圆极化波**。

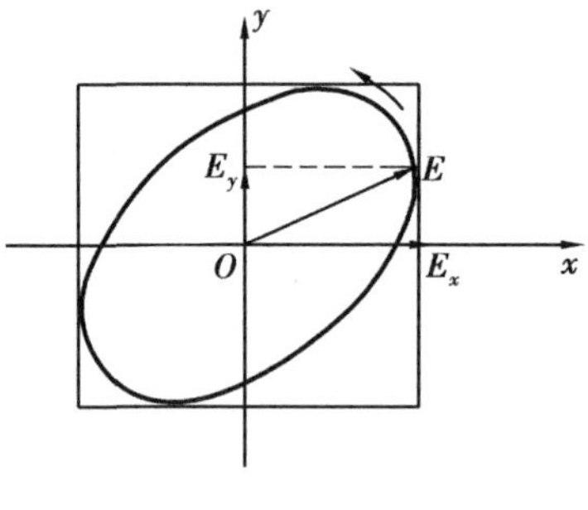

(a)右旋

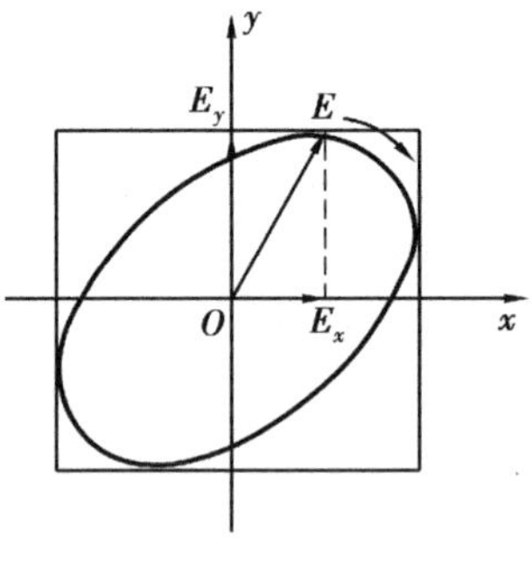

(b)左旋

图 6.3.4　椭圆极化波

当 $\varphi > 0$ 时，它逆时针方向旋转；当 $\varphi < 0$ 时，它顺时针方向旋转。同样我们也可以将它分为右旋极化的椭圆波和左旋极化的椭圆波。

例 6.3.1　试证明等幅的左旋圆极化波及右旋圆极化波合成一个线极化波。

证明　设电磁波是沿 z 方向传播的，则左旋圆极化波和右旋圆极化波分别可表示为

左旋圆极化波：$(\vec{a}_x - j\vec{a}_y)E_0 e^{j(\omega t - kz)}$

右旋圆极化波：$(\vec{a}_x + j\vec{a}_y)E_0 e^{j(\omega t - kz)}$
将两波相加得

$$\vec{E} = (\vec{a}_x - j\vec{a}_y)E_0 e^{j(\omega t - kz)} + (\vec{a}_x + j\vec{a}_y)E_0 e^{j(\omega t - kz)} = \vec{a}_x(2E_0)e^{j(\omega t - kz)}$$

因此，该迭加波为一个线极化波。

6.4　媒质的损耗及分类

第二节我们讨论了均匀平面波在理想介质中的传播规律。波在理想介质中传播的最大特点是没有损耗，这是因为理想介质是一种无耗媒质。也就是说，在理想介质中不发生能量的不可逆过程。如当电磁波的电场增强时，介质从电场获得能量；而当电场减弱时，介质放出能量。

实际的媒质都是有耗媒质。媒质的损耗分为**介质损耗**和**焦耳损耗**两大类。焦耳损耗是指由于媒质的电导率 $\sigma \neq 0$（$\sigma \neq \infty$，即媒质也不是理想导体），而在媒质中存在传导电流 $\vec{J} = \sigma\vec{E}$，此传导电流在媒质电阻上的损耗。介质损耗是指构成介质的电偶极子或磁偶极子在高频电磁场作用下发生旋转，并不断与晶格发生碰撞，将电磁能量转换为热能而引起的电磁波能量损耗。实际上，介质损耗的机理十分复杂，已不属于本课程研究的范畴。这里我们仅讨论媒质损耗功率的计算和分类。

6.4.1　媒质的损耗功率计算

在导电媒质（$\sigma \neq 0$）中，媒质的损耗主要为焦耳损耗。电磁波在单位体积内的焦耳损耗功率为

$$p = \mathrm{Re}\left(\frac{1}{2}\vec{E} \cdot \vec{J}^*\right) = \mathrm{Re}\left(\frac{1}{2}\sigma E^2\right) = \frac{1}{2}\sigma E^2 \tag{6.4.1}$$

其中 E 为电场的振幅值。

理想介质的介电常数是一个实常数 ε，理想介质中不存在传导电流，而只有位移电流 $\vec{J}_d = j\omega\varepsilon\vec{E}$。因此，电磁波在单位体积理想介质中的功率

$$p = \frac{1}{2}\vec{E} \cdot \vec{J}_d^* = -\frac{1}{2}j\omega\varepsilon E^2 \tag{6.4.2}$$

为一虚功率，这说明电磁波在理想介质中无损耗。对于实际的有耗介质，表示介质特性的参数显然应该是复数。即对电介质来说，介电常数应该为

$$\varepsilon_C = \varepsilon' - j\varepsilon'' \tag{6.4.3}$$

对磁介质来说，磁导率应该写成

$$\mu_C = \mu' - j\mu'' \tag{6.4.4}$$

因为只有这样，电磁波在有耗介质中的功率才有实部。高频介质物理理论指出：有耗介质的介电常数和磁导率由复数给出，而且它们都是频率的函数。即

$$\varepsilon_C = \varepsilon'(\omega) - j\varepsilon''(\omega) \tag{6.4.5}$$

$$\mu_C = \mu'(\omega) - j\mu''(\omega) \tag{6.4.6}$$

另外，当电磁波的频率接近媒质的固有振动频率时，将发生共振现象。共振时媒质的分子或原

子从电磁波中吸收能量,并作单色散射,使电磁波能量有较大的损耗。图 6.4.1 给出了有机玻璃的 ε'_r 和 ε''_r 的频率特性曲线。

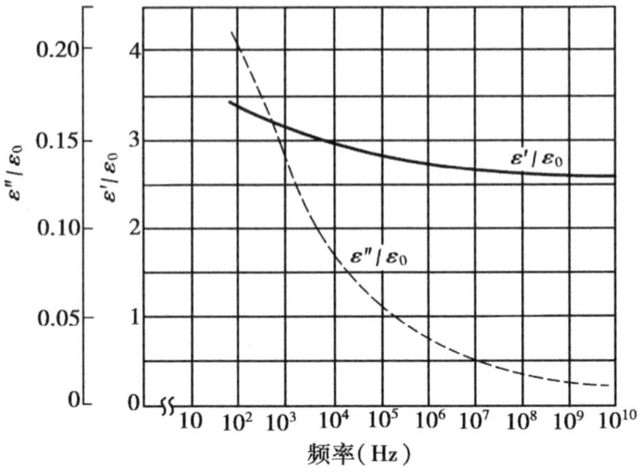

图 6.4.1 有机玻璃的 ε'_r 和 ε''_r 的频率特性曲线

在有耗电介质中,电磁波在单位体积内的功率损耗为

$$p = \mathrm{Re}\left(\frac{1}{2}\vec{E}\cdot\vec{J}^*\right) = \mathrm{Re}\left[-\frac{1}{2}j\omega(\varepsilon' + j\varepsilon'')E^2\right] = \frac{1}{2}\omega\varepsilon''E^2 \tag{6.4.7}$$

可见单位体积的损耗与 ε'' 和 ω 成正比。同样可以说明,磁导率的虚部 μ'' 也与磁损耗相对应。对于介质的损耗,工程上经常又用比值

$$\tan\delta_\varepsilon = \frac{\varepsilon''}{\varepsilon'}\ (\text{电介质}) \qquad 和 \qquad \tan\delta_\mu = \frac{\mu''}{\mu'}\ (\text{磁介质})$$

来描述,并分别称为电介质的**损耗角正切**和磁介质的**损耗角正切**。

6.4.2 媒质的分类

工程上为了区别不同媒质的特性,通常按 $\frac{\sigma}{\omega\varepsilon}$ 或传导电流与位移电流的比值将媒质划分为 5 类:

①当 $\frac{\sigma}{\omega\varepsilon}\to\infty$ 时,媒质被称为**理想导体**。实际中理想导体是不存在的,它只是一种理想模型。

② $\frac{\sigma}{\omega\varepsilon}\gg 10^2$ 时,媒质被称为**良导体**。如铜、银、铝等金属导体,它们的电导率都在 10^7 以上。

③ $10^{-2} < \frac{\sigma}{\omega\varepsilon} < 10^2$ 时,媒质被称为**半导电介质**。

④当 $\frac{\sigma}{\omega\varepsilon}\ll 10^{-2}$ 时,媒质被称为**低损耗介质**。如有机玻璃、聚乙烯等材料,它们的电导率都极低,在高频和微波频段内满足 $\frac{\sigma}{\omega\varepsilon}\ll 10^{-2}$ 的条件,且有极低的损耗。

⑤当 $\frac{\sigma}{\omega\varepsilon}=0$ 时,媒质被称为**理想介质**。实际中理想介质也是不存在的,它只是一种理想

模型。

6.5　波在有耗媒质中的传播

由前面的讨论我们知道，媒质的损耗分为焦耳损耗和介质损耗。存在介质损耗的媒质中，$\varepsilon=\varepsilon'-j\varepsilon''$、$\mu=\mu'-j\mu''$；如果媒质存在焦耳损耗，即导电媒质，则 $\sigma\neq0$。一般说来，媒质中经常是同时存在焦耳损耗和介质损耗。下面我们先讨论波在只有焦耳损耗的媒质中的传播特性。

6.5.1　波在导电媒质中的传播方程

在 $\sigma\neq0$ 的媒质中，麦克斯韦方程组的第一方程应该写成

$$\nabla\times\vec{H}=\sigma\vec{E}+j\omega\varepsilon\vec{E}=j\omega\left(\varepsilon-j\frac{\sigma}{\omega}\right)\vec{E} \tag{6.5.1}$$

若引入等效介电常数

$$\varepsilon_C=\varepsilon-j\frac{\sigma}{\omega} \tag{6.5.2}$$

则式(6.5.1)可写成

$$\nabla\times\vec{H}=j\omega\varepsilon_C\vec{E} \tag{6.5.3}$$

这与理想介质中的麦克斯韦方程组的第一方程具有完全相同的形式。因此，亥姆霍兹方程也可写成

$$\nabla^2\vec{E}+k^2\vec{E}=0$$

$$\nabla^2\vec{H}+k^2\vec{H}=0$$

式中

$$k^2=\omega^2\mu\left(\varepsilon-j\frac{\sigma}{\omega}\right) \tag{6.5.4}$$

这里仍然假定电磁波为 x 方向极化的，向 z 方向传播的均匀平面波。于是上面的亥姆霍兹方程的电场方程在直角坐标系中可以写成

$$\frac{\partial^2E_x}{\partial z^2}+k^2E_x=0$$

这里的波动方程与理想介质中的亥姆霍兹电场方程的区别为：这里的 k 为复数。

6.5.2　波在导电媒质中的传播特性

为了讨论波在导电媒质中的传播特性，下面先求解电场分量。

令

$$\gamma^2=-k^2=-\omega^2\mu\left(\varepsilon-j\frac{\sigma}{\omega}\right) \tag{6.5.5}$$

由于 γ 是一复数，它可以写成

$$\gamma=\alpha+j\beta \tag{6.5.6}$$

将式(6.5.6)代入式(6.5.5)可得

$$\alpha=\omega\sqrt{\frac{\mu\varepsilon}{2}\left(\sqrt{1+(\frac{\sigma}{\omega\varepsilon})^{2}}-1\right)} \tag{6.5.7}$$

$$\beta=\omega\sqrt{\frac{\mu\varepsilon}{2}\left(\sqrt{1+(\frac{\sigma}{\omega\varepsilon})^{2}}+1\right)} \tag{6.5.8}$$

电场满足的亥姆霍兹方程可写成

$$\frac{\partial^{2}E_{x}}{\partial z^{2}}-\gamma^{2}E_{x}=0 \tag{6.5.9}$$

若取向 z 方向的传播波解,则

$$E_{x}=E_{m}\mathrm{e}^{j\omega t-\gamma z}=E_{m}\mathrm{e}^{-\alpha z}\mathrm{e}^{j(\omega t-\beta z)} \tag{6.5.10}$$

在导电媒质中,随着波向 z 方向传播,均匀平面波的振幅按 $\mathrm{e}^{-\alpha z}$ 的指数规律衰减,而 α 是说明波传播单位距离衰减程度的常数(Np/m),称为电磁波的**衰减常数**。其单位为是[奈/米]或[分贝/米],1[奈/米]=8.68[分贝/米]。由式(6.5.7)可知,α 主要取决于 ω 和 σ,在良导体中,σ 很大,α 也很大,波衰减也就很快。β 表示波在导电媒质中传播单位距离相位的滞后。由于 α 和 β 描述了波在传播时,波的衰减和相位滞后,所以 $\gamma=\alpha+j\beta$ 描述了波的传播特性,我们称 γ 为**传播常数**。

导电媒质中波的传播速度 v_p 为

$$v_{p}=\frac{\omega}{\beta}=\frac{1}{\sqrt{\frac{\mu\varepsilon}{2}\left(\sqrt{1+(\frac{\sigma}{\omega\varepsilon})^{2}}+1\right)}} \tag{6.5.11}$$

在导电媒质中波的传播速度 v_p 随频率变化,这种现象我们称为色散现象。而我们又经常说,在导电媒质中传播的波是一种**色散波**。关于色散问题,我们在后面将专题讨论。在良导体中,σ 很大,因此 β 增大,电磁波的相速减慢,波长变短。

由麦克斯韦方程 $\nabla\times\vec{E}=-j\omega\mu\vec{H}$ 可得

$$\vec{H}=\vec{a}_{y}\frac{\gamma}{j\omega\mu}E_{x} \tag{6.5.12}$$

电场、磁场和电磁波的传播方向仍满足右手螺旋关系。

本征阻抗为

$$\eta_{C}=\frac{E_{x}}{H_{y}}=\frac{\eta}{\sqrt{1-j\frac{\sigma}{\omega\varepsilon}}} \tag{6.5.13}$$

是一个复数,它说明电场与磁场在时间上存在相差。图6.5.1给出了导电媒质中均匀平面波传播图。

电场能量密度为 $w_{e}=\frac{1}{2}\varepsilon E_{x}^{2}$,而磁场能量密度为

$$w_{m}=\frac{1}{2}\mu H_{y}^{2}=\frac{1}{2}\varepsilon E_{x}^{2}\sqrt{1+(\frac{\sigma}{\omega\varepsilon})^{2}}=w_{e}\sqrt{1+(\frac{\sigma}{\omega\varepsilon})^{2}} \tag{6.5.14}$$

导电媒质中磁场能量大于电场能量。

很显然电磁波不能在理想导体中传播。第二节中我们已经讨论了均匀平面波在理想介质中的传播规律。下面我们讨论电磁波在良导体和低损耗介质两种媒质中的传播特点。

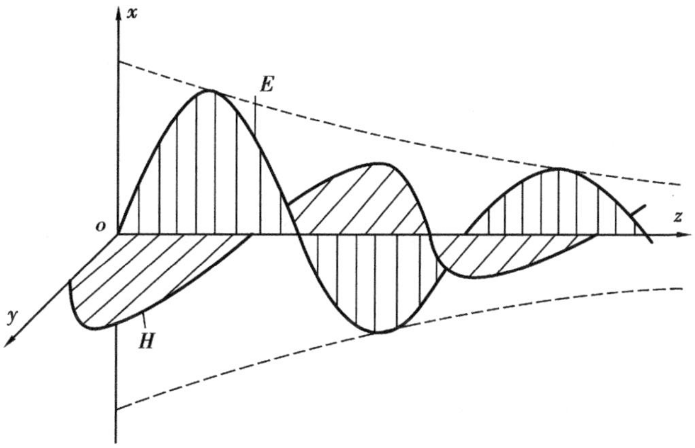

图 6. 5. 1　导电媒质中均匀平面波电磁场分布

例 6. 5. 1　干燥土壤的 $\varepsilon_r = 4, \sigma = 10^{-4}\ 1/\Omega \cdot \mathrm{m}$，试计算频率分别为 $f = 500$ kHz 和 $f =$ 100MHz 的电磁波在其中传播时，场的振幅衰减到原来的 10^6 分之一的距离。当土壤是潮湿的，$\varepsilon_r = 10, \sigma = 10^{-2}\ 1/\Omega \cdot \mathrm{m}$ 时，重复上述计算。

解　由式 6. 5. 7 可得，当 $f = 500$ kHz 时

$$\alpha_1 = 2\pi \times 5 \times 10^5 \times \frac{1}{3\sqrt{2} \times 10^8}[(4^2 + 3.6^2)^{1/2} - 4]^{1/2} =$$

$$\frac{\sqrt{2}\pi}{6} \times 10^{-2} \times 1.18 = 8.7 \times 10^{-3}\ \mathrm{Np/m}$$

当电磁波振幅衰减到原来的 10^6 分之一时，$\mathrm{e}^{-\alpha_1 l_1} = \frac{1}{10^6}$，所以

$$l_1 = \frac{1}{\alpha_1}\ln 10^6 = \frac{13.8}{8.7 \times 10^{-3}} = 1.59\ \mathrm{km}$$

当 $f = 100$ MHz 时，考虑到 $\frac{\sigma}{\omega\varepsilon} \ll 1$，即

$$\sqrt{1 + \left(\frac{\sigma}{\omega\varepsilon_0\varepsilon_r}\right)^2} \approx 1 + \frac{1}{2}\left(\frac{\sigma}{\omega\varepsilon_0\varepsilon_r}\right)^2$$

则衰减常数可近似为

$$\alpha_2 = \frac{\sigma}{2}\sqrt{\frac{\mu_0}{\varepsilon_0\varepsilon_r}} = \frac{60\pi\sigma}{\sqrt{\varepsilon_r}} = \frac{60\pi \times 10^{-4}}{\sqrt{4}} = 9.43 \times 10^{-3}\ \mathrm{Np/m}$$

$$l_2 = \frac{1}{\alpha_2}\ln 10^6 = \frac{13.8}{9.43 \times 10^{-3}} = 1.46\ \mathrm{km}$$

在潮湿的土壤中（$\varepsilon_r = 10, \sigma = 10^{-2}\ 1/\Omega \cdot \mathrm{m}$）：

当 $f = 500$ kHz 时：

$$\alpha_1' = \frac{\sqrt{2}\pi}{6} \times 10^{-2} \times 18.7 = 13.87 \times 10^{-2}\ \mathrm{Np/m}$$

$$l_1' = \frac{1}{\alpha_1'}\ln 10^6 = \frac{13.8}{13.8 \times 10^{-2}} = 100\ \mathrm{m}$$

当 $f=100$ MHz 时：

$$\alpha_2' = 2\pi\times10^8\times\frac{1}{3\sqrt{2}\times10^8}[(10^2+1.8^2)^{1/2}-10]^{1/2}=$$

$$\frac{\sqrt{2}\pi}{3}\times0.4 = 0.591\ \mathrm{Np/m}$$

$$l_2' = \frac{1}{\alpha_2'}\ln10^6 = \frac{13.8}{0.591} = 23.4\ \mathrm{m}$$

通过上题可看出，在同一种有耗媒质中，在一定范围内，频率愈高，电磁波的衰减愈大，传播的距离愈近。

6.5.3 波在低损耗介质中的传播特点

设波在介电常数为 $\varepsilon_e=\varepsilon'-j\varepsilon''$ 的损耗介质中的传播。若将此介电常数与等效介电常数 $\varepsilon_C=\varepsilon-j\dfrac{\sigma}{\omega}$ 相比较，可看出

$$\varepsilon\sim\varepsilon' \quad ; \qquad \sigma\sim\omega\varepsilon'' \tag{6.5.15}$$

用数学比拟方法可得

$$\alpha=\omega\sqrt{\frac{\mu\varepsilon'}{2}\left(\sqrt{1+(\frac{\varepsilon''}{\varepsilon'})^2}-1\right)} \tag{6.5.16}$$

$$\beta=\omega\sqrt{\frac{\mu\varepsilon'}{2}\left(\sqrt{1+(\frac{\varepsilon''}{\varepsilon'})^2}+1\right)} \tag{6.5.17}$$

$$\eta_e=\frac{\eta}{\sqrt{1-j\dfrac{\varepsilon''}{\varepsilon'}}} \tag{6.5.18}$$

对于低损耗介质 $\dfrac{\sigma}{\omega\varepsilon}\ll10^{-2}$ 或 $\dfrac{\varepsilon''}{\varepsilon'}\ll10^{-2}$，式(6.5.16)～(6.5.18)可近似为

$$\alpha=\frac{\omega\sqrt{\mu\varepsilon'}}{2}\left(\frac{\varepsilon''}{\varepsilon'}\right) \tag{6.5.19}$$

$$\beta=\omega\sqrt{\mu\varepsilon'}\left[1+\frac{1}{8}\left(\frac{\varepsilon''}{\varepsilon'}\right)^2\right] \tag{6.5.20}$$

$$\eta_e=\eta\left[1-\frac{3}{8}\left(\frac{\varepsilon''}{\varepsilon'}\right)^2+j\frac{1}{2}\left(\frac{\varepsilon''}{\varepsilon'}\right)\right] \tag{6.5.21}$$

对于良好的低损耗介质，其 $\dfrac{\varepsilon''}{\varepsilon'}$ 趋于零。此时，衰减常数 $\alpha\approx\omega\sqrt{\mu\varepsilon}$，相移常数 $\beta\approx\omega\sqrt{\mu\varepsilon'}$，波阻抗 $\eta_e\approx\eta$。例如，在聚本乙烯中 10 MHz 的电磁波每公里只有 0.5% 的衰减，电场与磁场之间的相位差只有 0.003°。

例 6.5.2 在 $\mu_r=1$、$\varepsilon_r=8$ 和 $\sigma=0.25$ pS/m 的媒质中传播 $f=1\ 600$ MHz 的电磁波，试计算波的传播常数 γ。

解 因为

$$\frac{\sigma}{\omega\varepsilon}=\frac{0.25\times10^{-12}}{2\pi\times1.6\times10^9\times8\times10^{-9}/36\pi}\approx10^{-6}\approx0$$

所以有

$$\alpha\approx 0 \qquad 和 \qquad \beta\approx\omega\sqrt{\mu\varepsilon}=2\pi f\frac{\sqrt{\mu_r\varepsilon_r}}{c}=94.8\ \text{rad/m}$$

即 $\gamma=\alpha+j\beta\approx j94.8\ \text{rad/m}$。在给定的频率下，该媒质具有理想介质的特性。

6.5.4　波在良导体中的传播特点

对于良导体，如铜（$\sigma=5.8\times10^7\ 1/\Omega\cdot\text{m}$）、银（$\sigma=6.17\times10^7\ 1/\Omega\cdot\text{m}$）等，在整个电磁波频率范围内都有$\frac{\sigma}{\omega\varepsilon}\gg10^2$，因此，式（6.5.7）和式（6.5.8）可近似为

$$\alpha\approx\beta\approx\sqrt{\frac{\omega\mu\sigma}{2}}=\sqrt{\pi f\mu\sigma} \tag{6.5.22}$$

本征阻抗可近似为

$$\eta_C\approx(1+j)\sqrt{\frac{\pi f\mu}{\sigma}} \tag{6.5.23}$$

波的相速和波长分别为

$$v_p=\frac{\omega}{\beta}=\frac{\omega}{\sqrt{\pi f\mu\sigma}}=\sqrt{\frac{2\omega}{\mu\sigma}} \tag{6.5.24}$$

$$\lambda=\frac{v_p}{f}=2\pi\sqrt{\frac{2}{\omega\mu\sigma}} \tag{6.5.25}$$

良导体中，本征阻抗是电抗性的，且该阻抗具有45°相角，这说明在良导电媒质中波的电场的相位超前磁场相位45°。相速 v_p 与$\sqrt{\omega}$成正比，是一种色散媒质。而且，v_p 与$\sqrt{\sigma}$成反比，σ 越大，v_p 就越小。例如$f=10^6\text{Hz}$ 的电磁波，在铜中传播的相速 $v_p=415\ \text{m/s}$，与声音在空气中的传播速度同一数量级。

下面我们用实例来说明不同频率的电磁波在良导电媒质中的传播特点。

例6.5.3　海水的 $\sigma=4\ \text{S/m}$，$\varepsilon_r=81$，$\mu_r=1$。分别计算$f=50\ \text{Hz}$、$f=10^4\ \text{Hz}$ 和$f=10^6\ \text{Hz}$ 的电磁波在海水传播距离。

解　当$f=10^6\text{Hz}$ 时，

$$\frac{\sigma}{\omega\varepsilon}=\frac{4}{2\pi\times10^6\times81\times\frac{10^{-9}}{36\pi}}=\frac{8}{9}\times10^3\gg10^2$$

可以认为电磁波在海水中的传播是在良导体中传播。显然，其他更低频率的电磁波也可认为是在良导体中传播。而当波在海水中传播4δ时，（δ为电磁波振幅衰减约37%的传播距离）。其电场的振幅将衰减到初始位置时的1.83%，因此可以认为电磁波在海水中的传播距离为4δ。

当$f=50\text{Hz}$ 时，　$$\delta_1=\sqrt{\frac{2}{\omega_1\mu\sigma}}=\sqrt{\frac{2\times10^7}{2\pi\times50\times4\pi\times4}}=35.6\ \text{m}$$

当$f=10^4\text{Hz}$ 时，　$$\delta_2=\sqrt{\frac{2}{\omega_2\mu\sigma}}=\sqrt{\frac{2\times10^7}{2\pi\times10^4\times4\pi\times4}}=2.52\ \text{m}$$

当$f=10^6$Hz 时 $\delta_3=\sqrt{\dfrac{2}{\omega_3\mu\sigma}}=\sqrt{\dfrac{2\times10^7}{2\pi\times10^6\times4\pi\times4}}=0.252\ \text{m}$

因此,当$f=50$ Hz 时,电磁波在海水中可传播 142.4 m;当$f=10^4$ Hz 时,可传播 10.08 m;当$f=10^6$ Hz时,可传播 1.008 m。由此可见,电磁波在海水中的传播距离很短,不能作为水中传送信号的载体。

6.5.5 趋肤效应

导电媒质中电磁波的衰减,随着频率、磁导率、电导率的增加而增大。特别是良导体的电导率σ都在10^7数量级,随着频率的升高,α将很大。也就是说在导电媒质中电磁波只存在于表面。这个现象称为**趋肤效应**。工程上常用**穿透深度**δ(m)表示趋肤程度。**它等于电磁波场强的振幅衰减到表面值的$\frac{1}{e}$所经过的距离**。按此定义

$$\delta=\frac{1}{\alpha}=\sqrt{\frac{2}{\omega\mu\sigma}} \tag{6.5.26}$$

下面我们看一看不同频率的电磁波在良导电媒质中的趋肤程度。

例 6.5.4 试计算当$f=50$Hz、$f=10^6$Hz 和$f=10^{10}$Hz 时,电磁波在$\sigma=5.80\times10^7$(1/Ω·m)、$\varepsilon_r=1$、$\mu_r=1$ 的紫铜中的穿透深度。

解 由式(6.5.15)可得

当$f=50$ Hz 时, $\delta_1=\sqrt{\dfrac{2}{\omega_1\mu\sigma}}=\sqrt{\dfrac{2}{2\pi\times50\times4\pi\times10^{-7}\times5.8\times10^7}}=9.34\ \text{mm}$

当$f=10^6$ Hz 时, $\delta_2=\sqrt{\dfrac{2}{\omega_2\mu\sigma}}=\sqrt{\dfrac{2}{2\pi\times10^6\times4\pi\times10^{-7}\times5.8\times10^7}}=66\ \mu\text{m}$

当$f=10^{10}$ Hz 时, $\delta_3=\sqrt{\dfrac{2}{\omega_3\mu\sigma}}=\sqrt{\dfrac{2}{2\pi\times10^{10}\times4\pi\times10^{-7}\times5.8\times10^7}}=0.66\ \mu\text{m}$

与上题相比较,电磁波对导电性能很好的金属导体的穿透能力是很差的。而且,随着频率的升高,趋肤效应越明显,穿透深度越小。利用趋肤效应,我们可以用金属板或金属罩对各频段的电磁波进行有效地屏蔽,以保护某些电子设备不受外电磁场的影响。

表 6.5.1 列出一些常用导体的电导率和穿透深度

材料	电导率σ /(S·m^{-1})	μ_r	穿透深度δ/mm			
			60 Hz	1 kHz	1 MHz	3 GHz
铝	3.54×10^7	1.00	1.1	2.7	0.085	1.6
黄 铜	1.59×10^7	1.00	1.63	3.98	0.126	2.30
铬	3.8×10^7	1.00	1.0	2.6	0.081	1.5
铜	5.8×10^7	1.00	0.85	2.1	0.066	1.2
金	4.5×10^7	1.00	0.97	2.38	0.075	1.4
石 墨	1.0×10^5	1.00	20.5	50.3	1.59	20.0
磁性铁	1.0×10^7	2.0×10^2	0.14	0.35	0.011	0.20
海 水	4.5~5	1.00	3.0×10^3	7.0×10^3	2.0×10^3	—

6.5.6　良导电媒质的表面阻抗

由于趋肤效应，高频电流集中于导体的表面。导体内部的电流则随着深度增加而迅速减小。在深度大于数个穿透深度后，电流近似为零。良导体中电流的分布可由电流密度的波动方程解得。

对波动方程式(6.5.9)乘以电导率 σ 得

$$\frac{\partial^2 J_x}{\partial z^2} - \gamma^2 J_x = 0 \tag{6.5.27}$$

这就是导电媒质中电流密度的波动方程。对于良导体有

$$\alpha = \beta = \sqrt{\pi f \mu \sigma}$$

式(6.5.27)的解为

$$J_x = J_0 \mathrm{e}^{-\alpha z} \mathrm{e}^{j(\omega t - \beta z)} \tag{6.5.28}$$

式中 J_0 为 $z=0$ 处(即导体表面上)的电流密度的幅值。电流的振幅按指数规律减小，如图 6.5.2所示。

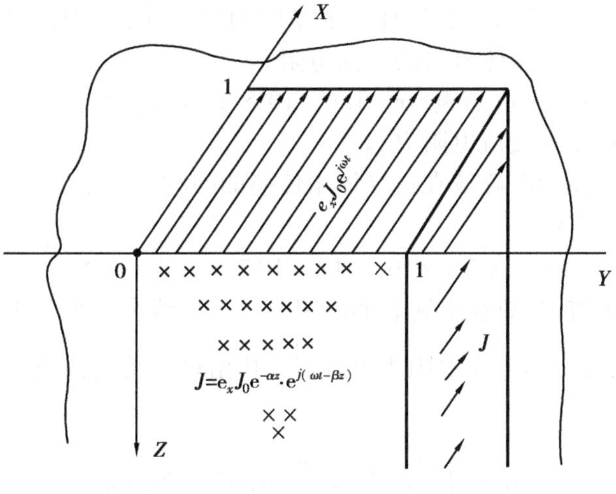

图 6.5.2　导电媒质中电流的振幅分布

导电媒质的**表面阻抗**定义为

$$Z_S = \frac{E_t}{J_S} \tag{6.5.29}$$

式中 E_t 表示在导电媒质表面上($z=0$)的切向电场。E_t 可写成为

$$E_t = \frac{1}{\sigma} J_0 \mathrm{e}^{j\omega t} \tag{6.5.30}$$

它表示导电媒质表面上沿 x 方向单位长度的电压。J_S 表示流过沿 y 方向为单位长度，沿 z 方向为从 0 到无穷大的一个面的总电流。因此

$$J_S = \int_0^\infty J_x \mathrm{d}z = J_0 \int_0^\infty \mathrm{e}^{-\gamma z} \cdot \mathrm{e}^{j\omega t} \mathrm{d}z = \frac{J_0}{\gamma} \mathrm{e}^{j\omega t} \tag{6.5.31}$$

将式(6.5.30)和式(6.5.31)代入式(6.5.29)得

$$Z_S = \frac{\gamma}{\sigma} \tag{6.5.32}$$

这就是导电媒质表面阻抗的一般表达式。对于良导体有

$$Z_S = \frac{\gamma}{\sigma} = \frac{\alpha}{\sigma} + j\frac{\beta}{\sigma} = R_S + jX_S \approx \sqrt{\frac{\pi f\mu}{\sigma}} + j\sqrt{\frac{\pi f\mu}{\sigma}} \tag{6.5.33}$$

表面电阻为

$$R_S = \frac{\alpha}{\sigma} = \frac{1}{\sigma\delta} \tag{6.5.34}$$

表面电阻 R_S 实际上就是单位宽度单位长度而沿 z 方向的厚度为从零到无穷大这样的导体块具有的交流电阻。从式(6.5.34)可以看到,这样一个交流电阻等效于一块具有单位宽度、单位长度而沿 z 方向的厚度仅为一个趋肤深度 δ 的导体具有的直流电阻。显然,对于同一块导体,其交流电阻要比直流电阻大。这是趋肤效应所造成的。对高频电流来说,由于趋肤效应,与均匀分布在导体中的直流电流相比较,其有效的导电面积大大减小,电阻增加。

我们是在假定导体的厚度为无穷大的条件下得到 R_S 的表达式的。实际的导体不可能达到这个厚度。而且也不需要这么厚。因为经过几个趋肤深度之后,电流的幅度已趋于零。而高频电流在良导体中的趋肤深度又极小。例如 $f = 10^8$ Hz 时,铜的 $\delta = 0.006\,67$ mm,十倍的趋肤深度才只有 0.066 7mm。所以,对于具有一定厚度的良导体,其表面电阻仍可用式(6.5.34)来计算。表 6.5.2 给出几种导体材料的表面电阻。

例 6.5.5 半径为 $a = 3$mm 黄铜($\sigma = 1.6 \times 10^7$ S/m)金属圆导线上传播频率为 10^9 Hz 的正弦电磁波。试求单位长度的交流电阻 R_{ac}。

解 此问题是一个高频电磁波在良导体中传播的问题。由于波在导体中的趋肤深度

$$\delta = \sqrt{\frac{2}{\omega\mu\sigma}} = \sqrt{\frac{2}{2\pi \times 10^9 \times 4\pi \times 10^{-7} \times 5.8 \times 10^7}} = 9.34\ \mu\text{m}$$

由于 δ 比导线的半径小得多,故在求解表面电阻时可将导线表面视为平面。

单位宽度、单位长度上的表面电阻为 $R_S = \dfrac{1}{\sigma\delta}$,其相对应的表面电导为 $G_S = \sigma\delta$。所以单位长度上的表面电导为

$$G = \int_0^{2\pi a} G_S \mathrm{d}l = \int_0^{2\pi a} \sigma\delta \mathrm{d}l = 2\pi a \alpha\delta$$

则单位长度上的表面电阻为

$$R = \frac{1}{G} = \frac{1}{2\pi a\alpha\delta}$$

这个表面电阻就可以认为是此导线单位长度的交流电阻。事实上,线上传输的功率可以写成

$$P = \frac{1}{2} I^2 R_{ac} \qquad \text{或} \qquad P = \frac{1}{2}\text{Re}(EH^*) \times 2\pi a$$

而在圆柱面上

$$H_\varphi = \frac{I}{2\pi a} \qquad \text{和} \qquad E_r = \eta H_\varphi = \sqrt{\frac{\omega\mu}{\sigma}} \mathrm{e}^{j45^\circ} H_\varphi$$

线上传输的功率为

$$P = \frac{1}{2}\text{Re}\left[\sqrt{\frac{\omega\mu}{\sigma}}\mathrm{e}^{j45^\circ}\left(\frac{I}{2\pi a}\right)^2\right] \times 2\pi a = \frac{1}{4\sqrt{2}} \cdot \frac{I^2}{\pi a}\sqrt{\frac{\omega\mu}{\sigma}}$$

因此,导线单位长度的交流电阻为

$$R_{ac}=\frac{2P}{I^2}=\frac{1}{2\pi a\sigma}\sqrt{\pi f\mu\sigma}=\frac{1}{2\pi a\sigma\delta}$$

与用表面电阻求出的结果一致。

表 6.5.2　几种导体材料的表面电阻

材料名称	$\sigma/(\mathrm{S\cdot m^{-1}})$	δ/m	R_S/Ω
银	6.17×10^7	$0.064/\sqrt{f}$	$2.52\times10^{-7}\sqrt{f}$
紫　铜	5.80×10^7	$0.066/\sqrt{f}$	$2.61\times10^{-7}\sqrt{f}$
铝	3.72×10^7	$0.083/\sqrt{f}$	$3.26\times10^{-7}\sqrt{f}$
黄　铜	1.60×10^7	$0.13/\sqrt{f}$	$5.01\times10^{-7}\sqrt{f}$
焊　锡	0.87×10^7	$0.17/\sqrt{f}$	$6.74\times10^{-7}\sqrt{f}$

6.6　电磁波的群速与色散失真

电磁波的相速、群速、色散现象和色散失真是通信理论中非常重要的概念。本节先给出电磁波群速的定义,并讨论波的群速与相速、媒质特性之间的关系,然后讨论波在色散媒质中传播,并给出电磁波在色散媒质中传播的不失真条件。

6.6.1　**电磁波的群速**

波的相速是指单色正弦波等相面移动的速度。稳态的单色正弦波是不能携带信息的。一个信号总是由许许多多频率的正弦波调制而成,信号调制的结果是形成一个调制波,而信息就包含在这调制波中。通常我们又将调制波称为一个**波群**。因此,**信号的传播速度应该是这个调制波的前进速度,或者说是这个波群的传播速度**,我们称为**群速**,并用 v_g 表示。当然,群速 v_g 也带代表能量的传播速度。下面我们用一个简单的例子来导出波的群速的计算公式。

设有两个振幅均为 A_m 的单色稳态正弦波如图 6.6.1 所示,它们的频率相差很小,而且它们的相位常数也相差不大,这两个波可以用下面两个波函数来表示:

$$\Psi_1=A_m e^{j(\omega+\Delta\omega)t}e^{-j(\beta+\Delta\beta)z} \tag{6.6.1}$$

$$\Psi_2=A_m e^{j(\omega-\Delta\omega)t}e^{-j(\beta-\Delta\beta)z} \tag{6.6.2}$$

合成波为

$$\Psi=\Psi_1+\Psi_2=2A_m\cos(\Delta\omega t-\Delta\beta z)e^{j(\omega t-\beta z)} \tag{6.6.3}$$

显然合成波的振幅是受调制的,图 6.6.1 中虚线所示的包络波就是**调制波**。波的群速就是这个调制波上某一恒定相位点推进的速度。已知调制波为

$$2A_m\cos(\Delta\omega t-\Delta\beta z) \tag{6.6.4}$$

它的推进的速度为

$$v_g=\frac{\mathrm{d}z}{\mathrm{d}t}=\frac{\Delta\omega}{\Delta\beta} \tag{6.6.5}$$

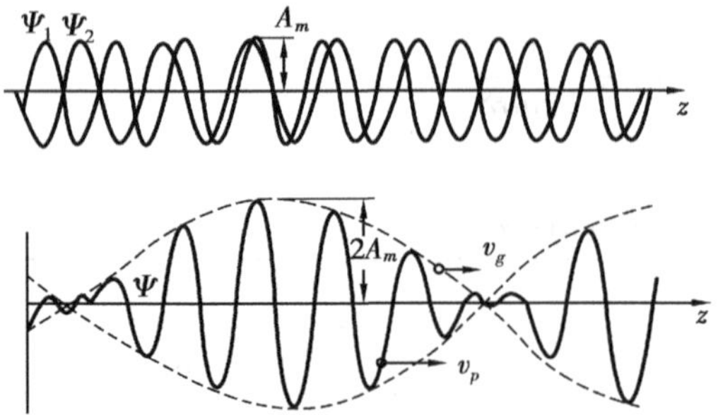

图 6.6.1　波的调制图

当 $\Delta\omega \ll \omega$ 时，式(6.6.5)变为

$$v_g = \frac{\mathrm{d}z}{\mathrm{d}t} = \frac{\mathrm{d}\omega}{\mathrm{d}\beta} \tag{6.6.6}$$

波的群速与相速的关系为

$$v_g = \frac{\mathrm{d}\omega}{\mathrm{d}\beta} = \frac{\mathrm{d}}{\mathrm{d}\beta}(v_p\beta) = v_p + \beta\frac{\mathrm{d}v_p}{\mathrm{d}\beta} = v_p + \frac{\omega}{v_p}\frac{\mathrm{d}v_p}{\mathrm{d}\omega}v_g$$

由此可得

$$v_g = \frac{1}{1 - \dfrac{\omega}{v_p}\dfrac{\mathrm{d}v_p}{\mathrm{d}\omega}} \tag{6.6.7}$$

在非色散媒质中，相速不随频率变化，群速等于相速。

6.6.2　色散失真及不失真条件

在信号的传输过程中，携带信号的调制波(或**波群**)是由许多不同频率的正弦波以不同的相位和振幅关系的合成。当这个调制波在非色散媒质中传播时，由于相速不随频率变化，构成调制波包的各正弦波的相速一致，因此，在整个传播过程中，调制波包的形状不变，即波形不产生失真。而波在色散媒质中传播时，色散现象会使构成调制波包的各正弦波具有不同的相速。这样，当调制波包在色散媒质中传播一定距离时，波包的形状将发生畸变，从而导致信号失真。这种失真称为**色散失真**。

下面讨论窄带信号在色散媒质中传播时的不失真条件。若在信号传播的路径上任取一点作为坐标原点。设波群中包含从 ω_1 到 ω_2 的所有频率的正弦波。在原点的电场强度可写成

$$E_x(0,t) = \mathrm{Re}\int_{\omega_1}^{\omega_2}\dot{E}(\omega)\mathrm{e}^{j\omega t}\mathrm{d}\omega \tag{6.6.8}$$

式中的 $\dot{E}(\omega)\mathrm{d}\omega$ 是频率为 ω 的平面波的复数振幅。这个波群沿 z 方向传播了 l 距离后，电场强度变为

$$E_x(l,t) = \mathrm{Re}\int_{\omega_1}^{\omega_2}\dot{E}(\omega)\mathrm{e}^{j\omega t-\gamma(\omega)l}\mathrm{d}\omega = \mathrm{Re}\int_{\omega_1}^{\omega_2}\dot{E}(\omega)\mathrm{e}^{j\omega t-\alpha(\omega)l-j\beta(\omega)l}\mathrm{d}\omega \tag{6.6.9}$$

由于 $\alpha(\omega)$ 和 $\beta(\omega)$ 是频率的复杂函数，式(6.6.9)的积分是很难计算的。现只讨论窄带信号传播的情况，即通信频带 $\omega_2-\omega_1$ 较小，但中心频率可能很高(几百兆赫以上)的情况。设 ω_0 是信号频带中的一个角频率，即 $\omega_1<\omega_0<\omega_2$。取 $\omega=\omega_0+\Delta\omega$，且 $\Delta\omega \ll \omega_1$，用泰勒级数将 $\alpha(\omega)$ 和 $\beta(\omega)$ 在 ω_0 点展开得

$$\alpha(\omega) = \alpha(\omega_0+\Delta\omega) = \alpha(\omega_0) + \left(\frac{\partial\alpha}{\partial\omega}\right)_{\omega_0}\Delta\omega + \frac{1}{2}\left(\frac{\partial^2\alpha}{\partial\omega^2}\right)_{\omega_0}\Delta\omega^2 + \cdots \tag{6.6.10}$$

$$\beta(\omega) = \beta(\omega_0+\Delta\omega) = \beta(\omega_0) + \left(\frac{\partial\beta}{\partial\omega}\right)_{\omega_0}\Delta\omega + \frac{1}{2}\left(\frac{\partial^2\beta}{\partial\omega^2}\right)_{\omega_0}\Delta\omega^2 + \cdots \tag{6.6.11}$$

将式(6.6.10)和式(6.6.11)代入式(6.6.8)和式(6.6.9)可得

$$E_x(0,t) = \mathrm{Re}\left[\mathrm{e}^{j\omega_0 t}\int_{\omega_1-\omega_0}^{\omega_2-\omega_0}\dot{E}(\omega_0+\Delta\omega)\mathrm{e}^{j\Delta\omega t}\mathrm{d}\omega\right] \tag{6.6.12}$$

$$E_x(l,t) = \mathrm{Re}\left[\mathrm{e}^{-\alpha_0 l} \mathrm{e}^{j(\omega_0 t-\beta_0 l)} \int_{\omega_1-\omega_0}^{\omega_2-\omega_0} \dot{E}(\omega_0 + \Delta\omega) \mathrm{e}^{-(\alpha_1\Delta\omega+\alpha_1\Delta\omega^2+\cdots)l} \mathrm{e}^{j\Delta\omega t-j(\beta_1\Delta\omega+\beta_2\Delta\omega^2+\cdots)l} \mathrm{d}\omega \right] \tag{6.6.13}$$

这里

$$\alpha_0 = \alpha(\omega_0), \alpha_1 = \left(\frac{\partial\alpha}{\partial\omega}\right)_{\omega_0}, \alpha_2 = \frac{1}{2}\left(\frac{\partial^2\alpha}{\partial\omega^2}\right)_{\omega_0}, \cdots$$

$$\beta_0 = \beta(\omega_0), \beta_1 = \left(\frac{\partial\beta}{\partial\omega}\right)_{\omega_0}, \beta_2 = \frac{1}{2}\left(\frac{\partial^2\beta}{\partial\omega^2}\right)_{\omega_0}, \cdots$$

对于一些弱色散媒质，在很窄的频带内，与 α_0 相比，α_1、α_2、…都可忽略，与 β_0 和 β_1 相比，β_2、β_3、…也都可忽略，即

$$\alpha(\omega) \approx \alpha_0 \tag{6.6.14}$$

$$\beta(\omega) \approx \beta_0 + \beta_1\Delta\omega \tag{6.6.15}$$

则式(6.6.13)可简化为

$$E_x(l,t) = \mathrm{Re}\left[\mathrm{e}^{-\alpha_0 l} \mathrm{e}^{j(\omega_0 t-\beta_0 l)} \int_{\omega_1-\omega_0}^{\omega_2-\omega_0} \dot{E}(\omega_0 + \Delta\omega) \mathrm{e}^{j(\Delta\omega t-\beta_1\Delta\omega l)} \mathrm{d}\omega \right] \tag{6.6.16}$$

式(6.6.12)表示频率为 ω_0 的载波被积分

$$\int_{\omega_1-\omega_0}^{\omega_2-\omega_0} \dot{E}(\omega_0 + \Delta\omega) \mathrm{e}^{j\Delta\omega t} \mathrm{d}\omega$$

调制，而式(6.6.16)表示载波 $\mathrm{e}^{-\alpha_0 l}\mathrm{e}^{j(\omega_0 t-\beta_0 l)}$ 被积分

$$\int_{\omega_1-\omega_0}^{\omega_2-\omega_0} \dot{E}(\omega_0 + \Delta\omega) \mathrm{e}^{j(\Delta\omega t-\beta_1\Delta\omega l)} \mathrm{d}\omega$$

调制。由此可以看出：在信号传播过程中，尽管载波和波群有不同的延迟，即有不同的相速和群速，但波群的形状没有变化，即波在传播过程中没有色散失真。因此，式(6.6.14)和式(6.6.15)就是窄带信号的**不失真条件**。

小　　结

1. 电磁波满足的波动方程为

$$\nabla^2\vec{H} - \mu\varepsilon\frac{\partial^2\vec{H}}{\partial t^2} = 0$$

$$\nabla^2\vec{E} - \mu\varepsilon\frac{\partial^2\vec{E}}{\partial t^2} = 0$$

正弦电磁波满足的波动方程为

$$\nabla^2\vec{E} + k^2\vec{E} = 0$$

$$\nabla^2\vec{H} + k^2\vec{H} = 0$$

2. 均匀平面电磁波在无界理想介质中传播时，电场和磁场的振幅不变，它们在时间上同相，在空间上垂直并且电场、磁场与电磁波传播方向三者间符合右手螺旋关系。电场与磁场分量的比由空间媒质决定，即

$$\frac{E_x}{H_y}=\sqrt{\frac{\mu}{\varepsilon}}=\eta$$

并将 η 称为媒质的本质阻抗。空气的本质阻抗为

$$\eta_0=\sqrt{\frac{\mu_0}{\varepsilon_0}}=120\ \pi\Omega=377\ \Omega$$

在理想介质中，电场的能量密度与磁场的能量密度相等($w_e=w_m$)。

3. 电磁波的极化表征在空间给定点上电场强度矢量的取向随时间变化的特性。当电场的水平分量与垂直分量相位相同或相差别 180°时为直线极化；当两分量的振幅相等，但相位差为 90°或 270°时为圆极化；当两分量的振幅和相位均为任意关系时为椭圆极化。

4. 工程上通常按$\frac{\sigma}{\omega\varepsilon}$的大小将媒质划分为

当$\frac{\sigma}{\omega\varepsilon}\gg 10^2$ 时，媒质被称为良导体；

当 $10^{-2}<\frac{\sigma}{\omega\varepsilon}<10^2$ 时，媒质被称为半导电介质；

当$\frac{\sigma}{\omega\varepsilon}\ll 10^{-2}$时，媒质被称为低损耗介质。

5. 磁波在导电媒质中相速变慢，波长变短，场的振幅随波的传播按指数规律衰减。传播常数 $\gamma=\alpha+j\beta$，其中

$$\alpha=\omega\sqrt{\frac{\mu\varepsilon}{2}\left(\sqrt{1+(\frac{\sigma}{\omega\varepsilon})^2}-1\right)}$$

$$\beta=\omega\sqrt{\frac{\mu\varepsilon}{2}\left(\sqrt{1+(\frac{\sigma}{\omega\varepsilon})^2}+1\right)}$$

电场、磁场与电磁波传播方向仍垂直，三者间符合右手螺旋关系，但在时间上不相同。

6. 相速是波阵面移动的速度，它不代表电磁波能量的传播速度，也不代表信号的传播速度。而群速度才是电磁波信号和电磁波能量的传播速度。

习　　题

6.1　两个线极化波的电场在 $z=0$ 处为：$E_x=3\cos\omega t$，$E_y=2\cos(\omega t+90°)$，沿 z 方向传播，试回答

(1)其合成波是什么极化的波？

(2)合成波是左旋极化波还是右旋极化波？

6.2　试证明：

(1)任意方向极化的线极化波可以分解为振幅相同的左旋极化波和右旋极化波的迭加；

(2)任意椭圆极化波可以分解为两个旋转方向相反的圆极化波。

6.3　已知在自由空间中传播的电磁波电场强度为

$$\vec{E}=\vec{a}_y 10\sin(6\pi\times10^8 t-2\pi z)$$

试问：(1)该波是不是均匀平面波?

(2)试求波的频率、波长和相速；

(3)试求磁场强度的表达式；

(4)指出波的传播方向。

6.4　一个在自由空间中传播的均匀平面波，电场强度的复振幅是：

$$\vec{E} = \vec{a}_x 10^{-4} e^{j(\omega t - 20\pi z)} + \vec{a}_y 10^{-4} e^{j(\omega t + \frac{\pi}{2} - 20\pi z)}$$

试问：(1)电磁波的传播方向?

(2)电磁波的频率 $f = ?$

(3)电磁波的极化方式?

(4)试求沿电磁波传播方向单位面积流过的平均功率。

6.5　在 $\mu_r = 1, \varepsilon_r = 4, \sigma = 0$ 的媒质中，有一个均匀平面波，电场强度是

$$\vec{E}(z,t) = \vec{a}_x E_m \sin(\omega t - kz + \frac{\pi}{3})$$

若已知 $f = 150\text{MHz}$，波在任意点的平均功率流密度为 $0.265\mu\text{W/m}^2$，试求：

(1)试求波的波数 k、相速 v_p、波长 λ 和波阻抗 η；

(2)试求在 $t = 0, z = 0$ 处的电场强度；

(3)时间经过 $\Delta t = 0.1\mu\text{s}$ 后电场 $\vec{E}(0,0)$ 值传到了什么地方?

6.6　一均匀平面波，在参数为 $\varepsilon_r = 4, \mu_r = 1, \sigma = 0$ 的介质中沿 z 方向传播，已知频率 $f = 10^7\text{Hz}$，在 $t = 0, z = 1/8$ m 处，电场的振幅值为 10^{-4} V/m，(1)试写出电场强度 $\vec{E}$ 的瞬时值表达式；(2)写出磁场强度 $\vec{H}$ 的瞬时值表达式；(3)当 $t = 10^8\text{s}$ 时，计算 E_x 取最大值的位置。

6.7　在任何各向同性、均匀线性的理想介质中，一个椭圆极化波的电场是：

$$\vec{E} = (\vec{a}_x E_1 e^{j\varphi_x} + \vec{a}_y E_2 e^{j\varphi_y}) \cdot e^{-jkz}$$

试证明：(1)储存在空间任一点的平均电能密度和平均磁能密度相等；

(2)能速等于相速；

(3)上述结果对于圆极化波和直线极化波也成立。

6.8　自由空间中的电磁波的电场强度 $\vec{E}$ 为

$$\vec{E} = \vec{a}_x E_0 \sin(\omega t - kz) + \vec{a}_y E_0 \sin(\omega t - kz)$$

(1)求磁场强度 $\vec{H}$ 的表达式；

(2)求该波的坡印廷矢量。

6.9　在真空中，$\vec{E}(z,t) = \vec{a}_y 10^3 \sin(6 \times 10^8 t - \beta z)$ V/m，当波沿 z 轴用时间 t_1 传播 $\lambda/4$ 时，画出 $t = 0$ 时的波形图，并求出 t_1、β 和 λ。

6.10　在真空中，$\vec{H}(z,t) = \vec{a}_x 1.33 \times 10^{-1} \cos(4 \times 10^7 t - \beta z)$ A/m，求 $\vec{E}(z,t)$ 的表达式，并求 β 和 λ。

6.11　在真空中，已知波的磁场分量为：$\vec{H}(z,t) = \vec{a}_x 1.0 e^{j(1.5 \times 10^8 t + \beta z)}$ A/m，求 $\vec{E}(z,t)$ 的表达式，并确定波的传播方向。

6.12　均匀平面波的磁场强度 $\vec{H}$ 的振幅为 $\frac{1}{3\pi}$A/m。以相移常数 $\beta = 30\text{rad/m}$ 在空气中沿

$(-\vec{a}_z)$方向传播。当 $t=0$ 和 $z=0$ 时，若 $\vec{H}$ 取向为$(-\vec{a}_y)$，试写出 $\vec{E}$ 和 $\vec{H}$ 的表达式，并求出频率和波长。

6.13　一个在空气中沿$(+\vec{a}_y)$方向传播的均匀平面波，其磁场强度的瞬时值表式为：

$$\vec{H}=\vec{a}_x 4\times10^{-6}\cos(10^7\pi t-\beta z+\frac{\pi}{4})\ \text{A/m}$$

(1)求 β 和在 $t=3\text{ms}$ 时，$H_x=0$ 的位置；

(2)写出 $\vec{E}$ 的瞬时值表达式。

6.14　在自由空间中，某电磁波的波长为 0.2m。当该波进入理想介质后，波长变为0.09 m。设 $\varepsilon_r=1$，试求 ε_r 及在该电介质的波速。

6.15　海水的 $\sigma=4$ S/m，$\varepsilon_r=81$，求频率为 10 kHz，100 kHz，1 MHz，100 MHz，10 GHz 的电磁波在海水中的波长、衰减系数和波长。

6.16　一个频率为 $f=3\text{GHz}$，$\vec{a}_y$ 方向极化的均匀平面波在 $\varepsilon_r=2.5$，损耗角正切为 10^{-2}的非磁性媒质中，沿 $+\vec{a}_x$ 方向传播。

(1)求波的振幅衰减一半时，传播的距离；

(2)求媒质的本质阻抗，波的波长、相速；

(3)设在 $x=0$ 处的 $\vec{E}=\vec{a}_y 50\sin(6\pi\times10^9 t+\frac{\pi}{3})$，写出 $\vec{H}(x,t)$的表达式。

6.17　有一线极化的均匀平面波在海水($\varepsilon_r=80$，$\mu_r=1$，$\sigma=4$ S/m)中沿$(+\vec{a}_y)$方向传播，其磁场强度在 $y=0$ 处为

$$\vec{H}=\vec{a}_x 0.1\sin(10^{10}\pi t-\frac{\pi}{3})\ \text{A/m}$$

(1)求衰减系数、相位常数、本征阻抗、相速、波长及穿透深度；

(2)求出 $\vec{H}$ 的振幅为 0.01 A/m 时的位置；

(3)写出 $\vec{E}(y,t)$ 和 $\vec{H}(y,t)$ 的表达式。

6.18　若 $\sigma=5\times10^{-3}$ S/m，$\mu_r=1$，$\varepsilon_r=8$，频率为多少时地球可看做理想介质？α 可以认为是零吗？

6.19　对于铝金属，$\sigma=38.2\text{MS/m}$，$\mu_r=1$，求当频率为 1.6 MHz 时的穿透深度 δ，并求出 γ 和相速 v_p。

6.20　对于导电介质，$\sigma=58$ MS/m，$\mu_r=1$，求频率 $f=100$ MHz 时介质的本质阻抗 η、传播常数 γ 和相速 v_p。

6.21　对于弱导电媒质 $\sigma=1$ S/m，$\mu_r=800$，$\varepsilon_r=1.85$，当频率为 $f=10^9$Hz 时，求电磁波在该媒质中的传播常数 γ、本质阻抗 η 和相速 v_p。

6.22　已知群速与相速的关系是

$$v_g=v_p+\beta\frac{\mathrm{d}v_p}{\mathrm{d}\beta}$$

式中 β 是相移常数，证明下式也成立，即

$$v_g=v_p-\lambda\frac{\mathrm{d}v_p}{\mathrm{d}\lambda}$$

也成立。

6.23　若一个均匀平面波在某种色散媒质中传播，其相速与波长的关系为

$$v_p = A\sqrt{\lambda}\ \mathrm{m/s}$$

式中 A 是一个常量，试求电磁波在此媒质中的群速。

6.24　若均匀平面波在一种色散媒质中传播，该媒质的特性参数是

$$\varepsilon_r = 1 + \frac{A^2}{B^2 - \omega^2}, \mu_r = 1, \sigma = 0$$

式中 A、B 是有角频率量纲的常数，试求电磁波在此媒质中的相速和群速。

第 7 章
电磁波的反射和折射

上一章讨论了均匀平面波在充满单一均匀媒质的无界空间中的传播。事实上，电磁波在传播过程中经常会穿过各种不同媒质的分界面，如不同介质的分界面。在分界面上，由于媒质的不连续，时谐场在介质分界面上必然要感应出一层时谐电荷，这层感生的、随时间变化的电荷可视为新的场源，在分界面两边将产生新的电磁波。结果，当电磁波入射到介质的分界面上时，不但有反射波，而且还有穿过分界面进入另一种媒质传播的透射波。即波在分界面上发生反射和折射。

本章研究波在不同媒质分界面上发生的反射和折射规律。即研究波在不同媒质分界面上发生的物理过程。研究波的反射和折射规律的依据仍然是介质分界面上的边界条件。本章第一节给出平面波的一般数学表达式，第二节讨论波对平面分界面的垂直入射，第三节讨论波对平面分界面的斜入射，并给出反射定律、折射定律和费涅尔公式。

7.1 平面波的一般数学表达式

在 6.2 节中，我们将 x 极化的，沿 z 方向传播的均匀平面波的瞬时值表示为

$$\vec{E} = \vec{a}_x E_m \cos(\omega t - kz)$$

$$\vec{H} = \vec{a}_y \frac{1}{\eta} E_m \cos(\omega t - kz)$$

其复矢量可表示为

$$\vec{E} = \vec{E}_m e^{j(\omega t - kz)} \tag{7.1.1}$$

$$\vec{H} = \frac{1}{\eta}\vec{a}_z \times \vec{E} = \frac{1}{\eta}\vec{a}_z \times \vec{E}_m e^{j(\omega t - kz)} \tag{7.1.2}$$

式中 $\vec{E}_m = \vec{a}_x E_m$，$\vec{a}_z$ 为波的传播方向，且电场、磁场和波的传播方向三者满足右手螺旋关系。若从坐标原点向波阵面上任一点所引矢径 $\vec{r} = \vec{a}_x x + \vec{a}_y y + \vec{a}_z z$，而将 $\vec{a}_z k = \vec{k}$ 称为波的**波矢量**，则有 $\vec{k} \cdot \vec{r} = k\vec{a}_z \cdot \vec{r} = kz$。所以式(7.1.1)和式(7.1.2)可以写成

$$\vec{E} = \vec{E}_m e^{j(\omega t - \vec{k} \cdot \vec{r})} \tag{7.1.3}$$

$$\vec{H} = \frac{1}{\eta}\vec{a}_z \times \vec{E} = \frac{1}{\eta}\vec{a}_z \times \vec{E}_m e^{j(\omega t - \vec{k}\cdot\vec{r})} \tag{7.1.4}$$

对于给定的实矢量 $\vec{k}$，$\vec{k}\cdot\vec{r} = kz = \beta z$ 为常数的平面为等相位面，而 $\nabla(\vec{k}\cdot\vec{r}) = \vec{k}$，**波矢量的方向为波的传播方向，大小为波数**。如图 7.1.1 所示。

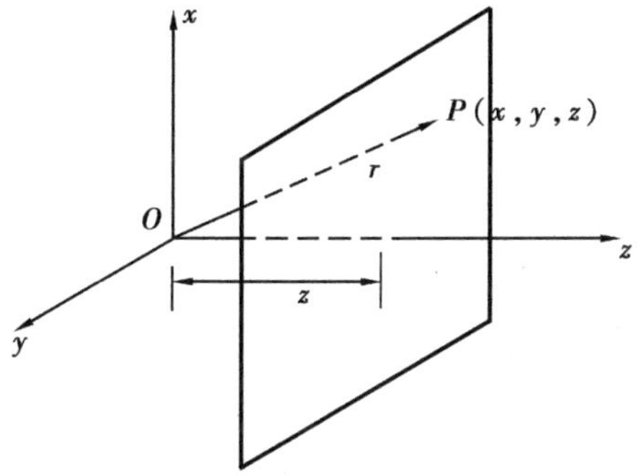

图 7.1.1　波的等相位面

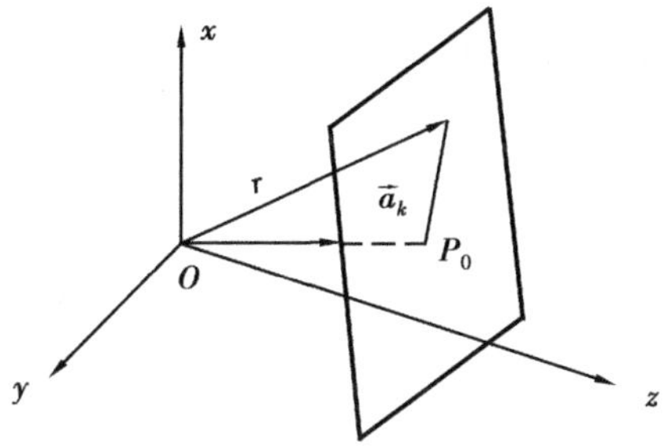

图 7.1.2　沿 $\vec{a}_k$ 方向传播的均匀平面波

对于向任一方向 $\vec{a}_k$ 传播的均匀平面波，波矢量为 $\vec{k} = \vec{a}_k k$，波的各场分量的复矢量可表示为

$$\vec{E} = \vec{E}_m e^{j(\omega t - \vec{k}\cdot\vec{r})} \tag{7.1.5}$$

$$\vec{H} = \frac{1}{\eta}\vec{a}_k \times \vec{E} = \frac{1}{\eta}\vec{a}_k \times \vec{E}_m e^{j(\omega t - \vec{k}\cdot\vec{r})} \tag{7.1.6}$$

这便是向任意方向传播波的一般复矢量表达式。在理想介质中，波矢量为 $\vec{k} = \vec{a}_k k = \vec{a}_k \omega\sqrt{\mu\varepsilon}$ 为一实矢量，因此，$k = \beta$。沿 $\vec{a}_k$ 方向传播的均匀平面波的等相面的移动情况如图 7.1.2 所示。

例 7.1.1　角频率为 ω 的正弦均匀平面波在理想介质中沿 x 方向传播，介质的特性参数为 $\varepsilon_r = 4$，$\mu_r = 1$。设电场沿 y 方向极化，其振幅为 E_m，且初始相位 $\varphi = 0$。试求(1)波的波矢量和传播速度；(2)写出 $\vec{E}(x,t)$ 和 $\vec{H}(x,t)$ 的表达式；(3)给出波的平均坡印廷矢量。

解　由于波沿 x 方向传播，故波矢量为

$$\vec{k} = \vec{a}_x k = \vec{a}_x \omega\sqrt{\varepsilon_r\varepsilon_0\mu_r\mu_0} = \vec{a}_x \omega\sqrt{4\varepsilon_0\mu_0} = \vec{a}_x 2\omega\sqrt{\varepsilon_0\mu_0}$$

波的相速为

$$v_{px} = \frac{\omega}{k} = \frac{1}{2\sqrt{\varepsilon_0\mu_0}} = \frac{c}{2}$$

根据式(7.1.5)和式(7.1.6)可写出 $\vec{E}(x,t)$ 和 $\vec{H}(x,t)$ 的复矢量表达式为

$$\vec{E}(x,t) = \vec{a}_y E_m e^{j(\omega t - k\vec{a}_x\cdot\vec{r})} = \vec{a}_y E_m e^{j(\omega t - kx)}$$

$$\vec{H}(x,t) = \frac{1}{\eta}\vec{a}_x \times \vec{a}_y E_m e^{j(\omega t - kx)} = \frac{1}{\eta}\vec{a}_z E_m e^{j(\omega t - kx)}$$

式中 $\eta = \sqrt{\dfrac{\mu}{\varepsilon}}$ 为介质的本征阻抗。电磁场的瞬时值表达式为

$$E_y(x,t) = E_m\cos(\omega t - kx)$$

$$H_z(x,t) = \frac{1}{\eta}E_m\cos(\omega t - kx)$$

波的平均坡印廷矢量为

$$\vec{S}_{av} = \frac{1}{2}\mathrm{Re}(\vec{E} \times \vec{H}^*) = \frac{1}{2}\mathrm{Re}(\vec{a}_y \times \vec{a}_z E_m \mathrm{e}^{j(\omega t-kx)} \cdot \frac{E_m^*}{\eta^*}\mathrm{e}^{-j(\omega t-kx)})$$

由于理想介质的各特性参数都为实数,其本征阻抗也为实数。即 $\eta^* = \eta$,因此

$$\vec{S}_{av} = \vec{a}_x \frac{1}{2}\frac{E_m^2}{\eta}$$

可见,波的平均坡印廷矢量为一实数,它代表实在的功率流动,且功率流动的方向就是电磁波传播的方向。

7.2　对平面分界面的垂直入射

设无穷大的平面分界面两边是均匀线性媒质。对波在平面分界面上所发生的物理过程的分析可以分为两步来完成。首先,根据波传播规律的约束写出波在平面分界面两边的均匀线性媒质中的复矢量表达式;第二步根据波的电磁场分量在分界面上满足的边界条件,给出在分界面上的反射和透射规律。下面,我们先讨论对理想导体表面的垂直入射。

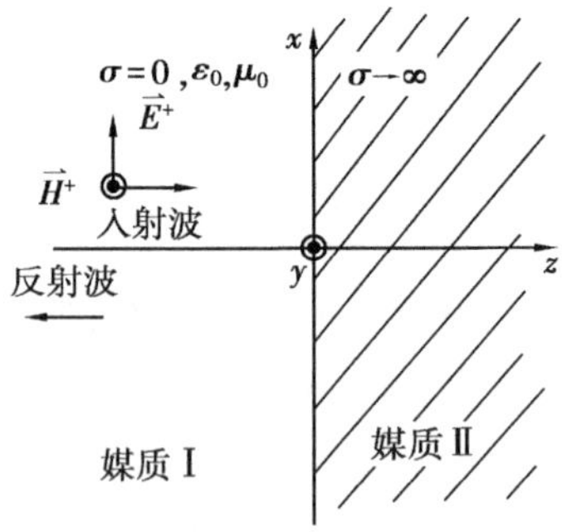

图 7.2.1　均匀平面波对理想导体表面的垂直入射

7.2.1　对理想导体平面的垂直入射

在图 7.2.1 中,设媒质 1 为自由空间,媒质 2 为理想导体。在分界面上取一点为坐标系的原点并取 z 轴与分界面垂直,由媒质 1 指向媒质 2。若 x 极化的均匀平面波由自由空间入射到理想导体表面上,波矢量为

$$\vec{k} = \vec{a}_z k = \vec{a}_z \omega\sqrt{\mu_0\varepsilon_0} = \vec{a}_z\beta$$

根据式(7.1.5)和式(7.1.6),**入射波**电磁场分量为

$$\vec{E}^+ = \vec{a}_x E_x^+ = \vec{a}_x E_m^+ \mathrm{e}^{j(\omega t-\beta z)} \tag{7.2.1}$$

$$\vec{H}^+ = \frac{1}{\eta_0}\vec{a}_z \times \vec{E}^+ = \frac{1}{\eta_0}\vec{a}_z \times \vec{a}_x E_m^+ \mathrm{e}^{j(\omega t-\beta z)} = \vec{a}_y \frac{E_m^+}{\eta_0}\mathrm{e}^{j(\omega t-\beta z)} \tag{7.2.2}$$

式中 $\eta_0 = \sqrt{\mu_0/\varepsilon_0}$。由于理想导体的电导率 $\sigma = \infty$,电磁波不能透入其中,因此,在理想导体中电磁场都等于零。电磁波在理想导体表面上被全部反射回来,形成向 $-z$ 方向传播的**反射波**,其波矢量为 $\vec{k} = -\vec{a}_z k = -\vec{a}_z\beta$,其场分量为

$$\vec{E}^- = \vec{a}_x E_x^- = \vec{a}_x E_m^- \mathrm{e}^{j(\omega t+\beta z)} \tag{7.2.3}$$

$$\vec{H}^- = \frac{1}{\eta_0}(-\vec{a}_z) \times \vec{E}^- = -\frac{1}{\eta_0}\vec{a}_z \times \vec{a}_x E_m^- \mathrm{e}^{j(\omega t+\beta z)} = -\vec{a}_y \frac{E_m^-}{\eta_0}\mathrm{e}^{j(\omega t+\beta z)} \tag{7.2.4}$$

在自由空间中的合成电磁场为

$$E_x = E_x^+ + E_x^- = E_m^+ \mathrm{e}^{j(\omega t-\beta z)} + E_m^- \mathrm{e}^{j(\omega t+\beta z)} \tag{7.2.5}$$

$$H_y = H_y^+ + H_y^- = \frac{E_m^+}{\eta_0}e^{j(\omega t-\beta z)} - \frac{E_m^-}{\eta_0}e^{j(\omega t+\beta z)} \tag{7.2.6}$$

在 $z=0$ 处,利用电场强度切向分量连续的边界条件可得

$$E_x = E_m^+ + E_m^- = 0 \quad 或 \quad E_m^- = -E_m^+ \tag{7.2.7}$$

于是,在 $z<0$ 的自由空间中的反射波为

$$E_x^- = -E_m^+ e^{j(\omega t+\beta z)} \tag{7.2.8}$$

$$H_y^- = -\frac{E_x^-}{\eta_0} = \frac{E_m^+}{\eta_0}e^{j(\omega t+\beta z)} \tag{7.2.9}$$

波在自由空间中的合成电磁场为

$$E_x = E_m^+(e^{-j\beta z} + e^{j\beta z})e^{j\omega t} = -j2E_m^+\sin\beta z \cdot e^{j\omega t} \tag{7.2.10}$$

$$H_y = H_y^+ + H_y^- = \frac{E_m^+}{\eta_0}(e^{-j\beta z} + e^{j\beta z})e^{j\omega t} = \frac{2E_m^+}{\eta_0}\cos\beta z \cdot e^{j\omega t} \tag{7.2.11}$$

合成电磁场的瞬时值为

$$E_x(z,t) = \mathrm{Re}[E_x e^{j\omega t}] = 2E_m^+\sin(\beta z)\sin(\omega t) \tag{7.2.12}$$

$$H_y(z,t) = \mathrm{Re}[H_y e^{j\omega t}] = \frac{2E_m^+}{\eta_0}\cos(\beta z)\cos(\omega t) \tag{7.2.13}$$

可见,合成电磁场的振幅随空间坐标 z 按正弦函数分布,而在空间一点,电磁场随时间作简谐振动。这是一**种驻波分布**,如图 7.2.2 所示。

结论　当均匀平面波垂直入射到理想导体表面时,在表面上发生全反射,反射波与入射波的迭加在自由空间中形成驻波。其分布为:在 $\beta z=-n\pi$ 或 $z=-n\frac{\lambda}{2}(n=0,1,2,\cdots)$ 处,电场为零,磁场为最大值。我们称这样的点为**电场波节点**或**磁场波腹点**;在 $\beta z=-(2n+1)\frac{\pi}{2}$或$z=-(2n+1)\frac{\lambda}{4}$处,磁场为零,电场为最大值。我们称这样的点为**磁场波节点**或**电场波腹点**。可见,E_x 和 H_y 的驻波在空间位置上错开$\frac{\lambda}{4}$。而在时间上 E_x 和 H_y 又有$\frac{\pi}{2}$的相差。

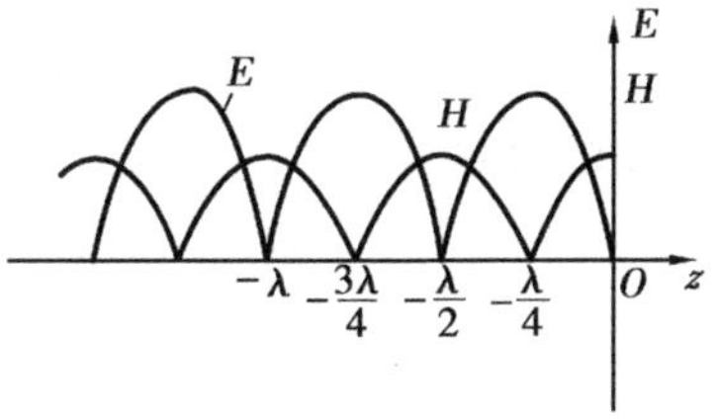

图 7.2.2　合成电磁场的振幅随空间坐标的分布

在理想导体表面上,电场为零,磁场为最大值。根据边界条件可知,电磁波将在导体表面上感应出面电流,即

在 $z=0$ 处

$$\vec{J}_S = \vec{n}\times\vec{H} = -\vec{a}_z\times\vec{a}_y H_y = \vec{a}_x\frac{2E_m^+}{\eta_0} \tag{7.2.14}$$

在自由空间中,波的平均坡印廷矢量为

$$\vec{S}_{av} = \frac{1}{2}\mathrm{Re}(\vec{E}\times\vec{H}^*) = \frac{1}{2}\mathrm{Re}\left[-\vec{a}_x j2E_m^+\sin(\beta z)\times\vec{a}_y\frac{2E_m^+}{\eta_0}\cos(\beta z)\right] = 0 \tag{7.2.15}$$

可见,驻波不能传输电磁能量,而只存在电场能和磁场能的相互转换。

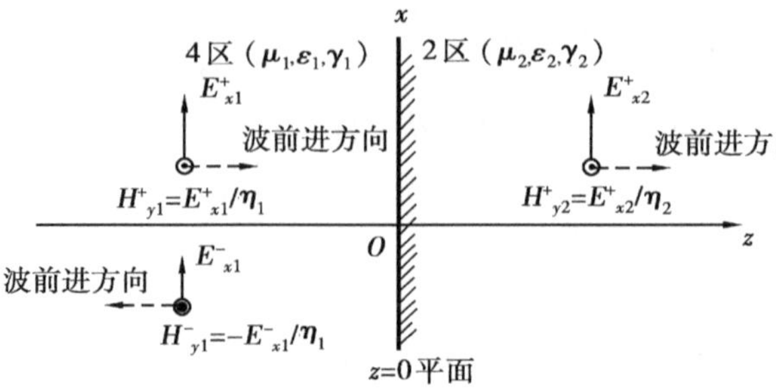

图 7.2.3　波对理想介质平面的垂直入射

7.2.2　对理想介质平面的垂直入射

如图 7.2.3 所示，两不同理想介质的分界面为平面，媒质的介电常数和磁导率分别为 ε_1，μ_1 和 ε_2，μ_2。设 x 极化的均匀平面波从第一种介质垂直入射到分界面上，此时，波将在分界面上发生反射和透射。

在介质 1 中，入射波的波矢量为 $\vec{k}_1^+ = \vec{a}_z k_1 = \vec{a}_z\omega\sqrt{\mu_1\varepsilon_1} = \vec{a}_z\beta_1$，反射波的波矢量为 $\vec{k}_1^- = -\vec{a}_z\omega\sqrt{\mu_1\varepsilon_1} = -\vec{a}_z\beta_1$。根据式(7.1.5)和式(7.1.6)，**入射波**电磁场分量为

$$\vec{E}_1^+ = \vec{a}_x E_{x1}^+ = \vec{a}_x E_{m1}^+ e^{j(\omega t-\beta_1 z)} \tag{7.2.16}$$

$$\vec{H}_1^+ = \frac{1}{\eta_1}\vec{a}_z \times \vec{E}_1^+ = \vec{a}_y \frac{E_{m1}^+}{\eta_1} e^{j(\omega t-\beta_1 z)} \tag{7.2.17}$$

反射波电磁场的分量为

$$\vec{E}_1^- = \vec{a}_x E_{x1}^- = \vec{a}_x E_{m1}^- e^{j(\omega t+\beta_1 z)} \tag{7.2.18}$$

$$\vec{H}_1^- = \frac{1}{\eta_1}(-\vec{a}_z) \times \vec{E}_1^- = -\vec{a}_y \frac{E_{m1}^-}{\eta_1} e^{j(\omega t+\beta_1 z)} \tag{7.2.19}$$

合成波的电磁场分量为

$$E_{x1} = E_{x1}^+ + E_{x1}^- = E_{m1}^+ e^{j(\omega t-\beta_1 z)} + E_{m1}^- e^{j(\omega t+\beta_1 z)} \tag{7.2.20}$$

$$H_{y1} = H_{y1}^+ + H_{y1}^- = \frac{E_{m1}^+}{\eta_1} e^{j(\omega t-\beta_1 z)} - \frac{E_{m1}^-}{\eta_1} e^{j(\omega t+\beta_1 z)} \tag{7.2.21}$$

在介质 2 中，透射波向 z 方向传播，波矢量为 $\vec{k}_2 = \vec{a}_z k_2 = \vec{a}_z\omega\sqrt{\mu_2\varepsilon_2} = \vec{a}_z\beta_2$，透射波的场分量为

$$\vec{E}_2^+ = \vec{a}_x E_{x2}^+ = \vec{a}_x E_{m2} e^{j(\omega t-\beta_2 z)} \tag{7.2.22}$$

$$\vec{H}_2^+ = \frac{1}{\eta_2}\vec{a}_z \times \vec{E}_2^+ = \vec{a}_y \frac{E_{m2}}{\eta_2} e^{j(\omega t-\beta_2 z)} \tag{7.2.23}$$

在分界面($z=0$)上，由电场、磁场切向分量的边界条件可得

$$E_{m1}^+ + E_{m1}^- = E_{m2} \tag{7.2.24}$$

$$\frac{E_{m1}^+}{\eta_1} - \frac{E_{m1}^-}{\eta_1} = \frac{E_{m2}}{\eta_2} \tag{7.2.25}$$

由式(7.2.24)和式(7.2.25)可得

$$E_{m1}^{-} = E_{m1}^{+}\frac{\eta_2 - \eta_1}{\eta_2 + \eta_1} \tag{7.2.26}$$

$$E_{m2}^{+} = E_{m1}^{+}\frac{2\eta_2}{\eta_2 + \eta_1} \tag{7.2.27}$$

在分界面上，为了描述分界面对波的反射能力，定义界面的**反射系数 R 为分界面上的反射波电场与入射波电场之比**，即

$$R = \frac{E_{m1}^{-}}{E_{m1}^{+}} \tag{7.2.28}$$

由式(7.2.26)得

$$R = \frac{E_{m1}^{-}}{E_{m1}^{+}} = \frac{\eta_2 - \eta_1}{\eta_2 + \eta_1} \tag{7.2.29}$$

定义波在界面上的**传输系数 T 为界面上的透射波电场与入射波电场之比**，即

$$T = \frac{E_{m2}^{+}}{E_{m1}^{+}} \tag{7.2.30}$$

由式(7.2.27)得

$$T = \frac{E_{m2}^{+}}{E_{m1}^{+}} = \frac{2\eta_2}{\eta_2 + \eta_1} \tag{7.2.31}$$

可以证明，波垂直入射到介质分界面上时，R 与 T 满足关系

$$T = 1 + R \tag{7.2.32}$$

对于理想介质和一般的电介质，其导磁率 μ 非常接近于自由空间的导磁率 μ_0，于是，对于不同电介质的分界面，式(7.2.29)可以简化为

$$R = \frac{\eta_2 - \eta_1}{\eta_2 + \eta_1} \approx \frac{\sqrt{\mu_0/\varepsilon_2} - \sqrt{\mu_0/\varepsilon_1}}{\sqrt{\mu_0/\varepsilon_2} + \sqrt{\mu_0/\varepsilon_1}} = \frac{\sqrt{\varepsilon_1} - \sqrt{\varepsilon_2}}{\sqrt{\varepsilon_1} + \sqrt{\varepsilon_2}} \tag{7.2.33}$$

同样，式(7.2.31)可以简化为

$$T = \frac{2\sqrt{\varepsilon_1}}{\sqrt{\varepsilon_1} + \sqrt{\varepsilon_2}} \tag{7.2.34}$$

由此可见，波在介质分界面上的反射和透射主要取决于两介质介电常数(或折射率)的差异。若 $\varepsilon_1 > \varepsilon_2$，则反射波电场与入射波电场同相；若 $\varepsilon_1 < \varepsilon_2$，则反射波电场与入射波电场反相。透射波电场与入射波电场总是同相的。

一般情况下媒质为导电媒质，其本征阻抗 η 为复数，R 和 T 也为复数。这表明在分界面上的反射波和透射波还存在一个由界面决定的**附加相移**。

7.3　对平面分界面的斜入射

本节讨论平面波以任意角度入射到两种不同媒质分界面的情况。同样，波斜入射到两种不同媒质分界面上也将发生反射和折射，而且，界面对波的反射和折射与入射波的极化方式有关。为了描述波极化方式对反射、折射的影响，我们将分界面的法线与入射波射线构成的平面定义为**入射面**，并规定：电场垂直于入射面的波为**垂直极化波**；电场平行于入射面的波为**平行**

极化波。由于任意极化波可以视为上述两种极化波的迭加。下面我们分别讨论两种极化波对理想导体表面的斜入射和对理想介质表面的斜入射。

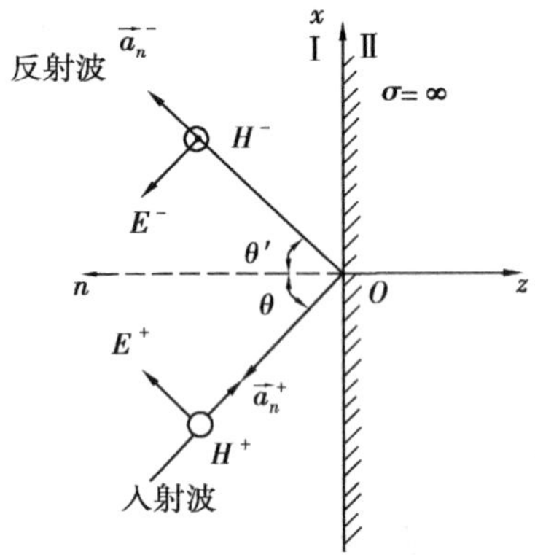

图 7.3.1　平行极化波的斜入射

7.3.1　波对理想导体表面的斜入射

(1)平行极化波的斜入射

如图 7.3.1 所示,波的电场与入射面平行,以入射角 θ 斜入射到空气与理想导体的分界面上。由于电磁波不能传入理想导体,因此当入射波到达理想导体表面时将被全反射,设反射波与反射平面法线的夹角为 θ'。我们用 $\vec{a}_k^+$ 表示入射波传播方向上的单位矢量,$\vec{a}_k^-$ 表示反射波传播方向上的单位矢量。在直角坐标系中可表示为

$$\vec{a}_k^+ = \vec{a}_x\sin\theta + \vec{a}_y\cos\theta \tag{7.3.1}$$

$$\vec{a}_k^- = \vec{a}_x\sin\theta' - \vec{a}_y\cos\theta' \tag{7.3.2}$$

因此,入射波和反射波的波矢量可分别表示为

$$\vec{k}^+ = \vec{a}_k^+k = (\vec{a}_x\sin\theta + \vec{a}_y\cos\theta)k \tag{7.3.3}$$

$$\vec{k}^- = \vec{a}_k^-k = (\vec{a}_x\sin\theta' - \vec{a}_y\cos\theta')k \tag{7.3.4}$$

由图 7.3.1 可以看出:

$$\vec{a}_k^+ \times \vec{E}_m^+ = \vec{a}_yE_m^+ \quad 和 \quad \vec{a}_k^- \times \vec{E}_m^- = \vec{a}_yE_m^-$$

根据式(7.1.5)和式(7.1.6),入射波电磁场分量为(忽略时间因子)

$$\vec{E}^+ = \vec{E}_m^+e^{-j\vec{k}^+\cdot\vec{r}} = \vec{E}_m^+e^{-jk\vec{a}_k^+\cdot\vec{r}} \tag{7.3.5}$$

$$\vec{H}^+ = \frac{1}{\eta_0}\vec{a}_k^+ \times \vec{E}^+ = \frac{1}{\eta_0}\vec{a}_k^+ \times \vec{E}_m^+e^{-j\vec{k}^+\cdot\vec{r}} = \frac{\vec{a}_y}{\eta_0}E_m^+e^{-j\vec{k}^+\cdot\vec{r}} \tag{7.3.6}$$

反射波电磁场分量为

$$\vec{E}^- = \vec{E}_m^-e^{-j\vec{k}^-\cdot\vec{r}} = \vec{E}_m^-e^{-jk\vec{a}_k^-\cdot\vec{r}} \tag{7.3.7}$$

$$\vec{H}^- = \frac{1}{\eta_0}\vec{a}_k^- \times \vec{E}^- = \frac{1}{\eta_0}\vec{a}_k^- \times \vec{E}_m^-e^{-j\vec{k}^-\cdot\vec{r}} = \frac{\vec{a}_y}{\eta_0}E_m^-e^{-j\vec{k}^-\cdot\vec{r}} \tag{7.3.8}$$

于是反射平面左边空气中入射波与反射波的合成场分量为

$$\vec{E} = \vec{E}^+ + \vec{E}^- = \vec{E}_m^+e^{-j\vec{k}^+\cdot\vec{r}} + \vec{E}_m^-e^{-j\vec{k}^-\cdot\vec{r}} \tag{7.3.9}$$

$$\vec{H} = \vec{H}^+ + \vec{H}^- = \frac{\vec{a}_y}{\eta_0}E_m^+e^{-j\vec{k}^+\cdot\vec{r}} + \frac{\vec{a}_y}{\eta_0}E_m^-e^{-j\vec{k}^-\cdot\vec{r}} \tag{7.3.10}$$

而

$$\vec{k}^+\cdot\vec{r} = k(x\sin\theta + z\cos\theta) \quad 和 \quad \vec{k}^-\cdot\vec{r} = k(x\sin\theta' - z\cos\theta')$$

式(7.3.9)和式(7.3.10)在直角坐标系中的分量形式为

$$E_x(x,z) = E_m^+\cos\theta e^{-jk(x\sin\theta+z\cos\theta)} - E_m^-\cos\theta' e^{-jk(x\sin\theta'-z\cos\theta')} \tag{7.3.11}$$

$$E_z(x,z) = -E_m^+\sin\theta e^{-jk(x\sin\theta+z\cos\theta)} - E_m^-\sin\theta' e^{-jk(x\sin\theta'-z\cos\theta')} \tag{7.3.12}$$

$$H_y(x,z) = \frac{E_m^+}{\eta_0}\mathrm{e}^{-jk(x\sin\theta+z\cos\theta)} + \frac{E_m^-}{\eta_0}\mathrm{e}^{-jk(x\sin\theta'-z\cos\theta')} \tag{7.3.13}$$

在导体表面上($z=0$),应用边界条件,其合成电场的切向分量应为零,即

$$E_x(x,0) = E_m^+\cos\theta\mathrm{e}^{-jkx\sin\theta} - E_m^-\cos\theta'\mathrm{e}^{-jkx\sin\theta'} = 0 \tag{7.3.14}$$

欲使上式对任意的 x 值都成立,则立即得到下面两式必须成立,即

$$\theta' = \theta \tag{7.3.15}$$

$$E_m^- = E_m^+ \tag{7.3.16}$$

式(7.3.15)便是**斯耐尔反射定律**。

将 $\theta'=\theta$ 和 $E_m^-=E_m^+$ 代入式(7.3.11)~式(7.3.13),可得反射面左边的电磁场分量为

$$E_x(x,z) = -j2E_m^+\cos\theta\sin(kz\cos\theta)\mathrm{e}^{-jkx\sin\theta} \tag{7.3.17}$$

$$E_z(x,z) = -2E_m^+\sin\theta\cos(kz\cos\theta)\mathrm{e}^{-jkx\sin\theta} \tag{7.3.18}$$

$$H_y(x,z) = \frac{1}{\eta_0}2E_m^+\cos(kz\cos\theta)\mathrm{e}^{-jkx\sin\theta} \tag{7.3.19}$$

由式(7.3.17)~式(7.3.19)我们可以得出下面结论:

①平行极化的平面波斜入射到理想导体表面被界面反射,反射波与入射波迭加,形成沿导体表面 x 方向的传播波。其相速为

$$v_p = \frac{\omega}{k_x} = \frac{\omega}{k\sin\theta} = \frac{c}{\sin\theta} > c \tag{7.3.20}$$

波阵面为 $x=C$ 的平面,在波阵面内,波的振幅随坐标 z 变化,所以合成波是一个向 x 方向传播的**非均匀平面波**。由于此平面波沿传播方向(x 方向)不存在磁场分量,通常我们又将这样的波称为**横磁波**或 **TM 波**。

②合成波在 z 方向不构成相位函数,因此在 z 方向无波的传播。而沿 x 方向传播的非均匀平面波的振幅按 $\sin(kz\cos\theta)$ 或 $\cos(kz\cos\theta)$ 分布,故合成波在 z 方向是驻波。其驻波分布为:当 $kz\cos\theta=n\pi$ 时,即在

$$z_n = \frac{n\lambda}{2\cos\theta} \quad (n=0,1,2,\cdots) \tag{7.3.21}$$

的各点上,$E_x(x,z_n)=0$,而 E_z、H_y 的振幅为最大值,所以这些点是 E_x 的波节点和 E_z、H_y 的波腹点。而

$$z_m = \frac{\lambda}{2\cos\theta}\left(\frac{1}{2}+m\right) \quad (m=0,1,2,\cdots) \tag{7.3.22}$$

的各点是 E_z、H_y 的波节点和 E_x 的波腹点。

(2)垂直极化波的斜入射

如图7.3.2所示,设垂直极化波的入射波电场垂直于入射面为 E_y 分量,则反射波电场也只有 E_y 分量,而磁场有 H_x 和 H_z 分量。用分析平行极化波斜入射同样的方法,可得反射平面左半空间的合成波电场、磁场为

$$E_y(x,z) = E_m^+\mathrm{e}^{-jk(x\sin\theta+z\cos\theta)} + E_m^-\mathrm{e}^{-jk(x\sin\theta'-z\cos\theta')} \tag{7.3.23}$$

$$H_x(x,z) = \frac{1}{\eta_0}[-E_m^+\cos\theta\mathrm{e}^{-jk(x\sin\theta+z\cos\theta)} + E_m^-\cos\theta'\mathrm{e}^{-jk(x\sin\theta'-z\cos\theta')}] \tag{7.3.24}$$

$$H_z(x,z) = \frac{1}{\eta_0}[E_m^+\sin\theta\mathrm{e}^{-jk(x\sin\theta+z\cos\theta)} + E_m^-\sin\theta'\mathrm{e}^{-jk(x\sin\theta'-z\cos\theta')}] \tag{7.3.25}$$

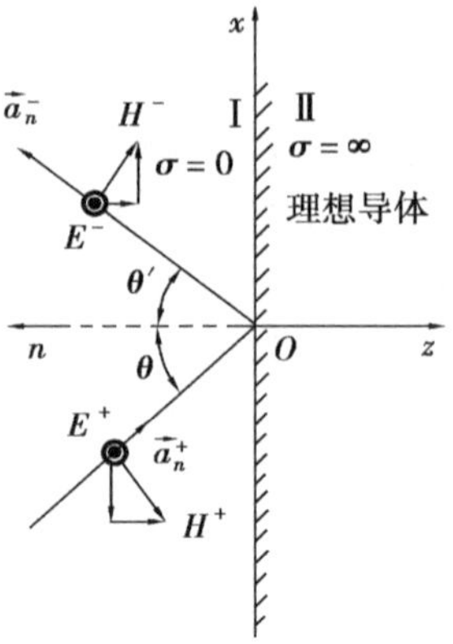

图 7.3.2　垂直极化波对导体表面的斜入射

利用理想导体表面上($z=0$)的边界条件,同样可得

$$\theta' = \theta \quad 和 \quad E_m^- = -E_m^+ \tag{7.3.26}$$

则式(7.3.23)~式(7.3.25)可写成

$$E_y(x,z) = -j2E_m^+\sin(kz\cos\theta)e^{-jkx\sin\theta} \tag{7.3.27}$$

$$H_x(x,z) = -\frac{2}{\eta_0}E_m^+\cos\theta\cos(kz\cos\theta)e^{-jkx\sin\theta} \tag{7.3.28}$$

$$H_z(x,z) = -j\frac{2}{\eta_0}E_m^+\sin\theta\sin(kz\cos\theta)e^{-jkx\sin\theta} \tag{7.3.29}$$

同样,由式(7.3.27)~式(7.3.29)我们可以得出下面结论:

①垂直极化的平面波斜入射到理想导体表面被界面反射,反射波与入射波迭加,形成沿导体表面 x 方向的传播波。其相速为

$$v_p = \frac{\omega}{k_x} = \frac{\omega}{k\sin\theta} = \frac{c}{\sin\theta} > c \tag{7.3.30}$$

波阵面为 $x=C$ 的平面,在波阵面内,波的振幅随坐标 z 变化,所以合成波是一个向 x 方向传播的非均匀平面波。由于此平面波沿传播方向(x 方向)不存在电场分量,通常我们又将这样的波称为**横电波**或 ***TE* 波**。

②在垂直于分界的方向上,合成波的场随 z 按驻波分布。

7.3.2　波对理想介质表面的斜入射

(1)平行极化波的斜入射波

当平行极化的平面波从左半空间斜入射到理想介质分界时,一部分被反射,另一部分则折射入右半空间。平行极化波的反射、折射情况如图 7.3.3 所示。设分界面左半空间的介质参量为 μ_1、ε_1;右半空间的介质参量为 μ_2、ε_2。图中 θ、θ'、θ''分别为入射角、反射角和折射角。

分别用 $\vec{a}_{k1}^+$、$\vec{a}_{k1}^-$和 $\vec{a}_{k2}^+$表示入射波、反射波和折射波传播方向的单位矢量,于是 $\vec{a}_{k1}^+$、$\vec{a}_{k1}^-$和 $\vec{a}_{k2}^+$在直角坐标系中可表示为

$$\vec{a}_{k1}^+ = \vec{a}_x\sin\theta + \vec{a}_z\cos\theta \tag{7.3.31}$$

$$\vec{a}_{k1}^- = \vec{a}_x\sin\theta' - \vec{a}_z\cos\theta' \tag{7.3.32}$$

$$\vec{a}_{k2}^{+} = \vec{a}_x\sin\theta'' + \vec{a}_z\cos\theta'' \quad (7.3.33)$$

入射波、反射波和折射波的波矢量为

$$\vec{k}_1^{+} = \vec{a}_{k1}^{+}k_1 = k_1(\vec{a}_x\sin\theta + \vec{a}_z\cos\theta) \quad (7.3.34)$$

$$\vec{k}_1^{-} = \vec{a}_{k1}^{-}k_1 = k_1(\vec{a}_x\sin\theta' - \vec{a}_z\cos\theta') \quad (7.3.35)$$

$$\vec{k}_2 = \vec{a}_{k2}k_1 = k_2(\vec{a}_x\sin\theta'' + \vec{a}_z\cos\theta'') \quad (7.3.36)$$

式中 $k_1 = \omega\sqrt{\mu_1\varepsilon_1}$，$k_2 = \omega\sqrt{\mu_2\varepsilon_2}$。

反射平面左半空间合成波的电磁场分量为

$$\vec{E}_1 = \vec{E}_1^{+} + \vec{E}_1^{-} = \vec{E}_{m1}^{+}e^{-j\vec{k}_1^{+}\cdot\vec{r}} + \vec{E}_{m1}^{-}e^{-j\vec{k}_1^{-}\cdot\vec{r}} \quad (7.3.37)$$

$$\vec{H}_1 = \vec{H}_1^{+} + \vec{H}_1^{-} = \frac{1}{\eta_1}(\vec{a}_{k1}^{+}\times\vec{E}_{m1}^{+}e^{-j\vec{k}_1^{+}\cdot\vec{r}} + \vec{a}_{k1}^{-}\times\vec{E}_{m1}^{-}e^{-j\vec{k}_1^{-}\cdot\vec{r}}) \quad (7.3.38)$$

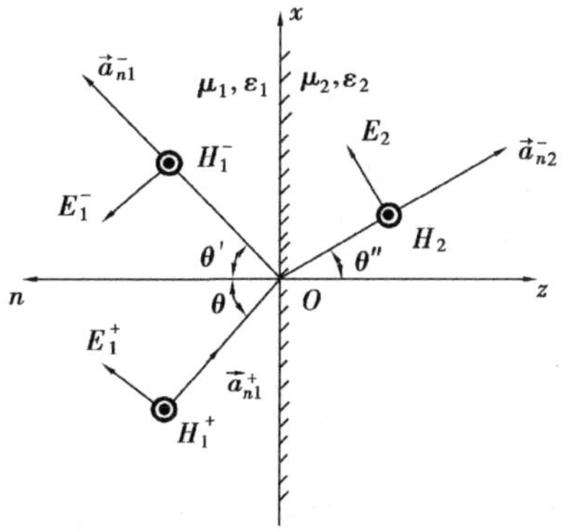

图 7.3.3　平行极化波对介质表面的斜入射波

反射平面右半空间折射波的电磁场分量为

$$\vec{E}_2 = \vec{E}_{m2}e^{-j\vec{k}_2^{+}\cdot\vec{r}} \quad (7.3.39)$$

$$\vec{H}_2 = \frac{1}{\eta_2}\vec{a}_{k2}^{+}\times\vec{E}_{m2}e^{-j\vec{k}_2^{+}\cdot\vec{r}} \quad (7.3.40)$$

再考虑到 $\vec{a}_{k1}^{+}\times\vec{E}_{m1}^{+} = \vec{a}_yE_{m1}^{+}$、$\vec{a}_{k1}^{-}\times\vec{E}_{m1}^{-} = \vec{a}_yE_{m1}^{-}$ 和 $\vec{a}_{k2}\times\vec{E}_{m2} = \vec{a}_yE_{m2}$。在直角坐标系中可得反射平面左半空间合成波电场的分量形式为

$$E_{x1}(x,z) = E_{m1}^{+}\cos\theta e^{-jk_1(x\sin\theta+z\cos\theta)} - E_{m1}^{-}\cos\theta' e^{-jk_1(x\sin\theta'-z\cos\theta')} \quad (7.3.41)$$

$$E_{z1}(x,z) = -E_{m1}^{+}\sin\theta e^{-jk_1(x\sin\theta+z\cos\theta)} - E_{m1}^{-}\sin\theta' e^{-jk_1(x\sin\theta'-z\cos\theta')} \quad (7.3.42)$$

磁场的直角坐标分量为

$$H_y(x,z) = \frac{E_{m1}^{+}}{\eta_1}e^{-jk_1(x\sin\theta+z\cos\theta)} + \frac{E_{m1}^{-}}{\eta_1}e^{-jk_1(x\sin\theta'-z\cos\theta')} \quad (7.3.43)$$

反射平面右半空间折射波电磁场的直角坐标分量为

$$E_{x2}(x,z) = E_{m2}\cos\theta'' e^{-jk_2(x\sin\theta''+z\cos\theta'')} \quad (7.3.44)$$

$$E_{z2}(x,z) = -E_{m2}\sin\theta'' e^{-jk_2(x\sin\theta''+z\cos\theta'')} \quad (7.3.45)$$

$$H_{y2}(x,z) = \frac{E_{m2}}{\eta_2}e^{-jk_2(x\sin\theta''+z\cos\theta'')} \quad (7.3.46)$$

在 $z=0$ 的分界面上，根据边界条件 $E_{x1} = E_{x2}$ 可得

$$E_{m1}^{+}\cos\theta e^{-jk_1x\sin\theta} - E_{m1}^{-}\cos\theta' e^{-jk_1x\sin\theta'} = E_{m2}\cos\theta'' e^{-jk_2x\sin\theta''} \quad (7.3.47)$$

上式必须对所有的 x 都成立，因此

$$k_1x\sin\theta = k_1x\sin\theta' = k_2x\sin\theta'' \quad (7.3.48)$$

由 $k_1x\sin\theta = k_1x\sin\theta'$ 立即得到

$$\theta' = \theta \quad (7.3.49)$$

这是介质分界面上的反射定律，即入射角等于反射角。

由 $k_1x\sin\theta' = k_2x\sin\theta''$ 可得

$$\frac{\sin\theta''}{\sin\theta}=\frac{k_1}{k_2}=\frac{\sqrt{\mu_1\varepsilon_1}}{\sqrt{\mu_2\varepsilon_2}}=\frac{v_2}{v_1} \tag{7.3.50}$$

这便是介质分界面上的折射定律,即**斯耐尔定律**。对于一般介质,其磁导率接近自由空间的磁导率,即 $\mu_2\approx\mu_1\approx\mu_0$,于是式(7.3.50)可简化为

$$\frac{\sin\theta''}{\sin\theta}=\sqrt{\frac{\varepsilon_1}{\varepsilon_2}}=\frac{n_1}{n_2}=n \tag{7.3.51}$$

式中 n_1 和 n_2 分别称为媒质 1 和媒质 2 的折射率,而 n 称为媒质 1 对媒质 2 的相对折射率。

为了计算平行极化波在分界面上的反射系数和透射系数,下面我们引入波阻抗的概念。**定义波的横电场分量对与其相互垂直于的横磁场分量的比值为波阻抗**,并且横电场、横磁场和波的传播方向三者满足右手螺旋关系。波阻抗的概念是十分有用的,利用它可以简化波的许多传输问题和在界面透射问题的分析。对于 $z=0$ 平面分界面,我们可以引入平行极化波向 z 方向传播分量的波阻抗 Z_{z1} 和 Z_{z2},并定义为

$$Z_{z1}=\frac{E_{x1}^{+}}{H_{y1}^{+}}=-\frac{E_{x1}^{-}}{H_{y1}^{-}} \tag{7.3.52}$$

$$Z_{z2}=\frac{E_{x2}^{+}}{H_{y2}^{+}} \tag{7.3.53}$$

在式(7.3.52)中,负号的引入是因为反射波在 z 方向的分量向 $-z$ 方向传播。由式(7.3.41)和(7.3.43)可得

$$Z_{z1}=\frac{E_{x1}^{+}}{H_{y1}^{+}}=-\frac{E_{x1}^{-}}{H_{y1}^{-}}=\eta_1\cos\theta \tag{7.3.54}$$

由式(7.3.44)和式(7.3.46)可得

$$Z_{z2}=\frac{E_{x2}^{+}}{H_{y2}^{+}}=\eta_2\cos\theta'' \tag{7.3.55}$$

在 $z=0$ 的分界面上,切向磁场分量连续,即

$$\frac{E_{x1}^{+}}{Z_{z1}}-\frac{E_{x1}^{-}}{Z_{z1}}=\frac{E_{x2}}{Z_{z2}} \tag{7.3.56}$$

由式(7.3.47)、式(7.3.54)、式(7.3.55)和式(7.3.56)联立,可解出平行极化波在分界面上的反射系数和透射系数分别为

$$R_{/\!/}=\frac{E_{x1}^{-}}{E_{x1}^{+}}=\frac{Z_{z2}-Z_{z1}}{Z_{z2}+Z_{z1}}=\frac{\eta_2\cos\theta''-\eta_1\cos\theta}{\eta_1\cos\theta+\eta_2\cos\theta''} \tag{7.3.57}$$

$$T_{/\!/}=\frac{E_{x2}}{E_{x1}^{+}}=\frac{2Z_{z2}}{Z_{z2}+Z_{z1}}=\frac{2\eta_2\cos\theta''}{\eta_1\cos\theta+\eta_2\cos\theta''} \tag{7.3.58}$$

对于非铁磁性物质,$\mu_2\approx\mu_1\approx\mu_0$,于是有

$$R_{/\!/}=\frac{-(\varepsilon_2/\varepsilon_1)\cos\theta+\sqrt{(\varepsilon_2/\varepsilon_1)-\sin^2\theta}}{(\varepsilon_2/\varepsilon_1)\cos\theta+\sqrt{(\varepsilon_2/\varepsilon_1)-\sin^2\theta}} \tag{7.3.59}$$

$$T_{/\!/}=\frac{2\cos\theta\sqrt{\varepsilon_2/\varepsilon_1}}{(\varepsilon_2/\varepsilon_1)\cos\theta+\sqrt{(\varepsilon_2/\varepsilon_1)-\sin^2\theta}} \tag{7.3.60}$$

以上两式称为平行极化波的**菲涅尔公式**。容易证明,平行极化波的反射系数和透射系数满足

关系

$$1 + R_{/\!/} = \left(\frac{\eta_1}{\eta_2}\right)T_{/\!/} \tag{7.3.61}$$

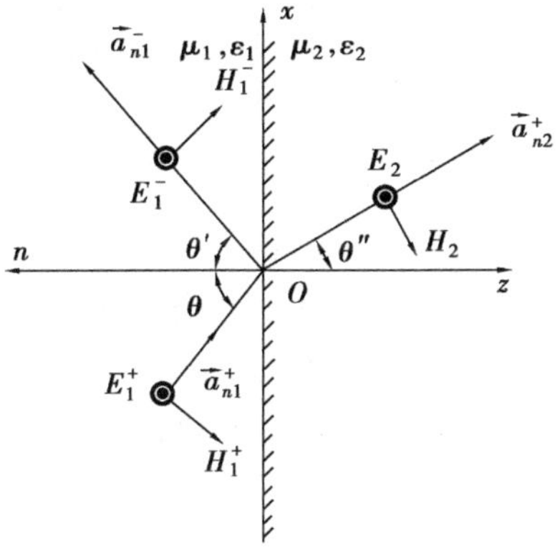

图7.3.4　垂直极化波对介质表面的斜入射

(2)垂直极化波的斜入射

如图7.3.4所示，入射波、反射波和透射波的电场只有 E_y 分量，而磁场有 H_x 和 H_z 分量。因此反射面左半空间的合成电磁场为

$$\vec{E}_1 = \vec{E}_1^+ + \vec{E}_1^- = \vec{a}_y E_{m1}^+ e^{-j\vec{k}_1^+\cdot\vec{r}} + \vec{a}_y E_{m1}^- e^{-j\vec{k}_2^-\cdot\vec{r}} \tag{7.3.62}$$

$$\vec{H}_1 = \vec{H}_1^+ + \vec{H}_1^- = \frac{1}{\eta_1}(\vec{a}_{k1}^+ \times \vec{a}_y E_{m1}^+ e^{-j\vec{k}_1^+\cdot\vec{r}} + \vec{a}_{k1}^- \times \vec{a}_y E_{m1}^- e^{-j\vec{k}_2^-\cdot\vec{r}})$$

反射平面右半空间折射波的电磁场分量为

$$\vec{E}_2 = \vec{a}_y E_{m2} e^{-j\vec{k}_2^+\cdot\vec{r}} \tag{7.3.63}$$

$$\vec{H}_2 = \frac{1}{\eta_2}\vec{a}_{k2} \times \vec{a}_y E_{m2} e^{-j\vec{k}_2^+\cdot\vec{r}} \tag{7.3.64}$$

用类似于对平行极化波的分析方法，可得与式(7.3.49)和式(7.3.51)相同的反射定律和折射定律。同样可得垂直极化波的波阻抗为

$$Z_{z1} = \frac{E_{y1}^+}{H_{x1}^+} = \eta_1 \sec\theta \tag{7.3.65}$$

$$Z_{z2} = \frac{E_y}{H_{x2}} = \eta_2 \sec\theta'' \tag{7.3.66}$$

因此，垂直极化波的反射系数和透射系数为

$$R_{\perp} = \frac{Z_{z2} - Z_{z1}}{Z_{z2} + Z_{z1}} = \frac{\cos\theta - \sqrt{(\varepsilon_2/\varepsilon_1) - \sin^2\theta}}{\cos\theta + \sqrt{(\varepsilon_2/\varepsilon_1) - \sin^2\theta}} \tag{7.3.67}$$

$$T_{\perp} = \frac{2Z_{z2}}{Z_{z2} + Z_{z1}} = \frac{2\cos\theta}{\cos\theta + \sqrt{(\varepsilon_2/\varepsilon_1) - \sin^2\theta}} \tag{7.3.68}$$

以上两式为垂直极化波的**菲涅尔公式**(这里仍假定媒质为非铁磁媒质)。

反射系数与透射系数满足关系

$$1 + R_{\perp} = T_{\perp} \tag{7.3.69}$$

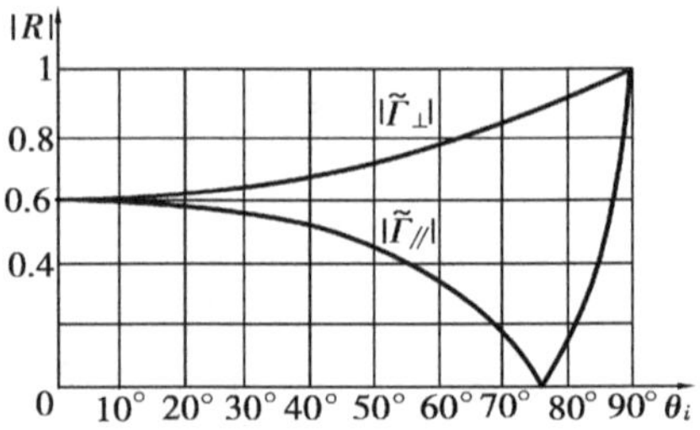

图 7.3.5　反射系数模值随入射角 θ 的变化曲线

图 7.3.5 给出了 $n=4$ 时,平行极化波和垂直极化波的反射系数模值随入射角 θ 的变化曲线。从图中可以看出:对于垂直极化波,反射系数的模值在整个入射角变化范围内变化不大。对于平行极化波,反射系数的模值在整个入射角变化范围内有较大的变化,而且,当入射角 θ 为

$$\theta_B = \sin^{-1}\sqrt{\frac{\varepsilon_2}{\varepsilon_1+\varepsilon_2}} \tag{7.3.70}$$

反射系数为零,即发生全折射现象,发生全折射时的入射角称为**布儒斯特角**。全折射现象只有在平行极化波的斜入射时才会发生。从式(7.3.70)可知,无论波从光疏媒质到光密媒质,还是波从光密媒质到光疏媒质,布儒斯特角总有实数解。

由于只有平行极化波在入射角等于布儒斯特角时的反射才等于零,如果入射波以任意极化方式,以入射角为布儒斯特角入射,则反射波中只有垂直极化波。这就是**极化滤除效应**。

7.3.3　波的全反射现象

由斯耐尔折射定律式(7.3.50)可知,如果 $\varepsilon_1>\varepsilon_2$,即当波从光密媒质入射到光疏媒质时,必然有 $\theta''>\theta$,而且 θ'' 随 θ 的增大而增大。因此,我们可以找到一个入射角 θ_C,使其满足 $\theta''=90°$,即当 θ_C 满足关系

$$\sin\theta_C = \frac{\sqrt{\varepsilon_2}}{\sqrt{\varepsilon_1}} = \frac{n_2}{n_1} \tag{7.3.71}$$

时,由式(7.3.59)和式(7.3.67)可知,无论是平行极化波还是垂直极化波,其反射系数的绝对值都等于1,即波在介质分界面上发生**全反射现象**。发生全反射现象时的入射角为

$$\theta_C = \sin^{-1}\sqrt{\frac{\varepsilon_2}{\varepsilon_1}} \tag{7.3.72}$$

称为**临界角**。

当 $\theta>\theta_C$ 时,则

$$\sin\theta > \sqrt{\frac{\varepsilon_2}{\varepsilon_1}} \tag{7.3.73}$$

这时,式(7.3.59)和式(7.3.67)所表示的反射系数为复数形式,但其模值仍等于1,即波在 $\theta>\theta_C$ 时仍发生全反射现象。此时,反射波的幅值等于入射波的幅值,反射波的相位相对于入射波相位有一个改变。

必须要注意的是:只有当 $\varepsilon_1>\varepsilon_2$ 时,θ_C 才有实数解,也就是说,只有波从光密媒质入射到

光疏媒质时,波才可能发生全发射现象。

下面我们以平行极化波的 E_{x2} 分量为例来讨论在全反射时第二种媒质中的场分布。将式(7.3.44)重写如下

$$E_{x2}(x,z) = E_{m2}\cos\theta'' e^{-jk_2(x\sin\theta''+z\cos\theta'')}$$

由斯耐尔折射定律式(7.3.50)可得,

$$\sin\theta'' = \sqrt{\frac{\varepsilon_1}{\varepsilon_2}}\sin\theta \tag{7.3.74}$$

$$\cos\theta'' = \sqrt{1-\sin^2\theta''} = \sqrt{1-\frac{\varepsilon_1}{\varepsilon_2}\sin^2\theta} \tag{7.3.75}$$

发生全反射时,$\varepsilon_1>\varepsilon_2$,$\sin\theta\geqslant\sqrt{\varepsilon_2/\varepsilon_1}$,因此$(\varepsilon_1/\varepsilon_2)\sin^2\theta\geqslant1$,式(7.3.75)可以写成

$$\cos\theta'' = \sqrt{1-\sin^2\theta''} = j\sqrt{\frac{\varepsilon_1}{\varepsilon_2}\sin^2\theta-1} \tag{7.3.76}$$

于是,式(7.3.44)可改写如下

$$E_{x2}(x,z) = E_{m2}\cos\theta'' e^{k_2 z\sqrt{\frac{\varepsilon_1}{\varepsilon_2}\sin^2\theta-1}}\cdot e^{-jk_2 x\sqrt{\frac{\varepsilon_1}{\varepsilon_2}}\sin\theta} \tag{7.3.77}$$

由式(7.3.77)我们得出下面结论:

①发生全反射时,媒质2中仍有折射波存在,但折射波的传播方向是向 x 方向,相速为

$$v_p = \frac{v_2}{\sin\theta\sqrt{\varepsilon_1/\varepsilon_2}} \leqslant v_2 \tag{7.3.78}$$

波向 x 方向传播的速度小于波在无界媒质2中的速度。如果媒质2为空气,则波向 x 方向传播的速度小于光速,这种波称为**慢波**。

②媒质2中折射波的振幅沿负 z 方向指数衰减。当

$$z = \frac{1}{k_2\sqrt{(\varepsilon_1/\varepsilon_2)\sin^2\theta-1}} = \frac{\lambda_2}{2\pi\sqrt{(\varepsilon_1/\varepsilon_2)\sin^2\theta-1}}$$

时,折射波振幅衰减到边界上数值的$\frac{1}{e}$。由此看出,向 x 方向传播的折射波实际上分布在界面上的一个很小的薄层内,这样的波称为**表面波**。这说明**介质分界面也可以引导电磁波传播**。

例 7.3.1 空气中一束波以任意角度从介质棒的一端入射,要求波全部被约束在介质棒内,并传输到另一端。试求这种传输电磁波的介质棒的介电常数的最小值是多少?

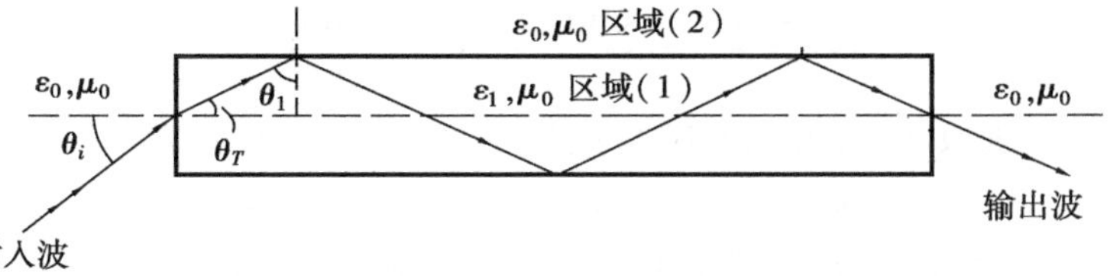

图 7.3.6 电磁波在介质棒内的传播

解 由图7.3.6可见,在介质棒内,波发生全反射的条件为

$$\sin\theta \geqslant \sqrt{\frac{\varepsilon_0}{\varepsilon_1}} = \frac{1}{\sqrt{\varepsilon_{r1}}}$$

而 $\theta = 90° - \theta_t$，所以介质棒内波发生全反射的条件又可写成

$$\cos\theta_t \geqslant \sqrt{\frac{\varepsilon_0}{\varepsilon_1}} = \frac{1}{\sqrt{\varepsilon_{r1}}}$$

再根据折射定律$\frac{\sin\theta''}{\sin\theta} = \sqrt{\frac{\varepsilon_1}{\varepsilon_2}} = \frac{n_1}{n_2} = n$ 可得

$$\cos\theta_t = \sqrt{1 - \sin^2\theta_t} = \sqrt{1 - \frac{\sin^2\theta_i}{\varepsilon_{r1}}} \geqslant \frac{1}{\sqrt{\varepsilon_{r1}}}$$

于是有

$$\varepsilon_{r1} \geqslant 1 + \sin^2\theta_i$$

因为入射角度是任意的，当 $\theta_i = 90°$时上式右边为最大值，其值为 2。所以，传导电磁波的介质棒的相对介电常数 ε_{r1} 至少要等于 2，一般的玻璃及石英晶体的相对介电常数都可达到这个值。电磁波传输系统中，光纤就是一种最常用的介质波导。

例 7. 3. 2　如图 7. 3. 7 所示，多层媒质的界面彼此平行。试证明射线在多层媒质中具有可逆性。

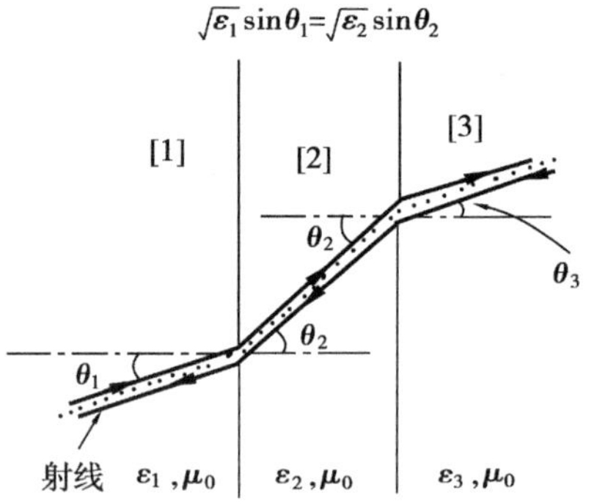

图 7. 3. 7　电磁波在多层媒质中传播

证明　当波在 n 层介质中传播时，在各个分界面上，由折射定律可得

$$\frac{\sin\theta}{v_1} = \frac{\sin\theta_2}{v_2} \quad \frac{\sin\theta_2}{v_2} = \frac{\sin\theta_3}{v_3} \cdots \frac{\sin\theta_{n-1}}{v_{n-1}} = \frac{\sin\theta_n}{v_n}$$

因此，波在 n 层介质中传播时，满足关系

$$\frac{\sin\theta_1}{v_1} = \frac{\sin\theta_2}{v_2} = \cdots = \frac{\sin\theta_n}{v_n} \tag{7.3.79}$$

若以真空中的光速 c 乘以式(7. 3. 79)中各项，则式(7. 3. 79)可改写成

$$n_1\sin\theta_1 = n_2\sin\theta_2 = \cdots = n_n\sin\theta_n \tag{7.3.80}$$

从式(7. 3. 79)和式(7. 3. 80)，我们看不出入射波是从哪个媒质中入射的，也就是说，平面波无论从哪个媒质射入，式(7. 3. 79)和式(7. 3. 80)总成立，即射线可逆。实验也证明射线是可逆的。

例 7. 3. 3　试用斯耐尔定律说明电离层对电磁波的反射。

解　如图 7. 3. 8 所示，设电离层的折射率 $n(z)$ 只随高度 z 的增加而减小，随 x、y 不变化。电磁波射入电离层时的入射角为 θ_i，进入电离层后夹角 θ 随着 $n(z)$ 逐渐变化，现分析夹角 θ 的变化规律。

由斯耐尔定律可知

$$n_1\sin\theta_1 = n\sin\theta$$

即在两种介质的分界面上发生折射时，从分界面的一边到另一边，$n\sin\theta$ 是守恒的。若将折射率连续变化的介质想象成许许多多的薄层所组成，则在电磁波束的轨道上，$n\sin\theta$ 仍是守恒的。如果在 $z=0$ 处，电磁波是从空气向电离层入射，则 $n_1=1$，于是有

$$\sin\theta_i = n\sin\theta$$

由于

$$\frac{\mathrm{d}}{\mathrm{d}z}(n\sin\theta) = n\frac{\mathrm{d}}{\mathrm{d}z}(\sin\theta) + \sin\theta\frac{\mathrm{d}\theta}{\mathrm{d}z} = n\cos\theta\frac{\mathrm{d}\theta}{\mathrm{d}z} + \sin\theta\frac{\mathrm{d}n}{\mathrm{d}z} = 0$$

由图知道：$\frac{\mathrm{d}z}{\mathrm{d}s}=\cos\theta$，于是由上式得到

$$\frac{\mathrm{d}\theta}{\mathrm{d}s} = -\frac{1}{n}\cdot\frac{\mathrm{d}n}{\mathrm{d}s}\cdot\tan\theta$$

由上式可知，当波束穿进离子密度随 z 增大而增加的电离层时，折射率 $n(z)$ 随 s 的增大而减小，即 $\mathrm{d}n/\mathrm{d}s$ 为负值，所以 $\mathrm{d}\theta/\mathrm{d}s$ 为正，随着距离 s 的增大夹角 θ 随之增加，如图 7.3.8 所示。随着角度 θ 的增大，经过一段距离后，$n(z)$ 的变化将很小，继而使夹角 θ 达到 90°。在此点，$\tan\theta\to\infty$，$\mathrm{d}n/\mathrm{d}s=0$。经过这一点后，$\tan\theta$ 变成负值，而 $\mathrm{d}n/\mathrm{d}s$ 变为正值，则 $\mathrm{d}\theta/\mathrm{d}s$ 仍为正，即夹角 θ 继续增加，最后电磁波束穿出电离层区返回空气中。再根据射线的可逆性返回时的夹角 θ 等于入射时的入射角 θ_i。

在电磁波束轨道的顶点，即 $\theta=90°$ 处，由斯耐尔定律可知

$$n\sin\theta = n\sin 90° = n_1\sin\theta_i = \sin\theta_i$$

所以

$$n(90°) = \sin\theta_i$$

式中 $n(90°)$ 为 $\theta=90°$ 处的折射率。它是入射角给定后足以将电磁波束反射回来所需的折射率。

小　　结

1. 一 $\vec{a}_k$ 方向传播的电磁波可表示为

$$\vec{E} = \vec{E}_m e^{j(\omega t-\vec{k}\cdot\vec{r})}$$

$$\vec{H} = \frac{1}{\eta}\vec{a}_k\times\vec{E} = \frac{1}{\eta}\vec{a}_k\times\vec{E}_m e^{j(\omega t-\vec{k}\cdot\vec{r})}$$

式中 $\eta=\sqrt{\mu/\varepsilon}$ 为媒质的本征阻抗，且波的电场、磁场和波的传播方向三者满足右手螺旋关系，即 $\vec{a}_E\times\vec{a}_H=\vec{a}_k$。

其波矢量为

$$\vec{k} = \vec{a}_k k = \vec{a}_k\omega\sqrt{\mu\varepsilon}$$

2. 当波从空气中垂直入射到理想导体表面上时，波被导体表面全反射，并在空气中形成

驻波分布；当均匀平面波从空气中斜入射到理想导体表面上时，波被导体表面全反射后，入射波与反射波迭加，形成一种沿分界面传播的非均匀平面波。

3. 当波从一种媒质中垂直入射到另一种媒质的表面上时，在分界面上一部分能量被反射回来，另一部分能量透射入第二种媒质。反射波和透射波场量的振幅和相位取决于分界面两边媒质的参数，由反射系数 R 和透射系数 T 来描述。

4. 当均匀平面波从一种媒质中斜入射到另一种媒质的表面上时，波在分界面上仍然发生反射和折射现象。反射波和透射波场量的振幅和相位不仅取决于分界面两边媒质的参数，还与波的极化方式有关。

平行极化波在以布儒斯特角入射时，即以

$$\theta = \theta_B = \sin^{-1}\sqrt{\frac{\varepsilon_2}{\varepsilon_1 + \varepsilon_2}}$$

入射时，只有透射波，没有反射波。而不管是平行极化波还是垂直极化波，只要入射角大于或等于临界角时，即

$$\theta \geqslant \theta_C = \sin^{-1}\sqrt{\frac{\varepsilon_2}{\varepsilon_1}}$$

时，波将在分界上发生全反射。发生全反射时，媒质 1 中只有沿 z 方向的驻波分布，媒质 2 中只有沿 z 方向的指数衰减场分布，而波沿表面以一种表面波方式向 x 方向传播。

习　题

7.1　设有一个均匀平面电磁波在自由空间中传播，电场是沿 z 方向极化的，振幅为 E_0，此波沿 y 轴的相速为 $2\sqrt{3}\times10^8$ m/s。试求该波的传播方向和空间任一点的 $\vec{E}$ 和 $\vec{H}$ 的表达式。

7.2　均匀正弦平面电磁波由空气入射到 $z=0$ 处的理想导体平面上，已知入射波的电场为

$$\vec{E}^+ = \vec{a}_y 10\mathrm{e}^{j(\omega t-6x-8z)}\ \mathrm{V/m}$$

试求：

(1)波的波矢量；

(2)写出入射波电场 $\vec{E}^+$、磁场 $\vec{H}^+$ 的复矢量和瞬时表达式；

(3)求入射角 θ；

(4)写出反射波电场 $\vec{E}^-$、磁场 $\vec{H}^-$ 的复矢量和瞬时表达式；

(5)写出合成波电场 $\vec{E}$、磁场 $\vec{H}$ 的复矢量和瞬时表达式。

7.3　平面波由空气垂直入射到无穷大理想导体表面上，已知入射波的最大电磁波能量密度为 $10^{-12}\mathrm{J/m^3}$，求空气中的 $\vec{E}$、$\vec{H}$ 的波腹值以及电磁能量的最大密度。

7.4　一个圆极化的均匀平面电磁波由空气入射到 $z=0$ 处的理想导体平面上已知入射波的电场为

$$\vec{E}^+ = (\vec{a}_x + j\vec{a}_y)E_0\mathrm{e}^{j\beta_0 z}$$

试求：

(1)反射波电场 $\vec{E}^-$、磁场 $\vec{H}^-$ 的复矢量表达式；

(2)合成波电场 $\vec{E}$、磁场 $\vec{H}$ 的复矢量表达式；

(3)合成波沿 z 方向传播的平均功率流密度。

7.5　当一个线极化均匀平面波垂直入射到空气与理想介质的交界面，电磁波将发生反射和折射，自由空间的电磁场是入射波与反射波的合成。如果用合成波的电场波腹点振幅与电场波节点振幅之比作为驻波比的定义，证明这时驻波比等于 $\sqrt{\varepsilon_r}$。

7.6　在什么条件下，垂直入射到两种无耗电介质分界面上的均匀平面波的反射系数和折射系数相等。

7.7　一个圆极化的均匀平面电磁波由空气垂直入射到介质板上，入射波电场为 $\vec{E}^+ = (\vec{a}_x + j\vec{a}_y)E_0 e^{j\beta_0 z}$，求反射波和透射波的电场，它们的极化情况又如何？

7.8　用 $\varepsilon = 2.8\varepsilon_0$ 的介质板做天线罩，若要求频率为 3 GHz 的电磁波垂直投射到介质面上而无反射，试求该介质板的厚度应该为多少？若频率为 3.1 GHz 及 2.9 GHz 时，反射增大多少？

7.9　一个频率 $f = 10^6$ MHz 的均匀平面波，由自由空间分别垂直入射到铜板、铁板和海水表面上。试分别计算三种情况下电场强度的透射系数。已知三种材料的 $\mu_r \approx 1$，$\varepsilon_r = 1$，铜：$\sigma = 5.8 \times 10^7$ Ω/m；铁：$\sigma = 10^7$ Ω/m；海水：$\sigma = 4$ Ω/m。

7.10　在自由空间中，一均匀平面波垂直投射到半无限大无损耗介质平面上，已知在平面前的在自由空间中，合成波的驻波比为 3，介质内透射波的波长是自由空间波长的 $\frac{1}{6}$，求介质的相对介电常数 ε_r。

7.11　均匀平面波从自由空间垂直入射到某介质平面上，反射波与入射波迭加构成驻波，设驻波比为 2.7，介质平面上有驻波最小点，求介质的介电常数。

7.12　垂直极化波由 $\varepsilon_1 = 2\varepsilon_0$ 的电介质投射到 $\varepsilon_2 = 4\varepsilon_0$ 的电介质，其布儒斯特角等于多少？

7.13　垂直极化波由水中以入射角 $\theta = 20°$ 投射到水与空气的分界面上。若水的 $\varepsilon_r = 81$，$\mu_r \approx 1$，试求：

(1)临界角 θ_C；

(2)反射系数和传输系数。

7.14　如题 7.14 图所示，一束光由空气斜入射到折射率为 n，厚度为 d 透明板上，入射角为 θ，试求：(1)折射角 θ''；(2)光从板的入射点到出射点的横向距离。

7.15　均匀平面波的电场强度为 $\vec{E}_i = \vec{a}_x 10 e^{j6z}$，该波从空气垂直入射到有耗媒质 $\varepsilon_r = 2.5$、损耗角正切为 0.5 的分界面上($z = 0$)。

(1)求反射波和透射波的电场和磁场的复矢量和瞬时表达式；

(2)求空气中及损耗媒质中的平均坡印廷矢量。

7.16　均匀平面波的电场强度为

$$\vec{E} = \vec{a}_x 100\sin(\omega t - \beta z) + \vec{a}_y 200\cos(\omega t - \beta z)$$

(1)用麦克斯韦方程求出 $\vec{H}$；

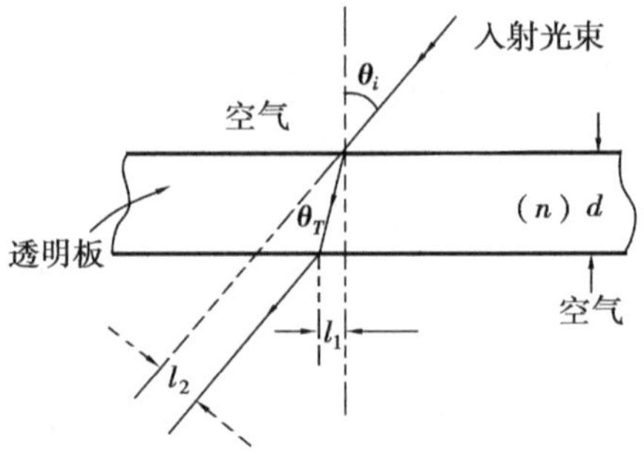

题7.14图　光在厚度为 d 透明板上的折射

(2)若波在 $z=0$ 处遇到一理想导体平面,试求出 $z<0$ 区域内的 $\vec{E}$ 和 $\vec{H}$;

(3)求理想导体平面上的电流密度。

7.17　一右旋极化波垂直入射到位于 $z=0$ 的理想导体表面上,其电场强度的复数表示为

$$\vec{E}=(\vec{a}_x-j\vec{a}_y)E_0\mathrm{e}^{-j\beta z}$$

(1)确定反射波的极化方式;

(2)求板上的感应电流。

7.18　一个线极化平面波从自由空间入射到 $\varepsilon_r=4$,$\mu_r=1$ 的介质分界面上,如果入射波的电场与入射面的夹角为45°。试求:

(1)入射角 θ 为何值时,反射波只有垂直极化波;

(2)此时反射波的平均功率流是入射波的百分之几?

7.19　频率 $f=0.3\text{GHz}$ 的均匀平面波由媒质 $\varepsilon_r=4$,$\mu_r=1$ 斜入射到与自由空间的交界面上时,试求

(1)临界角 θ_C;

(2)当垂直极化波以 $\theta=60°$ 入射时,在自由空间中折射波的传播方向如何? 相速 $v_p=?$

(3)当圆极化波以 $\theta=60°$ 入射时,反射波是什么极化的?

7.20　三层介质的介电常数分别为:$\varepsilon_1=2\varepsilon_0$,$\varepsilon_2=\varepsilon_0$,$\varepsilon_3=2\varepsilon_0$,第二层介质的厚度 $d=1\text{cm}$,三层介质是平面接触,垂直极化波由介质1入射到介质2的临界角为 $\theta_C=45°$,现以 $\theta=60°$ 角入射,求介质3中的场强。

7.21　电磁波垂直入射到折射率为 n 的电介质上,试证明在电介质上涂一层折射率为 $\sqrt{n}$,厚度为四分之一波长的另一种电介质,则反射波将被消除。

7.22　计算在下列情况下的布儒斯特角

(1)波入射到折射率 $n=1.6$ 的玻璃上;

(2)波从折射率 $n=1.6$ 的玻璃中射出;

(3)无线电频率的电磁波入射到水面上(在该无线电频率下 $n=9$)。

7.23　试证明均匀平面波垂直投射到良导体表时,进入到良导体内的功率与入射功率之比约为 $\dfrac{4R_S}{\eta_0}$。式中 R_S 为表面电阻。

7.24　试证明以任意角度入射到无限大导体平面的均匀平面波,其折射波总是几乎和导体表面相垂直。

第 8 章 导行电磁波

本章将讨论电磁波在有界空间中的传播问题，即电磁波在导波装置中的传播规律。在导波装置中电磁波将受到边界的限制和引导，这样的电磁波我们称为导行电磁波或简称**导波**。这里我们只讨论电磁波在规则金属波导中的传播规律。

规则金属波导是指具有规则形状（如矩形、圆形等），且横截面形状、尺寸和填充的介质都不变的金属管，横截面为矩形的金属波导称为矩形波导，横截面为圆形的金属波导称为圆波导。本章我们将说明空心管波导中只能传播 *TE* 波和 *TM* 波，并讨论 *TE* 波和 *TM* 波在矩形波导和圆波导中的传播规律。

同轴线是多导体导波系统。电磁波在同轴线中主要以 *TEM* 波方式传播，本章我们也将讨论同轴线中 *TEM* 波的传播规律。

对电磁波在波导和同轴线中传播特点的讨论我们分为两步来进行，第一步根据波动方程和边界条件，用分离变量法解出所求模式的纵向场分量，然后，根据纵向场分量与横向场分量的关系求出全部解；第二步根据所求出的解讨论在不同传输方式下电磁波的传输功率、功率损耗等传输问题。

同轴线中场分量用求解位的方法来得到。

8.1 导波与导波系统

电磁波可分为自由空间中的传播波和有界区域中的**被导波**或简称导波。自由空间波是指在无界空间传播的电磁波。导波是在含有不同媒质边界的空间中传播的电磁波。而构成这种边界的装置称为**导波系统**或简称**波导**。它的作用是束缚并引导电磁波传播。

导波系统的具体结构随着频率不同和实际需要而有所不同。

在低频，导波系统的形式很简单，两根导线就可以引导电磁波。这是因为导线之间的距离相对电磁波的波长来说小得可以忽略，两导线上的电流反相，在空间同一点建立的场反相并相互抵消，即低频电磁波沿导线传输几乎没有辐射损耗，同时频率低，导线上电阻损耗也可忽略。因此，低频信号对导波系统没有特殊要求。当频率增高致使波长与导线间的距离可以比拟时，情况就大不一样了，两导线的电流在空间建立的场不会反相抵消，而且有辐射，导线电阻损耗也增大,因此任意的两根导线不能有效引导高频电磁波。

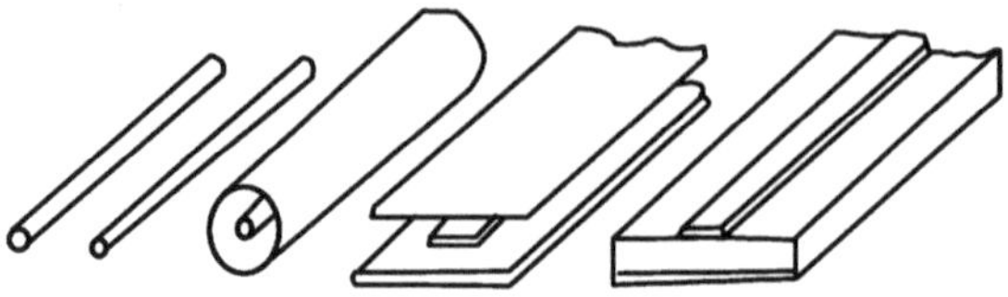

(a)平行双线、同轴线、微带线

(b)金属柱面波导

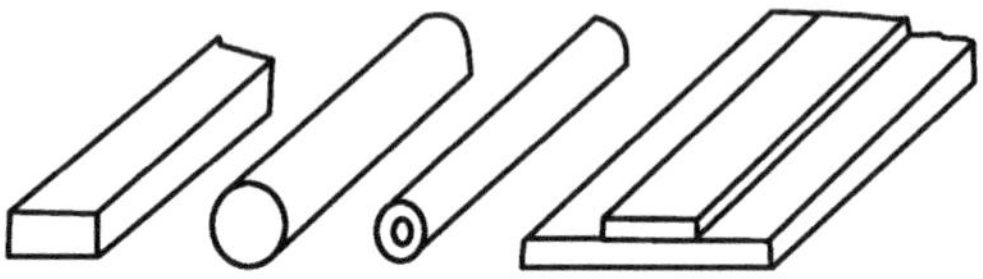

(c)开波导或表面波传输线

图 8.1.1 部分常用的波导结构形式

除低频传输线外,常用的导波系统主要有传输线、金属柱面波导、开波导(或表面波传输线)三大类,如图 8.1.1 所示。传输线主要有平行双线、同轴线等几种结构,可用于米波、分米波信号的传输;金属柱面波导主要有矩形、圆形、扇形、椭圆形等结构,可用于传输厘米波和毫米波信号;开波导或表面波传输线主要有矩形、圆形介质波导、光纤、介质带线等结构,主要用于毫米波、亚毫米波乃至光波信号的传输。为适应集成电路的需要,又出现了各种金属和介质构成的平面导波系统——带状线、微带线、介质带线等。

8.2 波导中传播波的普遍特性

8.2.1 传播波的分类

传播波通常分为**横电磁波(*TEM* 波)**、**横电波(*TE* 波)**和**横磁波(*TH* 波)**三种波型。

TEM 波无纵向场分量,即 $E_z = H_z = 0$,这种波只有横向电磁场分量,此波的电磁力线位于导波系统的横截面内。

TE 波或 *H* **波(磁波)**无纵向电场分量,即 $E_z = 0, H_z \neq 0$,这种波的电力线全在导波系统的横截面内。磁力线为空间曲线。

TM 波或 *E* **波(电波)**无纵向磁场分量,即 $E_z \neq 0, H_z = 0$,这种波的磁力线全在导波系统的横截面内,电力线为空间曲线。

在无界空界和半无界空间中,电磁波通常以 *TEM* 波型传播,*TEM* 波还可以在一些多导体导波系统,如双线、同轴线等这类导波系统中传播;*TE* 波和 *TM* 波可以独立存在于金属柱面波导、圆柱介质波导和无限宽的平板介质波导中,所以 *TE* 波和 *TM* 波主要用于矩形波导、圆波导和光波导中传输信号;对于一般开波导和非均匀波导,由于单独的 *TE* 波和 *TM* 波不能满足复杂的边界条件,必须二者线性迭加方能有合适解,所以开波导和非均匀波导中传播的是 *TE* 波和 *TM* 波的合成波。这种合成波通常又称为**混合波型**。

8.2.2　波导中波的场分量关系

在第 6 章中我们讨论了波在无界空间和半无界空间中的传播规律。这里讨论电磁波在纵向均匀波导中传播的共性。所谓纵向均匀波导，即波导的横截面形状是任意的，但沿纵向却是均匀不变的。如图 8.2.1 所示，这里首先导出波导中传播波的场分量关系。

为了分析方便，这里假设：

波导内壁的电导率为无限大；

波导内的介质是均匀无耗、线性且各向同性的；波导内无电荷源和电流源；波导无限长。

若电磁波沿 $+z$ 方向传播，其传播常数为 γ，则对于角频率为 ω 的正弦电磁波，电磁场分量分别可以写成

$$\vec{E}(x,y,z)=\vec{E}(x,y)\mathrm{e}^{j\omega t-\gamma z} \tag{8.2.1}$$

$$\vec{H}(x,y,z)=\vec{H}(x,y)\mathrm{e}^{j\omega t-\gamma z} \tag{8.2.2}$$

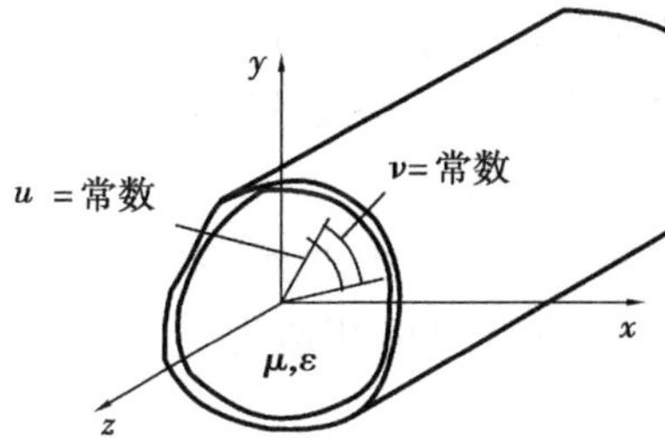

图 8.2.1　纵向均匀波导

它满足麦克斯韦方程

$$\nabla\times\vec{H}=j\omega\varepsilon\vec{E} \tag{8.2.3}$$

$$\nabla\times\vec{E}=-j\omega\mu\vec{H} \tag{8.2.4}$$

和亥姆霍兹方程

$$\nabla^2\vec{E}+k^2\vec{E}=0 \tag{8.2.5}$$

$$\nabla^2\vec{H}+k^2\vec{H}=0 \tag{8.2.6}$$

其中

$$k^2=\omega^2\mu\varepsilon \tag{8.2.7}$$

将式(8.2.3)和式(8.2.4)在直角坐标系中展开得

$$\begin{aligned}
&E_x=\frac{1}{j\omega\varepsilon}\left(\frac{\partial H_z}{\partial y}+\gamma H_y\right) && H_x=-\frac{1}{j\omega\mu}\left(\frac{\partial E_z}{\partial y}+\gamma E_y\right)\\
&E_y=-\frac{1}{j\omega\varepsilon}\left(\gamma H_x+\frac{\partial H_z}{\partial x}\right) && H_y=\frac{1}{j\omega\mu}\left(\gamma E_x+\frac{\partial E_z}{\partial x}\right)\\
&E_z=\frac{1}{j\omega\varepsilon}\left(\frac{\partial H_y}{\partial x}-\frac{\partial H_x}{\partial y}\right) && H_z=-\frac{1}{j\omega\mu}\left(\frac{\partial E_y}{\partial x}-\frac{\partial E_x}{\partial y}\right)
\end{aligned} \tag{8.2.8}$$

对方程组式(8.2.8)做一些代数运算后，就可得到场分量的关系式为：

$$H_x=\frac{1}{k^2+\gamma^2}\left(j\omega\varepsilon\frac{\partial E_z}{\partial y}-\gamma\frac{\partial H_z}{\partial x}\right) \tag{8.2.9}$$

$$H_y=-\frac{1}{k^2+\gamma^2}\left(j\omega\varepsilon\frac{\partial E_z}{\partial x}+\gamma\frac{\partial H_z}{\partial y}\right) \tag{8.2.10}$$

$$E_x=-\frac{1}{k^2+\gamma^2}\left(j\omega\mu\frac{\partial E_z}{\partial y}+\gamma\frac{\partial E_z}{\partial x}\right) \tag{8.2.11}$$

$$E_y=\frac{1}{k^2+\gamma^2}\left(j\omega\mu\frac{\partial H_z}{\partial x}-\gamma\frac{\partial E_z}{\partial y}\right) \tag{8.2.12}$$

式(8.2.9)~(8.2.12)称为波的**横场与纵场的关系方程组**。由式(8.2.9)~(8.2.12)可看出,电磁波的电场 $\vec{E}$ 和磁场 $\vec{H}$ 的六个分量不是完全独立的,六个标量分量中只有两个独立,如只要求出纵向分量 E_z 和 H_z,其他分量 H_x、H_y、E_x、E_y 就可由式(8.2.9)~(8.2.12)求出。特别强调的是:式(8.2.9)~(8.2.12)是由麦克斯韦方程式(8.2.3)和式(8.2.4)导出的,除假设电磁波是沿 $+z$ 方向传播的正弦电磁波外,没有施加其他约束。因此,式(8.2.9)~(8.2.12)给出的场分量关系适用于任何空间中传播的正弦电磁波。下面我们将利用这组方程来讨论 *TEM* 波、*TE* 波和 *TM* 波的特点。

(1)TEM 波

如果 $E_z = H_z = 0$,而 E_x、E_y、H_x、H_y 不全为零,根据式(8.2.9)~(8.2.12),则 $k^2+\gamma^2=0$,即 $\gamma = jk = j\beta$,*TEM* 波的相速为

$$v_{pTEM} = \frac{\omega}{\beta} = \frac{1}{\sqrt{\mu\varepsilon}} \tag{8.2.13}$$

它仅与媒质参数有关,与波的频率无关。因此 TEM 波是一种**非色散波**。

对于沿 $+z$ 方向传播的正弦电磁波,将式(8.2.1)和式(8.2.2)代入式(8.2.5)和式(8.2.6),则亥姆霍兹方程可以写成

$$\nabla_{xy}^2\vec{E} + (k^2+\gamma^2)\vec{E} = 0 \tag{8.2.14}$$

$$\nabla_{xy}^2\vec{H} + (k^2+\gamma^2)\vec{H} = 0 \tag{8.2.15}$$

当 $k^2+\gamma^2=0$ 时,式(8.2.14)和式(8.2.15)变为

$$\nabla_{xy}^2\vec{E} = 0 \tag{8.2.16}$$

$$\nabla_{xy}^2\vec{H} = 0 \tag{8.2.17}$$

由此可以看出,它的电场具有无源区中静电场的性质,而磁场具有恒定磁场的性质。也就是说,TEM 波在横截面内具有稳定的场结构。这是因为对于无源区中的静态场有

$$\nabla\times\vec{E} = 0 \qquad \nabla\cdot\vec{E} = 0$$

$$\nabla\times\vec{H} = 0 \qquad \nabla\cdot\vec{H} = 0$$

对两旋度式再取旋度,并利用两散度式的结论,得

$$\nabla^2\vec{E} = 0 \qquad 和 \qquad \nabla^2\vec{H} = 0$$

在二维场的情况下,$\dfrac{\partial\vec{E}}{\partial z} = 0$,$\dfrac{\partial\vec{H}}{\partial z} = 0$,故

$$\nabla_{xy}^2\vec{E} = 0 \qquad 和 \qquad \nabla_{xy}^2\vec{H} = 0$$

可见横电磁波的电场分量分布与静电场中电场分布一样,横电磁波的磁场分量分布与恒定磁场中磁场分布一样。由于静电场不能存在于单连通导体区域,因此 TEM 波只能存在于双线和同轴线等由双导体或多个导体构成的传输系统中,而不能存在于空心波导管内。这是因为 TEM 波横截面内具有稳定场的性质。即电力线与磁力线彼此互不铰链,而是分别由导体上的电流和电荷直接控制和支持。但在单导体的空心波导管中这种电荷和电流却都不可能存在,故空心波导中不能存在 TEM 波。

(2)具有纵向分量的 TE 波和 TM 波

具有纵向分量的波对于实际的物理系统来说,其横向场必须有限,因此

$$k^2+\gamma^2\neq 0 \tag{8.2.18}$$

从而

$$\nabla_{xy}^2\vec{E}\neq 0,\qquad \nabla_{xy}^2\vec{H}\neq 0$$

对于 *TE* 波，其横场与纵场关系可在式(8.2.9)~(8.2.12)中代入 $E_z=0$ 得：

$$H_x=\frac{-\gamma}{k^2+\gamma^2}\frac{\partial H_z}{\partial x} \tag{8.2.19}$$

$$H_y=\frac{-\gamma}{k^2+\gamma^2}\frac{\partial H_z}{\partial y} \tag{8.2.20}$$

$$E_x=\frac{-j\omega\mu}{k^2+\gamma^2}\frac{\partial H_z}{\partial y} \tag{8.2.21}$$

$$E_y=\frac{j\omega\mu}{k^2+\gamma^2}\frac{\partial H_z}{\partial x} \tag{8.2.22}$$

TE 波的波阻抗为

$$Z_{TE}=\frac{E_x}{H_y}=-\frac{E_y}{H_x}=\frac{j\omega\mu}{\gamma} \tag{8.2.23}$$

TE 波场量的矢量关系又可以写成

$$\vec{E}=-Z_{TE}\vec{a}_z\times\vec{H} \tag{8.2.24}$$

对于 *TM* 波，其横场与纵场关系可在式(8.2.9)~(8.2.12)中代入 $H_z=0$ 得：

$$E_x=\frac{-\gamma}{k^2+\gamma^2}\frac{\partial E_z}{\partial x} \tag{8.2.25}$$

$$E_y=\frac{-\gamma}{k^2+\gamma^2}\frac{\partial E_z}{\partial y} \tag{8.2.26}$$

$$H_x=\frac{j\omega\varepsilon}{k^2+\gamma^2}\frac{\partial E_z}{\partial y} \tag{8.2.27}$$

$$H_y=-\frac{j\omega\mu}{k^2+\gamma^2}\frac{\partial E_z}{\partial x} \tag{8.2.28}$$

TM 波的波阻抗为

$$Z_{TM}=\frac{E_x}{H_y}=-\frac{E_y}{H_x}=\frac{\gamma}{j\omega\varepsilon} \tag{8.2.29}$$

TM 波场量的矢量关系又可以写成

$$\vec{H}=Z_{TM}\vec{a}_z\times\vec{E} \tag{8.2.30}$$

8.2.3　电磁波沿纵向均匀波导传输的普遍特征

下面我们讨论沿纵向均匀波导传输波，即 *TE* 波和 *TM* 波所具有的共性。

(1)临界频率与临界波长

对于 *TE* 波和 *TM* 波，由于 $k^2+\gamma^2\neq 0$，可令 $k^2+\gamma^2=k_C^2$，式中 γ 为波沿 Z 方向传播的传播常数，k 为无界空间的波数，$k=\omega\sqrt{\mu\varepsilon}=\frac{2\pi}{\lambda}$。于是传播常数与波数的关系可以写成

$$\gamma^2=k_C^2-k^2 \tag{8.2.31}$$

或

$$\gamma = \sqrt{k_C^2 - \omega^2 \mu\varepsilon} \tag{8.2.32}$$

由式(8.2.32)可以看出,对于不同的 k,即不同的频率,γ 可能为实数,也可能为零,也可能为虚数。

当 $k_C^2 > k^2$ 时,γ 为一实数。这说明传播常数变成了衰减常数,波沿波导没有相位的滞后,而振幅则按指数规律很快衰减,波沿 z 方向不传播,成为雕落场分布。

当 $k_C^2 = k^2$ 时,$\gamma = 0$,沿波导也不存在波的传播。

当 $k_C^2 < k^2$ 时,$\gamma = \pm j\beta$ 是虚数,沿波导 z 方向有相位滞后,成为沿 z 方向的传播波。

在后面的各节中将看到,k_C 是由波导横截面形状、尺寸以及波在波导中的传播方式决定的常数,k 是由波的工作频率(或工作波长)以及媒质特性决定的。从上面看出,只有当 $k > k_C$,也就是当 $\omega\sqrt{\mu\varepsilon} > k_C$ 时,波才能在波导中传播。

若将 k_C 记成

$$k_C = \omega_C\sqrt{\mu\varepsilon} = 2\pi f_C\sqrt{\mu\varepsilon} \tag{8.2.33}$$

或

$$f_C = \frac{k_C}{2\pi\sqrt{\mu\varepsilon}} \tag{8.2.34}$$

f_C 称为**临界频率**,也称**截止频率**。k_C 称为**临界波数**或**截止波数**,相应的**临界波长**或**截止波长** λ_C 为

$$\lambda_C = \frac{C}{f_C} \qquad \left(C = \frac{1}{\sqrt{\mu_0\varepsilon_0}}\right)$$

故

$$\lambda_C = \frac{2\pi}{k_C} \tag{8.2.35}$$

因此,对于具有纵向分量的波,存在着一个临界频率和临界波长,只有当工作频率高于此临界频率(或工作波长小于此临界波长)时,波才能沿线传播。因此,我们将

$$f > f_C \qquad 或 \qquad \lambda < \lambda_C$$

称为波导中波的**传播条件**。

对于 TEM 波,这时 $k^2 + \gamma^2 = 0$,即 $k_C^2 = 0$。因此 ,$f_C = 0$,$\lambda_C = \infty$,可见 TEM 波不存在临界频率和临界波长的限制。

(2)波的相速度及色散特性

对于具有纵向分量的 TE 波和 TM 波:$k^2 + \gamma^2 = k_C^2$,即 $k^2 - \beta^2 = k_C^2$

因此

$$\left(\frac{2\pi}{\lambda}\right)^2 - \left(\frac{2\pi}{\lambda_g}\right)^2 = \left(\frac{2\pi}{\lambda_C}\right)^2$$

$$\lambda_g = \frac{\lambda}{\sqrt{1 - \left(\frac{\lambda}{\lambda_C}\right)^2}} \tag{8.2.36}$$

λ 是波的工作波长,它是波在自由空间中传播时的波长。由式(8.2.36)可见,具有纵向分量的波在波导中传播时,其波导波长 λ_g 不等于自由空间的波长,且 $\lambda_g > \lambda$。

TE 波和 TM 波的相速为

$$v_p = \frac{v_{p0}}{\sqrt{1 - \left(\frac{\lambda}{\lambda_C}\right)^2}} \tag{8.2.37}$$

式中 v_{p0} 是波在无界空间中的传播相速，如果波导内填充的是空气，则 v_{p0} 就是自由空间中的光速 c。由式(8.2.37)可见，*TE* 波和 *TM* 波在波导内的相速度是频率或波长的函数，因此，*TE* 波和 *TM* 波为色散波。另外，*TE* 波和 *TM* 波的相速总满足 $v_p > c$，且当频率接近于临界频率时，v_p 趋于无穷大。

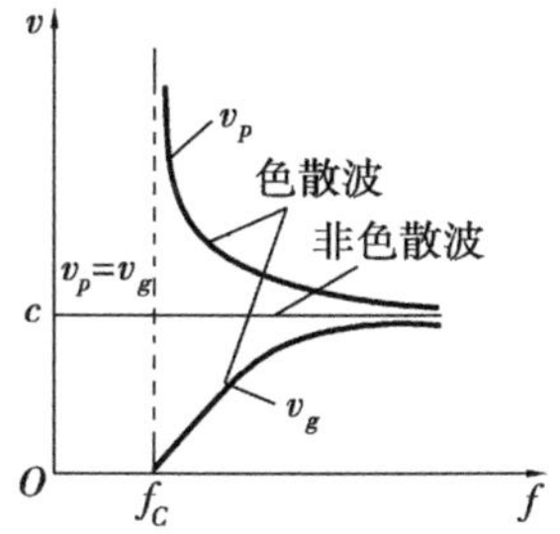

图 8.2.2　相速与群速关系

TE 波和 *TM* 波的群速为

$$v_g = \frac{d\omega}{d\beta} = v_{po}\sqrt{1-\left(\frac{\lambda}{\lambda_C}\right)^2} \tag{8.2.38}$$

而对于 *TEM* 波，由于 $\gamma = jk = j\beta = j\omega\sqrt{\mu\varepsilon}$，因此 *TEM* 波的相速等于群速。即

$$v_g = v_C = v = \frac{1}{\sqrt{\mu\varepsilon}} \tag{8.2.39}$$

TE 波、*TM* 波和 *TEM* 波的相速与群速的关系如图 8.2.2 所示。

8.3　矩形波导

矩形波导是截面形状为矩形的金属波导管，如图 8.3.1 所示。a、b 分别表示波导管内壁宽边和窄边尺寸，管壁材料通常用铜制成。矩形波导是微波系统中最常用的传输线之一。

本节先求出 *TE* 波、*TM* 波在波导中的解，然后根据其解讨论两类波在波导中的传播方式及其传输特性。我们将看到，波导中场在横向的分布不一样，其波的传输特性也将不一样。本节将根据场结构引入模式的概念。波导中波的传输特征将以模式进行分类。

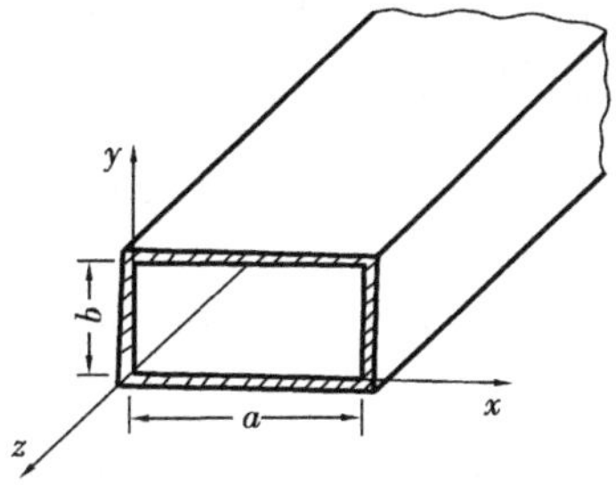

图 8.3.1　矩形波导

8.3.1　矩形波导中的场方程及其解

由上节的讨论中知道，电磁波的六个分量只有两个分量独立，如果选择两个纵向场分量作为独立分量，则 *TE* 波只需求解 H_z，*TM* 波只需求解 E_z，而横向场可以根据横场与纵场关系求得。因此，本节只需求解 H_z、E_z 的波动方程关于矩形波导的边值问题。

无论波导中传播的是什么波，总可认为是 *TE* 波和 *TM* 波的线性迭加。因此，本节分别讨论 *TE* 波、*TM* 波的传输特性。

(1) *TE* 波(或 *H* 波)

对于 *TE* 波，$E_z = 0$，$H_z \neq 0$，因此，只需求解 H_z 的波动方程的边值问题，然后再根据横场与纵场分量关系方程组求出其横场分量。

H_z 满足的波动方程为

$$\nabla_{xy}^2 H_z + k_C^2 H_z = 0 \tag{8.3.1}$$

在直角坐标系中，

$$\frac{\partial^2 H_z}{\partial x^2}+\frac{\partial^2 H_z}{\partial y^2}+k_C^2 H_z=0 \tag{8.3.2}$$

利用分离变量法求解,设方程的解为

$$H_z=X(x)Y(y)\mathrm{e}^{-j\beta z} \tag{8.3.3}$$

将其代入(8.3.2),可得

$$\frac{1}{X}\frac{\partial^2 X}{\partial x^2}+\frac{1}{Y}\frac{\partial^2 Y}{\partial y^2}=-k_C^2$$

要使上式成立,等式左边两项必须分别等于常数,即

$$\frac{1}{X}\frac{\partial^2 X}{\partial x^2}=-k_x^2 \qquad 或 \qquad \frac{\partial^2 X}{\partial x^2}+k_x^2 X=0$$

$$\frac{1}{Y}\frac{\partial^2 Y}{\partial y^2}=-k_y^2 \qquad 或 \qquad \frac{\partial^2 X}{\partial x^2}+k_y^2 X=0$$

k_x、k_y 满足:

$$k_x^2+k_y^2=k_C^2 \tag{8.3.4}$$

方程式(8.3.4)称为 *TE* 波在矩形波导中的特征值方程。上面两个常微分方程的通解为:

$$X=A\cos k_x x+B\sin k_x x$$

$$Y=C\cos k_y y+D\sin k_y y$$

故

$$H_z=(A\cos k_x x+B\sin k_x x)(C\cos k_y y+D\sin k_y y)\mathrm{e}^{-j\beta z} \tag{8.3.5}$$

式中 k_x、k_y 及其待系数 A、B、C 、D 由边界条件和激励源的强度来确定。这里先假定波导是由理想导体制成。其边界条件为:

在 $x=0,a$ 面上,$E_y=0$,由式(8.2.22),则$\frac{\partial H_z}{\partial x}=0$,

在 $y=0,b$ 面上,$E_x=0$,由式(8.2.21),则$\frac{\partial H_z}{\partial y}=0$,

于是,在 $x=0,x=a$ 面上分别将 H_z 代入$\frac{\partial H_z}{\partial x}=0$,应有

$$B=0,k_x=\frac{m\pi}{a} \qquad (m=0,1,2,\cdots) \tag{8.3.6}$$

在 $y=0,y=b$ 面上分别将 H_z 代入$\frac{\partial H_z}{\partial y}=0$,有

$$D=0,k_y=\frac{n\pi}{b} \qquad (n=0,1,2,\cdots) \tag{8.3.7}$$

因此

$$H_z=H_m\cos\left(\frac{m\pi x}{a}\right)\cos\left(\frac{n\pi y}{b}\right)\mathrm{e}^{-j\beta z} \tag{8.3.8}$$

式中 $H_m=AC$ 为任意常数,由初值激励条件决定,代表 H_z 的幅值,m 和 n 不能同时取零,否则全部场量都为零。

将 $k_x=\frac{m\pi}{a}$和 $k_y=\frac{n\pi}{b}$代入式特征值方程式(8.3.4)得

$$k_C^2=(\frac{m\pi}{a})^2+(\frac{n\pi}{b})^2 \tag{8.3.9}$$

利用横场与纵场关系方程式(8.2.19)～式(8.2.22)，再乘上时间函数 $e^{j\omega t}$，可得 TE 波场分量为

$$\begin{aligned}
E_x&=j\frac{\omega\mu}{k_C^2}(\frac{n\pi}{b})H_m\cos(\frac{m\pi x}{a})\sin(\frac{n\pi y}{b})e^{j(\omega t-\beta z)}\\
E_y&=-j\frac{\omega\mu}{k_C^2}(\frac{m\pi}{a})H_m\sin(\frac{m\pi x}{a})\cos(\frac{n\pi y}{b})e^{j(\omega t-\beta z)}\\
E_z&=0\\
H_x&=\frac{j\beta}{k_C^2}(\frac{m\pi}{a})H_m\sin(\frac{m\pi x}{a})\cos(\frac{n\pi y}{b})e^{j(\omega t-\beta z)}\\
H_y&=\frac{j\beta}{k_C^2}(\frac{n\pi}{b})H_m\cos(\frac{m\pi x}{a})\sin(\frac{n\pi y}{b})e^{j(\omega t-\beta z)}\\
H_z&=H_m\cos(\frac{m\pi x}{a})\cos(\frac{n\pi y}{b})e^{j(\omega t-\beta z)}
\end{aligned} \tag{8.3.10}$$

矩形波导中的 TE 波有无穷多组解，以 TE_{mn} 表示。

(2) TM 波(或 E 波)

对于 TM 波，$H_z=0$，$E_z\neq0$，其场分量的求解方法与 TE 波一样。只是所利用的边界条件不同。TM 波的场分量解为：

$$\begin{aligned}
E_x&=-\frac{j\beta}{k_C^2}(\frac{m\pi}{a})E_m\cos(\frac{m\pi x}{a})\sin(\frac{n\pi y}{b})e^{j(\omega t-\beta z)}\\
E_y&=-\frac{j\beta}{k_C^2}(\frac{n\pi}{b})E_m\sin(\frac{m\pi x}{a})\cos(\frac{n\pi y}{b})e^{j(\omega t-\beta z)}\\
E_z&=E_m\sin(\frac{m\pi x}{a})\sin(\frac{n\pi y}{b})e^{j(\omega t-\beta z)}\\
H_x&=\frac{j\omega\varepsilon}{k_C^2}(\frac{n\pi}{b})E_m\sin(\frac{m\pi x}{a})\cos(\frac{n\pi y}{a})e^{j(\omega t-\beta z)}\\
H_y&=-\frac{j\omega\varepsilon}{k_C^2}(\frac{m\pi}{a})E_m\cos(\frac{m\pi x}{a})\sin(\frac{n\pi y}{b})e^{j(\omega t-\beta z)}\\
H_z&=0
\end{aligned} \tag{8.3.11}$$

式中 E_m 为 E_z 量的幅值，由初始激励条件决定。

这里

$$k_C^2=(\frac{m\pi}{a})^2+(\frac{n\pi}{b})^2 \tag{8.3.12}$$

与 TE 波不同的是，这里 $m=1,2,3,\cdots,n=1,2,3,\cdots$。$m$ 和 n 不能取零，否则全部场量都为零。

矩形波导中的 TM 波也有无穷多组解，以 TM_{mn} 表示。

8.3.2　矩形波导中波的传输特性讨论

(1)模式的概念

由上面场分量表达可见，在波导中场分量沿 x、y 方向是驻波分布，而且取不同的 m、n 值

时可以得一系列解,也就是说,可以得到各种不同的波型。对于一组确定的(m,n)值,TE_{mn}、TM_{mn}表示的波在x、y方向分别有确定的驻波分布,其电力线、磁场线分别有特定的结构,我们将看到TE_{mn}、TM_{mn}波也分别有不同的传输特性。因此,对于由一组(m,n)确定的波型,我们将其称为一种**模式或一种波型**。显然,每一种模式的波,有自己确定的场结构,有自己的传播特征。在一般情况下,矩形波导有无穷多个TE波或TM波型,分别以TE_{mn}和TM_{mn}表示。

m表示波在x轴方向变化的半周期数。例如,考查TE_{mn}的E_y分量沿x轴从$x=0$到$x=a$变化,当$m=1$时,E_y由$\sin 0$到$\sin\pi$,变化了半个周期;当$m=2$时,E_y由$\sin 0$到$\sin 2\pi$,变化了一个周期。以此类推。

同理,n表示场沿y轴变化的半周期数。

(2)临界频率和临界波长

从上节的讨论中知道,只有TE_{mn}波和TM_{mn}波才能在矩形波导中传播,并且存在一个临界频率f_C和临界波长λ_C,只有当$f>f_C$,即$\lambda<\lambda_C$时,波才能沿波导传播。将k_C的值代入式(8.2.34)

$$f_C=\frac{\sqrt{\left(\frac{m}{a}\right)^2+\left(\frac{n}{b}\right)^2}}{2\sqrt{\mu\varepsilon}} \tag{8.3.13}$$

而$\lambda_C=2\pi/k_C$,则

$$\lambda_C=\frac{2}{\sqrt{\left(\frac{m}{a}\right)^2+\left(\frac{n}{b}\right)^2}} \tag{8.3.14}$$

由此可以看出,临界频率或临界波长决定于波导横截面尺寸和工作模式。

由式(8.3.14)可见,TE_{10}模式的λ_C最长(或f_C最低),所以我们将TE_{10}模称为矩形波导的**最低阶模式**或**主模**,而其他模式都称为**高次模**。图8.3.2给出了矩形波导($a=7.2$ cm,$b=3.4$ cm)中各种模式的临界波长分布图,在给定工作频率条件下,可以利用此图判断有哪些模式可以在此波导中传输。

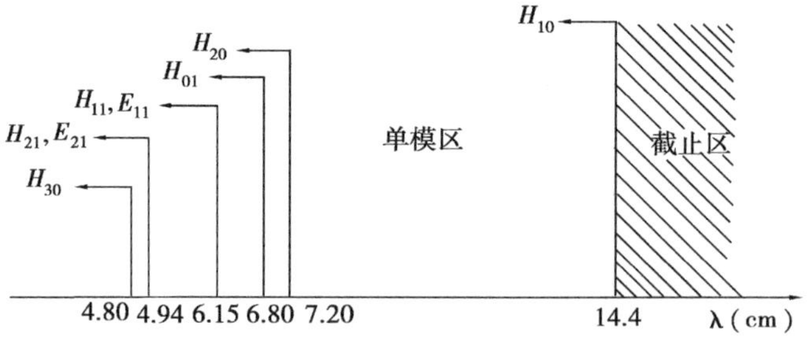

图8.3.2 矩形波导中各模式的λ_C分布

对于这种尺寸的波导,当$\lambda\geq 15$ cm时,全部模式的波都不能在波导中传输,处于截止状态;当$\lambda=10$ cm时,只有TE_{10}(或H_{10})模可以在波导中传输,其余模式不能传输。此种情况下称电磁波在波导中"**单模传输**";当$\lambda=5$cm时,有TE_{10}、TE_{20}、TE_{01}、TE_{11}和TM_{11}共五个模式可以在波导中传输。如果多种模式同时在波导中传输,此时称为波的"**多模传输**"。

在工程中,实用波导一般采用单模传输,而TE_{10}模的λ_C最大这一特点,使TE_{10}模的单模传输成为可能。实现TE_{10}单模传输的条件是

$$(\lambda_C)_{TE_{10}}=2a>\lambda>\max\{(\lambda_C)_{TE_{20}}=a,(\lambda_C)_{TE_{01}}=2b\} \tag{8.3.15}$$

图 8.3.2 中,除 TE_{0n} 和 TE_{m0} 外,所有的 TE_{mn} 和相应的 TM_{mn} 的 λ_C 数值相同。这种 λ_C **相同,场分布不同的两种模式,称为简并模式**,这种现象称之为**简并现象**。

(3)矩形波导中的色散特性

波在矩形波导中的色散特性通常用 v_p、v_g 或 λ_g 来表征。由上节讨论知

$$v_p=\frac{c}{\sqrt{1-\left(\frac{\lambda}{\lambda_C}\right)^2}},v_g=c\sqrt{1-\left(\frac{\lambda}{\lambda_C}\right)^2},\lambda_g=\frac{\lambda}{\sqrt{1-\left(\frac{\lambda}{\lambda_C}\right)^2}}$$

由于不同的模式有不同的 λ_C 值,所以波在波导中以不同的模式传播时,其色散特性是不一样的。对于常用的 TE_{10} 单模传输问题,有

$$v_p=\frac{c}{\sqrt{1-\left(\frac{\lambda}{2a}\right)^2}},v_g=c\sqrt{1-\left(\frac{\lambda}{2a}\right)^2},\lambda_g=\frac{\lambda}{\sqrt{1-\left(\frac{\lambda}{2a}\right)^2}}$$

8.3.3　矩形波导中的 TE_{10} 波

TE_{10} 是矩形波导中的主模,其截止波长 $\lambda_{CTE_{10}}=2a$。采用这种模式可以实现波在矩形波导中的单模传输,而且用较小的波导尺寸可以获得理想的传输功率和最小的衰减。因此矩形波导中实际上用的主要是 TE_{10} 波。

在式(8.3.10)中代入 $m=1,n=0$,可求得 TE_{10} 波的场分量表达式。

$$\begin{aligned}
E_y&=-j\frac{\omega\mu a}{\pi}H_m\sin\left(\frac{\pi}{a}x\right)e^{j(\omega t-\beta z)}\\
H_x&=j\frac{\beta a}{\pi}H_m\sin\left(\frac{\pi}{a}x\right)e^{j(\omega t-\beta z)}\\
H_z&=H_m\cos\left(\frac{\pi}{a}x\right)e^{j(\omega t-\beta z)}\\
E_x&=E_z=H_y=0
\end{aligned} \tag{8.3.16}$$

其瞬时值为

$$\begin{aligned}
E_y&=\frac{\omega\mu a}{\pi}H_m\sin\left(\frac{\pi}{a}x\right)\sin(\omega t-\beta z)\\
H_x&=-\frac{\beta a}{\pi}H_m\sin\left(\frac{\pi}{a}x\right)\sin(\omega t-\beta z)\\
H_z&=H_m\cos\left(\frac{\pi}{a}x\right)\cos(\omega t-\beta z)\\
E_x&=E_z=H_y=0
\end{aligned} \tag{8.3.17}$$

由此可见,TE_{10} 波只有 E_y、H_x 和 H_z 三个分量,且均与 b 无关。表明电磁场沿 y 方向无变化。TE_{10} 波电场只有 E_y 分量,它沿 x 方向呈正弦变化,在 a 边上有半个驻波分布,即在 $x=0$ 和 a 处为零,在 $x=a/2$ 处最大,如图 8.3.3(a)、(b)所示;E_y 沿 z 方向按正弦变化,如图 8.3.3(c)所示。

TE_{10} 波的磁场有 H_x 和 H_z 两个分量,可见它为 XOZ 平面内的闭合曲线。H_x 沿 a 边呈正弦

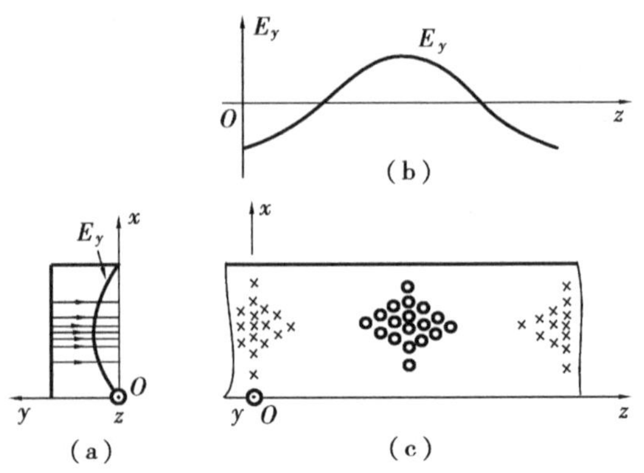

图 8.3.3　TE_{10}波的电场结构

分布，有半个驻波分布，即在 $x=0$ 和 a 处为零，在 $x=\frac{a}{2}$ 处最大，H_z 沿 x 边呈余弦分布，在 $x=0$ 和 a 处最大，在 $x=\frac{a}{2}$ 处为零，H_x 沿 z 方向按正弦变化，H_z 沿 z 方向按余弦变化，H_x 和 H_z 在 XOZ 平面内合成类似椭圆形状的闭合曲线。如图 8.3.4 所示。

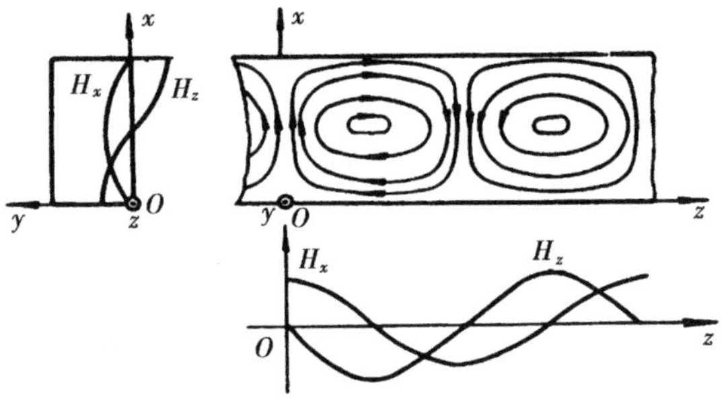

图 8.3.4　TE_{10}波的磁场结构

E_y 和 H_x 沿 z 方向同相，它们与 H_z 沿 z 方向有 90°的相位差(这是传播模的特点)。由此可得图 8.3.5 所示的完整的场结构图。**场结构图是电磁场在一个瞬时的空间分布**，随着时间的推移，场结构图以相速 v_p 沿 z 方向移动。

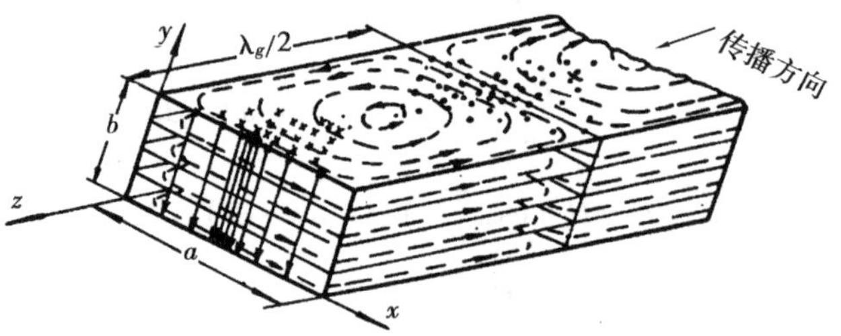

图 8.3.5　TE_{10}波完整的场结构图

TE_{10}波的场沿 a 边有一个半驻波分布，沿 b 边无变化。同理可推知：TE_{20}、TE_{30}、…、TE_{m0}等模的场结构则是场沿 a 边有 2 个、3 个、…、m 个半驻波分布，沿 b 边无变化。这就是说，沿 a 边分布有 2 个、3 个、…、m 个 TE_{10}模场结构的“小巢”，而沿 b 边无变化。

TE_{10}模的场结构与 TE_{01}模的场结构的差异只是波的极化面(即通过电场矢量与波导轴的平面)旋转了 90°,即电场 E_y 变为 E_x,磁力线 H_x 和 H_z 变为 H_y 和 H_z,并且沿 b 边有一个驻波分布,沿 a 边无变化。TE_{20}、TE_{01} 和 TE_{02}的场结构如图 8. 3. 6 所示。

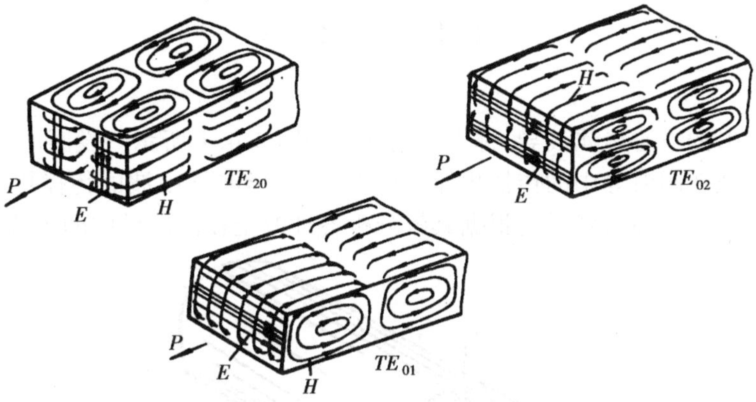

图 8. 3. 6　TE_{20}、TE_{01} 和 TE_{02} 的场结构

同理,TE_{02}、TE_{03}、…、TE_{0n}模的场结构便是场沿 b 边有 2 个、3 个、…、n 个半个驻波分布,沿 a 边无变化,即沿 b 边有 2 个、3 个、…、n 个 TE_{01} 模的“小巢”,沿 a 边无变化。对于其他模式的场结构也可用类似方法进行分析。

当波导中传输 TE_{10}波时,在金属波导内壁表面上将产生感应电流,称之为**管壁电流**。由于趋肤效应,这种管壁电流集中在波导内壁表面薄层内流动,其趋肤深度 δ 的典型量级是 10^{-4} cm,所以这种管壁电流可看成面电流。管壁电流的分布由管壁附近的磁场分布情况决定,应满足边界条件

$$\vec{J}_S = \vec{a}_n \times \vec{H}_t \tag{8.3.18}$$

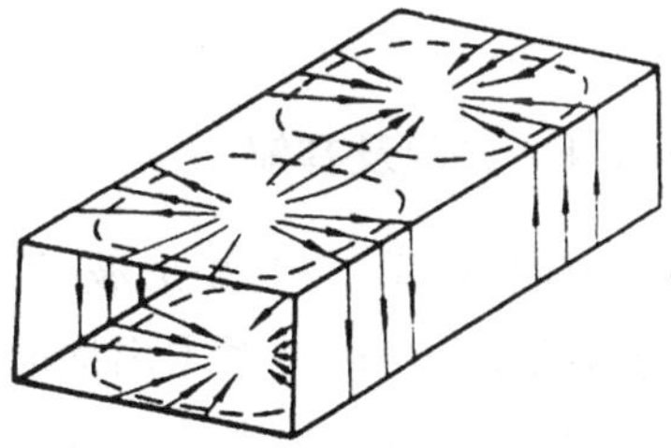

图 8. 3. 7　TE_{10}模矩形波导管壁电流分布

式中,$\vec{a}_n$ 是波导内壁的单位法线矢量,$\vec{H}_t$ 为内壁附近的切向磁场。

在波导下底面上($y=0$),$\vec{a}_n = \vec{a}_y$,电流分布为

$$\vec{J}_S = \vec{a}_y \times \vec{H}_t = \left[H_m \cos\left(\frac{\pi}{a}x\right)\vec{a}_x - j\frac{\beta a}{\pi}H_m \sin\left(\frac{\pi}{a}x\right)\vec{a}_z \right] e^{j(\omega t-\beta z)} \tag{8.3.19}$$

在波导上顶面($y=b$)上,$\vec{a}_n = -\vec{a}_y$,电流分布为

$$\vec{J}_S = -\vec{a}_y \times \vec{H}_t = \left[-H_m \cos\left(\frac{\pi}{a}x\right)\vec{a}_x + j\frac{\beta a}{\pi}H_m \sin\left(\frac{\pi}{a}x\right)\vec{a}_z \right] e^{j(\omega t-\beta z)} \tag{8.3.20}$$

在左侧壁上,$\vec{a}_n = \vec{a}_x$,$x=0$,则

$$\vec{J}_S = \vec{a}_x \times \vec{a}_z H_z = -\vec{a}_y H_z = -H_m e^{j(\omega t-\beta z)\hat{y}}\vec{a}_y \tag{8.3.21}$$

在右侧壁上,$\vec{a}_n = -\vec{a}_x$,$x=a$,则

$$\vec{J}_S = -\vec{a}_x \times \vec{a}_z H_z = \vec{a}_y H_z = H_m e^{j(\omega t-\beta z)\hat{y}}\vec{a}_y \tag{8.3.22}$$

结果表明,当矩形波导中传输 TE_{10}模时,在左右侧壁内只有 J_y 电流分量,且大小相等,方

向相同;在上下宽壁内的电流由 J_x 和 J_z 合成,在相同 x 位置的上下宽壁内的电流大小相等,方向相反,如图 8.3.7 所示。

8.4 圆波导

横截面为圆形的空心金属波导,称为圆波导。如图 8.4.1 所示。设圆波导内半径为 a,波导填充空气。对波在圆波导中的传播规律的讨论,与矩形波导中波的传播规律的讨论方法一样,先求出波在波导中的解,然后再根据其解分析各种波型在圆波导中的传播特性。

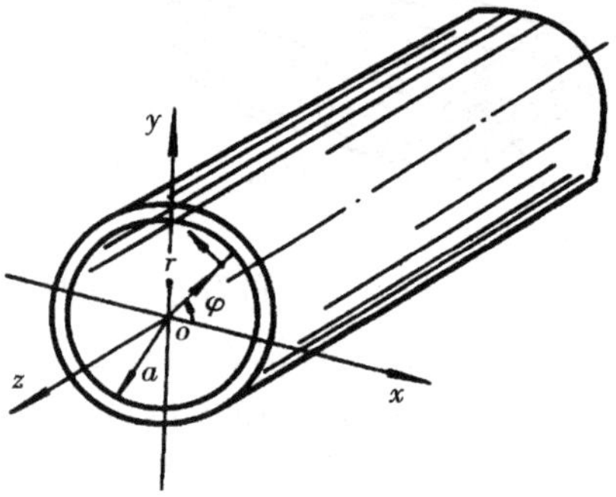

图 8.4.1 圆波导图

8.4.1 方程及其解

在圆柱坐标系下,与矩形波导的分析法一样,先求解出两个纵向场分量 E_z、H_z,然后再根据横场与纵场分量的关系求出横向场分量。下面先导出圆柱坐标系中横场与纵场分量的关系方程。与矩形波导中的方法一样,将麦克斯韦的两个旋度方程在圆柱坐标系中展开,经过简单的代数运算可得

$$
\begin{aligned}
E_r &= -\frac{1}{k_C^2}\left(\gamma\frac{\partial E_z}{\partial r}+j\frac{\omega\mu}{r}\frac{\partial H_z}{\partial\varphi}\right)\\
E_\varphi &= \frac{1}{k_C^2}\left(\frac{\gamma}{r}\frac{\partial E_z}{\partial\varphi}-j\omega\mu\frac{\partial H_z}{\partial r}\right)\\
H_r &= \frac{1}{k_C^2}\left(\frac{j\omega\varepsilon}{r}\frac{\partial E_z}{\partial\varphi}-\gamma\frac{\partial H_z}{\partial r}\right)\\
H_\varphi &= -\frac{1}{k_C^2}\left(j\omega\varepsilon\frac{\partial E_z}{\partial r}+\frac{\gamma}{r}\frac{\partial H_z}{\partial\varphi}\right)
\end{aligned}
\tag{8.4.1}
$$

下面分别对 TE 波和 TM 波进行讨论。

(1) TE 波

对于 TE 波,$E_z=0$,$H_z\neq0$,其 H_z 满足的波动方程

$$\nabla_{rp}^2 H_z + k_C^2 H_z = 0 \tag{8.4.2}$$

式中,横向拉普拉斯算子为

$$\nabla_{rp}^2 = \frac{1}{r}\frac{\partial}{\partial r}\left(r\frac{\partial}{\partial r}\right)+\frac{1}{r^2}\frac{\partial^2}{\partial\varphi^2} \tag{8.4.3}$$

用分离变量法解,设

$$H_z = R(r)\Phi(\varphi)e^{j(\omega t-\beta z)} \tag{8.4.4}$$

将式(8.4.4)代入式(8.4.2)后,两端同乘 $r^2/R\Phi$ 并移项得

$$\frac{r^2}{R}\frac{d^2R}{dr^2}+\frac{r}{R}\frac{dR}{dr}+k_C^2r^2=-\frac{1}{\Phi}\frac{\partial^2\Phi}{\partial\varphi^2} \tag{8.4.5}$$

上式左端只是 r 的函数,而右端只是 φ 的函数,要左右相等,只有两端都为常数时才可能,令此常数为 n^2,因而有

$$\frac{d^2\Phi}{d\varphi^2}+n^2\Phi=0 \tag{8.4.6}$$

$$\frac{d^2R}{dr^2}+\frac{1}{r}\frac{dR}{dr}+\left(k_C^2-\frac{n^2}{r^2}\right)R=0 \tag{8.4.7}$$

由于圆波导内的场必须是单值的,因此,场对 φ 的变化以 2π 为周期,分离常数 n 必须是整数,即 $n=0,1,2,3,\cdots$,式(8.4.6)的通解为

$$\Phi(\varphi)=A_1\cos n\varphi+B_1\sin n\varphi \tag{8.4.8}$$

式中 A_1、B_1 为任意常数。由于圆柱坐标系中 $\varphi=0$ 的参考面可以移动,我们总可以将 $\varphi=0$ 的参考面选来使 $\Phi=A\cos n\varphi$ 或 $\Phi=A'\sin n\varphi$。因此,式(8.4.6)的通解形式可写成

$$\Phi(\varphi)=A\begin{pmatrix}\cos n\varphi\\ \sin n\varphi\end{pmatrix} \tag{8.4.9}$$

式(8.4.7)为贝塞尔微分方程,它的通解是

$$R(r)=A_2J_n(k_Cr)+B_2N_n(k_Cr) \tag{8.4.10}$$

式中 $J_n(k_Cr)$ 和 $N_n(k_Cr)$ 分别是第一类和第二类贝塞尔函数,贝塞尔函数的函数曲线如图 8.4.2所示。

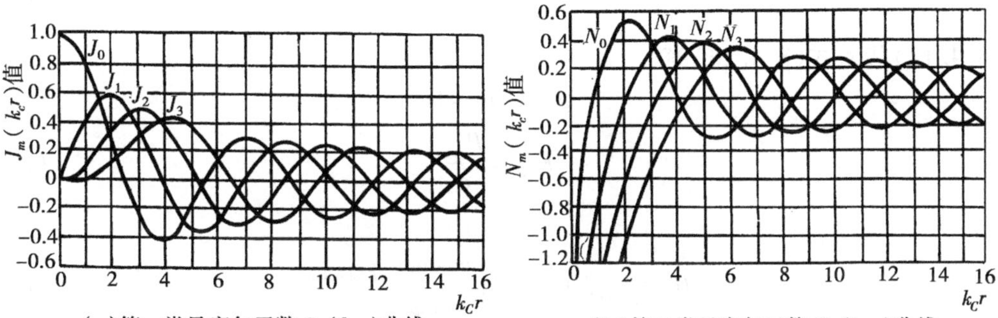

(a)第一类贝塞尔函数 $J_m(k_C\rho)$曲线　(b)第二类贝塞尔函数 $N_m(k_C\rho)$曲线

图 8.4.2　贝塞尔函数的函数曲线

因为圆波导包含 $r=0$ 的点,当 $r\to0$ 时,$N_n(k_Cr)\to\infty$,这种情况不符合物理事实,波导内的场应为有限值,于是得 $B_2=0$,从而贝塞尔方程的解为

$$R(r)=A_2J_n(k_Cr) \tag{8.4.11}$$

于是,H_z 的通解

$$H_z=AJ_n(k_Cr)\begin{pmatrix}\cos n\varphi\\ \sin n\varphi\end{pmatrix}e^{j(\omega t-\beta z)} \tag{8.4.12}$$

式中 $A=A'A_2$ 为 H_z 的幅值,它由初始激励条件决定。由图 8.4.2 可见,$J_n(x)$相似于一组衰减

正、余弦曲线，随着 x 增加，$J_n(x)$ 有一系列零点值。设 P_{nm} 表示 $J_n(x)=0$ 的第 m 个根，$m=1$，2，3，…，（除去 $x=0$ 的根起算）。在表 8.4.1(a) 中列出了 P_{nm} 的前几个值。

表 8.4.1(a)　$J_n(x)$ 的 P_{nm} 值

n \ m	1	2	3	4
0	2.404 8	5.520 1	8.653 7	11.791 5
1	3.831 7	7.015 6	10.173 5	13.323 7
2	5.135 6	8.417 2	11.619 8	14.796 0
3	6.380 2	9.761 0	13.015 2	16.223 5

除零根外的根用 P'_{nm} 表示，在表 8.4.1(b) 中列出了 P'_{nm} 的前几个值。

表 8.4.1(b)　$J'_n(x)$ 的 P'_{nm} 值

n \ m	1	2	3	4
0	3.831 7	7.015 6	10.173 5	13.323 7
1	1.841 2	5.331 4	8.536 3	11.706 0
2	3.054 2	6.706 1	9.969 5	13.170 4
3	4.201 2	8.015 2	11.345 9	14.585 8

圆波导中 TE 波的边界条件为

$$E_\varphi \big|_{r=a}=0$$

由式(8.4.9)可推得

$$\left.\frac{\partial H_z}{\partial r}\right|_{r=a}=0 \tag{8.4.13}$$

将式(8.4.12)代入式(8.4.13)有

$$J'_n(k_C a)=0 \tag{8.4.14}$$

$$K_{Cm}=\frac{P'_{nm}}{a} \tag{8.4.15}$$

于是

$$H_z=A_{nm}J_n\left(\frac{P'_{nm}r}{a}\right)\begin{pmatrix}\cos n\varphi\\ \sin n\varphi\end{pmatrix}e^{j(\omega t-\beta z)} \tag{8.4.16}$$

将 $E_z=0$ 和 H_z 代入式(8.4.1)，可得圆波导中 TE_{nm} 模的场分量表示式。

$$\begin{aligned}
&H_z=A_{nm}J_n\left(\frac{P'_{nm}r}{a}\right)\begin{pmatrix}\cos n\varphi\\ \sin n\varphi\end{pmatrix}e^{j(\omega t-\beta_{nm}z)}\\
&H_r=-A_{nm}\frac{j\beta_{nm}P'_{nm}}{k_{cnm}^2\ a}J'_n\left(\frac{P'_{nm}r}{a}\right)\begin{pmatrix}\cos n\varphi\\ \sin n\varphi\end{pmatrix}e^{j(\omega t-\beta_{nm}z)}\\
&H_\varphi=-A_{nm}\frac{j\beta_{nm}}{k_{cnm}^2}\frac{n}{r}J_n\left(\frac{P'_{nm}r}{a}\right)\begin{pmatrix}-\sin n\varphi\\ \cos n\varphi\end{pmatrix}e^{j(\omega t-\beta_{nm}z)}\\
&E_r=Z_{TE_{nm}}H_\varphi\\
&E_\varphi=-Z_{TE_{nm}}H_r
\end{aligned} \tag{8.4.17}$$

$$E_z = 0$$

式中，

$$\beta_{nm} = \sqrt{k^2 - (\frac{P'_{nm}}{a})^2}$$

$$Z_{TE} = \frac{R}{\beta_{nm}} Z_{\text{TEM}}$$

(2) *TM* 波

采用与 *TE* 波完全相同的步骤，可得 *TM* 波的解

$$E_z = B_{nm} J_n(k_c r) \begin{pmatrix} \cos n\varphi \\ \sin n\varphi \end{pmatrix} e^{j(\omega t - \beta_{nm} z)} \tag{8.4.18}$$

圆波导 *TM* 波的边界条件为

$$r = a \text{ 处}, \quad E_z = 0$$

从而得

$$J_n(k_C a) = 0 \tag{8.4.19}$$

此式为圆波导中 *TM* 波的特征值方程，解此方程可得截止波数

$$K_{Cnm} = \frac{P_{nm}}{a} \tag{8.4.20}$$

于是

$$E_z = B_{nm} J_n(\frac{P_{nm} r}{a}) \begin{pmatrix} \cos n\varphi \\ \sin n\varphi \end{pmatrix} e^{j(\omega t - \beta_{nm} z)} \tag{8.4.21}$$

TM 波的 E_z，其形式与 *TE* 波的 H_z 完全一样，仅边界条件不同，从而截止波数不同。将式(8.4.21)代入横场与纵场的关系方程，可得 TM_{nm} 模的场分量

$$\begin{aligned}
E_z &= B_{nm} J_n(\frac{P_{nm} r}{a}) \begin{pmatrix} \cos n\varphi \\ \sin n\varphi \end{pmatrix} e^{j(\omega t - \beta_{nm} z)} \\
E_r &= -B_{nm} \frac{j\beta_{nm}}{k_{cnm}^2} \frac{P_{nm}}{a} J'_n(\frac{P_{nm} r}{a}) \begin{pmatrix} \cos n\varphi \\ \sin n\varphi \end{pmatrix} e^{j(\omega t - \beta_{nm} z)} \\
E_\varphi &= -B_{nm} \frac{j\beta_{nm}}{k_{cnm}^2} \frac{n}{r} J_n(\frac{P_{nm} r}{a}) \begin{pmatrix} -\sin n\varphi \\ \cos n\varphi \end{pmatrix} e^{j(\omega t - \beta_{nm} z)} \\
H_r &= -Y_{TM_{nm}} E_\varphi \\
H_\varphi &= Y_{TM_{nm}} E_r \\
H_z &= 0
\end{aligned} \tag{8.4.22}$$

式中，

$$\beta_{nm} = \sqrt{k^2 - (\frac{P_{nm}}{a})^2} \tag{8.4.23}$$

$$Y_{TM_{nm}} = \frac{k}{\beta_{nm}} Y_{TEM} \tag{8.4.24}$$

圆波导和矩形波导一样，可以存在无限多个 TE_{nm} 和 TM_{nm} 模式。圆波导中场的横向分布规律为：沿径向是贝塞尔函数或其导数分布。沿角向是三角函数分布。n 表示场沿圆周（φ 从 0 到 2π）变化的周期数或场沿圆周分布的半波数。m 表示场沿半径（r 从 0 到 a）经历的除 0 根之外的零点数，由于 $m \neq 0$，故 TE_{n0} 模和 TM_{n0} 模不存在。

(3)模式分布与简并

圆波导中,各模式的截止波长可由下面两式求得

$$\lambda_{cTE_{nm}}=\frac{2\pi a}{p'_{nm}} \tag{8.4.25}$$

$$\lambda_{cTM_{nm}}=\frac{2\pi a}{p_{nm}} \tag{8.4.26}$$

从表8.4.1(a)和表8.4.1(b)中查得前几个P'_{nm}和P_{nm}值,算出相应模式的截止波长示于表8.4.2中。在同一坐标轴上作出分布图如图8.4.3所示。

表8.4.2 圆波导中各模式的截止波长的分布

模式	TE_{11}	TM_{01}	TE_{21}	TE_{01}, TM_{11}	TE_{31}	TM_{21}	TE_{12}	TM_{02}
λ_c	$3.413a$	$2.613a$	$2.057a$	$1.640a$	$1.496a$	$1.223a$	$1.179a$	$1.138a$

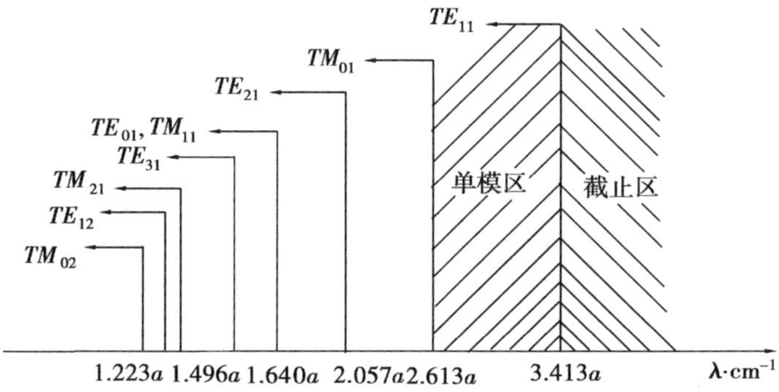

图8.4.3 圆波导截止波长分布图

由图8.4.3可见,TE_{11}模的截止波长最长,是圆波导的主模,TM_{01}模是第一个高次模。

圆波导中的简并有两种,一种称为极化简并。由TE_{nm}模和TM_{nm}模的场分量表示式可以看出,凡是$n\neq0$的模式本身均存在对φ呈$\cos n\varphi$和$\sin n\varphi$两种变化,这表明同一种模存在两个极化方向互相垂直的波。这种现象称为极化简并。显然,圆波导的主模存在极化简并。

圆波导中的另一种简并是TE_{0m}模与TM_{1m}模之间的简并。这是因为贝塞尔函数存在关系$J'_0(x)=-J_1(x)$,致使$P'_{nm}=P_{n+1m}$,于是TE_{0m}模与TM_{1m}模的截止波长相等。

(4)场结构与壁电流分布

与矩形波导的作法一样,可以画出圆波导中各模的场结构图。下面是圆波导中几个常用模式的场分量、变化曲线及场结构的剖面图。

TE_{01}模

沿$+z$方向传播时场分量为

$$H_z=A_{01}J_0\left(\frac{P'_{01}}{a}\right)e^{j(\omega t-\beta_{01}z)}\propto J_0\left(\frac{3.832}{a}r\right)\cos(\omega t-\beta_{01}z)$$

$$H_r=-A_{01}\frac{j\beta_{01}a}{P'_{01}}J'_0\left(\frac{P'_{01}}{a}r\right)e^{j(\omega t-\beta_{01}z)}\propto -J_1\left(\frac{3.832}{a}r\right)\cos\left(\omega t-\frac{\pi}{2}-\beta_{01}z\right)$$

$$E_\varphi=-Z_{TE}H_r\propto J_1\left(\frac{3.832}{a}r\right)\cos\left(\omega t-\frac{\pi}{2}-\beta_{01}z\right)$$

$$E_r = E_z = H_\varphi = 0$$

取 $\omega t = \pi/2$ 时刻，$z = 0$ 处的 $r\varphi$ 和 φ 为任意值处的 rz 两剖面上电场和磁场沿坐标的变化曲线和场结构如图 8.4.4 所示。

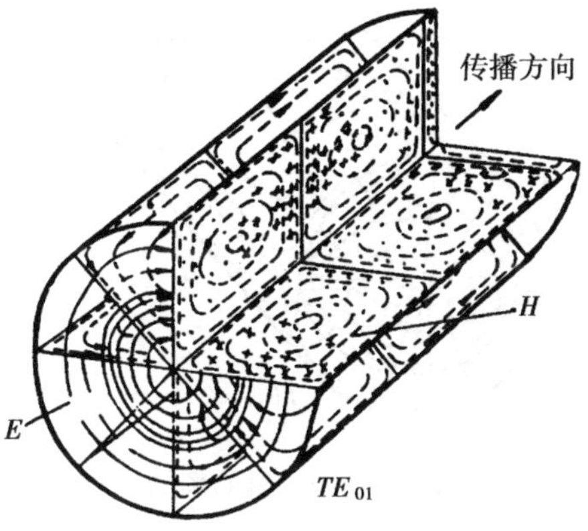

图 8.4.4　TE_{01} 模场结构剖面图

TE_{11} 模

沿 $+z$ 方向传播时，场分量为

$$H_z = A_{11} J_1(\frac{P'_{11}}{a} r)\begin{pmatrix}\cos\varphi \\ \sin\varphi\end{pmatrix} e^{j(\omega t - \beta_{11} z)} \propto J_1(\frac{1.84}{a} r)\begin{pmatrix}\cos\varphi \\ \sin\varphi\end{pmatrix}\cos(\omega t - \beta_{11} z)$$

$$H_\varphi = -jA_{11}\frac{\beta_{11}}{r k_{C11}^2} J_1(\frac{P'_{11}}{a} r)\begin{pmatrix}-\sin\varphi \\ \cos\varphi\end{pmatrix} e^{j(\omega t - \beta_{11} z)}$$

$$\propto -\frac{1}{r} J_1(\frac{1.84}{a} r)\begin{pmatrix}-\sin\varphi \\ \cos\varphi\end{pmatrix}\cos(\omega t + \frac{\pi}{2} - \beta_{11} z)$$

$$H_r = -jA_{11}\frac{\beta_{11}}{k_{C11}^2}\frac{P'_{11}}{a} J'_1(\frac{P'_{11}}{a} r)\begin{pmatrix}\cos\varphi \\ \sin\varphi\end{pmatrix} e^{j(\omega t - \beta_{11} z)}$$

$$\propto -J'_1(\frac{1.84}{a} r)\begin{pmatrix}\cos\varphi \\ \sin\varphi\end{pmatrix}\cos(\omega t + \frac{\pi}{2} - \beta_{11} z)$$

$$E_\varphi = -Z_{TE} H_r \propto H J'_1(\frac{1.84}{a} r)\begin{pmatrix}\cos\varphi \\ \sin\varphi\end{pmatrix}\cos(\omega t + \frac{\pi}{2} - \beta_{11} z)$$

$$E_r = Z_{TE} H_\varphi \propto -\frac{J_1}{r}(\frac{1.84}{a} r)\begin{pmatrix}-\sin\varphi \\ \cos\varphi\end{pmatrix}\cos(\omega t + \frac{\pi}{2} - \beta_{11} z)$$

根据各场分量的瞬时变化，取 $\omega t = -\pi/2$，作出 $z = 0$ 处的 $r\varphi$ 剖面和 $\varphi = 0°$ 的 rz 剖面的场结构如图 8.4.5 所示。图中(a)是 H_z 对 φ 为余弦变化时，场的坐标变化曲线及场结构；(b)是 H_z 对 φ 为正弦变化时的场结构。

TM_{01} 模

沿 $+z$ 方向传播时，场分量为

$$E_z = B_{01} J_0(\frac{P_{01}}{a} r) e^{j(\omega t - \beta_{01} z)} \propto J_0(\frac{2.405}{a} r)\cos(\omega t - \beta_{01} z)$$

$$E_r = -jB_{01}\frac{\beta_{01}}{k_{C01}^2}\frac{P_{01}}{a} J'_0(\frac{P_{01}}{a} r) e^{j(\omega t - \beta_{01} z)} \propto J_1(\frac{2.405}{a} r)\cos(\omega t + \frac{\pi}{2} - \beta_{01} z)$$

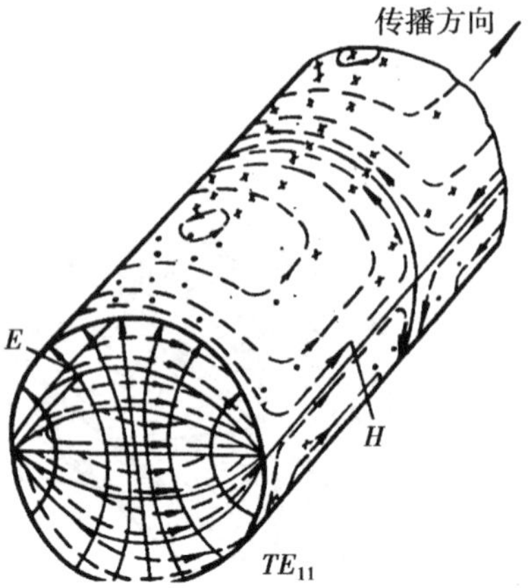

图 8.4.5　TE_{11}模的场结构

$$H_{\varphi}=Y_{TM}E_r\propto J_1(\frac{2.405}{a}r)\cos(\omega t+\frac{\pi}{2}-\beta_{01}z)$$

$$E_{\varphi}=H_r=H_z=0$$

因场对 φ 无变化,在 $z=0$ 处的 $r\varphi$ 和 φ 为任意值处的 rz 剖面上作出 $\omega t=-\pi/2$ 时的场结构如图 8.4.6 所示。

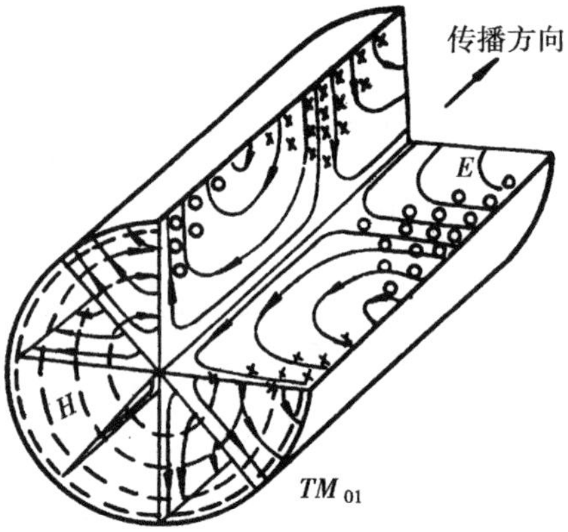

图 8.4.6　TM_{01}模的场结构

8.5　同轴波导

多导体导波系统的典型例子是**同轴波导**,或简称**同轴线**,同轴线是由两根同轴的圆形导体组成,这是一个双导体导波系统。如图 8.5.1 所示。图中 a 是内导体的外半径,b 是外导体的内半径,若内外导体是理想导电的,其间填充介质参数为 μ、ε 的无耗介质。电磁波在两导体间向 z 方向传播。

同轴线中主要传播 *TEM* 波(一定尺寸的同轴线,在频率增高时除传播 *TEM* 波外还可以传播 *TE* 波和 *TM* 波,但它们均属于要避免的波形)。第一节已指出,*TEM* 波的场在导波系统横截面上的分布与边界相同的静态场完全一样，因此它们的场可采用静态场的方法来求得，即可以采用位的方法求解。

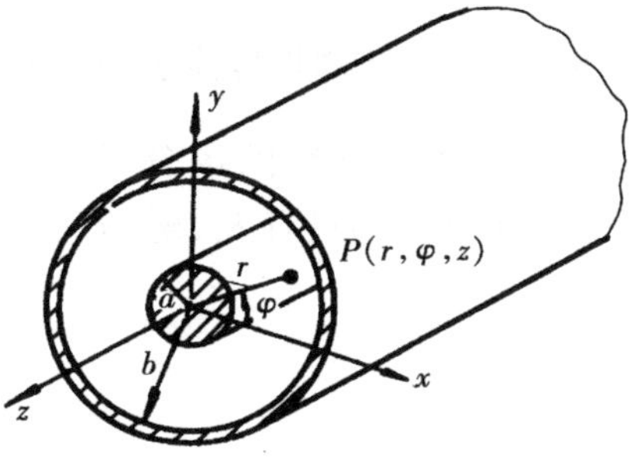

图 8.5.1　同轴波导（同轴线）

8.5.1　*TEM* 波的场分量

求同轴线中 *TEM* 波场的步骤为：先求解标量电位 Φ 的边值问题，然后再代入式 $\vec{E}=-\nabla\Phi$ 即得电场和磁场。在圆柱坐标系下，标量电位满足的方程为

$$\nabla_t^2\Phi(r,\varphi)=\frac{1}{r}\frac{\partial}{\partial r}\left(r\frac{\partial\Phi}{\partial r}\right)+\frac{1}{r^2}\frac{\partial^2\Phi}{\partial\varphi^2}=0 \tag{8.5.1}$$

同轴线因结构具有圆对称性，故位函数 Φ 不随 φ 坐标变化，即 $\frac{\partial\Phi}{\partial\varphi}=0$，上式简化为

$$\frac{1}{r}\frac{\partial}{\partial r}\left(r\frac{\partial\Phi}{\partial r}\right)=0 \tag{8.5.2}$$

同轴线的边界条件可表为

$$\Phi|_{r=a}=U_0 \quad 和 \quad \Phi|_{r=b}=0 \tag{8.5.3}$$

对式（8.5.2）积分两次可得

$$\Phi=A\ln r+B \tag{8.5.4}$$

由边界条件可得

$$A=\frac{U_0}{\ln(a/b)} \qquad 和 \qquad B=-\frac{U_0}{\ln(a/b)}\ln b$$

从而

$$\Phi=U_0\frac{\ln(r/b)}{\ln(a/b)} \tag{8.5.5}$$

将式（8.5.5）代入场与位关系方程得场的横向分布矢量函数为

$$\vec{E}_t=-\nabla_t\Phi(r,\varphi)=-\vec{a}_r\frac{\partial\Phi}{\partial r}=\frac{U_0}{\ln(b/a)}\frac{\vec{a}_r}{r} \tag{8.5.6}$$

$$\vec{H}_t=-Y_{\text{TEM}}\vec{a}_z\times\nabla_t\Phi(r,\varphi)=Y_{\text{TEM}}\frac{U_0}{\ln(b/a)}\frac{\vec{a}_\varphi}{r} \tag{8.5.7}$$

沿 z 方向传播波的电磁场为

$$\vec{E}(r,\varphi,z,t)=\frac{U_0}{\ln(b/a)}\frac{\vec{a}_r}{r}e^{j(\omega t-\beta z)} \tag{8.5.8}$$

$$\vec{H}(r,\varphi,z,t)=Y_{\text{TEM}}\frac{U_0}{\ln(b/a)}\frac{\vec{a}_\varphi}{r}e^{j(\omega t-\beta z)} \tag{8.5.9}$$

式中 $\beta=k$，$Y_{\text{TEM}}=\frac{1}{Z_{\text{TEM}}}=\sqrt{\frac{\varepsilon}{\mu}}=\sqrt{\frac{\varepsilon_r}{\mu_r}}Y_0$。而 $Y_0=1/Z_0=\sqrt{\varepsilon_0/\mu_0}$ 为自由空间中 *TEM* 波的波导纳，Z_0 为自由空间中 *TEM* 波的波阻抗。

8.5.2 场结构与导体表面电流分布

下面根据同轴线的场分量作出其沿 $+z$ 方向传播波的场结构图。由式(8.5.8)和式(8.5.9)可知电场只有 E_r、磁场只有 H_φ。场分量的瞬时变化为

$$E_r = \frac{U_m}{r}\cos(\omega t - \beta z) \tag{8.5.10}$$

$$H_\varphi = Y_{\text{TEM}}\frac{U_m}{r}\cos(\omega t - \beta z) \tag{8.5.11}$$

其中，$U_m = U_0/\ln(b/a)$。取 $\omega t = 0$ 时刻作图时有

$$E_r = \frac{U_m}{r}\cos\beta z \tag{8.5.12}$$

$$H_\varphi = Y_{\text{TEM}}\frac{U_m}{r}\cos\beta z \tag{8.5.13}$$

可见，在横截面内，E_r、H_φ 只与 r 有关，与 φ 无关。即场对 r 成反比变化，对 φ 无变化（均匀分布）。由式(8.5.12)和式(8.5.13)所述场分量，不难作出同轴线中 TEM 波的场结构图，用横剖面和纵剖面表示于图 8.5.2 中。

从图中可以看出，同轴线中 TEM 波的电场呈辐射状圆对称分布。磁场为围绕内导体的同心圆族。电场、磁场沿 z 为余弦变化。当时间 t 改变时，整个图形沿 z 移动。

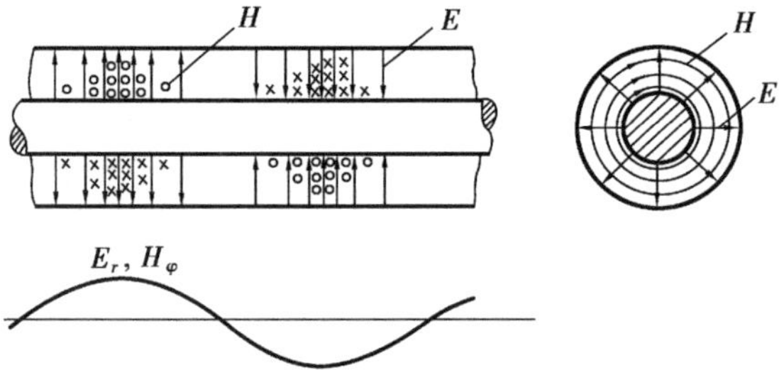

图 8.5.2 同轴波导中电磁场分布图

由于同轴线中导波电磁场的感应，内导体外表面和外导体内表面存在高频电荷与电流。它们都通过理想导体的边界条件分别与电场和磁场联系着，即

$$\vec{n}\cdot\vec{E}\big|_{r=a,b} = \frac{\rho_S}{\varepsilon} \tag{8.5.14}$$

$$\vec{n}\times\vec{H}\big|_{r=a,b} = \vec{J}_S \tag{8.5.15}$$

式中 $\vec{n}$ 为导体表面向外的单位法向矢量，ρ_S 为导体表面电荷密度，$\vec{J}_S$ 为导体表面电流密度。

这里仅讨论同轴线导体表面的电流分布。将表面上的磁场分量式(8.5.13)代入式(8.5.15)可得

$$\vec{J}_S\big|_{r=a} = \vec{n}\times\vec{H}_\varphi\big|_{r=a} = \vec{a}_z Y_{\text{TEM}}\frac{U_0}{\ln(b/a)}\frac{1}{a}e^{j(\omega t - \beta z)} \tag{8.5.16}$$

$$\vec{J}_S\big|_{r=b} = \vec{n}\times\vec{H}_\varphi\big|_{r=b} = -\vec{a}_z Y_{\text{TEM}}\frac{U_0}{\ln(b/a)}\frac{1}{b}e^{j(\omega t - \beta z)} \tag{8.5.17}$$

由式(8.5.16)和式(8.5.17)可以作出同轴线内外导体表面上的电流分布图。如图 8.5.3

所示。由图可见，导体表面的传导电流通过内外导体间的位移电流$\vec{J}_d$连续起来形成全电流闭合环路。位移电流$\vec{J}_d = j\omega\varepsilon\vec{E}_r$与$\vec{E}_r$的最大值在 z 方向相距 $\lambda_g/4$。

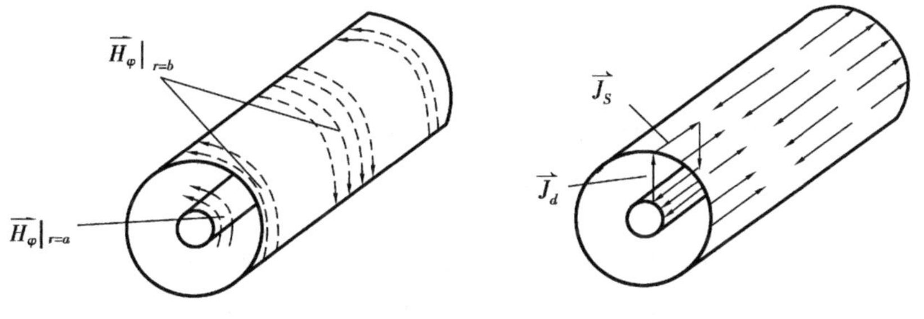

(a)同轴线中磁场分布　　(b)同轴线的表壁电流分布

图 8.5.3　同轴线导体壁上电流分布

8.5.3　同轴线上的电压波、电流波及特性阻抗

对于传输 TEM 波的同轴线，在横平面上，$\vec{E}_t$ 的横向旋度为零，因此 $\vec{E}_t$ 从内导体至外导体的线积分是惟一的，且与积分路径无关，这就说明同轴线传输 TEM 波时具有单值电压特性(其他传输 TEM 波的双导体线均如此)。在内导体上任一点 A 与外导体上任一点 B 之间的电压为

$$\int_A^B \vec{E}_t \cdot d\vec{l} = \int_a^b -\vec{a}_r \frac{d\vec{\Phi}}{dr} \cdot d\vec{r} = -\int_a^b d\vec{\Phi} = \Phi(a) - \Phi(b) = U_0 \tag{8.5.18}$$

考虑到沿 z 方向传播的电场 $\vec{E} = \vec{E}_t \cdot e^{-j\beta z}$，则有单值电压波为

$$U = U_0 e^{-j\beta z} \tag{8.5.19}$$

另外，环绕内导体的线积分为导体上的总电流，即有

$$\oint_{内} \vec{H}_t \cdot d\vec{l} = I_0 \tag{8.5.20}$$

和电压波一样，对沿 z 方向传播的磁场 $\vec{H} = \vec{H}_t \cdot e^{-j\beta z}$，则有单值的电流波为

$$I = I_0 e^{-j\beta z} \tag{8.5.21}$$

式中 I_0 根据式(8.5.20)可表为

$$I_0 = \oint_{内} \vec{H}_t \cdot d\vec{l} = Y_{TEM}\oint_{内} \vec{a}_z \times \vec{E}_t \cdot \vec{\tau} dl = Y_{TEM}\oint \frac{\rho_s}{\varepsilon} dl = Y_{TEM}\frac{Q}{\varepsilon} \tag{8.5.22}$$

式中

$$Q = \oint_{内} \rho_S dl \tag{8.5.23}$$

为内导体单位长度上的电荷。不难推出，外导体单位长度上的电荷等值反号，为 $-Q$。

同轴线上的电流波也可由内外导体的表面电流密度求得

$$I_{内} = \oint_{内} J_{Sz}|_{r=a} dl = \int_0^{2\pi} J_{Sz}|_{r=a} a d\varphi = Y_{TEM}\frac{2\pi U_0}{\ln(b/a)} e^{-j\beta z} \tag{8.5.24}$$

$$I_{外} = \oint J_{Sz}|_{r=b} dl = \int_0^{2\pi} J_{Sz}|_{r=b} b d\varphi = -Y_{TEM}\frac{2\pi U_0}{\ln(b/a)} e^{-j\beta z} \tag{8.5.25}$$

可见同轴线内外导体上电流大小相等,方向相反。

由于同轴线上存在单值的电压波和电流波,定义同轴线的电压和电流之比为

$$Z_0 = \frac{U}{I} \tag{8.5.26}$$

并将 Z_0 称为同轴线的**特性阻抗**。

将式(8.5.24)和式(8.5.19)代入式(8.5.26)可得同轴线的特性阻抗为

$$Z_0 = \frac{Z_{\text{TEM}}}{2\pi}\ln\frac{b}{a} = \frac{60}{\sqrt{\varepsilon_r}}\ln\frac{b}{a} \tag{8.5.27}$$

从式(8.5.27)可以看出,同轴线的特性阻抗与 *TEM* 波的波阻抗相差一个因子。特性阻抗不仅取决于填充的媒质参数,也取决于同轴线的结构尺寸。而波阻抗则只与填充的媒质有关。

同轴线单位长度的**分布电容**定义为

$$C_1 = \frac{Q}{U_0} = \frac{\oint_{内}\rho_S \mathrm{d}l}{U_0} = \frac{\varepsilon\oint_{内}\vec{E}_t\cdot\vec{n}\mathrm{d}l}{U_0} = \frac{2\pi\varepsilon}{\ln(b/a)} \tag{8.5.28}$$

容易证明分布电容与特性阻抗的关系为

$$Z_0 = \frac{1}{C_1 v} \tag{8.5.29}$$

式中 v 为电磁波的相速。

8.6 波导中的能量传输与损耗

波在波导中传播时,波导内填充的空气或介质对电场强度存在一个极限值,当电场强度超过此极限时,空气或介质将被击穿,造成波导短路甚至烧毁。因此,波导内传输的功率存在一定的限制。另外,由于终端负载与波导的不匹配会引起波的反射,波导中介质的损耗和波导壁存在一定的电阻率,表面电流也会在内表面上产生热损耗。因此,波在传播过程中将受到衰减。本节将讨论波导对波的功率传输能力和损耗问题。

8.6.1 波导的传输功率与功率容量

波沿波导传播可能会受到反射。这里只讨论当终端负载与波导相匹配,波导内只有行波的情况。

波的传输功率属于有功功率,它等于复功率的实部。波导中传输的功率可由波导横截面上坡印廷矢量的积分求得,即

$$P = \frac{1}{2}\mathrm{Re}\int_S \vec{E}\times\vec{H}^*\cdot\mathrm{d}\vec{S} = \frac{1}{2}\mathrm{Re}\int_S \vec{E}_t\times\vec{H}_t^*\cdot\vec{a}_z\mathrm{d}S$$

由式(8.2.24)和式(8.2.30)可得

$$P = \frac{1}{2Z}\int_S |\vec{E}_t|^2\mathrm{d}S = \frac{Z}{2}\int_S |\vec{H}_t|^2\mathrm{d}S \tag{8.6.1}$$

式中,$\vec{E}_t$ 和 $\vec{H}_t$ 分别为波导横截面内的电场和磁场,Z 为 Z_{TE} 或 Z_{TM}。

对于矩形波导

$$P = \frac{1}{2Z}\int_0^a\int_0^b(|E_x|^2 + |E_y|^2)\mathrm{d}x\mathrm{d}y \tag{8.6.2}$$

对于圆波导

$$P = \frac{1}{2Z}\int_0^{2\pi}\int_0^R(|E_r|^2 + |E_\varphi|^2)r\mathrm{d}r\mathrm{d}\varphi \tag{8.6.3}$$

下面以矩形波导中的 TE_{10} 波为例来计算波的传输功率。对于 TE_{10} 波，$E_x = 0$，

$$|E_y| = \eta\left(\frac{2a}{\lambda}\right)H_m\sin\left(\frac{\pi}{a}x\right) = E_m\sin\left(\frac{\pi}{a}x\right) \tag{8.6.4}$$

式中 $E_m = \eta\left(\frac{2a}{\lambda}\right)H_m$，因此，波导中传播 TE_{10} 波时的传输功率为

$$P = \frac{1}{2Z_{TE_{10}}}\int_0^a\int_0^b E_m^2\sin^2\left(\frac{\pi}{a}x\right)\mathrm{d}x\mathrm{d}y = \frac{ab}{4Z_{TE_{10}}}E_m^2 = \frac{ab}{4}\eta E_m^2\sqrt{1-\left(\frac{\lambda}{2a}\right)^2} \tag{8.6.5}$$

如果波导填充空气，$\eta_0 = 120\pi\Omega$，则

$$P = \frac{ab}{480\pi}E_m^2\sqrt{1-\left(\frac{\lambda}{2a}\right)^2} \tag{8.6.6}$$

若以波导中介质的击穿电场强度 E_{br} 代换 E_m，就可求出在波的行波状态下沿波导传输的极限功率

$$P_{br} = \frac{ab}{4Z_{TE_{10}}}E_{br}^2 = \frac{ab}{4}\eta E_{br}^2\sqrt{1-\left(\frac{\lambda}{2a}\right)^2} \tag{8.6.7}$$

空气填充时

$$P_{br} = \frac{ab}{480\pi}E_{br}^2\sqrt{1-\left(\frac{\lambda}{2a}\right)^2} \tag{8.6.8}$$

空气的击穿电场强度 $E_{br} = 30$ KV/cm，因此对于 72×34 mm 的空气填充的波导，当 $\lambda = 10$ cm 时，可得 $P_{br} = 10^7$ 瓦。工程中实际上不能传输这样大的功率，因为波导中还可能存在反射波和场不均匀等问题。一般取容许的传输功率为

$$P \approx \left(\frac{1}{3} \sim \frac{1}{5}\right)P_{br} \tag{8.6.9}$$

8.6.2　波导的衰减

导波系统的损耗用导波的衰减表示，计算导波衰减就在于计算导波传播常数中的衰减常数 α 值。求 α 的一种常用方法是根据导波在单位长导波系统中的损耗功率来计算。当导波系统有损耗时，正向波的振幅随 z 按 $\mathrm{e}^{-\alpha z}$ 的规律变化，传输功率则按 $\mathrm{e}^{-2\alpha z}$ 的规律变化。设在 $z = 0$ 处的传输功率为 P_0，则在 z 处的传输功率为

$$P = P_0\mathrm{e}^{-2\alpha z} \tag{8.6.10}$$

将此式对 z 求导得

$$\frac{\partial P}{\partial z} = -2\alpha P \tag{8.6.11}$$

因为传输功率沿 z 的减少率（变化率的负值）就等于导波系统单位长度上的损耗功率 P_l，所以

$$P_l = -\frac{\partial P}{\partial z} = 2\alpha P \tag{8.6.12}$$

于是可得

$$\alpha = \frac{P_l}{2P} \tag{8.6.13}$$

由于大多数波导填充空气，所以波导的衰减主要考虑波导壁上表面电流在表面电阻上引起的衰减，这种衰减通常又简称**导体衰减**。

计算导体衰减，其衰减常数以 α_C 代表，这时，我们假定介质是无耗的，导波衰减仅由导体损耗造成。当导体有耗时，导电率为有限值，导体表面电场切向分量不再为零，磁场法向分量也不再为零，此时，导波场的一部分将进入到导体内部。若设 $\vec{n}$ 为导体表面的外法向单位矢量，$\vec{\tau}$ 代表导体表面切向单位矢量，S'代表导体表面，根据坡印廷定理，损耗功率等于导波进入导体内的复功率的实部。即

$$P_l = \frac{1}{2}\mathrm{Re}\int_{S'} \vec{E} \times \vec{H}^* \cdot (-\vec{n})\mathrm{d}S' \tag{8.6.14}$$

将场对 S'面分解为切向分量和法向分量，则式(8.6.14)可写成

$$P_l = \frac{1}{2}\mathrm{Re}\int_{S'} Z_S(\vec{n} \times \vec{H}_\tau) \times \vec{H}_\tau^* \cdot (-\vec{n})\mathrm{d}S' \tag{8.6.15}$$

式中 Z_S 为导体表面阻抗，$Z_S = R_S + jX_S$。这里将进入导体壁内的波近似为均匀平面波，故波阻抗就等于导体表面阻抗。利用矢量代数公式

$$\vec{A} \times (\vec{A} \times \vec{C}) = (\vec{A} \cdot \vec{C})\vec{B} - (\vec{A} \cdot \vec{B})\vec{C}$$

可将式(8.6.15)化为

$$P_l = \frac{1}{2}Re\int_{S'} Z_S(\vec{n} \times \vec{H}_\tau) \times \vec{H}_\tau^* \cdot (-\vec{n})\mathrm{d}S' = \frac{1}{2}R_S\int_{S'} |\vec{H}_\tau|^2\mathrm{d}S' \tag{8.6.16}$$

由此式可得单位长度导体上的损耗功率

$$P_l = \frac{1}{2}R_S\oint |\vec{H}_\tau|^2\mathrm{d}l \tag{8.6.17}$$

式中线积分是环绕导体周界进行的。

导波系统的传输功率为

$$P = \frac{1}{2}Z\int_S |\vec{H}_t|^2\mathrm{d}S \tag{8.6.18}$$

式中 S 为导波系统的横截面，$\vec{H}_t$ 为横磁场。于是导体衰减常数为

$$\alpha_c = \frac{P_l}{2P} = \frac{R_S\oint |\vec{H}_\tau|^2\mathrm{d}l}{2Z\int_S |\vec{H}_t|^2\mathrm{d}S}\ \mathrm{dB/m} \tag{8.6.19}$$

还需指出，该式中的 $\vec{H}_\tau$ 和 $\vec{H}_t$ 均应是在导体有耗情况下导波系统中的真实值。严格求解它们必须重新解有耗导体边界下的麦克斯韦方程，但这样做是十分困难和麻烦的。通常采用近似计算，即用理想情况下的导波场来代替上述真实场。这种方法称为**微扰波**。由于通常选作导波系统的金属导体均属良导体，导电率虽然不是无限大，但也是很大的，因此这样计算是足够准确的。

小　　结

1. 在不同的导波装置上可以传播不同模式的电磁波。纵向均匀空心管波导中只能传播 *TE* 波和 *TM* 波。波在波导中传播必须满足波的传播条件，即

$$\lambda < \lambda_C \qquad \text{或} \qquad f > f_C$$

2. 对于特定的波导，沿 z 方向传播的电磁波可以有不同的模式。不同模式的波有不同的截止频率、不同的色散关系、不同的场结构、不同的传输功率和功率损耗。

3. 矩形波导和圆波导中可以传播 *TE* 波和 *TM* 波。在矩形波导中 TE_{10} 模是主模，在圆波导中 TE_{11} 模是主模。矩形波导和圆波导是色散波导，其色散关系为

$$v_p = \frac{C}{\sqrt{1-\left(\frac{\lambda}{\lambda_C}\right)^2}} \qquad \text{和} \qquad v_g = C\sqrt{1-\left(\frac{\lambda}{\lambda_C}\right)^2}$$

即电磁波在波导中传播的相速度大于它在自由空间中的传播速度，而群速小于它在自由空间中的传播速度。

4. 同轴线中主要传播 TEM 波。对于传播 TEM 波的同轴线，其截止频率 $f_C = 0$，TEM 波的相速等于群速，并且与波的频率无关，因此传播 TEM 波的同轴线是一种无色散导波系统。

5. 波导中传输的最大功率是有限的。波导的最大传输功率取决于波导横截面的形状和尺寸、传播的模式和波导中填充介质的耐压能力。

6. 波导的损耗用波导的衰减常数 α 表示。波导的损耗有导体损耗和介质损耗。在填充空气的波导中，波的衰减主要由导体损耗决定。

习　　题

8.1　关于波数 k_C 的“临界”是指什么意义？

8.2　试由波动方程证明在纵向均匀波导中具有关系

$$\frac{1}{\lambda_g^2} = \frac{1}{\lambda^2} - \frac{1}{\lambda_C^2}$$

并由此导出如下关系

$$\lambda_g = \frac{\lambda}{\sqrt{1-\left(\frac{\lambda}{\lambda_C}\right)^2}} \qquad \text{和} \qquad v_p = \frac{v_0}{\sqrt{1-\left(\frac{\lambda}{\lambda_C}\right)^2}}$$

8.3　设矩形波导的横截面尺寸 $a = 8$ cm，$b = 4$ cm，试求当频率分别为 3 000 MHz 和5 000 MHz 时，波导中能传播哪些模式？

8.4　宽边为 a，窄边为 b 的矩形波导（$a > 2b$）中填充空气。

（1）试求该波导中主模的截止波长，并确定实现单模传输其工作波长的取值范围；

（2）若在波导中填充相对介电常数为 ε_r 的介质，再求主模的截止波长并确定单模传输时，

其工作波长的取值范围。

8.5　试设计一工作波长 $\lambda=10$ cm，材料用紫铜，内充空气的矩形波导，并要求工作于 TE_{10} 模时要有不小于 30% 的安全因子，即

$$0.7f_{C2}\leqslant f\leqslant 1.3f_{C1}$$

式中 f_{C1} 和 f_{C2} 分别表示 TE_{10} 波和相邻高次模式的截止频率。

8.6　一个空气填充的矩形波导，$a\times b=6\times 4$ cm^2，信号频率 $f=3$ GHz，试分别计算 TE_{10}、TE_{01}、TE_{11} 和 TM_{11} 四种模式的截止波长、相位常数、波导波长、波的相速和群速。

8.7　一矩形波导的横截面尺寸为 $a\times b=23\times 10$ mm^2，由紫铜制成，已知波导中传输的电磁波频率为 $f=10$ GHz，试计算：

（1）当波导内填充空气时，TE_{10} 模在该波导中的衰减常数。

（2）当波导中填充介电常数 $\varepsilon_r=2.54$ 的介质，且仍传输 TE_{10} 模时，波在该波导中的衰减常数。

8.8　试推导矩形波导中 TM_{mn} 波的场分量表达式。

8.9　在空气填充的矩形波导（$a\times b=2.5\times 1.5$ cm^2）中传输频率 $f=7.5$ GHz 的主模信号，试计算：

（1）波在波导中的 β、v_p、v_g、λ_g 和 $Z_{TE_{10}}$；

（2）若在波导中填充 $\varepsilon_r=2$ 的电介质，再计算波导中的 β、v_p、v_g、λ_g 和 $Z_{TE_{10}}$。

8.10　矩形波导的前半段填充空气，后半段填充介电常数为 ε 的介质，问当 TE_{10} 波从空气段入射到介质段时，反射波场量与入射波场量各为多大？

8.11　在一个无耗的矩形波导 $a\times b$ cm^2 中，某模式的电场强度是

$$E_y=E_0\sin\frac{2\pi x}{a}\mathrm{e}^{-j\beta z}$$

在 $f>f_C$ 时，计算磁场强度 $\vec{H}$ 和截止波长。

8.12　频率为 10 GHz 的电磁波在空气填充的波导中传播，已知其电场的纵向分量

$$E_z=0,H_z=H_0\cos\frac{\pi}{\sqrt{6}}x\cdot\cos\frac{\pi}{\sqrt{6}}y\cdot\mathrm{e}^{-j\beta z}$$

且相位常数为已知，求：

（1）截止波长 λ_C；

（2）相速 v_p 和波导波长 λ_g；

（3）磁场分量 $\vec{H}$。

8.13　用于 S 波段雷达系统的无耗空气矩形波导的尺寸为 $a=7.124$ cm 和 $b=3.404$ cm。主模沿 $+Z$ 方向传播，频率为 3 GHz。如果场 $\vec{E}$ 的激励电平为 10 kV/m，求传输的平均功率。

8.14　$a=2.286$ cm 和 $b=1.016$ cm 的 X 波段空气矩形波导由黄铜 $\mu=\mu_0$，（$\sigma=1.6\times 10^7$ S/m）制成。当主模以 9.6 GHz 沿 $+Z$ 方向传播时，求由管壁损耗引起的衰减（单位：dB/m）。

8.15　空气填充的矩形波导 $a\times b=6\times 4$ cm^2 中传输 TE_{10} 波，设空气的击穿强度为 30 kV/cm，当 $f=10$ GHz 时，试计算波导在行波状态下能够传输的最大功率。

8.16　试证明矩形波导中 TE_{10} 波的平均功率等于波导中每单位长度电磁能量密度的平均值乘以波的能量传播速度 v_g。

8.17　设圆波导的半径为 R,试求出该圆波导中截止波长较长的 5 个模式。

8.18　试证明:当 $f \ll f_C$ 时,波导衰减器的衰减常数 $\alpha = \dfrac{2\pi}{\lambda_C}$,并且与频率无关。

8.19　直径为 12 cm 的圆波导,由紫铜制成,空气介质填充,工作于 TE_{11} 模式,频率 $f = 4$ GHz,试求波导长度为 20 m 时,衰减为多少分贝?

8.20　一直径为 10 cm 的空气圆波导中传输主模。试求:

(1)截止频率 λ_C;

(2)当 $f = 3$ GHz 时,v_p 和 λ_g。

8.21　试求在圆波导中 TE_{0n} 模由于管壁不是完纯导体而引起的衰减常数 α_C。

8.22　同轴线的内导体半径 $a = 10$ mm,外导体的内半径 $b = 23$ mm,试计算同轴线内分别填充空气和 $\varepsilon_r = 2.25$ 的无耗介质时的特性阻抗。

8.23　已知一空气填充的同轴线,其内导体半径 $a = 1.502$ mm,外导体的内半径 $b = 3.5$ mm,试求:

(1)同轴线的特性阻抗;

(2)同轴线工作在行波状态下的击穿功率(空气的击穿场强 $E_{br} = 30$ kV/cm)。

8.24　若将 $\lambda = 4$ mm 的主模电磁波信号,用铜制空气填充的圆形波导传输 3 km 的距离,而且全长衰减必须小于 6dB,试求波导半径。

8.25　试求在圆波导中 TE_{0n} 模由于管壁不是完纯导体而引起的衰减常数 α_C。

8.26　试设计一铜质圆形波导管,要求工作波长 $\lambda = 7$ cm 时,波导中只传播 TE_{11} 模。并求波导对此波的衰减常数。

8.27　已知一空气填充的同轴线,其内导体半径 $a = 1.502$ mm,外导体的内半径 $b = 3.5$ mm,试求:

(1)同轴线的特性阻抗;

(2)同轴线工作在行波状态下的击穿功率(空气的击穿场强 $E_{br} = 30$ kV/cm)。

8.28　试证明矩形波导中 TE_{10} 模工作在 $f = \sqrt{3} f_C$ 时,其衰减常数有极小值。

8.29　空气同轴线的内导体半径 $a = 1.9$ mm,外导体内半径 $b = 3.8$ mm,内外导体间峰值电压为 100 V,试求内外导体的电流值和所传输的功率。

8.30　试证明同轴线传输功率最大条件为 $\dfrac{D}{d} = 1.65$,衰减最小条件为 $\dfrac{D}{d} = 3.59$,耐压值 U_{max} 具有最大值的条件为 $\dfrac{D}{d} \approx 2.71$。

8.31　若要求在铜轴线中传输功率为 300 KW,波长 $\lambda = 10$ cm 的电磁波,试求同轴线的尺寸。

8.32　试比较 10 cm 波段的三种矩形波导的基本传播特性:

(1)$a \times b = 72.14 \times 44$ mm^2;(2)$a \times b = 72.14 \times 34.04$ mm^2;

(3)$a \times b = 72.14 \times 8.6$ mm^2。

8.33　两无穷大理想导体平板相距为 d,今有一电磁波在板间传播,其纵向场分量为

$$E_z = 0 \quad , \qquad H_z = H_0 (A\cos k_C x + B\sin k_C x) e^{j\omega t - \gamma z}$$

试求:(1)其余的场分量,并说明其波型;

(2)传播波的 λ_C、f_C、v_p、v_g 和 λ_g。

8.34 在构造同轴线时,可用聚乙烯($\varepsilon_r=2.25$)作为电介质较理想。假设忽略损耗,对于 75Ω 的同轴线,若内导体的外半径为 $a=0.6$ mm,则外导体内半径应选取为多大?

8.35 TE_{10}波在矩形波导中单模传输,已知波导宽边为 $a=25$ mm,当 $f_0=10$ GHz 与一个 $f_\Omega=20$ kHz 的信号构成调幅波在波导中传输时,要经过多长的距离。

第 9 章 电磁波辐射

本章讨论电磁波的产生,即电磁波辐射问题。产生电磁波辐射的直接原因,是电磁场的变化和有限的传播速度。当时变源由零随时间增大时,它所产生的电磁场逐渐增强并向周围空间以速度 v 传播,电磁能量向空间发散。当时变源由最大值随时间逐渐减小时,它所产生的电磁场逐渐减小,电磁能量向源收缩。如果源随时间的变化足够的快,有一部分能量已经传播得很远,来不及收缩到源而源又开始增大,则又有新的电磁能量向外传播,把原来尚未回到源的那部分能量再向外推,这样便形成了不断向外的能量传播。显然,源随时间变化的频率越高,辐射的能量也就越多。低频率电磁场或缓变电磁场随时间变化很慢,辐射也很微弱,恒定电磁场不随时间变化,则恒定源不辐射。

激励电磁波的装置称为天线,当振荡源的频率提高到使电磁波的波长与天线尺寸可比拟时,天线上就会出现明显的电磁辐射。对电磁波辐射问题,我们关心的是天线的辐射场强,方向性以及辐射功率。

天线辐射的严格求解必须解麦克斯韦方程的边值问题。这在数学计算上是十分困难的,有时甚至无法求解。本章第一节介绍天线的辐射原理,第二节介绍一种元天线——电偶极子天线辐射场的求解,第三节介绍磁偶极子天线的辐射,第四节介绍电磁的对偶性,第五节介绍电磁场的互易性。

9.1 电磁辐射原理

电磁辐射的问题,实际上是已知某区域中的时变电流或时变电荷,求空间中的电磁场分布以及电磁波在空间中的传播问题。天线是电磁辐射的基本装置,因此,电磁辐射问题又可以说成是已知天线上的电流分布,求解空间中的电磁场分布以及电磁波在空间中的传播问题。

设已知的电荷源 ρ 和电流源 $\vec{J}$ 分布于区域 V,则区域中的 $\vec{E}$、$\vec{H}$ 与源的关系由麦克斯韦方程给出。

$$\nabla \times \vec{H} = \vec{J} + \frac{\partial \vec{D}}{\partial t}$$

$$\nabla \times \vec{E} = -\frac{\partial \vec{B}}{\partial t}$$

$$\nabla \cdot \vec{D} = \rho$$

$$\nabla \cdot \vec{B} = 0$$

引入标量电位 Φ 和矢量磁位 $\vec{A}$，它们与电荷源 ρ 和电流源 $\vec{J}$ 之间的关系为

$$\nabla^2 \Phi + k^2 \Phi = -\frac{\rho}{\varepsilon} \tag{9.1.1}$$

$$\nabla^2 \vec{A} + k^2 \vec{A} = -\mu \vec{J} \tag{9.1.2}$$

式中 $k^2 = \omega^2 \mu\varepsilon$，电磁场与标量电位 Φ 和矢量磁位 $\vec{A}$ 的关系为：

$$\vec{E} = -j\omega\vec{A} - \nabla \Phi \tag{9.1.3}$$

$$\vec{H} = \frac{1}{\mu} \nabla \times \vec{A} \tag{9.1.4}$$

这里我们假设了电荷和电流随时间按正弦规律变化，并且 $\vec{J}$、ρ 满足连续性方程

$$\nabla \cdot \vec{J} = -j\omega\rho \tag{9.1.5}$$

因此，可得洛伦兹条件为

$$\nabla \cdot \vec{A} = -j\omega\mu\varepsilon\Phi \tag{9.1.6}$$

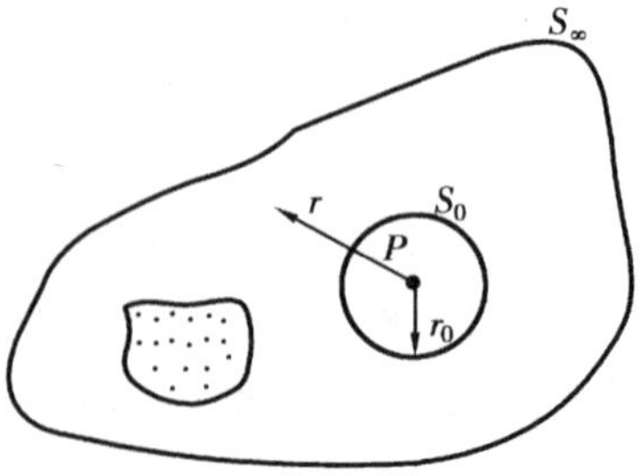

图 9.1.1　时变电荷 ρ 的电磁辐射

引入 $\vec{A}$ 和 Φ 后，电磁辐射的问题就变成了已知天线上 ρ 和 $\vec{J}$ 的分布，求解空间中的 $\vec{A}$ 或 Φ 的问题。由于 $\vec{A}$ 和 Φ 的方程具有相同的形式，所以我们只需求解一个方程即可。对于式(9.1.2)，在直角坐标系中我们可以把 $\vec{A}$ 分为三个分量，得到三个与式(9.1.1)形式相同的标量方程。下面我们来求式(9.1.1)中 Φ 的解。

假定在整个空间中电荷密度 ρ 的分布状态是已知的，且电荷分布在有限区域，欲求空间某一点 P 的电位 Φ_p。应用格林第二定理

$$\oint_S (\phi \nabla \varphi - \varphi \nabla \phi) \cdot \mathrm{d}\vec{S} = \int_\tau (\phi \nabla^2 \varphi - \varphi \nabla^2 \phi) \mathrm{d}\tau \tag{9.1.7}$$

这里 ϕ 和 φ 以及它们的一阶和二阶导数在 τ 内是连续的，若取 $\phi = \Phi, \varphi = \frac{\mathrm{e}^{-jkr}}{r}$，此处 r 为由 P 点引出的距离。代入式(9.1.7)可得

$$\oint_S \left[\Phi \nabla \left(\frac{\mathrm{e}^{-jkr}}{r}\right) - \left(\frac{\mathrm{e}^{-jkr}}{r}\right) \nabla \Phi\right] \cdot \mathrm{d}S = \int_\tau \left[\Phi \nabla^2 \left(\frac{\mathrm{e}^{-jkr}}{r}\right) - \left(\frac{\mathrm{e}^{-jkr}}{r}\right) \nabla^2 \Phi\right] \mathrm{d}\tau \tag{9.1.8}$$

由于 $\varphi = \frac{\mathrm{e}^{-jkr}}{r}$ 在 P 点不连续，我们取封闭面 S 为以 P 为球心，r_0 为半径的小球面 S_0 加上包含求解区域的一个无穷大的面 S_∞ 作为求解区域的边界，如图 9.1.1 所示。这时，在 S_0 与 S_∞

间的体积就是式(9.1.8)右边体积分的区域。之所以这样选取封闭面 S,一方面是避开了 $\varphi = \frac{e^{-jkr}}{r}$ 在 P 点不连续的问题,另一方面是我们将证明

$$\oint_{S_\infty}\left[\Phi\nabla\left(\frac{e^{-jkr}}{r}\right)-\left(\frac{e^{-jkr}}{r}\right)\nabla\Phi\right]\cdot dS\to 0 \tag{9.1.9}$$

在式(9.1.8)中,

$$\nabla\left(\frac{e^{-jkr}}{r}\right)=-\frac{\vec{r}}{r^3}e^{-jkr}(jkr+1) \tag{9.1.10}$$

$$\nabla^2\left(\frac{e^{-jkr}}{r}\right)=-k^2\frac{e^{-jkr}}{r} \tag{9.1.11}$$

代入式(9.1.8)中得:

$$\oint_S e^{-jkr}\left[\frac{\Phi\vec{r}}{r^3}+\frac{jk\vec{r}\Phi}{r^2}+\frac{\nabla\Phi}{r}\right]\cdot d\vec{S}=\int_\tau\frac{e^{-jkr}}{r}\left[k^2\Phi+\nabla^2\Phi\right]d\tau \tag{9.1.12}$$

在 S_∞ 面上,$\Phi\propto\frac{1}{r}$,$\nabla\Phi\propto\frac{1}{r^2}$,而 $dS\propto r^2$,当 $r\to\infty$ 时,$e^{-jkr}\to 0$,因此

$$\oint_{S_\infty} e^{-jkr}\left[\frac{\Phi\vec{r}}{r^3}+\frac{jk\vec{r}\Phi}{r^2}+\frac{\nabla\Phi}{r}\right]\cdot d\vec{S}\to 0 \tag{9.1.13}$$

式(9.1.13)通常称为**辐射条件**。因此,在式(9.1.12)左边的面积分中只需在小球面 S_0 上进行积分。由于 $d\vec{S}$ 是指向被包围体积的外法向,即由球表面指向球心,而 $\vec{r}$ 是由球心指向球表面,因此 $\vec{r}\cdot d\vec{S}=-rdS$,从而式(9.1.12)左边也可写成

$$-e^{-jkr_0}\left[\frac{1}{r_0^2}\int_{S_0}\Phi dS+\frac{jk}{r_0}\int_{S_0}\Phi dS+\frac{1}{r_0}\int_{S_0}\frac{\partial\Phi}{\partial r}dS\right] \tag{9.1.14}$$

如果我们以 $\overline{\Phi}$ 表示小球面上 Φ 的平均值,即

$$\overline{\Phi}=\frac{1}{4\pi r_0^2}\int_{S_0}\Phi dS \tag{9.1.15}$$

又令

$$\frac{\partial\overline{\Phi}}{\partial r}=\frac{1}{4\pi r_0^2}\int_{S_0}\frac{\partial\Phi}{\partial r}dS \tag{9.1.16}$$

式(9.1.14)可写成

$$-e^{-jkr_0}\left[\frac{4\pi r_0^2\overline{\Phi}}{r_0^2}+\frac{jk4\pi r_0^2\overline{\Phi}}{r_0}+\frac{4\pi r_0^2}{r_0}\frac{\partial\overline{\Phi}}{\partial r}\right] \tag{9.1.17}$$

当 $r_0\to 0$ 时,上式第二、三项趋于零,$e^{-jkr_0}\to 1$,$\overline{\Phi}_P\to\Phi_p$,式(9.1.17)的值趋于 $-4\pi\Phi_p$,于是式(9.1.8)变为

$$-4\pi\Phi_p=\int_\tau\frac{e^{-jkr}}{r}(k^2\Phi+\nabla^2\Phi)d\tau \tag{9.1.18}$$

按式(9.1.1),上式右边的体积分又可写成

$$\int_\tau\frac{e^{-jkr}}{r}(k^2\Phi+\nabla^2\Phi)d\tau=\int_\tau\frac{e^{-jkr}}{r}\left(-\frac{\rho}{\varepsilon}\right)d\tau \tag{9.1.19}$$

于是

$$-4\pi\Phi_p = \int_\tau \frac{e^{-jkr}}{r}\left(-\frac{\rho}{\varepsilon}\right)d\tau \tag{9.1.20}$$

再考虑到 ρ 的空间分布,由此可得

$$\Phi_p = \frac{1}{4\pi}\int_\tau \frac{\rho(x',y',z')e^{-jkr}}{r}d\tau' \tag{9.1.21}$$

这里 $r=\sqrt{(x-x')^2+(y-y')^2+(z-z')^2}$。如果我们把 $k=\frac{\omega}{v}$ 代入上式,并重新引入时间因子 $e^{j\omega t}$,则得

$$\Phi_p = \frac{1}{4\pi\varepsilon}\int_\tau \frac{\rho(x',y',z')}{r}e^{j\omega\left(t-\frac{r}{v}\right)}d\tau' \tag{9.1.22}$$

矢量磁位 $\vec{A}$ 可分解为三个标量分量,它们的解也具有式(9.1.22)的形式。因此

$$\vec{A} = \frac{\mu}{4\pi}\int_\tau \frac{\vec{J}(r,r')}{r}e^{j\omega\left(t-\frac{r}{v}\right)}d\tau' \tag{9.1.23}$$

式(9.1.22)和式(9.1.23)通常称为**电磁辐射公式**。

由式(9.1.22)和式(9.1.23)可以看出:空间中 P 点 t 时刻的位不是取决于 t 时刻的源分布,而是取决于$\left(t-\frac{r}{v}\right)$时刻的源分布,其时间差 $\Delta t=\frac{r}{v}$ 正好是时变电磁场以速度 $v=\frac{1}{\sqrt{\mu\varepsilon}}$ 从源点传播到 P 点所需的时间。因此,P 点 t 时刻的位为各源在$\left(t-\frac{r}{v}\right)$时刻激励的位,以速度 $v=\frac{1}{\sqrt{\mu\varepsilon}}$ 传播到 P 点迭加的结果。也就是说,**观察点的位场的变化滞后于源的变化,滞后的时间 $\Delta t=\frac{r}{v}$ 正是电磁波传播距离所需要的时间。基于这种位场滞后,我们把式(9.1.22)和式(9.1.23)的标量电位和矢量磁位均称为滞后位。它说明了时变源激励时变电磁场,并以一定的速度向远方传播,这样的时变电磁场就是电磁波**。

求出 Φ 和 $\vec{A}$ 之后,就可以由式(9.1.3)和式(9.1.4)解出电场与磁场。事实上,由于 Φ 与 $\vec{A}$ 之间由洛伦兹条件联系,所以我们不必把 Φ 和 $\vec{A}$ 都解出来,通常只需求出 $\vec{A}$ 就可解得电场与磁场。

9.2 基本电振子的辐射

9.2.1 基本电振子的辐射场

基本电振子又称电偶极子天线,是一种基本的辐射单元。它是一段长度 $l\ll\lambda$(λ 为工作波长),线上电流振幅同相,电流振幅值为 I_0 的线电流单元。将基本电振子置于球坐标系原点,振子轴与 z 轴重合,则电流如图 9.2.1 所示。我们将用矢量磁位 $\vec{A}$ 来计算距离原点 r 处 P 点的电磁场。

对于电流元,已知

$$I\vec{a}_z\mathrm{d}z = \frac{I}{S}\vec{a}_z S\mathrm{d}z = \vec{J}\mathrm{d}\tau$$

式中 S 为电流元的横截面积，于是，由式(9.1.23)可得

$$\vec{A} = \frac{\mu_0}{4\pi}\int_\tau \frac{\vec{J}}{r}\mathrm{e}^{j\omega(t-\frac{r}{v})}\mathrm{d}\tau = \frac{\mu_0}{4\pi}\int_{-\frac{l}{2}}^{\frac{l}{2}} \frac{I\vec{a}_z\mathrm{e}^{-j\omega(t-\frac{r}{v})}}{r}\mathrm{d}z =$$

$$\frac{\mu_0}{4\pi}\frac{Il\mathrm{e}^{-j\omega(t-\frac{r}{v})}}{r}\vec{a}_z \tag{9.2.1}$$

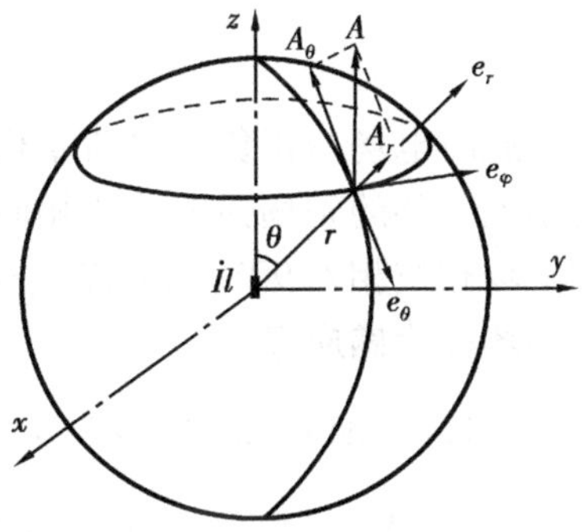

图 9.2.1　基本电振子的辐射

略去时间因子 $\mathrm{e}^{j\omega t}$，并以 $k=\frac{\omega}{v}$ 代入上式可得

$$\vec{A} = \frac{\mu_0}{4\pi}Il\mathrm{e}^{-jkr}\vec{a}_z \tag{9.2.2}$$

矢量磁位 $\vec{A}$ 只有 z 方向的分量，可用 A_z 表示。A_z 在球坐标系中 r、θ、φ 方向的分量为

$$A_r = A_z\cos\theta, A_\theta = -A_z\sin\theta, A_\varphi = 0 \tag{9.2.3}$$

于是磁场强度为

$$\vec{H} = \frac{1}{\mu_0}\nabla\times\vec{A} = \frac{1}{\mu_0 r^2\sin\theta}\begin{vmatrix} \vec{a}_r & r\vec{a}_\theta & r\sin\theta\vec{a}_\varphi \\ \frac{\partial}{\partial r} & \frac{\partial}{\partial\theta} & \frac{\partial}{\partial\theta} \\ A_z\cos\theta & -rA_z\sin\theta & 0 \end{vmatrix} \tag{9.2.4}$$

由此可以解得

$$H_\varphi = \frac{Il}{4\pi}\sin\theta\left(\frac{jk}{r}+\frac{1}{r^2}\right)\mathrm{e}^{-jkr} \tag{9.2.5}$$

$$H_r = H_\theta = 0 \tag{9.2.6}$$

电场可以由

$$\vec{E} = \frac{1}{j\omega\varepsilon}\nabla\times\vec{H} \tag{9.2.7}$$

解得为

$$E_r = \frac{Il}{4\pi}\frac{2}{\omega\varepsilon_0}\cos\theta\left(\frac{k}{r^2}-\frac{j}{r^3}\right)\mathrm{e}^{-jkr} \tag{9.2.8}$$

$$E_\theta = \frac{Il}{4\pi}\frac{1}{\omega\varepsilon_0}\sin\theta\left(\frac{jk^2}{r}+\frac{k}{r^2}-\frac{j}{r^3}\right)\mathrm{e}^{-jkr} \tag{9.2.9}$$

$$E_\varphi = 0 \tag{9.2.10}$$

式中 $k=\frac{2\pi}{\lambda}$ 为自由空间波数；$\omega=2\pi f$ 为高频电流的角频率。各式中都省略了 $\mathrm{e}^{j\omega t}$。

在基本电振子附近，$kr\ll 1$，这样的区域称为近区。近区中，略去式中相对小的 $\frac{1}{r}$ 项，且 $\mathrm{e}^{-jkr}\approx 1$，得近区场为：

$$E_r = -j\frac{Il}{2\pi r^2\omega\varepsilon_0}\cos\theta \tag{9.2.11}$$

$$E_\theta = -j\frac{Il}{4\pi r^3\omega\varepsilon_0}\sin\theta \tag{9.2.12}$$

$$H_{\varphi}=\frac{Il}{4\pi r^{3}}\sin\theta \tag{9.2.13}$$

此时电场与正负二电荷 q 相距 l 所构成的电偶极子的静电场分量完全相同。磁场与恒定的小电流环的磁场强度公式相同。这说明,在近区时,基本电振子相当于一个电偶极子。电场和磁场相位相差 90°,因此能量在电场和磁场之间相互转换,而平均坡印廷矢量为零。这一区域的场称为**感应场**。

在远区,即 $r\gg\lambda$ 和 $r\gg l$、$kr\gg1$ 的区域中,此时在式(9.2.5)和式(9.2.9)中可略去$\frac{1}{r^2}$和$\frac{1}{r^3}$的项,由于 E_r 较 E_θ 小一个数量级,故 E_r 也可忽略不计,于是得到基本电振子的远区场量表达式为

$$E_{\theta}=j\frac{\omega\mu_0 Il}{4\pi r}\sin\theta e^{-jkr} \tag{9.2.14}$$

$$H_{\varphi}=j\frac{\omega\sqrt{\mu_0\varepsilon_0}Il}{4\pi r}\sin\theta e^{-jkr} \tag{9.2.15}$$

$$E_r=E_{\varphi}=H_r=H_{\varphi}=0 \tag{9.2.16}$$

9.2.2 基本电振子的辐射特性

下面根据基本电振子的远区场量表达式来讨论其辐射特性。

(1) 基本电振子向空间辐射一个球面波

在远区,由式(9.2.14)和式(9.2.15)可见,电场只有 E_θ 分量,磁场只有 H_φ 分量,在时间上,电场与磁场同相。在空间上,电场 E_θ 和磁场 H_φ 与$\frac{e^{-jkr}}{r}$成正比,表示电场 E_θ 和磁场 H_φ 的振幅与 r 成反比,而相位随 r 的增大而连续滞后,在半径为 r 的球面上各点的电场和磁场具有相同的相位,即等相面为同一个球面,也就是电磁波的波阵面为一球面。在此球面上,电场与磁场相互垂直,并同时垂直于波的传播方向 $\vec{r}$,且三者满足右手螺旋关系,功率密度矢量(坡印廷矢量)为

$$\vec{S}=\vec{E}\times\vec{H}=\vec{a}_r\sqrt{\frac{\mu}{\varepsilon}}\left(\frac{Il}{2\lambda r}\right)^2\sin^2\theta \tag{9.2.17}$$

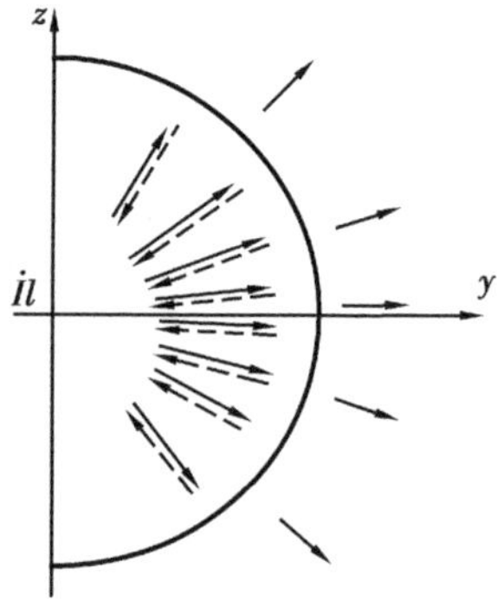

图 9.2.2 电磁波的能量流动

因此,基本电振子向空间辐射一个**球面波**,波的传播方向为 $\vec{r}$ 方向,电磁波的能量沿 $\vec{r}$ 方向流动。如图 9.2.2 所示。

(2) 电场和磁场的振幅关系和波阻抗

由式(9.2.14)和式(9.2.15)可见,电场 E_θ 和磁场 H_φ 的比为一常数,即

$$\frac{E_\theta}{H_\varphi}=\sqrt{\frac{\mu}{\varepsilon}}=\eta \tag{9.2.18}$$

η 称为媒质的**波阻抗**,在自由空间中 $\varepsilon_r=1$,$\mu_r=1$,$\varepsilon=\varepsilon_0$,$\mu=\mu_0$,故有

$$\eta_0=\sqrt{\frac{\mu_0}{\varepsilon_0}}=120\ \pi=377\ \Omega \tag{9.2.19}$$

对于自由空间的基本电振子,其辐射场还可简化为

$$E_\theta = j\frac{60\pi Il}{\lambda r}\sin\theta e^{-jkr} \tag{9.2.20}$$

$$H_\varphi = j\frac{Il}{2\lambda r}\sin\theta e^{-jkr} \tag{9.2.21}$$

这是分析天线性能常用的基本关系。

(3)基本电振子的方向性

经常我们要求天线进行定向辐射,天线的这一特性称为天线的方向性。天线的方向性用方向性函数和方向性图来描述。

以天线为中心,在以某一距离为半径的球面上各点的电场强度是不同的,即场强随角坐标变量 θ 和 φ 而变化,若将电场强度随 θ、φ 的变化关系表示为

$$E(\theta,\varphi) = Af(\theta,\varphi) \tag{9.2.22}$$

式中 A 为比例常数,则 $f(\theta,\varphi)$ 称为天线的**方向性函数**。一般说来,天线的方向性函数视不同型式的天线而定。为了便于比较各种不同型式天线的方向性,我们用"**归一化方向性函数**"来表示,记为

$$F(\theta,\varphi) = \frac{f(\theta,\varphi)}{f_{\max}(\theta,\varphi)} \tag{9.2.23}$$

根据 $F(\theta,\varphi)$ 可以绘制出三维空间的曲面图形,称为天线的**方向性图**。根据方向性函数的定义,可得基本电振子的归一化方向性函数为

$$F(\theta,\varphi) = \sin\theta \tag{9.2.24}$$

由此可见,$F(\theta,\varphi)$ 只是 θ 的函数,而与 φ 无关,即沿 φ 方向无变化。由此可写出在电场所在的平面(E 面)和磁场所在的平面(H 面)内的方向性函数

$$F(\theta) = \sin\theta \tag{9.2.25}$$

$$F(\varphi) = 1 \tag{9.2.26}$$

根据式(9.2.25)可绘出基本电振子在包括振子轴的平面(E 面)内的方向性图,根据式(9.2.26)可绘出基本电振子在垂直于振子轴的平面(H 面)内的方向性图。将包括振子轴平面的方向性图绕振子轴旋转一周而形成一个回旋曲面,得到三维空间中的方向性图,如图9.2.3所示。

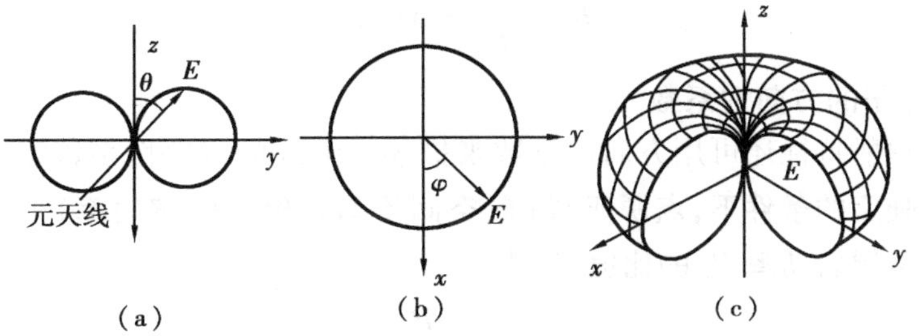

图9.2.3　基本电振子的方向性图

由方向性图可见,基本电振子的最大辐射方向是在垂直于振子轴并过中心的平面内;而沿振子轴线方向无辐射。

(4)基本电振子的辐射功率和辐射电阻

基本电振子的辐射功率就是它所辐射的电磁波总功率。将一个以基本电振子为球心的球面包围电振子，则穿出球面的总功率就是基本电振子的总辐射功率。它可以通过该球面上电磁波功率密度的面积分来求得。单位面积上的电磁波功率密度振幅值为 $p_m = E_\theta H_\varphi$。对于所讨论的正弦电磁波来说，其有效值为

$$p_{cp} = \frac{E_\theta}{\sqrt{2}} \cdot \frac{H_\varphi}{\sqrt{2}} = \frac{E_\theta^2}{2\eta_0} = \frac{E_\theta^2}{2 \times 120\pi} \tag{9.2.27}$$

穿过半径为 r 的球面上面积元的电磁波功率为

$$\mathrm{d}p = p\mathrm{d}S = \frac{E_\theta^2}{2 \times 120\pi} r^2 \sin\theta \mathrm{d}\theta \mathrm{d}\varphi \tag{9.2.28}$$

利用积分可得穿出整个球面的电磁波功率，即辐射功率为

$$P_r = \oint_S \mathrm{d}p = \frac{1}{2 \times 120\pi} \int_0^{2\pi} \int_0^{\pi} E_\theta^2 r^2 \sin\theta \mathrm{d}\theta \mathrm{d}\varphi \tag{9.2.29}$$

这是计算天线辐射功率的一般公式，它适合于任何形式的天线。

将基本电振子的电场式(9.2.20)代入式(9.2.29)，可得基本电振子的辐射总功率为

$$P_r = \frac{1}{2 \times 120\pi} \int_0^{2\pi} \int_0^{\pi} \left(\frac{60\pi Il}{\lambda r} \right)^2 \sin^2\theta r^2 \sin\theta \mathrm{d}\theta \mathrm{d}\varphi = \tag{9.2.30}$$

$$10(kl)^2 I^2 = 40\pi^2 I^2 \left(\frac{l}{\lambda} \right)^2$$

因此，辐射功率决定于基本电振子中的电流和它的长度与波长的比值。长度不变，频率愈高或波长愈短，辐射功率愈大，但必须满足原来假设的 $l \ll \lambda$ 这一条件。

天线向空间辐射功率，因此，可以将空间视为天线的负载，用一个负载阻抗 Z_r 来描述，这个阻抗称为**辐射阻抗**。天线向空间辐射的功率可以认为是消耗在此辐射阻抗上。即

$$P_r = \frac{1}{2} I^2 Z_r \tag{9.2.31}$$

式中，I 为辐射阻抗的参考电流的振幅值，参考电流不同，辐射阻抗的数值也不同。对于基本电振子，若选振子上电流振幅 I 为参考电流，则基本电振子的辐射电阻为

$$R_r = \frac{2P_r}{I^2} = 20(kl)^2 \tag{9.2.32}$$

(5)基本电振子的方向性系数

天线的定向辐射特性还可用方向性系数来描述。天线的方向性系数定义为：**在某方向某点激励相等电场强度的条件下，点源天线（向空间均匀辐射电磁波功率）的总辐射功率 P_{r0} 与定向辐射天线的总辐射功率 P_r 的比值**，记为

$$D(\theta,\varphi) = \frac{P_{r0}}{P_r}\Big|_{E相同} \tag{9.2.33}$$

对于点源天线，在半径为 r 的球面上穿过的总功率为

$$P_{r0} = \frac{E_\theta^2}{2 \times 120\pi} \times 4\pi r^2 \tag{9.2.34}$$

将式(9.2.34)和式(9.2.29)代入式(9.2.33)可得

$$D(\theta,\varphi)=\frac{4\pi E_\theta^2}{\int_0^{2\pi}\int_0^{\pi}E_\theta^2\sin\theta\mathrm{d}\theta\mathrm{d}\varphi} \tag{9.2.35}$$

再根据天线电场强度式(9.2.22)可得

$$D(\theta,\varphi)=\frac{4\pi f^2(\theta,\varphi)}{\int_0^{2\pi}\int_0^{\pi}f^2(\theta,\varphi)\sin\theta\mathrm{d}\theta\mathrm{d}\varphi} \tag{9.2.36}$$

式(9.2.36)同样适用于任何天线方向性系数的计算。对基本电振子天线,$f(\theta,\varphi)=\sin\theta$,则

$$D(\theta,\varphi)=1.5\sin^2\theta \tag{9.2.37}$$

在最大辐射方向上:

$$D=1.5\text{ 倍}\qquad\text{或}\qquad D=10\lg D=1.76\ \text{dB} \tag{9.2.38}$$

例 9.2.1 对称天线如图 9.2.4(a)所示,当 $2l=0.5\lambda$ 时,对称天线称为半波天线,其馈电(天线上的电流分布)方式为:

$$I(z)=I_m\sin k(l-|z|)$$

试求半波天线的辐射电场和方向性函数,并画出半波天线的方向性图。

解 在半波天线的两臂上,距离原点 z 处对称取两单元天线(基本电振子天线)$\mathrm{d}z_1$ 和 $\mathrm{d}z_2$,其在远区的辐射电场为

$$\mathrm{d}E_{\theta1}=j\frac{60\pi I(z)\mathrm{d}z_1}{\lambda r_1}\sin\theta_1\mathrm{e}^{-jkr_1}$$

$$\mathrm{d}E_{\theta2}=j\frac{60\pi I(z)\mathrm{d}z}{\lambda r_2}\sin\theta_2\mathrm{e}^{-jkr_2}$$

式中 r_1 和 r_2 分别是上、下臂上单元天线到观察点的射线距离;θ_1 和 θ_2 分别为射线 r_1 和 r_2 与天线轴(即 z 轴)之间的夹角。

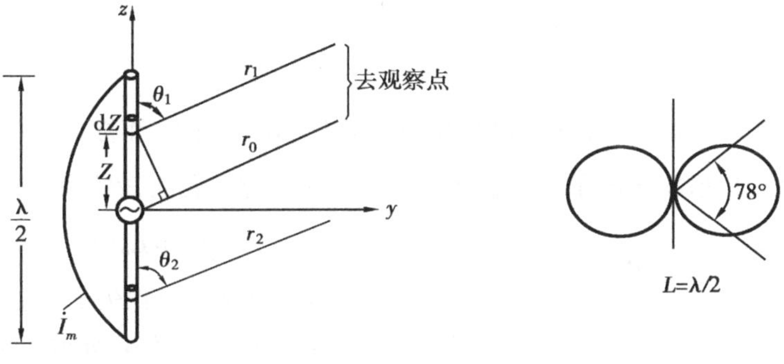

(a)半波天线　　(b)方向性图

图 9.2.4 半波天线及其方向性图

若取 $\mathrm{d}z_1=\mathrm{d}z_2=\mathrm{d}z$,它们在远区的总辐射场为

$$\mathrm{d}E_\theta=\mathrm{d}E_{\theta1}+\mathrm{d}E_{\theta2}=j\frac{60\pi I(z)\mathrm{d}z}{\lambda}\sin\theta\left(\frac{\mathrm{e}^{-jkr_1}}{r_1}+\frac{\mathrm{e}^{-jkr_2}}{r_2}\right)$$

在远区,由于 $r\gg\lambda$,且 r_1、r_2、r 可以认为是平行的,则有 $\theta_1=\theta_2=\theta$,而 r_1、r_2 的差别对总辐射场振幅的影响是微小的,因此可认为$\frac{1}{r_1}=\frac{1}{r_2}=\frac{1}{r}$。但对于总辐射场的相位来说,必须考虑行程差引起的相位差,这里

$$r_1 = r - z\cos\theta$$

$$r_2 = r + z\cos\theta$$

$$\left(\frac{e^{-jkr_1}}{r_1} + \frac{e^{-jkr_2}}{r_2}\right) \approx \frac{1}{r}e^{-jkr}\left(e^{jkz\cos\theta} + e^{-jkz\cos\theta}\right) = \frac{2}{r}e^{-jkr}\cos(kz\cos\theta)$$

于是远区的辐射场可写为

$$dE_\theta = j\frac{120\pi I(z)\,dz}{\lambda r}\sin\theta e^{-jkr}\cos(kz\cos\theta)\,dz$$

整个天线的辐射场为 dE_θ 沿振子臂 l 的积分，即

$$E_\theta = j\frac{120\pi I_m dz}{\lambda r}\sin\theta e^{-jkr}\int_0^l \sin(l - |z|)\cdot\cos(kz\cos\theta)\,dz =$$

$$j\frac{60I_m}{r}\left[\frac{\cos(kl\cos\theta) - \cos kl}{\sin\theta}\right]e^{-jkr}$$

对于半波天线，$2l = 0.5\lambda$，则 $\cos kl = \cos\left(\frac{2\pi}{\lambda}\cdot\frac{\lambda}{4}\right) = 0$，于是有

$$E_\theta = j\frac{60I_m}{r}\left[\frac{\cos\left(\frac{\pi}{2}\cos\theta\right)}{\sin\theta}\right]e^{-jkr}$$

其方向性函数为

$$f(\theta,\varphi) = \frac{\cos\left(\frac{\pi}{2}\cos\theta\right)}{\sin\theta}$$

其方向性图如图 9.2.4(b)所示。

9.3 磁偶极子天线辐射

周长远小于波长，时变电流的振幅和相位处处相同的小电流环称为磁偶极子天线，经常又称为**振荡磁偶极子**和**基本磁振子**。磁偶极子天线用磁矩 $\vec{p}_m$ 表征，磁矩和环上电流 i 的关系为

$$\vec{p}_m = \mu_0 i\vec{S} \tag{9.3.1}$$

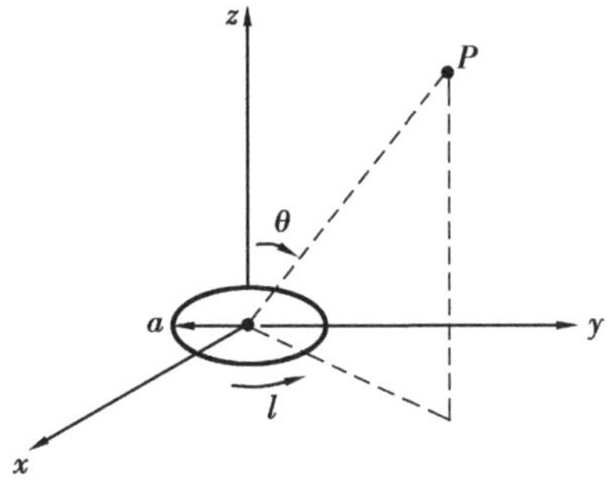

图 9.3.1 磁偶极子天线

式中 $\vec{S}$ 为小环围成的面积矢量，方向由环上电流 i 按右手螺旋法则确定，如图 9.3.1 所示。磁偶极子天线与磁偶极子不同的是：在磁偶极子上，电流 i 为一个恒定电流，而磁偶极子天线上电流 $i = Ie^{j\omega t}$ 是一个高频变化的电流。

这里只讨论磁偶极子天线在远区的辐射场。下面我们先用电磁辐射公式(9.1.23)来计算磁偶极子天线矢量磁位的滞后位，然后再求出磁偶极子天线的辐射场。

仿照磁偶极子的矢量磁位的计算方法，将磁偶极子天线的电流密度代入式(9.1.23)，再对整个环进行积分可得

$$\vec{A} = \vec{a}_\varphi A_\varphi = \vec{a}_\varphi\frac{\mu I}{4\pi}\int_0^{2\pi}\frac{(a\,d\varphi)}{r'}\cos\varphi\cdot e^{j(\omega t - kr')} \tag{9.3.2}$$

在球坐标系中,若场点的位置用矢量 $\vec{r}$ 表示,则式(9.3.2)可改写成

$$\vec{A} = \vec{a}_\varphi \frac{\mu I}{4\pi}\int_0^{2\pi} \frac{a\cos\varphi}{r'} e^{j(\omega t - kr)} \cdot e^{jk(r-r')} d\varphi \tag{9.3.3}$$

由于小环的半径极小,则有 $k(r-r') \ll 1$,于是式(9.3.3)中的 $e^{jk(r-r')}$ 可写成

$$e^{jk(r-r')} = \cos[k(r-r')] + j\sin[k(r-r')] \approx 1 + jk(r-r') \tag{9.3.4}$$

将式(9.3.4)代入式(9.3.3)可得

$$\vec{A} = \vec{a}_\varphi \frac{\mu a I e^{j(\omega t - kr)}}{4\pi r}\int_0^{2\pi} [\frac{r}{r'} + jkr(\frac{r}{r'} - 1)]\cos\varphi d\varphi \tag{9.3.5}$$

而

$$\frac{r}{r'} = 1 + \frac{a}{r}\sin\theta\cos\varphi \tag{9.3.6}$$

将式(9.3.6)代入式(9.3.5)积分可得

$$\vec{A} = \vec{a}_\varphi \frac{\mu(I\pi a^2)k}{4\pi r}(\frac{1}{kr} + j)\sin\theta \cdot e^{j(\omega t - kr)} \tag{9.3.7}$$

再将 $\vec{p}_m = \mu_0 i \vec{s}$ 代入式(9.3.7),并考虑到 $\vec{p}_m$ 与 $\vec{r}$ 的矢量关系,则有

$$\vec{A} = \frac{\vec{p}_m \times \vec{r}}{4\pi r^2} k(\frac{1}{kr} + j) e^{-jkr} \tag{9.3.8}$$

这就是基本磁偶极子天线在远区辐射的滞后矢量磁位。

将式(9.3.8)代入磁场与矢量磁位的关系方程 $\vec{H} = \frac{1}{\mu_0}\nabla \times \vec{A}$ 可得

$$\begin{aligned}\vec{H} = \frac{1}{\mu_0}\nabla \times \vec{A} = \vec{a}_r \frac{p_m k^2}{2\pi r \mu_0}(\frac{1}{k^2 r^2} + j\frac{1}{kr})\cos\theta \cdot e^{-jkr} + \\ \vec{a}_\theta \frac{p_m k^2}{4\pi \mu_0 r}(\frac{1}{k^2 r^2} + j\frac{1}{kr} - 1)\sin\theta \cdot e^{-jkr}\end{aligned} \tag{9.3.9}$$

由于这里讨论的是远区的辐射问题,故有 $r \gg \lambda$ 和 $kr \gg 1$,因此在式(9.3.9)中只保留含 $\frac{1}{r}$ 的项,则基本磁偶极子的辐射磁场只有

$$H_\theta = -\frac{p_m k^2}{4\pi \mu_0 r}\sin\theta \cdot e^{-jkr} \tag{9.3.10}$$

分量,再由麦克斯韦方程,很容易求得基本磁偶极子天线的电场为

$$E_\varphi = \frac{p_m}{4\pi \mu_0 r}\eta_0 k^2 \sin\theta \cdot e^{-jkr} \tag{9.3.11}$$

由式(9.3.10)和式(9.3.11)可知,基本磁偶极子天线与基本电振子天线一样,向空间辐射球面电磁波;与基本电振子天线不同的是电场 $\vec{E}$ 和磁场 $\vec{H}$ 在球面上互换了位置,但其坡印廷矢量

$$\vec{S}_{av} = \frac{1}{2}\text{Re}(\vec{E} \times \vec{H}^*) = -\frac{1}{2}\text{Re}(E_\theta H_\varphi^*)\vec{a}_r \tag{9.3.12}$$

仍指向 $\vec{r}$ 的正方向。磁偶极子的辐射场如图 9.3.2 所示。

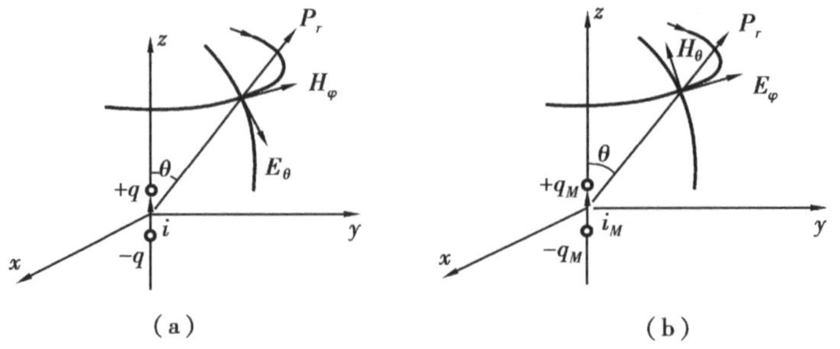

图 9.3.2　电偶极子与磁偶极子的对偶关系

*9.4　电磁场的对偶性

无源区域中的麦克斯韦方程为

$$\nabla \times \vec{H} = \frac{\partial \vec{D}}{\partial t} \tag{9.4.1}$$

$$\nabla \times \vec{E} = -\frac{\partial \vec{B}}{\partial t} \tag{9.4.2}$$

$$\nabla \cdot \vec{B} = 0 \tag{9.4.3}$$

$$\nabla \cdot \vec{D} = 0 \tag{9.4.4}$$

这是一个对称方程组，这暗示了空间中电与磁应该有一种对称性。历史上人们认为电场与磁场是一组对偶的物质，对应于电荷和电流一定应该存在另一种对偶的磁荷和磁流。因此，物理学家们在理论上引入了磁荷 ρ_m 和磁流 $\vec{J}_m$ 的概念，并将客观世界的宏观电磁运动规律归结为如下一组对称的麦克斯韦方程组：

$$\nabla \times \vec{H} = \vec{J} + \frac{\partial \vec{D}}{\partial t} \tag{9.4.5}$$

$$\nabla \times \vec{E} = -\vec{J}_m - \frac{\partial \vec{B}}{\partial t} \tag{9.4.6}$$

$$\nabla \cdot \vec{B} = \rho_m \tag{9.4.7}$$

$$\nabla \cdot \vec{D} = \rho \tag{9.4.8}$$

式中，ρ_m 为磁荷密度，它的量纲为 $\mathrm{Wb/m^3}$，$\vec{J}_m$ 为磁流密度，它的量纲为 $\mathrm{V/m^2}$。式(9.4.5)中等号右边的正号说明了电流与磁场之间为右手螺旋关系；而式(9.4.1)中磁流与电场之间为左手螺旋关系。

若我们将电场 $\vec{E}$ 和磁场 $\vec{H}$ 看成是由电源激励的电场 $\vec{E}_e$ 和磁场 $\vec{H}_e$ 与磁源激励的电场 $\vec{E}_m$ 和磁场 $\vec{H}_m$ 的迭加，即

$$\vec{E} = \vec{E}_e + \vec{E}_m \qquad 和 \qquad \vec{H} = \vec{H}_e + \vec{H}_m \tag{9.4.9}$$

则有 $\vec{E}_e$、$\vec{H}_e$ 和 $\vec{E}_m$、$\vec{H}_m$ 分别满足以下方程组，即

$$\nabla \times \vec{H}_e = \vec{J} + \varepsilon \frac{\partial \vec{E}_e}{\partial t} \tag{9.4.10a}$$

$$\nabla \times \vec{E}_m = -\vec{J}_m - \mu \frac{\partial \vec{H}_m}{\partial t} \tag{9.4.11a}$$

$$\nabla \times \vec{E}_e = -\mu \frac{\partial \vec{H}_e}{\partial t} \quad (9.4.10\text{b}) \qquad 和 \qquad \nabla \times \vec{H}_m = \varepsilon \frac{\partial \vec{E}_m}{\partial t} \quad (9.4.11\text{b})$$

$$\nabla \cdot (\mu \vec{H}_e) = 0 \quad (9.4.10\text{c}) \qquad\qquad \nabla \cdot (\varepsilon \vec{E}_m) = 0 \quad (9.4.11\text{c})$$

$$\nabla \cdot (\varepsilon \vec{E}_e) = \rho \quad (9.4.10\text{d}) \qquad\qquad \nabla \cdot (\mu \vec{H}_m) = \rho_m \quad (9.4.11\text{d})$$

显然，方程组(9.4.10)与方程组(9.4.11)互为对偶方程组。

若在方程组(9.4.10)中用 $\vec{H}_m$、$-\vec{E}_m$、$\vec{J}_m$、ρ_m、μ、ε 去替换原式中的 $\vec{E}_e$、$\vec{H}_e$、$\vec{J}$、ρ、ε、μ，则我们很容易由方程组(9.4.10)得到方程组(9.4.11)。同时这也说明：如果在某一区域中关于电源的边值问题的解已求得，则在同一区域中，关于其对偶的磁源的边值问题的解，我们直接可以通过以上的对偶关系得到。

磁偶极子天线与基本电振子天线是一组互为对偶的天线。引入磁荷后，我们可以将磁矩视为一个时变的磁偶极子，磁极上磁荷是 $+q_m$ 和 $-q_m$，它们之间的距离是 l。磁荷与磁偶极子上的磁流 i_m 之间满足磁流连续性。它的磁矩可表示为

$$\vec{p}_m = q_m \vec{l} \tag{9.4.12}$$

式中 $\vec{l}$ 的方向与小环面积矢量 $\vec{S}$ 的方向一致。由式(9.3.1)可得

$$q_m = \frac{\mu_0 is}{l} \tag{9.4.13}$$

而磁流

$$i_m = \frac{\mathrm{d}q_m}{\mathrm{d}t} = \frac{\mu_0 s}{l} \cdot \frac{\mathrm{d}i}{\mathrm{d}t} \tag{9.4.14}$$

若将磁荷和磁流表示为复数形式，则有

$$q_m = \frac{\mu_0 s}{l} I \qquad 和 \qquad I_m = j\frac{\omega\mu_0 s}{l} I \tag{9.4.15}$$

利用对偶关系

$$\begin{array}{ll} \vec{H}_m \longleftrightarrow \vec{E}_E & (-\vec{E})_m \longleftrightarrow \vec{H}_E \\ q_m \longleftrightarrow q & I_m \longleftrightarrow I \\ \mu_0 \longleftrightarrow \varepsilon_0 & \varepsilon_0 \longleftrightarrow \mu_0 \end{array} \tag{9.4.16}$$

由基本电振子天线的辐射场式(9.2.14)和式(9.2.15)(现重写如下)：

$$E_\theta = j\frac{\omega\mu Il}{4\pi r}\sin\theta \mathrm{e}^{-jkr}$$

$$H_\varphi = j\frac{\omega\sqrt{\mu\varepsilon}Il}{4\pi r}\sin\theta \mathrm{e}^{-jkr}$$

可得磁振子天线在远区的辐射场为

$$H_\theta = j\frac{\omega\varepsilon_0 I_m l}{4\pi r}\sin\theta \cdot e^{-jkr} = j\frac{I_m l}{2\lambda r}\sqrt{\frac{\varepsilon_0}{\mu_0}} \cdot \sin\theta \cdot e^{-jkr} \tag{9.4.17}$$

$$E_\varphi = -j\frac{\omega\sqrt{\mu_0\varepsilon_0}I_m l}{4\pi r} \cdot \sin\theta \cdot e^{-jkr} = -j\frac{I_m l}{2\lambda r}\sin\theta \cdot e^{-jkr} \tag{9.4.18}$$

将 $I_m l = j\omega\mu_0 sI = j\omega p_m$ 代入上式可得

$$H_\theta = -\frac{\pi p_m}{\lambda^2\mu_0 r}\sin\theta \cdot e^{-jkr} \tag{9.4.19}$$

$$E_\varphi = \frac{\pi p_m}{\lambda^2\mu_0 r}\sqrt{\frac{\mu_0}{\varepsilon_0}}\sin\theta \cdot e^{-jkr} \tag{9.4.20}$$

经整理可得

$$H_\theta = -\frac{p_m k^2}{4\pi\mu_0 r}\sin\theta \cdot e^{-jkr}$$

$$E_\varphi = \frac{p_m}{4\pi\mu_0 r}\eta_0 k^2 \sin\theta \cdot e^{-jkr}$$

这与式(9.3.10)与式(9.3.11)完全一致。

*9.5 电磁场的互易性

在电路理论中,对于一个线性双口网络,如果输入端的单位激励在输出端的响应,与单位激励加在输出端时在输入端产生的响应相等,这样的性质我们称为双口网络的互易性。在这一节,我们将导出线性空间中的电磁场也具有互易性,我们将看到:电磁场的互易性对天线的讨论具有十分重要的意义。如我们已知了天线作为发射天线的性能,当天线用作接收时,它的许多性能可以根据收发天线之间的互易性得到。下面我们首先推导电磁场中互易定理的一般形式。

9.5.1 电磁场的互易定理

假定 $\vec{E}_1$、$\vec{H}_1$ 是区域 V_1 中的电流源 $\vec{J}_1$ 的辐射场,$\vec{E}_2$、$\vec{H}_2$ 是区域 V_2 中的电流源 $\vec{J}_2$ 的辐射场,并设空间中的介质是线性、各向同性的。根据矢量恒等式

$$\nabla \cdot (\vec{A}\times\vec{B}) = \vec{B}\cdot(\nabla\times\vec{A}) - \vec{A}\cdot(\nabla\times\vec{B}) \tag{9.5.1}$$

有

$$\nabla \cdot (\vec{E}_1\times\vec{H}_2) = \vec{H}_2\cdot(\nabla\times\vec{E}_1) - \vec{E}_1\cdot(\nabla\times\vec{H}_2) \tag{9.5.2}$$

$$\nabla \cdot (\vec{E}_2\times\vec{H}_1) = \vec{H}_1\cdot(\nabla\times\vec{E}_2) - \vec{E}_2\cdot(\nabla\times\vec{H}_1) \tag{9.5.3}$$

假定两组场为同频率的时谐辐射场,并处于同一介质空间,则其麦克斯韦方程为

$$\nabla\times\vec{H}_1 = \vec{J}_1 + j\omega\varepsilon\vec{E}_1 \quad , \quad \nabla\times\vec{E}_1 = -j\omega\mu\vec{H}_1 \tag{9.5.4}$$

$$\nabla\times\vec{H}_2 = \vec{J}_2 + j\omega\varepsilon\vec{E}_2 \quad , \quad \Delta\times\vec{E}_2 = -j\omega\mu\vec{H}_2 \tag{9.5.5}$$

将式(9.5.4)和式(9.5.5)中的场量分别代入式(9.5.2)和式(9.5.3)可得

$$\nabla \cdot (\vec{E}_1 \times \vec{H}_2) = -j\omega(\mu \vec{H}_1 \cdot \vec{H}_2 + \varepsilon \vec{E}_1 \cdot \vec{E}_2) - \vec{E}_1 \cdot \vec{J}_2 \tag{9.5.6}$$

$$\nabla \cdot (\vec{E}_2 \times \vec{H}_1) = -j\omega(\mu \vec{H}_1 \cdot \vec{H}_2 + \varepsilon \vec{E}_1 \cdot \vec{E}_2) - \vec{E}_2 \cdot \vec{J}_1 \tag{9.5.7}$$

将式(9.5.6)减去式(9.5.7),可得

$$\nabla \cdot (\vec{E}_1 \times \vec{H}_2 - \vec{E}_2 \times \vec{H}_1) = \vec{E}_2 \cdot \vec{J}_1 - \vec{E}_1 \cdot \vec{J}_2 \tag{9.5.8}$$

对式(9.5.8)作体积分并应用散度定理,则有

$$\oint_S (\vec{E}_1 \times \vec{H}_2 - \vec{E}_2 \times \vec{H}_1) \cdot d\vec{S} = \int_v (\vec{E}_2 \cdot \vec{J}_1 - \vec{E}_1 \cdot \vec{J}_2) d\tau \tag{9.5.9}$$

这是线性介质中电磁场互易性的一种最普遍的表示关系,称为线性介质中电磁场的**互易定理**。

当所取体积分为整个空间时,式(9.5.9)左边的面积分为零,此时

$$\int_{v_\infty} \vec{E}_1 \cdot \vec{J}_2 d\tau = \int_{v_\infty} \vec{E}_2 \cdot \vec{J}_1 d\tau \tag{9.5.10}$$

它表述了一个源与一个场之间的互易关系。

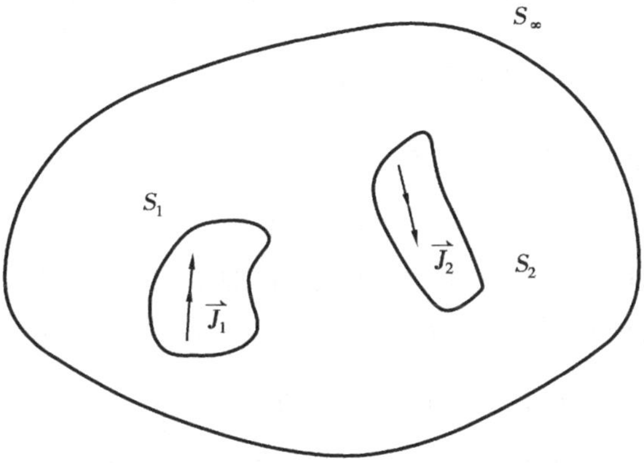

图 9.5.1　无源区域场的互易关系

当式(9.5.9)在无源区域中积分时,右边体积分为零。而左边面积分应在 S_∞ 和源 $\vec{J}_1$、$\vec{J}_2$ 所在的区域的边界 S_1、S_2 上进行。因此有

$$\oint_{S_1+S_2} (\vec{E}_1 \times \vec{H}_2 - \vec{E}_2 \times \vec{H}_1) \cdot d\vec{S} = 0 \tag{9.5.11}$$

这就是洛伦兹形式的互易定理。如果 S_1、S_2 是导体的边界,例如是天线表面,那么因切向电场应为零,则有

$$\oint_{S_1+S_2} \vec{E}_1 \times \vec{H}_2 \cdot d\vec{S} = \oint_{S_1+S_2} \vec{E}_2 \times \vec{H}_1 \cdot d\vec{S} = 0 \tag{9.5.12}$$

9.5.2　电磁场互易定理的应用

下面我们用电磁场的互易性来研究发射天线与接收天线之间的联系。设天线 1 接电源 V_1 作发射天线,天线 2 作接收天线(天线 2 的输入端短路),对应的场为 $\vec{E}_1$、$\vec{H}_1$、$\vec{J}_1$;当接收天线与发射天线互易,即天线 2 接电源 V_2 作发射天线,天线 1 作接收天线(天线 1 的输入端短路)时,对应的场为 $\vec{E}_2$、$\vec{H}_2$、$\vec{J}_2$。如图 9.5.2 所示。

根据线性空间中电磁场的互易定理,将 $\vec{E}_1$、$\vec{J}_1$ 和 $\vec{E}_2$、$\vec{J}_2$ 代入式(9.5.10)可得

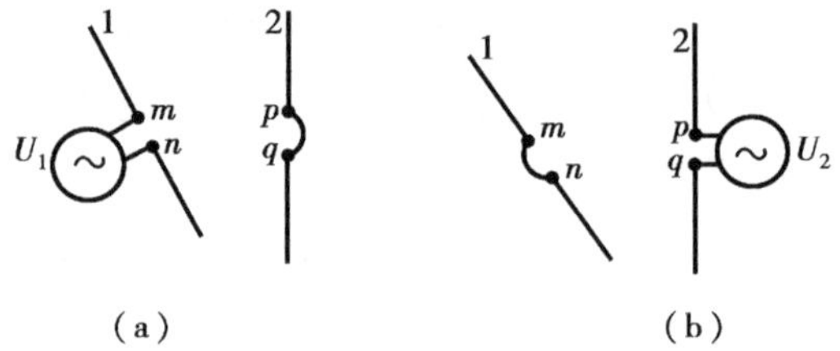

图 9.5.2　发射天线与接收天线的互易性

$$\int_{v_1+v_2}\vec{E}_1\cdot\vec{J}_2\mathrm{d}\tau=\int_{v_1+v_2}\vec{E}_2\cdot\vec{J}_1\mathrm{d}\tau \tag{9.5.13}$$

如果这里的天线为细导线，则 $\vec{J}\mathrm{d}\tau=I\mathrm{d}l$，此时式(9.5.13)变为

$$\int_{L_1+L_2}I_2\vec{E}_1\cdot\mathrm{d}\vec{l}=\int_{L_1+L_2}I_1\vec{E}_2\cdot\mathrm{d}\vec{l} \tag{9.5.14}$$

由于理想导体表面的切向电场为零，则天线 1 的电源在输入端提供的电压 $V_1=\int_{l_1}\vec{E}_1\cdot\mathrm{d}\vec{l}$，而对天线 2 则有 $\int_{l_2}\vec{E}_1\cdot\mathrm{d}\vec{l}=0$；对于天线 2，电源在输入端提供的电压 $V_2=\int_{l_2}\vec{E}_2\cdot\mathrm{d}\vec{l}$，而对于天线 1 则有 $\int_{l_1}\vec{E}_2\cdot\mathrm{d}\vec{l}=0$。于是，式(9.5.14)可改写成

$$I_2V_1=I_1V_2 \tag{9.5.15}$$

这里 I_2 为天线 2 上的源 V_2 在天线 1 上产生的电流，通常记为 $I_2=I_{12}$，而 I_1 为天线 1 上的源 V_1 在天线 2 上产生的电流，通常记为 $I_1=I_{21}$。因此，式(9.5.15)又可改写成

$$I_{12}V_1=I_{21}V_2\qquad\text{或}\qquad\frac{I_{12}}{V_2}=\frac{I_{21}}{V_1} \tag{9.5.16}$$

上述互易关系说明：当天线 2 上加单位电压时，在天线 1 上所产生的电流，等于天线 1 上加单位电源时在天线 2 上所产生的电流。这与电路理论中二端口网络的互易性是一致的。

小　　结

1. 天线的辐射场通过计算矢量电磁位来得到。矢量电磁位与源的关系方程为：

$$\nabla^2\Phi+k^2\Phi=-\rho/\varepsilon$$

$$\nabla^2\vec{A}+k^2\vec{A}=-\mu\vec{J}$$

对于给定的时变电荷和时变电流，空间中的矢量电磁位为：

$$\Phi_p=\frac{1}{4\pi\varepsilon}\int_{\tau}\frac{\rho(x',y',z')}{r}\mathrm{e}^{j\omega(t-\frac{r}{v})}\mathrm{d}\tau'$$

$$\vec{A}=\frac{\mu}{4\pi}\int_{\tau}\frac{\vec{J}(r,r')}{r}\mathrm{e}^{j\omega(t-\frac{r}{v})}\mathrm{d}\tau'$$

上式称为**电磁辐射公式**。矢量电磁位是一个滞后位，即它们的值是由观察时刻以前的源决定的，滞后的时间是电磁波从源点传播到场点所需的时间。

2. 利用矢量磁位可计算电流元天线，即基本电振子的辐射场。由此可得到它的方向性函数、方向性图、辐射功率、辐射电阻和方向性系数等参量。

3. 磁偶极子是一种重要的单元天线,它是计算开槽天线等的理论模型。

4. 电磁对偶原理给出了客观世界中电与磁存在的一种对偶关系和电与磁的一种互换法则。它的意义在于:若已知某电的问题已解决,则与它对偶的磁的问题也可由电问题的结果,根据电磁对偶原理立即得到解决。

5. 天线的互易性给出了发射天线与接收天线之间的关系。若已知某发射天线的性能,由天线的互易性,我们可得该天线作为接收天线的性能。

习　　题

9.1　设天线的轴线沿东西方放置,在远方有一移动接收电台在正南方且接收到最大电场强度。当电台沿以元天线为中心的圆周在地面上移动时,电场强度逐渐减小。问当电场强度减小到最大值的$\frac{1}{\sqrt{2}}$时,电台的位置偏离正南方多少角度?

9.2　在上题中如果接收台不动,将元天线在水平面内绕中心旋转,结果如何?如果接收台天线也是元天线,讨论收发两天线的相对方位对测量结果的影响。

9.3　假定自由空间球坐标系的原点上有一个理想的点辐射源,它辐射的是无方向性的均匀球面波,且电场强度只有 φ 分量

$$E_\varphi = \frac{E_0}{r}e^{-jkr}$$

式中 E_0 为复常数,$k=\omega\sqrt{\mu_0\varepsilon_0}$。试求:

(1)磁场强度 $\vec{H}$;

(2)任意点辐射的平均功率流密度;

(3)总辐射功率。

9.4　计算位于原点的电流为 $I(t)=\vec{a}_z I_0 e^{-\frac{t}{\tau}}(\tau>0)$ 的基本电振子天线在空间激励的矢量磁位。

9.5　长度为10cm的短偶极子天线,工作在 $f=30$MHz 频点上,导线的半径为 $r=400\ \mu$m。设电流均匀分布。

(1)设 $\sigma=57$ MS/m 和 $\mu=4\pi\times10^{-7}$ H/m,求辐射效率;

(2)求最大功率增益;

(3)求方向增益为1.0时的角 θ。

注:天线的增益定义为定向辐射天线与点源天线在具有相同输入功率的条件下,电场强度的平方比,即 $G(\theta,\varphi)=\left.\frac{E^2(\theta,\varphi)}{E_0^2(\theta,\varphi)}\right|_{\text{同一输入功率}}$。

9.6　如图所示一半波天线,已知天线上电流分布为 $I=I_m\cos(kz)\quad\left(-\frac{l}{2}<z<\frac{l}{2}\right)$。

(1)求证:当 $r_0\gg l$ 时,由辐射公式可得

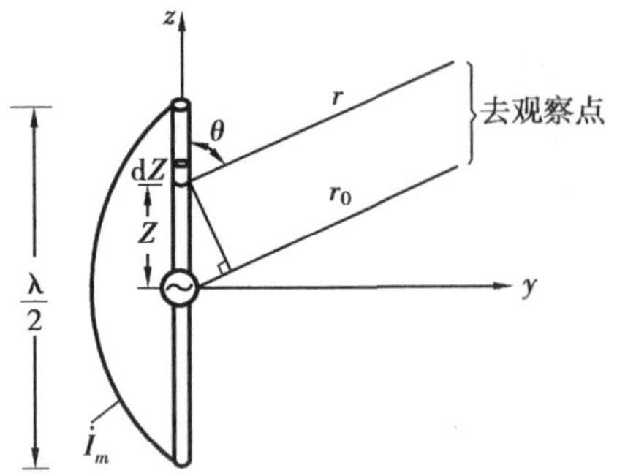

题 9.6 图　半波天线

$$A_z = \frac{I_m e^{-jkr_0}}{2\pi r_0} \cdot \frac{\cos\left(\frac{\pi}{2}\cos\theta\right)}{\sin^2\theta}$$

(2)求远区的磁场和电场；

(3)求坡印廷矢量；

(4)求方向性系数。

9.7　位于原点的半波天线，其电流振幅为 1 A，求离开天线 1 km 处的最大电场强度。

9.8　试计算 1 公里长的单导线对于 50 Hz 交流电所具有的辐射电阻。如果把单导线的辐射看成是输电线的一种损耗，试计算 100 公里长的单导线当载有 100 安培电流时的损耗功率。

9.9　证明在电偶极子的远区场中，电场强度的振幅与总辐射功率的关系是：

$$E_\theta = 9.49\sqrt{P} \cdot \frac{\sin\theta}{r}$$

式中 P 是总辐射功率。

9.10　如果我们把任一方向上单位面积上的辐射功率与最大单位面积上的辐射功率之比与方向的关系称为功率方向图函数，试求电偶极子远区场的功率方向图函数。

9.11　计算周长为十分之一波长的小电环的辐射电阻值。这样一个小环要辐射 1 瓦的高频功率，需要多大的电流 I_m？对一个长度为 1/10 波长的直线电流元重复上述计算，比较它们的结果，该结果说明了什么问题？

9.12　两半波天线平行放置，相距$\frac{\lambda}{2}$，它们的电流振幅相等，同相激励。试用方向图乘法草绘出 3 个主平面上的方向性图。

9.13　在自由空间中的两个基本电振子，一个振子的中心在原点，方向与 x 轴重合，载电流 $i_1 = I_0\cos\omega t$。另一个振子的中心也在原点，但方向与 y 轴重合，载电流 $i_2 = I_0\sin\omega t$。试问：

(1)在 x 轴上远区任一点辐射的电场是什么极化？

(2)在 y 轴上远区任一点辐射的电场是什么极化？

(3)在 z 轴上远区任一点辐射的电场是什么极化？

(4)在 $z=0, x=y$ 的直线上远区任一点辐射的电场是什么极化？

9.14　一个电偶极子和一个电流环同时置于坐标原点，如题 9.14 图所示，若满足

$$I_1 l = \frac{2\pi}{\lambda} I_2 s$$

试证明在远区任意点的辐射场强是圆极化的。

9.15　两个直径相同而相互垂直放置的小电流环做成全方位天线，如题 9.15 图所示。如果两者的馈源相位相差 90°，试证明在垂直于它们公共直径的平面上方向性图是一个圆。

9.16　求频率 $f = 50$ MHz，长度 $l = 10$ cm 的天线的辐射电阻：

(1)设天线是直导线；

(2)设天线被弯成圆环形状。

9.17　试绘制下列电偶极子在 E 面和 H 面内的辐射场强的方向性图：

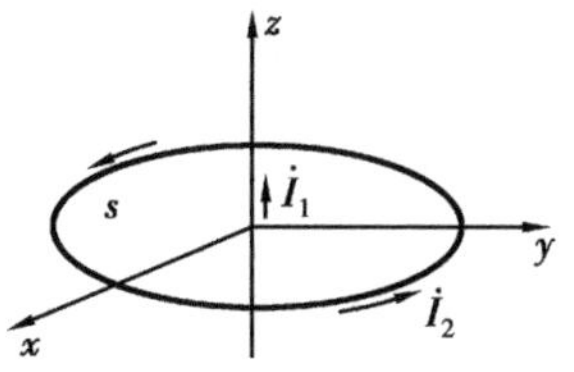

题 9.14 图　电偶极子和电流环的辐射

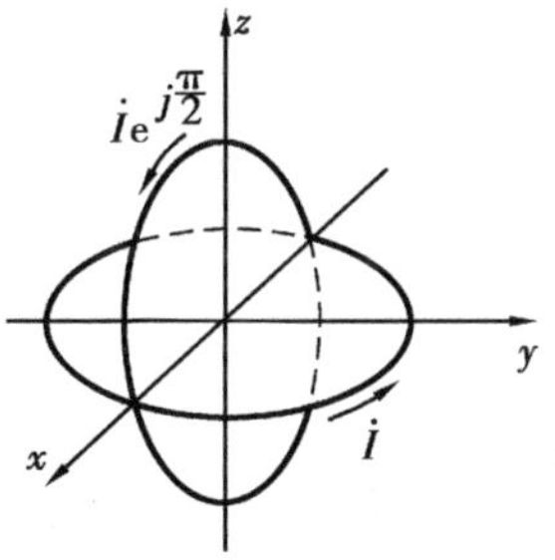

题 9.15 图　小电流环全方位天线

(1) 二平行偶极子彼此相距$\frac{\lambda}{2}$,馈以等值同相的电流;

(2) 四平行偶极子彼此相距$\frac{\lambda}{2}$,馈以等值同相的电流;

(3) 二个端点相对直线排列,中心相距$\frac{\lambda}{2}$的偶极子,馈以等值同相的电流;

(4) 四个端点相对直线排列,其中心彼此相距$\frac{\lambda}{2}$的偶极子,馈以等值同相的电流。

附　录

附录1　常用矢量恒等式

一、常用矢量的加减、乘除运算

$$\vec{A}+\vec{B}=\vec{B}+\vec{A} \tag{1.1}$$

$$\vec{A}\cdot\vec{B}=\vec{B}\cdot\vec{A}=AB\cos(\vec{A},\vec{B}) \tag{1.2}$$

$$\vec{A}\times\vec{B}=-\vec{B}\times\vec{A}=\vec{C}\qquad (C=|AB\sin(\vec{A},\vec{B})|) \tag{1.3}$$

$$\vec{C}\cdot(\vec{A}+\vec{B})=\vec{C}\cdot\vec{A}+\vec{C}\cdot\vec{B} \tag{1.4}$$

$$\vec{C}\times(\vec{A}+\vec{B})=\vec{C}\times\vec{A}+\vec{C}\times\vec{B} \tag{1.5}$$

$$\vec{A}\cdot(\vec{B}\times\vec{C})=\vec{B}\cdot(\vec{C}\times\vec{A})=\vec{C}\cdot(\vec{A}\times\vec{B}) \tag{1.6}$$

$$\vec{A}\times(\vec{B}\times\vec{C})=(\vec{A}\cdot\vec{C})\vec{B}-(\vec{A}\cdot\vec{B})\vec{C} \tag{1.7}$$

二、常用矢量的微分、积分运算

$$\nabla(\varphi\Psi)=\varphi\nabla\Psi+\Psi\nabla\varphi \tag{1.8}$$

$$\nabla(\Psi\vec{A})=\vec{A}\cdot\nabla\Psi+\Psi\nabla\cdot\vec{A} \tag{1.9}$$

$$\nabla\times(\Psi\vec{A})=\nabla\Psi\times\vec{A}+\Psi\nabla\times\vec{A} \tag{1.10}$$

$$\nabla(\vec{A}\cdot\vec{B})=(\vec{A}\cdot\nabla)\vec{B}+(\vec{B}\cdot\nabla)\vec{A}+\vec{A}\times(\nabla\times\vec{B})+\vec{B}\times(\nabla\times\vec{A}) \tag{1.11}$$

$$\nabla\cdot(\vec{A}\times\vec{B})=\vec{B}\cdot\nabla\times\vec{A}-\vec{A}\cdot\nabla\times\vec{B} \tag{1.12}$$

$$\nabla\times(\vec{A}\times\vec{B})=\vec{A}\nabla\cdot\vec{B}-\vec{B}\nabla\cdot\vec{A}+(\vec{B}\cdot\nabla)\vec{A}-(\vec{A}\cdot\nabla)\vec{B} \tag{1.13}$$

$$\nabla\cdot\nabla\Psi=\nabla^2\Psi \tag{1.14}$$

$$\nabla\times\nabla\Psi=0 \tag{1.15}$$

$$\nabla\cdot\nabla\times\vec{A}=0 \tag{1.16}$$

$$\nabla\times\nabla\times\vec{A}=\nabla(\nabla\cdot\vec{A})-\nabla^2\vec{A} \tag{1.17}$$

$$\int_{\tau} \nabla \cdot \vec{A} d\tau = \oint_{S} \vec{A} \cdot d\vec{S} \tag{1.18}$$

$$\oint_{S} \nabla \times \vec{A} \cdot d\vec{S} = \oint_{C} \vec{A} \cdot d\vec{l} \tag{1.19}$$

$$\int_{\tau} \nabla \times \vec{A} d\tau = \oint_{S} (\vec{n} \times \vec{A}) d\vec{S} \tag{1.20}$$

$$\int_{\tau} \nabla \Psi d\tau = \oint_{S} \Psi \vec{n} dS \tag{1.21}$$

$$\oint_{S} \vec{n} \times \nabla \Psi dS = \oint_{C} \Psi d\vec{l} \tag{1.22}$$

三、3 种坐标系内梯度、散度、旋度和拉普拉斯运算

（1）直角坐标系

$$\nabla \Psi = \vec{a}_x \frac{\partial \Psi}{\partial x} + \vec{a}_y \frac{\partial \Psi}{\partial y} + \vec{a}_z \frac{\partial \Psi}{\partial z} \tag{1.23}$$

$$\nabla \cdot \vec{A} = \frac{\partial A_x}{\partial x} + \frac{\partial A_y}{\partial y} + \frac{\partial A_z}{\partial z} \tag{1.24}$$

$$\nabla \times \vec{A} = \begin{vmatrix} \vec{a}_x & \vec{a}_y & \vec{a}_z \\ \dfrac{\partial}{\partial x} & \dfrac{\partial}{\partial y} & \dfrac{\partial}{\partial z} \\ A_x & A_y & A_z \end{vmatrix} \tag{1.25}$$

$$\nabla^2 \Psi = \frac{\partial^2 \Psi}{\partial x^2} + \frac{\partial^2 \Psi}{\partial y^2} + \frac{\partial^2 \Psi}{\partial z^2} \tag{1.26}$$

（2）圆柱坐标系

$$\nabla \Psi = \vec{a}_r \frac{\partial \Psi}{\partial r} + \frac{\vec{a}_\varphi}{r} \frac{\partial \Psi}{\partial \varphi} + \vec{a}_z \frac{\partial \Psi}{\partial z} \tag{1.27}$$

$$\nabla \cdot \vec{A} = \frac{1}{r} \frac{\partial}{\partial r}(rA_r) + \frac{1}{r}\left[\frac{\partial A_\varphi}{\partial \varphi}\right] + \frac{\partial A_z}{\partial z} \tag{1.28}$$

$$\nabla \times \vec{A} = \frac{1}{r} \begin{vmatrix} \vec{a}_r & r\vec{a}_\varphi & \vec{a}_z \\ \dfrac{\partial}{\partial r} & \dfrac{\partial}{\partial \varphi} & \dfrac{\partial}{\partial z} \\ A_r & rA_\varphi & A_z \end{vmatrix} \tag{1.29}$$

$$\nabla^2 \Psi = \frac{1}{r} \frac{\partial}{\partial r}\left[r \frac{\partial \Psi}{\partial r}\right] + \frac{1}{r^2} \frac{\partial^2 \Psi}{\partial \varphi^2} + \frac{\partial^2 \Psi}{\partial z^2} \tag{1.30}$$

（3）球坐标系

$$\nabla \Psi = \vec{a}_r \frac{\partial \Psi}{\partial r} + \frac{\vec{a}_\theta}{r} \frac{\partial \Psi}{\partial \theta} + \frac{\vec{a}_\varphi}{r\sin\theta} \frac{\partial \Psi}{\partial \varphi} \tag{1.31}$$

$$\nabla \cdot \vec{A} = \frac{1}{r^2} \frac{\partial}{\partial r}(r^2 A_r) + \frac{1}{r\sin\theta} \frac{\partial}{\partial \theta}(\sin\theta A_\theta) + \frac{1}{r\sin\theta} \frac{\partial A_\varphi}{\partial \varphi} \tag{1.32}$$

$$\nabla\times\vec{A}=\frac{1}{r^2\sin\theta}\begin{vmatrix}\vec{a}_r & r\vec{a}_\theta & r\sin\theta\vec{a}_\varphi\\ \frac{\partial}{\partial r} & \frac{\partial}{\partial\theta} & \frac{\partial}{\partial\varphi}\\ A_r & rA_\theta & r\sin\theta A_\varphi\end{vmatrix} \tag{1.33}$$

$$\nabla^2\Psi=\frac{1}{r^2}\frac{\partial}{\partial r}\left[r^2\frac{\partial\Psi}{\partial r}\right]+\frac{1}{r^2\sin\theta}\frac{\partial}{\partial\theta}\left(\sin\theta\frac{\partial\Psi}{\partial\theta}\right)+\frac{1}{r^2\sin^2\theta}\frac{\partial^2\Psi}{\partial\varphi^2} \tag{1.34}$$

附录2　亥姆霍兹定理的证明

这里只证明一种简单情形。

定理　设在空间有限区域内分布连续的矢量场 $\vec{F}$(在无限远处为零)，当已知该矢量场的散度和旋度时，则场由下式惟一地确定。即

$$\vec{F}=-\nabla\phi+\Delta\times\vec{A} \tag{2.1}$$

其中

$$\phi(x,y,z)=\frac{1}{4\pi}\int_\tau\frac{\Delta'\vec{F}(x',y',z')}{R}\mathrm{d}\tau' \tag{2.2}$$

$$\vec{A}(x,y,z)=\frac{1}{4\pi}\int_\tau\frac{\Delta'\times\vec{F}(x',y',z')}{R}\mathrm{d}\tau' \tag{2.3}$$

上式中，$R=[(x'-x)^2+(y'-y)^2+(z'-z)^2]^{1/2}$是从源点$(x',y',z')$到场点$(x,y,z)$的距离。$\nabla\cdot\vec{F}$和$\nabla'\times\vec{F}$分别为已知的场分布在有限空间$\tau$内的通量源密度和旋涡源密度。$\nabla'\cdot$和$\nabla'\times$分别是对源点坐标$(x',y',z')$的散度和旋度运算。

证明

对于连续矢量场 $\vec{F}$，当积分区域包含(x',y',z')在内的点时，有

$$\int_\tau\vec{F}(x',y',z')\delta(x-x')\delta(y-y')\delta(z-z')=\vec{F}(x,y,z) \tag{2.4}$$

另外，又根据点源的位(格林函数)$G=\frac{1}{4\pi R}$满足

$$\nabla^2\left(\frac{1}{4\pi R}\right)=-\delta(x-x')\delta(y-y')\delta(z-z') \tag{2.5}$$

其中 $R=\sqrt{(x-x')^2+(y-y')^2+(z-z')^2}$，将上式代入式(2.4)得

$$-\int_\tau\vec{F}(x',y',z')\nabla^2\frac{1}{4\pi R}\mathrm{d}\tau'=\vec{F}(x,y,z)$$

即

$$\vec{F}(x,y,z)=-\frac{1}{4\pi}\nabla^2\int_\tau\frac{\vec{F}(x',y',z')}{R}\mathrm{d}\tau' \tag{2.6}$$

其中算符∇^2是对x,y和z的二阶运算，与(x',y',z')无关，故可以和积分号交换顺序。代入$\nabla^2=\nabla\nabla\cdot-\nabla\times\nabla\times$，上式变为

$$\vec{F}(x,y,z) = -\frac{1}{4\pi}\nabla\nabla\cdot\int_{\tau}\frac{\vec{F}(x',y',z')}{R}\mathrm{d}\tau' + \frac{1}{4\pi}\nabla\times\nabla\times\int_{\tau}\frac{\vec{F}(x',y',z')}{R}\mathrm{d}\tau' \tag{2.7}$$

上式把 $\vec{F}$ 表示为一个标量函数的负梯度和一个矢量函数旋度的和,即

$$\vec{F} = \vec{F}_l + \vec{F}_c = -\nabla\phi + \nabla\times\vec{A} \tag{2.8}$$

其中

$$\phi = \frac{1}{4\pi}\nabla\cdot\int_{\tau}\frac{\vec{F}(x',y',z')}{R}\mathrm{d}\tau' \tag{2.9}$$

$$\vec{A} = \frac{1}{4\pi}\nabla\times\int_{\tau}\frac{\vec{F}(x',y',z')}{R}\mathrm{d}\tau' \tag{2.10}$$

交换上面两式的算符 ∇ 和积分号的顺序,第一式变为

$$\begin{aligned}\nabla\cdot\int_{\tau}\frac{\vec{F}(x',y',z')}{R}\mathrm{d}\tau' &= \int_{\tau}\nabla\cdot\frac{\vec{F}(x',y',z')}{R}\mathrm{d}\tau' = \\ &\int_{\tau}\vec{F}\cdot\nabla\left[\frac{1}{R}\right]\mathrm{d}\tau' = -\int_{\tau}\vec{F}\cdot\nabla'\left[\frac{1}{R}\right]\mathrm{d}\tau' = \\ &-\int_{\tau}\nabla'\cdot\left[\frac{\vec{F}}{R}\right]\mathrm{d}\tau' + \int_{\tau}\frac{1}{R}\nabla'\cdot\vec{F}\mathrm{d}\tau' = \\ &-\oint_{S}\frac{\vec{F}(x',y',z')}{R}\mathrm{d}S' + \int_{\tau}\frac{\Delta'\cdot\vec{F}(x',y',z')}{R}\mathrm{d}\tau'\end{aligned} \tag{2.11}$$

第二式变为

$$\begin{aligned}\nabla\times\int_{\tau}\frac{\vec{F}(x,y,z)}{R}\mathrm{d}\tau &= \int_{\tau}\nabla\frac{\vec{F}(x',y',z')}{R}\mathrm{d}\tau' = \\ &\int_{\tau}\nabla\left[\frac{1}{R}\right]\times\vec{F}\mathrm{d}\tau' = -\int_{\tau}\nabla'\left[\frac{1}{R}\right]\times\vec{F}\mathrm{d}\tau' = \\ &\int_{\tau}-\nabla'\times\left[\frac{\vec{F}}{R}\right]\mathrm{d}\tau' + \int_{\tau}\frac{1}{R}\nabla'\times\vec{F}\mathrm{d}\tau' = \\ &\int_{\tau}\frac{\nabla'\times\vec{F}(x',y',z')}{R}\mathrm{d}\tau' + \oint_{S}\frac{\vec{F}(x',y',z')\times\vec{n}}{R}\mathrm{d}S'\end{aligned} \tag{2.12}$$

于是得到

$$\vec{F}(x,y,z) = -\nabla\left[\int_{\tau}\frac{\nabla'\vec{F}}{4\pi R}\mathrm{d}\tau' - \oint_{S}\frac{\vec{F}\cdot\vec{n}}{4\pi R}\mathrm{d}S'\right] + \nabla\times\left[\int_{\tau}\frac{\nabla'\times\vec{F}}{4\pi R}\mathrm{d}\tau' + \oint_{S}\frac{\vec{F}\times\vec{n}}{4\pi R}\mathrm{d}S'\right] \tag{2.13}$$

式(2.13)即为亥姆霍兹定理的数学表达式。它表明:

(1)矢量场 $\vec{F}$ 可以用一个标量函数的梯度和一个矢量函数的旋度之和表示。此标量函数由 $\vec{F}$ 的散度和 $\vec{F}$ 在边界 S 上的法向分量完全决定;而矢量函数由 $\vec{F}$ 的旋度和 $\vec{F}$ 在边界上的切向分量完全决定。

(2)矢量场的散度 $\nabla'\cdot\vec{F}(x',y',z')$ 是该场的发散源 $\rho(x',y',z')$;矢量场的旋度 $\nabla'\times\vec{F}(x',y',z')$ 是该场的旋涡源。体积分表示在体积内的源对场的贡献;面积分表示在 S 面上的源

对场的贡献。

附录3　量的符号和单位

（一）国际单位制（SI）的单位

量的名称	单位名称	单位符号
长　度	米（metre）	m
质　量	千克（kilogram）	kg
时　间	秒（second）	s
电　流	安[培]（Ampere）	A
热力学温度	开[尔文]	K
物质的量	摩[尔]	mol
发光强度	坎[德拉]	cd

（二）量的符号和单位

量的名称	量的符号	单位名称	单位符号
力	F	牛[顿]	N
力　矩	T	牛[顿]米	N·m
能量	W	焦[耳]	J
功　率	P	瓦[特]	W
电动势	ε	伏[特]	V
电　压	U	伏[特]	V
电　位	Φ	伏[特]	V
电　感	L	亨[利]	H
电　容	C	法[拉]	F
电　导	G	西[门子]	S
电导率	σ	西[门子]/米	S/m
电　纳	B	西[门子]	S
电　阻	R	欧[姆]	Ω
电　抗	X	欧[姆]	Ω
电极化率	χ_e	（无量纲）	—
介电常数（电容率）	ε	法[拉]每米	F/m
真空的介电常数	ε_0	法[拉]每米	F/m
相对介电常数	ε_r	无量纲	—
频　率	f	赫[兹]	Hz
波数	k	每弧度米	rad/m
电荷线密度	ρ_l	库[仑]每米	C/m
电荷面密度	ρ_S	库[仑]每平方米	C/m^2
电荷[体]密度	ρ	库[仑]每立方米	C/m^3
面电流密度	J_S	安[培]每平方米	A/m^2
电流密度	J	安[培]每立方米	A/m^3
电场强度	E	伏[特]每米	V/m
电通密度，电位移	D	库[仑]	C/m^2

续表

量的名称	量的符号	单位名称	单位符号
电偶极矩	p_e	库[仑]米	C·m
导 纳	Y	西[门子]	S
矢量磁位	A	韦[伯]每米	Wb/m
角频率	ω	弧度每秒	rad/s
极化强度	P	库[仑]每平方米	C/m^2
波阻抗	η	欧[姆]	Ω
真空波阻抗	η_0	欧[姆]	Ω
传播常数	γ	每米	m^{-1}
相速度	v_p	每米秒	m/s
群速度	v_g	每米秒	m/s
波 长	λ	米	m
波导波长	λ_g	米	m
坡印廷矢量	S	瓦[特]每平方米	W/m^2
相 位	φ	弧度	Rad
相位常数	β	弧度每米	rad/m
衰减系数	α	奈培每米	Np/m
磁导率	μ	亨[利]每米	H/m
相对磁导率	μ_r	无量纲	—
磁导率	μ_0	亨利每米	H/m
磁场能量密度	w_m	焦[耳]每立方米	J/m^3
电场能量密度	w_e	焦[耳]每立方米	J/m^3
磁化率	χ_m	无量纲	—
磁化强度	M	安[培]每米	A/m
磁 阻	R_m	每亨[利]	H^{-1}
磁通量	Φ	韦[伯]	Wb
磁场强度	H	安[培]每米	A/m
磁感应强度	B	特[斯拉]	T
磁偶极矩	p_m	安[培]二次方米	$A\cdot m^2$

参考文献

［1］ 毕德显. 电磁场理论. 北京:电子工业出版社,1985

［2］ 谢处方、饶克谨. 电磁场与电磁波. 北京:高等教育出版社,1985

［3］ ［美］R. F. 哈林登著. 孟侃译. 正弦电磁场. 上海:上海科学技术出版社,1964

［4］ ［美］J. A. 埃德米尼斯特尔著. 雷银照、吴静译. 工程电磁场基础. 北京:科学出版社,1995

［5］ ［美］P. 劳兰,D. R. 考森著. 陈成钧译. 电磁场与电磁波. 北京:北京航空学院出版社,1980

［6］ ［美］J. A. 斯特莱顿著. 何国瑜译. 电磁理论. 北京:北京航空学院出版社,1986

［7］ 全泽松. 电磁场理论. 北京:北京航空学院出版社,1995

［8］ 焦其祥、王道东编. 电磁场理论. 北京:北京邮电学院出版社,1994

［9］ 韩晓英、先成明编. 微波技术与天线. 成都:电子科技大学出版社,1993